全国建设工程造价员资格考试辅导及模拟训练

工程造价管理基础知识辅导

刘常英　主编

金盾出版社

内 容 提 要

本书依据最新修订的《全国建设工程造价员资格考试大纲》编写，内容涵盖了造价员资格考试《工程造价基础知识》科目所涉及的重要考点。全书分复习指引、实战模拟、历年真题汇编、附录等四大部分，紧扣考试大纲和出题方向，传授应试技巧，内容详实，形式新颖，条理清晰，实战性强，可作为全国建设工程造价员资格考试辅导用书和注册造价工程师、建造师考试相关知识点学习参考用书，也可以作为建筑行业造价从业人员学习造价基础知识的普及读物。

图书在版编目(CIP)数据

工程造价管理基础知识辅导/刘常英主编. —北京 ：金盾出版社，2013. 1(2014. 2 重印)
ISBN 978-7-5082-7913-8

Ⅰ. ①工… Ⅱ. ①刘… Ⅲ. ①建筑造价管理—工程技术人员—资格考试—自学参考资料 Ⅳ. ①TU723. 3

中国版本图书馆 CIP 数据核字(2012)第 230742 号

金盾出版社出版、总发行
北京太平路 5 号(地铁万寿路站往南)
邮政编码：100036 电话：68214039 83219215
传真：68276683 网址：www. jdcbs. cn
封面印刷：北京盛世双龙印刷有限公司
正文印刷：北京万博诚印刷有限公司
装订：北京万博诚印刷有限公司
各地新华书店经销

开本：787×1092 1/16 印张：26 字数：602 千字
2014 年 2 月第 1 版第 2 次印刷
印数：4 001～7 000 册 定价：65. 00 元

前　言

中国建设工程造价管理协会于2010年修订了《全国建设工程造价员资格考试大纲》。为帮助广大考生更好地把握考试大纲，快速掌握考试要点和重点内容，我们组织经验丰富的专家学者，在总结多年培训和教学研究的基础上，依据最新的考试大纲编写了这本造价员考试培训辅导书。

本书以竭诚为考生服务为宗旨，精心提炼造价员考试的知识和解题技巧，通过新颖的编写形式和对考试的深刻理解，力求使考生达到对知识点的高效掌握。全书分以下四个部分：

第一部分复习指引，将教材中内容分章进行归纳总结，每一章分为考纲要求、复习提示、主要知识点、强化训练、参考答案五个模块，涵盖了考纲所涉及的重要考点，将主要知识点进行归纳总结，画出其框架图，并以例题、解析的形式呈现给广大读者。其中，强化训练模块精选了大量经典试题，以单选、多选的形式编写题库，配有参考答案，便于使用。

第二部分实战模拟，提供了四套全真模拟试卷。按照考纲对知识点分掌握、熟悉和了解的要求，科学合理地划分每章所占分值，精心选排试题，题量合理，内容充实，难易适中。

第三部分历年真题汇编，将近年造价员取证《工程造价基础知识》科目考试题进行选编，共8套真题，可供读者检验自己掌握知识的水平。

第四部分附录，附录一提供了工程量清单计价的示例，包括工程量清单、招标控制价等表格的应用；附录二将书中所涉及的法规、通知等进行选编，配合教材同步学习，便于读者加深对知识的理解和掌握。

本书语言浅显，易于理解，便于记忆，内容紧扣大纲和考试要点，全面覆盖所有知识点，可以帮助零起点的初学者快速入门、掌握这门知识和考试技巧、顺利取证进入工程造价行业工作。

本书作为全国建设工程造价员资格考试辅导用书，还可作为建设、设计、施工和工程咨询等单位从事工程造价的专业人员用书，也可作为大中专及高等院校工程造价专业的教学参考书。

本书主编刘常英，主审武福美，参编者林树丰、李崇柱、武振青、武彤、刘吕昕。因编者水平有限，难免有疏漏和不妥之处，恳请广大读者批评指正。

为保证读者与作者的良好沟通，欢迎与我们联系，并提出您的宝贵意见和建议。培训报名电话：010-84968463（仅限北京地区）。

对本书的内容如有疑问，可发送电子邮件至主编邮箱：lcyingwt@sina.com，我们将在最短时间内给您答复。

作　者

目　录

第一部分　复习指引

第一章　建设工程造价管理相关法规与制度

☆考纲要求

1. 了解工程造价管理相关法律、法规与制度；
2. 了解工程造价咨询企业管理制度；
3. 熟悉造价员管理制度和造价工程师执业资格制度。

☆复习提示

○重点概念

根据考试大纲和历年试题分析，本章应重点掌握的概念有建筑工程施工许可制度、建筑工程发包与承包；合同、要约、承诺、格式条款、无效合同、可撤销合同、效力待定合同、合同转让、合同解除、仲裁；招标、投标、评标；土地使用权出让、土地使用权划拨、保险、税率。

○学习方法

本章内容排列顺序是，第一节讲述了建筑法、合同法、招标投标法、价格法、土地管理法、保险法、税收相关法律等七部分内容，各自构成一个单元而自成体系，因而，复习时应当注意每个单元的归纳与总结。第二节内容包括工程造价管理组织部门的职能，甲级、乙级工程造价咨询企业的资质标准、业务承接；造价工程师三种注册形式的相关规定；造价员从业资格制度。本节是一些文件规定，比较容易理解。

学习本章时，需要将一些重要的知识点串联起来，对比记忆，这样容易准确把握重要概念。本章重点是建筑法、合同法、招标投标法；造价员从业资格制度和造价工程师执业资格制度。

说明：辅导书在本章第二节内容编写中，关于造价员从业资格制度是根据《全国建设工程造价员管理办法》中价协[2011]021号文编写，本办法自2012年1月1日起施行，原教材中的《全国建设工程造价员管理暂行办法》(中价协[2006]013号)同时废止。

☆主要知识点

○建设工程造价管理相关法律法规

一、主要知识点

建设工程造价管理相关法律法规知识框架如图1-1所示。

1. 建筑许可制度(见图1-2)

- 建设工程造价管理相关法律法规
  - 建筑法
    - 建筑许可
    - 建筑工程发包与承包
    - 建筑工程监理
    - 建筑安全生产管理
    - 建筑工程质量管理
  - 合同法
    - 合同法概述
    - 合同的订立
    - 合同的效力
    - 合同的履行
    - 合同的变更和转让
    - 合同的权力义务终止
    - 违约责任
    - 合同争议的解决
  - 招标投标法
    - 招标范围
    - 招标
    - 投标
    - 开标、评标和中标
  - 价格法
    - 经营者的价格行为
    - 政府的定价行为
    - 价格总水平调控
  - 土地管理法
    - 土地的所有权和使用权
    - 土地利用总体规划
    - 建设用地
  - 保险法
    - 保险合同的订立
    - 诉讼时效
    - 财产保险合同
    - 人身保险合同
  - 税收相关法律
    - 税务管理
    - 税率
    - 税收种类

图 1-1 建设工程造价管理相关法律法规知识框架

- 建筑许可制度
  - 施工许可制度
    - 施工许可证的申领：限额以下的小型工程外，建筑工程开工前，建设单位申请领取施工许可证。
    - 申请领取施工许可证的条件：①已办理建筑工程用地批准手续；
      ②在城市规划区内的建筑工程，已取得规划许可证；
      ③需要拆迁的，其拆迁进度符合施工要求；
      ④已经确定建筑施工单位；
      ⑤有满足施工需要的施工图纸及技术资料；
      ⑥有保证工程质量和安全的具体措施；
      ⑦建设资金已经落实；
      ⑧法律、行政法规规定的其他条件
    - 施工许可证的有效期限：建设单位应当自领取施工许可证之日起 3 个月内开工；因故不能按期开工的，申请延期，延期以两次为限，每次不超过 3 个月。既不开工又不申请延期或过期，施工许可证自行废止。
    - 中止施工和恢复施工：自中止施工之日起 1 个月内，向发证机关报告；恢复施工时，应向发证机关报告；对中止施工满 1 年的工程恢复施工前，核验施工许可证。
    - 不能按期开工或中止施工处理：应及时向发证机关报告情况。因故不能按期开工超过 6 个月的，重新办理开工报告批准手续。
  - 从业资格
    - 单位资质：划分为不同的资质等级，取得相应等级的资质证书，方可在其资质等级许可范围内从事建筑活动。
    - 专业技术人员资格：从事建筑活动的专业技术人员，应当依法取得相应的执业资格证书，并在执业资格证书许可的范围内从事建筑活动。

图 1-2 建筑许可制度

2. 建筑工程发包与承包(见图 1-3)

- 建筑工程发包与承包
  - 发包
    - 发包方式:
      - 招标发包:建筑工程依法实行招标发包。
      - 直接发包:对不适用招标发包的可以直接发包。
    - 禁止行为:提倡对建筑工程实行总承包,禁止将建筑工程肢解发包。
  - 承包
    - 承包资质:承包建筑工程的单位应当持有资质证书,并在其资质等级许可的业务范围内承揽工程。
    - 联合承包:两个以上不同资质等级的单位实行联合共同承包的,应当按照资质等级低的单位业务许可范围承揽工程。
    - 工程分包:经建设单位认可,建筑工程总承包单位可以将承包工程中的部分工程发包给具有相应资质条件的分包单位 。施工总承包的,建筑工程主体结构的施工必须由总承包单位自行完成。
    - 禁止行为:禁止承包单位将其承包的全部建筑工程转包给他人,或将其肢解以后以分包的名义分别转包给他人。禁止总承包单位将工程分包给不具备资质条件的单位,禁止分包单位将其承包的工程再分包。

图 1-3 建筑工程发包与承包

3. 合同法知识框架

(1)合同法概述(见图 1-4)

- 合同法概述
  - 合同:指平等主体的自然人、法人、其他组织之间设立、变更、终止民事权利义务关系的协议。
  - 合同主体:平等主体三类,即自然人、法人、其他组织。
  - 合同法组成
    - 总则:包括一般规定、订立、效力、履行、变更和转让等。
    - 分则:按照合同标的不同,将合同分为 15 类。
    - 附则:本法自 1999 年 10 月 1 日起施行。

图 1-4 合同法概述

(2)合同的订立(见图 1-5)

- 合同的订立
  - 合同的形式和内容
    - 合同形式有
      - 书面形式:建设工程合同应当采用书面形式。
      - 口头形式。
      - 其他形式。
    - 合同内容:通常称为合同条款,参照各类合同示范文本订立合同。
  - 合同订立的程序
    - 当事人订立合同应当采取要约、承诺方式:
    - 要约:是希望和他人订立合同的意思表示。要约必须以缔结合同为目的,必须具备合同的重要条款,建设工程合同价款即中标价是投标人的投标报价,因此,投标行为——是要约。
    - 要约邀请:希望他人向自己发出要约的意思表示。招标公告——是要约邀请。
    - 承诺:是受要约人(招标人)同意要约的意思表示。中标通知书——是承诺。
  - 合同的成立
    - 承诺生效时合同成立,采用书面形式,自双方当事人签字或盖章时合同成立。
    - 承诺生效的地点为合同成立的地点。
    - 当事人一方已履行主要义务,对方接受,合同成立。
  - 格式条款
    - 概念:格式条款又称标准条款,是当事人为重复使用而预先拟定,并在订立合同时未与对方协商的条款。
    - 格式条款无效:提供格式条款一方免除自己责任、加重对方责任、排除对方主要权利的,该条款无效。
    - 格式条款解释:对格式条款有两种以上解释的,应作出不利于提供格式条款一方的解释;格式条款和非格式条款不一致的,应当采用非格式条款。
  - 缔约过失责任
    - 构成条件:一是当事人有过错,二是有损害后果发生,三是当事人的过错行为与造成的损失有因果关系。
    - 承担赔偿责任的情形
      - ①假借订立合同,恶意进行磋商;
      - ②故意隐瞒与订立合同有关重要事实或者提供虚假情况;
      - ③有其他违背诚实信用原则的行为。

图 1-5 合同的订立

(3)合同的效力(见图 1-6)

合同的效力
- 合同生效
  - 生效时间:依法成立的合同,自成立时生效。依照规定应当办理批准、登记等手续的,待手续完成时合同生效。
  - 附条件和附期限合同:自条件成立时生效或自期限届至时生效。
- 效力待定合同
  - 限制民事行为能力人订立的合同:10 周岁以上不满 18 周岁的未成年人,以及不能完全辨认行为的精神病人。
  - 无权代理人代订的合同。
- 无效合同
  - 整个合同无效(无效合同)和合同部分条款无效。
  - 有下列情形之一的为无效合同:
    - ①一方以欺诈、胁迫的手段订立合同,损害国家利益;
    - ②恶意串通,损害国家、集体或第三人利益;
    - ③以合法形式掩盖非法目的的;
    - ④损害社会公共利益;
    - ⑤违反法律、行政法规的强制性规定。
  - 合同部分条款无效的情形。合同中的下列免责条款无效:
    - ①造成对方人身伤害的;
    - ②因故意或者重大过失造成对方财产损失的。
- 可变更或者可撤销的合同
  - 条件
    - ①因重大误解订立的;
    - ②在订立合同时显失公平的;
    - ③欺诈、胁迫、乘人之危的合同,不损害国家利益。
  - 法律后果
    - ①返还财产或折价补偿;
    - ②赔偿损失;
    - ③收归国家所有或者返还集体、第三人。

图 1-6　合同的效力

(4)合同的履行(见图 1-7)

合同的履行
- 合同履行的原则
  - ①全面履行原则;
  - ②诚实信用原则。
- 一般规定:价款或者报酬不明确的处理方法 :
  - ①价款或者报酬不明确的,按照订立合同时履行地的市场价格履行;
  - ②依法应当执行政府定价或者政府指导价的,在合同约定的交付期限内政府价格调整时,按照交付时的价格计价。
  - 逾期交付标的物的,遇价格上涨时,按照原价格执行;价格下降时,按照新价格执行。
  - 逾期提取标的物或者逾期付款的,遇价格上涨时,按照新价格执行;价格下降时,按照原价格执行。

图 1-7　合同的履行

(5)合同的变更和转让(见图 1-8)

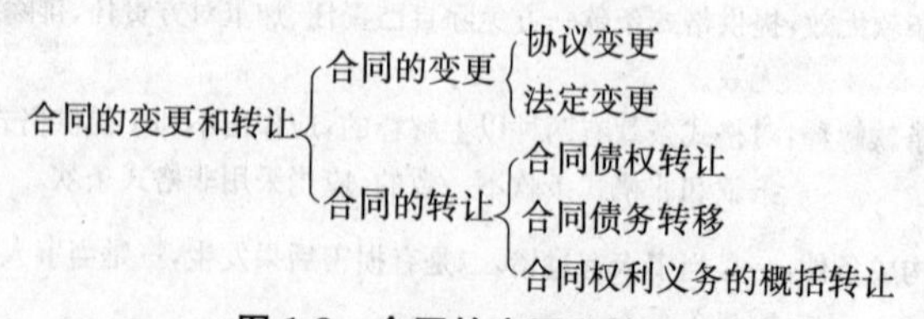

图 1-8　合同的变更和转让

(6)合同的权力义务终止(见图 1-9)

(7)违约责任(略)

(8)合同争议的解决方式(见图 1-10)

- 合同的权力义务终止
  - 终止条件
    - ①债务已按照约定履行；
    - ②合同解除；
    - ③债务相互抵消；
    - ④债务人依法将标的物提存；
    - ⑤债权人免除债务；
    - ⑥债权债务同归于一人；
    - ⑦法律规定或者当事人约定终止的其他情形。
  - 合同解除：合同解除后尚未履行的，终止履行；已经履行的，根据履行情况和合同性质，当事人可以要求恢复原状、采取其他补救措施，并有权要求赔偿损失。
  - 标的物的提存：债仅人领取提存物的权利期限为5年。

图 1-9 合同的变更和转让

- 合同争议的解决方式
  - ①和解：在无第三人介入的情况下，双方自行解决争议的一种方式。
  - ②调解：在第三者主持下，自愿达成协议，公平合理解决争议的一种方式。调解有三种：民间调解、仲裁机构调解和法庭调解。
  - ③仲裁：仲裁裁决具有法律约束力，仲裁或诉讼只能选择一种方式。
  - ④诉讼：对于一般合同争议，由被告住所地或者合同履行地人民法院管辖。建设工程合同的纠纷一般适用不动产所在地的专属管辖，由工程所在地人民法院管辖。

图 1-10 合同争议的解决方式

4. 招标投标法知识框架

(1)招标范围(见图 1-11)

- 招标范围
  - 招标的环节：勘察、设计、施工、监理以及与工程建设有关的重要设备、材料等的采购，必须进行招标。
  - 招标范围
    - ①大型基础设施、公用事业等关系社会公共利益、公众安全的项目。
    - ②全部或者部分使用国有资金或者国家融资的项目。
    - ③使用国际组织或者外国政府贷款、援助资金的项目。
  - 招标投标活动应遵循公开、公平、公正和诚实信用的原则。

图 1-11 招标范围

(2)招标(见图 1-12)

- 招标
  - 招标人：是提出招标项目、进行招标的法人或其他组织。
  - 招标的条件
    - ①需要履行项目审批手续的，取得批准。
    - ②有进行招标项目的相应资金或者资金来源已经落实，并在招标文件中载明。
  - 招标方式
    - 公开招标：是指招标人以招标公告的方式邀请不特定的法人或者其他组织投标。招标公告或投标邀请书应当载明招标人的名称和地址，招标项目的性质、数量、实施地点和时间以及获取招标文件的办法等事项。招标人不得以不合理的条件限制或者排斥潜在的投标人，不得对潜在的投保人实行歧视待遇。
    - 邀请招标：是指招标人以投标邀请书的方式邀请特定的法人或者其他组织投标，应当向3个以上具备承担招标项目能力、资信良好的法人或者其他组织发出投标邀请书。

图 1-12 招标

招标
- 招标文件
  - 内容：招标文件应当包括招标项目的技术要求、对投标人资格审查标准、投标报价要求和评标标准等所有实质性要求和条件以及签订合同的主要条款。
  - 禁止：招标文件不得要求或者标明特定的生产供应者以及含有倾向或者排斥潜在投标人的其他内容。招标人不得向他人透露已获取招标文件的潜在投标人的名称、数量及可能影响公平竞争的有关招标投标的其他情况。
  - 澄清与修改：招标人对已发出的招标文件进行必要的澄清或者修改的，应当在招标文件要求提交投标文件截止时间至少15日前，以书面形式通知所有招标文件收受人。该澄清或者修改的内容为招标文件的组成部分。
- 其他规定
  - 招标人设有标底的，标底必须保密。
  - 依法必须进行招标的项目，自招标文件开始发出之日起至投标人提交投标文件截止之日止，最短不得少于20日。

图 1-12 招标(续)

(3)投标(见图 1-13)

投标
- 投标文件
  - 内容：投标文件应当对招标文件提出的实质性要求和条件作出响应。提交投标文件截止时间前，投标人可以补充、修改或者撤回已提交的投标文件，并书面通知招标人。补充、修改的内容为投标文件组成部分。
  - 送达：投标人应当在截止时间前，送达投标地点。招标人收到投标文件后，应当签收保存，不得开启。投标人少于3个，重新招标；截止时间后送达，招标人应当拒收。
- 联合投标
  - 要求：两个以上法人或者其他组织可以组成一个联合体，以一个投标人的身份共同投标。由同一个专业的单位组成的联合体，按照资质等级较低的单位确定资质等级。
  - 协议：联合体各方应当签订共同投标协议，连同投标文件一并提交给招标人。联合体中标的，联合体各方应当共同与招标人签订合同，就中标项目向招标人承担连带责任。
- 其他规定：投标人不得相互串通投标报价，不得排挤其他投标人的公平竞争。投标人不得与招标人串通投标，投标人不得以低于成本的报价竞标。禁止投标人以向招标人或评标委员会成员行贿的手段谋取中标。

图 1-13 投标

(4)开标、评标和中标(见图 1-14)

开标、评标和中标
- 开标：在招标文件确定的提交投标文件截止时间的同一时间、招标文件预先确定的地点公开进行。应邀请所有投标人参加开标。
- 评标：组建评标委员会，成员为5人以上单数，技术经济专家不少于总数2/3，中标人投标符合下列条件之一：
  ①能够最大限度满足招标文件规定的各项综合评价标准；
  ②能够满足招标文件的实质性要求，并经评审的投标报价最低。低于成本价除外。
- 中标：招标人确定后，招标人应当向中标人发出中标通知书。招标人和中标人应当自中标通知书发出之日起30日内，按照招标文件和中标人的投标文件订立书面合同。

图 1-14 开标、评标和中标

5. 价格法(见图 1-15)

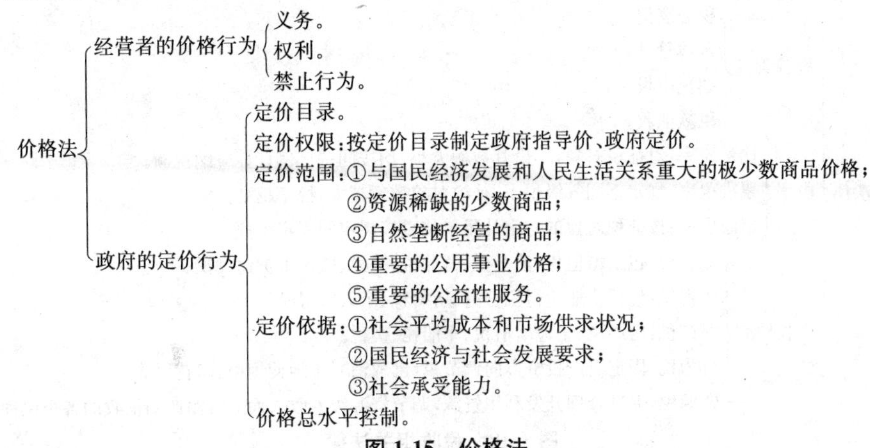

图 1-15　价格法

6. 土地管理法(见图 1-16)

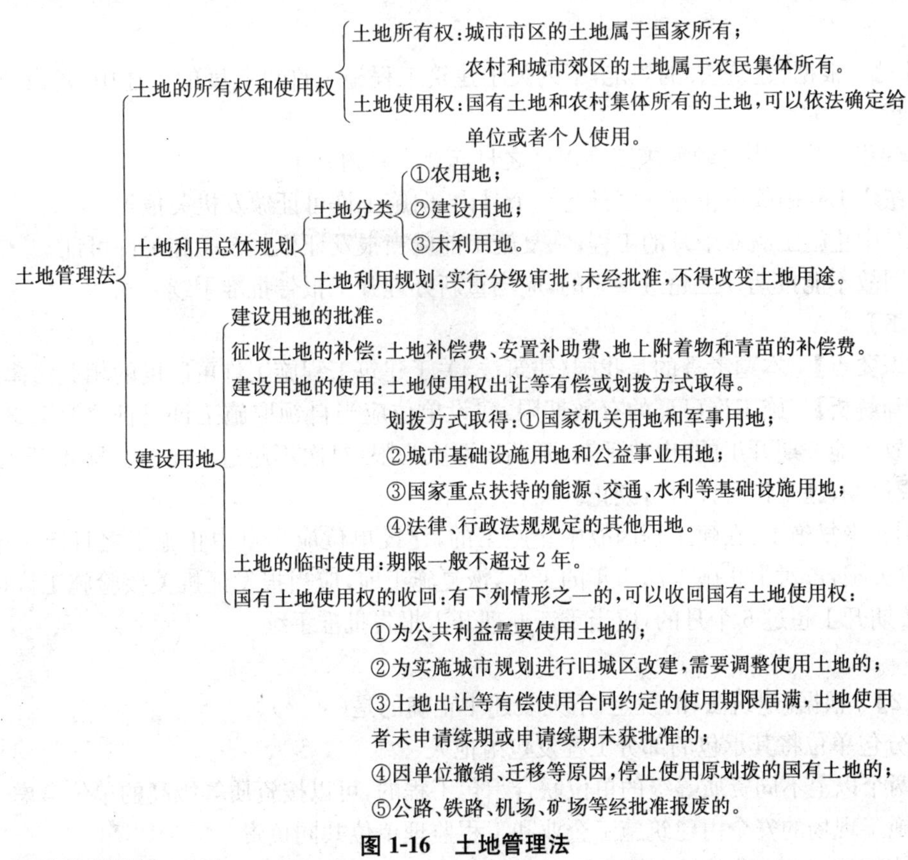

图 1-16　土地管理法

7. 保险法(见图 1-17)

保险法
- 保险合同的订立(略)。
- 诉讼时效
  - 人寿保险诉讼时效为 5 年,自其知道或者应当知道保险事故发生之日起计算。
  - 其他保险诉讼时效为 2 年。
- 财产保险合同:建筑工程一切险和安装工程一切险均属于财产保险。
- 人身保险合同:建筑工程施工人员意外伤害保险属于人身保险。

图 1-17　保险法

8. 税收相关法律(见图1-18)

- 税收相关法律
  - 税务管理
    - 税务登记。
    - 账薄管理。
    - 纳税申报。
    - 税款征收。
  - 税率
    - 比例税率:对征税对象,不论其数额大小,均按同一比例计算应纳税额。
    - 累进税率:规定不同等级税率,征税对象数额越大,税率越高。
    - 定额税率:按征税对象的一定计量单位直接规定的固定税额。
  - 税收种类
    - 流转税:包括增值税、消费税、营业税、关税、城市维护建设税。
    - 所得税:包括企业所得税、外资所得税、个人所得税。
    - 财产税:房产税、土地增值税、车船税、契税。
    - 行为税:固定资产投资方向调节税(已取消)、土地使用税、印花税等。
    - 资源税:促进合理开发利用资源,调节资源级差收入而对资源产品征收的各个税种的统称。

图1-18 税收相关法律

二、例题

【例1】 根据《建筑法》的规定,下列关于建筑工程施工许可制度的表述中,建设单位的正确做法是(　　)。

A. 建设单位应当自领取施工许可证之日起3个月内开工

B. 在建工程因故中止施工之日起3个月内,向施工许可证颁发机关报告

C. 对中止施工满6个月的工程,恢复施工前应当报发证机关核验施工许可证

D. 因故不能按期开工超过1年的,应当重新办理开工报告批准手续

【答案】 A

【知识要点】 本题考查的是我国《建筑法》关于建筑工程施工许可制度的相关法律规定。

【正确解析】 施工许可证的有效期限:建设单位应当自领取施工许可证之日起3个月内开工;因故不能按期开工的,申请延期,延期以两次为限,每次不超过3个月。既不开工又不申请延期或过期,施工许可证自行废止。

中止和恢复施工:在建工程因故中止施工的,建设单位应当自中止施工之日起1个月内,向发证机关报告;对中止施工满1年的工程,恢复施工前,应当报发证机关核验施工许可证;因故不能按期开工超过6个月的,应当重新办理开工报告批准手续。

【例2】 根据《建筑法》的规定,下列表述中正确的是(　　)。

A. 分包单位将其承包的部分工程发包给他人

B. 两个以上不同资质等级的单位联合承包工程的,可以按资质等级高的单位考虑

C. 施工现场的安全由建筑施工企业和工程监理单位共同负责

D. 建筑施工企业应当为从事危险作业的职工办理意外伤害保险,支付保险费

【答案】 D

【知识要点】 本题考查的是我国《建筑法》关于建筑工程发包与承包、建筑安全生产管理相关法律规定。

【正确解析】 联合承包:大型建筑工程或结构复杂的建筑工程,可由两个或者两个以上的承包单位联合共同承包。两个以上不同资质等级的单位联合承包工程的,应当按照资质等级

低的单位的业务许可范围承揽工程。

禁止行为:禁止承包单位将其承包的全部建筑工程转包给他人,禁止分包单位将其承包的工程再分包。

施工现场的安全由建筑施工企业负责。实行施工总承包的,由总承包单位负责。分包单位向总承包单位负责。建筑施工企业必须为从事危险作业的职工办理意外伤害保险,支付保险费。

【例 3】 下列文件中,属于要约邀请文件的是(　　)。

A. 投标书　　B. 投标邀请书

C. 招标公告　　D. 中标通知书

【答案】 B C

【知识要点】 本题主要考查的是招投标程序中有关行为的法律性质,合同订立程序中的要约、要约邀请和承诺的概念。

【正确解析】 从法律意义上讲,招标人发出的招标公告或投标邀请书属于要约邀请,吸引法人或其他组织向其投标;投标人投标属于要约,是希望与招标人订立合同的意思表示,要约必须是以缔结合同为目的,必须具备合同的主要条款,建设工程合同价款—中标价就是投标人的投标报价,因此,投标行为是要约;招标人发出中标通知书属于承诺,是同意投标人的投标条件并与之订立合同的意思。

【例 4】 根据《合同法》,下列关于格式条款合同的说法中,正确的是(　　)。

A. 格式条款合同类似于合同示范文本,应由政府主管部门拟定

B. 格式条款有两种以上解释的,应当遵循提供格式条款一方的解释

C. 格式条款和非格式条款不一致的,应当采用非格式条款

D. 对格式条款的理解发生争议的,应按通常理解予以解释

E. 提供格式条款的一方免除自己的责任、加重对方责任、该条款无效

【答案】 C D E

【知识要点】 本题主要考查我国《合同法》对格式条款的相关规定。

【正确解析】 格式条款又称标准条款,是当事人为重复使用而预先拟定,并在订立合同时未与对方协商的条款。对格式条款的理解发生争议的,应按通常理解予以解释。对格式条款有两种以上解释的,应当作出不利于提供格式条款一方的解释。格式条款和非格式条款不一致的,应当采用非格式条款。提供格式条款一方免除自己责任、加重对方责任、排除对方主要权利的,该条款无效。

【例 5】 根据《合同法》,效力待定合同包括(　　)。

A. 无行为能力人订立的合同

B. 不能完全辨认自己行为的精神病人订立的合同

C. 无处分权人处分他人财产的合同

D. 因发生不可抗力导致其无法履行的合同

E. 未成年人订立的合同

【答案】 BCE

【知识要点】 本题主要考查《合同法》关于效力待定合同的情形。

【正确解析】 效力待定合同包括限制民事行为能力人订立的合同和无权代理人代订的合同。限制民事行为能力人是指10周岁以上不满18周岁的未成年人,以及不能完全辨认行为的精神病人。限制民事行为能力人订立的合同,经法定代理人追认后,该合同有效。无处分权人处分他人财产,经权利人追认或者无处分权的人订立合同后取得处分权的,该合同有效。因不可抗力不能履行合同的,根据不可抗力的影响,部分或者全部免除责任,但法律另有规定的除外。

【例6】 根据《合同法》,属于可变更、可撤销合同的是(　　)。

A. 恶意串通而损害国家利益

B. 损害社会公共利益

C. 订立合同时显失公平

D. 以合法形式掩盖非法目的

【答案】 C

【知识要点】 本题主要考查《合同法》关于可变更或者撤销合同的事由及无效合同情形。

【正确解析】 可变更或者可撤销合同的情形:①因重大误解订立的;②在订立合同时显失公平的③欺诈、胁迫、乘人之危的合同,不损害国家利益。

ABD三个选项均属于无效合同的情形,无效合同有:①一方以欺诈、胁迫的手段订立合同,损害国家利益;②恶意串通,损害国家、集体或第三人利益;③以合法形式掩盖非法目的的;④损害社会公共利益;⑤违反法律、行政法规的强制性规定。注意两者的区别。

【例7】 合同价款或者报酬不明确问题的处理方法(　　)。

A. 按照订立合同时履行地的市场价格履行

B. 按照订立合同时合同签订地的市场价格履行

C. 依法应当执行政府定价或者政府指导价的,在合同约定的交付期限内政府价格调整时,按照交付时的价格计价

D. 依法应当执行政府定价或者政府指导价的,在合同约定的交付期限内政府价格调整时,按照施工期的价格计价

【答案】 A C

【知识要点】 本题主要考查《合同法》关于合同履行的一般规定,价款或者报酬不明确问题的处理方法。

【正确解析】 价款或者报酬不明确的,按照订立合同时履行地的市场价格履行;依法应当执行政府定价或者政府指导价的,在合同约定的交付期限内政府价格调整时,按照交付时的价格计价。逾期交付标的物的,遇价格上涨时,按照原价格执行;价格下降时,按照新价格执行。逾期提取标的物或者逾期付款的,遇价格上涨时,按照新价格执行;价格下降时,按照原价格执行。

【例8】 根据《招标投标法》的相关规定,必须进行招标的是(　　)。

A. 使用国际组织贷款的项目　　B. 成片开发建设的住宅小区工程
C. 大型基础设施、公用事业项目　　D. 全部使用国有资金投资的项目
E. 国家重点建设工程

【答案】 A C D

【知识要点】 本题主要考查《招标投标法》关于招标范围的规定。

【正确解析】 根据《招标投标法》规定，在中华人民共和国境内进行下列工程建设项目（包括项目的勘察、设计、施工、监理以及与工程建设有关的重要设备、材料等的采购）必须进行招标：①大型基础设施、公用事业等关系社会公共利益、公众安全的项目；②全部或者部分使用国有资金或者国家融资的项目；③使用国际组织或者外国政府贷款、援助资金的项目。

【例 9】 以下关于《招标投标法》叙述正确的有（　　）。

A. 投标人可以补充、修改或者撤回已提交的投标文件，其投标保证金被没收
B. 投标文件应当包括招标项目的技术要求、对投标人资格审查的标准、投标报价要求和评标标准等所有实质性要求和条件以及签订合同的主要条款
C. 开标在招标文件确定的提交投标文件截止时间的同一时间公开进行
D. 开标由招标人主持，应邀请部分投标人参加

【答案】 C

【知识要点】 本题主要考查招标投标法中有关投标文件和开标的规定。

【正确解析】 根据我国《招标投标法》规定，在招标文件要求提交投标文件截止时间前，投标人可以补充、修改或者撤回已提交的投标文件，并书面通知招标人。补充、修改的内容为投标文件组成部分。

招标文件应当包括招标项目的技术要求、对投标人资格审查的标准、投标报价要求和评标标准等所有实质性要求和条件以及签订合同的主要条款。

开标由招标人主持，开标在招标文件确定的提交投标文件截止时间的同一时间、招标文件中预先确定的地点公开进行。应邀请所有投标人参加开标。

【例 10】 根据《价格法》的规定，政府在必要时可以实行政府指导价或政府定价的商品或服务包括（　　）。

A. 自然垄断经营的商品　　B. 国家级贫困地区的各类农用商品
C. 资源稀缺的少数商品　　D. 国家投资开发的高新技术类服务
E. 重要的公益性服务

【答案】 A C E

【知识要点】 本题主要考查我国《价格法》关于政府定价和政府指导价的相关规定。

【正确解析】 政府在必要时可以对下列商品或服务价格实行政府指导价或政府定价：

①与国民经济发展和人民生活关系重大的极少数商品价格；②资源稀缺的少数商品；③自然垄断经营的商品；④重要的公用事业价格；⑤重要的公益性服务。

【例 11】 根据《土地管理法》的相关规定，下列（　　）建设用地经县级以上人民政府依法

批准，以划拨方式取得土地使用权。

A. 国外贷款项目用地　　B. 国家机关用地和军事用地
C. 城市基础设施和公益事业用地　　D. 规划新建的商品房项目用地
E. 国家重点扶持的能源、交通、水利等基础设施用地

【答案】 B C E

【知识要点】 本题主要考查《土地管理法》中有关建设用地的规定。

【正确解析】 建设单位使用国有土地，应当以出让等有偿方式取得。但是，下列建设用地经县级以上人民政府依法批准，可以划拨方式取得：①国家机关用地和军事用地；②城市基础设施用地和公益事业用地；③国家重点扶持的能源、交通、水利等基础设施用地；④法律、行政法规规定的其他用地。

【例 12】 根据《保险法》规定，建筑工程一切险和安装工程一切险均属于(　　)。

A. 人身保险　　B. 第三者意外伤害保险
C. 财产保险　　D. 固定资产保险

【答案】 C

【知识要点】 本题主要考查《保险法》有关财产保险合同的规定。

【正确解析】 保险合同分为财产保险合同和人身保险合同两类，建筑工程一切险和安装工程一切险均属财产保险；建筑工程施工人员意外伤害保险属于人身保险。

【例 13】 税率是指应纳税额与计税基数之间的比例关系，是税法结构中的核心部分。我国现行税率有(　　)。

A. 比例税率　　B. 累进税率
C. 全额税率　　D. 定额税率
E. 超额税率

【答案】 A B D

【知识要点】 本题主要考查《税收相关法律》关于税率的种类的规定。

【正确解析】 税率是指应纳税额与计税基数之间的比例关系，是税法结构中的核心部分。我国现行税率有三种，即比例税率、累进税率和定额税率。

○建设工程造价管理制度

一、主要知识点

建设工程造价管理制度知识框架如图 1-19 所示。

- 建设工程造价管理制度
  - 建设工程造价管理体制
    - 政府部门的行政管理
    - 行业协会的自律管理
  - 建设工程造价咨询企业管理
    - 工程造价咨询企业资质等级标准
    - 工程造价咨询企业的业务承接
    - 工程造价咨询企业的法律责任
  - 建设工程造价专业人员资格管理
    - 注册造价工程师执业资格制度
    - 造价员从业资格制度(根据中价协[2011]021 号文编写)

图 1-19　建设工程造价管理制度

(一)建设工程造价咨询企业管理(见表 1-1)

表 1-1　工程造价咨询企业资质等级标准及业务承接

资质等级		甲　级	乙　级
资质标准	时间限制	取得乙级资质满 3 年	—
	企业出资人	注册造价工程师人数不低于出资人总数的 60%，且其出资额不低于注册资本总额的 60%	
	技术负责人	①取得造价工程师注册证书 ②具有工程或工程经济类高级专业技术职称 ③从事工程造价专业工作 15 年以上	①取得造价工程师注册证书不少于 10 年 ②具有工程或工程经济类高级专业技术职称 ③从事工程造价专业工作 10 年以上
	专职人员	①总数不少于 20 人，其中工程或工程经济类中级以上专业技术职称的人员不少于 16 人 ②取得造价工程师注册证书的专业人员不少于 10 人	①总数不少于 12 人，其中工程或工程经济类中级以上专业技术职称的人员不少于 8 人 ②取得造价工程师注册证书的专业人员不少于 6 人
	注册资金	不少于 100 万人民币	不少于 50 万人民币
	工作业绩	近 3 年工程造价咨询营业收入累计不低于 500 万	近 3 年工程造价咨询营业收入累计不低于 50 万
	具有固定的办公场所，人均办公面积不少于 10m²，健全的组织机构，完善的管理制度，近 3 年无违纪行为。		
业务承接		在全国范围内承接各类建设项目的工程造价咨询业务	在全国范围内承接 5000 万以下的工程造价咨询业务
业务范围		建设项目建议书及可行性研究投资估算、概预算编审；建设项目合同价款的确定，(包括工程量清单和标底、投标报价编审)；合同价款的签订与调整(包括工程变更、工程洽商和索赔费用的计算)；工程结算及竣工结(决)算报告编审；工程造价经济纠纷的鉴定和仲裁的咨询；提供工程造价信息服务等。	
执业		从事工程造价咨询业务，出具的工程造价成果文件应由工程造价咨询企业加盖企业名称、资质等级及证书编号的执业印章，并由执业咨询业务的注册造价工程师签字、加盖执业印章。	
企业分支机构		分支机构不得以自己的名义承接工程造价咨询业务、订立工程造价咨询合同、出具工程造价成果文件。	
跨省区承接业务		应当自承接业务之日起 30 日内到建设工程所在地省、自治区、直辖市人民政府建设主管部门备案。	

(二)建设工程造价专业人员管理

从事建设工程造价管理的专业人员可以分为两个级别，即注册造价工程师和造价员。

1. 注册造价工程师执业资格制度(见表 1-2)

表 1-2　注册造价工程师执业资格制度

资格考试		注册造价工程师执业资格考试实行全国统一大纲，统一命题、统一组织考试。
注册	初始注册	取得注册造价工程师执业资格证书的人员，可自执业资格证书签发之日起 1 年内，申请初始注册。初始注册有效期为 4 年
	延续注册	造价工程师注册有效期满需继续执业的，应当在注册有效期满 30 日前，按照有关的程序申请延续注册。延续注册的有效期为 4 年
	变更注册	在注册有效期内，注册造价工程师变更执业单位的，按照规定程序办理变更注册手续

续表 1-2

注册	不予注册的情形	有下列情形之一的,不予注册: ①不具有完全民事行为能力的; ②申请在 2 个或者 2 个以上单位注册的; ③未达到造价工程师继续教育合格标准的; ④前一个注册期内工作业绩达不到规定标准或未办理暂停执业手续而脱离工程造价业务岗位的; ⑤受刑事处罚,刑事处罚尚未执行完毕的; ⑥因工程造价业务活动受刑事处罚,自刑事处罚执行完毕之日起至申请注册之日止不满 5 年的; ⑦因前项规定以外原因受刑事处罚,自处罚决定之日起至申请注册之日止不满 3 年的; ⑧被吊销注册证书,自被处罚决定之日起至申请注册之日止不满 3 年的; ⑨以欺骗、贿赂等不正当手段获准注册被撤销,自被撤销注册之日起至申请注册之日止不满 3 年的; ⑩法律、法规规定不予注册的其他情形
执业	执业范围	注册造价工程师应当在本人承担的工程造价成果文件上签字并盖章
	权利和义务	注册造价工程师享有下列权利: ①使用注册造价工程师名称; ②依法独立执行工程造价业务; ③在本人执行业务活动中形成的工程造价成果文件上签字并加盖执业印章; ④发起设立工程造价咨询企业; ⑤保管和使用本人的注册证书和执业印章; ⑥参加继续教育
		注册造价工程师应当履行下列义务: ①遵守法律、法规、有关管理规定,恪守执业道德; ②保证执业活动成果的质量; ③接受继续教育,提高执业水平; ④执行工程造价计价标准和计价方法; ⑤与当事人有利害关系的,应当主动回避; ⑥保守在执业中知悉的国家秘密和他人的事业、技术秘密
继续教育	注册造价工程师继续教育分为必修课和选修课,每一注册有效期各为 60 学时	

2. 造价员从业资格制度(见表 1-3)

以下内容根据《全国建设工程造价员管理办法》中价协[2011]021 号文编写。上述办法自 2012 年 1 月 1 日起施行,教材中的《全国建设工程造价员管理暂行办法》(中价协[2006]013 号)同时废止。

表 1-3 造价员从业资格制度

资格考试	造价员资格考试原则上每年一次,实行全国统一考试大纲,统一通用专业和考试科目。	
	考试专业	统一通用专业:建筑工程、安装工程、市政工程
	考试科目	《建设工程造价管理基础知识》和《专业工程计量与计价》
	报考条件	①普通高等学校工程造价专业、工程或工程经济类专业在校生; ②工程造价专业、工程或工程经济类专业中专及以上学历; ③其他专业,中专及以上学历,从事工程造价活动满 1 年。

续表 1-3

资格考试	免试条件	符合下列条件之一者，可申请免试《建设工程造价管理基础知识》： ①普通高等学校工程造价专业的应届毕业生； ②工程造价专业大专及其以上学历的考生，自毕业之日起两年内； ③已取得资格证书，申请其他专业考试（即增项专业）的考生。
登记	申请登记	取得资格证书的人员，经过登记取得从业印章后，方能以造价员的名义从业；取得资格证书的人员，可自资格证书签发之日起1年内申请登记
	登记条件	①取得资格证书； ②受聘于一个建设、设计、施工、工程造价咨询、招标代理、工程监理、工程咨询或工程造价管理等单位； ③无本办法第十九条不予登记的情形。
	不予登记	有下列情形之一的，不予登记： ①不具有完全民事行为能力； ②申请在两个或两个以上单位从业的； ③逾期登记且未达到继续教育要求的； ④已取得注册造价工程师证书，且在有效期内的； ⑤受刑事处罚未执行完毕的； ⑥在工程造价从业活动中，受行政处罚，且行政处罚决定之日至申请登记之日不满两年的； ⑦以欺骗、贿赂等不正当手段获准登记被注销的，自被注销登记之日起至申请登记之日不满两年的； ⑧法律、法规规定不予登记的其它情形。
从业	一般规定	造价员应从事与本人取得的资格证书专业相符合的工程造价活动； 造价员应在本人完成的工程造价成果文件上签字、加盖从业印章，并承担相应的责任。
	权利	造价员享有下列权利：①依法从事工程造价活动； ②使用造价员名称； ③接受继续教育，提高从业水平； ④保管、使用本人的资格证书和从业印章。
	义务	造价员应当履行下列义务： ①遵守法律、法规和有关管理规定； ②执行工程造价计价标准和计价方法，保证从业活动成果质量； ③与当事人有利益关系的，应当主动回避； ④保守从业中知悉的国家秘密和他人的商业、技术秘密。
	不准行为	造价员不得有下列行为： ①在从业过程中索贿、受贿或牟取合同约定外的不正当利益； ②涂改、伪造、倒卖、出租、出借或其他形式转让资格证书或从业印章； ③同时在两个或两个以上单位从业； ④法律、法规、规章禁止的其他行为。

续表 1-3

资格管理	证书管理	中价协统一印制资格证书，统一规定资格证书编号规则和从业印章样式。资格证书和从业印章应由本人保管、使用
	继续教育	造价员应接受继续教育，每两年参加继续教育的时间累计不得少于 20 学时。
	验证	资格证书原则上每四年验证一次，验证结论分为合格、不合格和注销三种。
	验证不合格	有下列情形之一者为验证不合格，应限期整改： ①四年内无工作业绩，且不能说明理由的； ②四年内参加继续教育不满 40 学时的，或继续教育未达到合格标准的； ③到期无故不参加验证的。
	注销	有下列情形之一者，注销资格证书及从业印章： ①验证不合格且限期整改未达到要求的； ②有本办法第二十四条列举行为(不准行为)之一的； ③信用档案信息有不良行为记录的； ④不具有完全民事行为能力的； ⑤以欺骗、贿赂等不正当手段取得资格证书和从业印章的； ⑥其他导致证书失效的情形。
	变更	造价员变更工作单位的，应在变更工作单位 90 日内提出变更申请，并按管理机构要求提交相应材料
	自律	造价员应遵守国家法律、法规，维护国家和社会公共利益，忠于职守，恪守职业道德，自觉抵制商业贿赂；应自觉遵守工程造价有关技术规范和规程，保证工程造价活动质量。

二、例题

【例 1】 造价员享有下列(　　)权利。

A. 保守委托人的商业秘密

B. 使用造价员名称

C. 接受继续教育，提高从业水平

D. 保管、使用本人的资格证书和从业印章

E. 发起设立工程造价咨询企业

【答案】 B C D

【知识要点】 本题主要考查的是造价员享有的权利。

【正确解析】 造价员享有下列权利：①依法从事工程造价活动；②使用造价员名称；③接受继续教育，提高从业水平；保管、使用本人的资格证书和从业印章。

E 发起设立工程造价咨询企业是注册造价工程师享有的权利，A 保守委托人的商业秘密是造价员的义务，都不是本题正确答案。

【例 2】 有下列情形(　　)之一者，注销"全国建设工程造价员资格证书"及从业印章。

A. 同时在两个或两个以上单位从业

B. 四年内无工作业绩，且不能说明理由的

C. 不具有完全民事行为能力

D. 以欺骗、贿赂等不正当手段取得资格证书和从业印章的

E. 验证不合格且限期整改未达到要求的

【答案】 A C D E

【知识要点】 本题主要考查造价员从业资格制度的资格管理中的相关规定。

【正确解析】 有下列情形之一者,注销资格证书及从业印章:①验证不合格且限期整改未达到要求的;②有本办法第二十四条列举行为之一的;③信用档案信息有不良行为记录的;④不具有完全民事行为能力的;⑤以欺骗、贿赂等不正当手段取得资格证书和从业印章的;⑥其他导致证书失效的情形。根据《全国建设工程造价员管理办法》中价协[2011]021号文第二十四条 造价员不得有下列行为:

(一)在从业过程中索贿、受贿或牟取合同约定外的不正当利益;

(二)涂改、伪造、倒卖、出租、出借或其他形式转让资格证书或从业印章;

(三)同时在两个或两个以上单位从业;

(四)法律、法规、规章禁止的其他行为。

正确选项是A C D E,B属于验证不合格,应限期整改,暂时不能注销。

【例3】《全国建设工程造价员资格证书》原则上每(　　)年验证一次。

A. 1年　　B. 2年　　C. 3年　　D. 4年

【答案】 D

【知识要点】 本题主要考查造价员从业资格制度的资格管理中的验证规定。

【正确解析】 资格证书原则上每四年验证一次,验证结论分为合格、不合格和注销三种。合格者由管理机构记录在资格证书"验证记录栏"内,并加盖管理机构公章。

【例4】 注册造价工程师实行注册执业管理制度,初始注册和延续注册的有效期为(　　)。

A. 1年　　B. 2年　　C. 3年　　D. 4年

【答案】 D

【知识要点】 本题主要考查注册造价工程师执业资格制度的注册。

【正确解析】 取得造价工程师执业资格的人员,经过注册方能以注册造价工程师的名义执业。注册分为初始注册、延续注册和变更注册。初始注册和延续注册有效期为4年。

【例5】 工程造价咨询企业资质等级分为甲级和乙级,以下(　　)是甲级资质标准。

A. 近3年工程造价咨询营业收入累计不低于500万

B. 企业注册资本不少于50万人民币

C. 专职从事工程造价专业工作的人员不少于20人

D. 技术负责人已取得造价工程师注册证书,并具有工程或工程经济类高级专业技术职称,且从事工程造价专业工作10年以上

E. 企业出资人中,注册造价工程师人数不低于出资人总数的60%,且其出资额不低于注册资本总额的60%

【答案】 A C E

【知识要点】 本题主要考查工程造价企业资质等级标准。

【正确解析】 见本节表1-1,B和D是乙级的资质标准,E是甲级和乙级共有的资质标准。

甲级应是企业注册资本不少于100万人民币，技术负责人已取得造价工程师注册证书，并具有工程或工程经济类高级专业技术职称，且从事工程造价专业工作15年以上。

☆强化训练

一、单项选择题

1. 根据《建筑法》的规定，建筑工程施工许可证由（ ）按照有关规定申请领取。
A. 建设单位 B. 施工单位 C. 总承包单位 D. 监理单位

2. 根据《建筑法》的规定，建设单位应当自领取施工许可证之日起（ ）内开工。
A. 15日 B. 1个月 C. 3个月 D. 6个月

3. 根据《建筑法》的规定，因故不能按期开工超过（ ）的，应当重新办理开工报告的批准手续。
A. 15日 B. 1个月 C. 3个月 D. 6个月

4. 根据《建筑法》的规定，对中止施工满（ ）的工程恢复施工前，建设单位应当报发证机关核验施工许可证。
A. 1个月 B. 3个月 C. 1年 D. 6个月

5. 根据《建筑法》的规定，建筑许可包括（ ）两个方面。
A. 建筑工程施工许可和专业技术人员资格 B. 建筑工程施工许可和从业资格
C. 单位资质和从业资格 D. 单位资质和专业技术人员资格

6. 根据《建筑法》的规定，从事建筑活动的（ ），取得相应等级证书后，方可在其资质等级许可的范围内从事建筑活动。
A. 建设单位、设计单位和监理单位 B. 建设单位和施工企业
C. 施工企业、勘察、设计和监理单位 D. 发包方、承包单位和分包单位

7.《建筑法》规定的建筑工程发包方式有（ ）。
A. 招标发包和邀请发包 B. 公开招标和直接招标
C. 招标发包和直接发包 D. 公开招标和邀请招标

8. 根据《建筑法》，下列建筑工程承包与发包行为中属于法律允许的是（ ）。
A. 承包单位将其承包的全部建筑工程转包给他人
B. 两个以上的承包单位联合共同承包一项大型建筑工程
C. 分包单位将其承包的工程再分包
D. 承包单位将其承包的全部建筑工程肢解后发包给他人

9. 根据《建筑法》规定，施工总承包的，建筑工程主体结构的施工必须由（ ）自行完成。
A. 总承包单位 B. 设计单位 C. 联合承包单位 D. 专业分包单位

10. 根据《建筑法》规定，建筑工程总承包单位按照总承包合同的约定对（ ）负责。
A. 监理单位 B. 建设单位 C. 设计单位 D. 专业分包单位

11. 根据《建筑法》规定，建筑施工企业的（ ）对本企业的安全生产负责。
A. 项目经理 B. 安全员 C. 工程师 D. 法定代表人

12. 根据《建筑法》规定，实行施工总承包的，施工现场安全由（ ）负责。

A. 总监理工程师　B. 建筑施工企业　C. 总承包单位　D. 安全工程师

13. 根据《建筑法》规定，建筑施工企业对工程的施工质量负责，以下说法错误的是（　　）。

A. 建设施工企业不得对设备进行检验　B. 建筑施工企业不得擅自修改工程设计

C. 建筑施工企业不得偷工减料　D. 工程设计的修改由原设计单位负责

14. 根据《建筑法》规定，设计文件中选用的建筑材料、建筑构配件和设备，应当注明（　　）。

A. 生产厂家　B. 市场价格　C. 规格、型号　D. 保修期限

15.《中华人民共和国建筑法》自（　　）起实施。

A. 1997年11月1日　B. 1997年12月1日

C. 1998年1月1日　D. 1998年3月1日

16. 建设工程合同的订立需要经过（　　）两个阶段。

A. 担保和承诺　B. 要约和担保　C. 要约和承诺　D. 承诺和公正

17. 下列表述中错误的是（　　）。

A. 要约可以撤回　B. 承诺可以撤回　C. 要约可以撤销　D. 承诺可以撤销

18. 以下关于要约的说法，正确的是（　　）。

A. 要约到达受要约人时生效　B. 要约人发出要约时要约生效

C. 招标文件到达时要约生效　D. 招标文件发出时要约生效

19. 根据《合同法》的规定，下列关于招投标行为的法律性质表述正确的是（　　）。

A. 招标是要约，投标是承诺　B. 招标是要约邀请，投标是要约

C. 投标是要约邀请，中标通知书是要约　D. 招标是要约，中标通知书是承诺

20. 下列文件中，属于要约邀请文件的是（　　）。

A. 投标书　B. 中标通知书

C. 招标公告　D. 现场踏勘答疑会议纪要

21. 关于要约和承诺的生效，是指（　　）时生效。

A. 要约到达受要约人；承诺通知发出　B. 要约通知发出；承诺通知发出

C. 要约通知发出；承诺通知到达要约人　D. 要约到达受要约人；承诺通知到达要约人

22. 根据《合同法》，以下说法不正确的是（　　）。

A. 承诺生效时合同成立，承诺生效的地点为合同成立的地点

B. 依法成立的合同，自成立时合同生效

C. 工程所在地为合同成立和生效的地点

D. 当事人采用合同书形式订立的，双方当事人签字或者盖章的地点为合同成立的地点

23. 根据《合同法》规定，下列关于格式条款的说法中正确的是（　　）。

A. 对格式条款有两种以上解释的，应当作出不利于提供格式条款一方的解释

B. 格式条款和非格式条款不一致的，应当采用格式条款

C. 格式条款是当事人为重复使用而预先拟定的，并在订立合同时与对方协商的条款

D. 对格式条款的理解发生争议的，应当由提供非格式条款一方负责的解释

24. 以下不属于无权代理行为的是（　　）。

A. 没有代理权　B. 超越代理权　C. 代理权授权不明确　D. 代理权终止

25. 根据我国《合同法》规定，缔约过失责任的构成条件不包括（　　）

A. 当事人有过错　B. 有损害后果的发生
C. 当事人的过错和造成的损失有因果关系　D. 当事人有违背诚实信用原则的行为

26. 根据《合同法》规定，与限制民事行为能力人订立合同属于(　　)。
A. 无效合同　B. 可变更合同　C. 可撤销合同　D. 效力待定合同

27. 根据《合同法》规定，由当事人订立的下列合同中，不属于无效合同的是(　　)。
A. 恶意串通而损害第三人利益
B. 一方以欺诈、胁迫的手段订立合同，损害国家利益
C. 无权代理人以他人名义订立的合同
D. 以合法形式掩盖非法目的

28. 根据《合同法》规定，由合同当事人一方缺乏经验造成重大误解，而订立了损害己方利益的合同，则该当事人可以(　　)。
A. 请求人民法院变更该合同　B. 拒绝履行合同，宣布合同无效
C. 请求行政主管部门撤销该合同　D. 请求行政主管部门变更该合同

29. 根据《合同法》规定，下列各类合同中，属于可变更或可撤销合同的是(　　)。
A. 以合法形式掩盖非法目的的合同　B. 造成对方人身伤害的
C. 订立合同时显失公平的　D. 恶意串通损害集体利益的合同

30. 根据《合同法》规定，具有合同撤销权的当事人应在知道或者应当知道撤销事由之日起(　　)年内行使撤销权，没有行使的撤销权消灭。
A. 1　B. 2　C. 3　D. 5

31. 在合同履行过程中，如遇期交货又遇到标的物的价格发生变化，则处理的原则是(　　)。
A. 遇价格上涨时，按原价执行；价格下降，按新价执行
B. 遇价格上涨时，按新价执行；价格下降，按原价执行
C. 无论是价格上涨还是下降都按原价执行
D. 无论是价格上涨还是下降都按新价执行

32. 根据《合同法》规定，执行政府定价的合同，当事人一方逾期付款的，则(　　)。
A. 遇价格上涨时，按照原价格执行；遇价格下降时，按照新价格执行
B. 遇价格上涨时，按照新价格执行；遇价格下降时，按照原价格执行
C. 无论是价格上涨还是下降，仍按原合同价执行
D. 无论是价格上涨还是下降，仍按市场价执行

33. 当事人约定由第三人向债权人履行债务的，若第三人不履行债务，则(　　)。
A. 债务人应当向债权人承担违约责任
B. 第三人应当向债权人承担违约责任
C. 债务人和第三人共同当向债权人承担违约责任
D. 债权人选择确定承担违约责任的主体

34. 债权人转让权利的应当(　　)。
A. 使债务人的抗辩只能针对债权人　B. 与债务人协商
C. 通知债务人　D. 只转让主权利，不转让从权利

35. 债务人转移债务应当(　　)。

A. 通知债权人
B. 经债权人同意
C. 只转让主债务，不转让从债务
D. 必须进行批准、登记

36. 合同变更可分为(　　)。

A. 协议变更
B. 法定变更
C. 协议变更和法定变更
D. 仲裁变更

37. 根据《合同法》规定，债权人领取提存物的权利期限为(　　)年，超过该期限，提存物扣除提存费后归国家所有。

A. 1　B. 2　C. 4　D. 5

38. 某合同约定了违约金，当事人一方迟延履行的，根据《合同法》规定，违约方应支付违约金并(　　)。

A. 终止合同履行　B. 赔偿损失　C. 继续履行债务　D. 中止合同履行

39. 在违约责任的承担方式中，当事人既约定违约金，又约定定金的，一方违约时，对方可以选择适用(　　)条款。

A. 违约金　B. 定金　C. 违约金或定金　D. 违约金和定金

40. 依据《合同法》的违约责任承担原则，发包人可以不赔偿承包人损失的情况是(　　)。

A. 建设资金未能按计划到位的施工暂停
B. 发包人改变项目建设方案的工程停建
C. 传染病流行导致施工暂停
D. 征地拆迁工作不顺利导致施工现场移交延误

41. 合同双方发生争议后，最好的解决方式是(　　)。

A. 双方协商和解
B. 请第三人进行调解
C. 向仲裁机构申请仲裁
D. 向人民法院起诉

42. 在合同争议的解决方式中，双方在第三方主持下，平息争端，达成协议，这种方法称为(　　)。

A. 和解
B. 调解
C. 仲裁或者诉讼
D. 协商

43. 下列关于仲裁的说法中，不正确的是(　　)。

A. 发生争议的合同当事人双方只能在仲裁或诉讼两种方式中选择一种方式解决争议
B. 仲裁裁决具有法律约束力
C. 裁决作出后，当事人就同一争议再向人民法院起诉的，人民法院不予受理
D. 当事人对仲裁协议的效力有异议的，不可以请求人民法院作出裁定

44. 下列情形中，合同当事人不能选择诉讼方式解决合同争议的是(　　)。

A. 合同争议的当事人不愿和解、调解的
B. 经过和解、调解未能解决合同争议的
C. 当事人没有订立仲裁协议或者仲裁协议无效的
D. 同一工程纠纷仲裁裁决已经做出的

45. 建设工程合同的纠纷一般由(　　)人民法院管辖。

A. 原告住所地
B. 合同签订地
C. 工程所在地
D. 被告住所地

46. 根据《招标投标法》规定，招标方式分为(　　)。

A. 公开招标和邀请招标　B. 联合招标和邀请招标

C. 公开招标和协议招标　D. 公开招标和直接招标

47. 根据《招标投标法》规定，招标人对已发出的招标文件进行必要的澄清或修改的，应当在招标文件要求提交投标文件截止时间至少(　　)日前，通知所有招标文件收受人。

A. 10　B. 15　C. 20　D. 30

48. 根据《招标投标法》的规定，自招标文件开始发出之日至投标人提交投标文件截止之日的期限不得短于(　　)日。

A. 60　B. 30　C. 20　D. 10

49. 投标人少于(　　)个的，招标人应当依照《招标投标法》重新招标。

A. 2　B. 3　C. 5　D. 7

50. 开标应当在(　　)主持下，在招标文件确定的提交投标文件截止时间的同一时间、招标文件中预先确定的地点公开进行。应邀请所有投标人参加开标。

A. 招标人　B. 投标人推选的代表

C. 政府招投标管理办公室负责人　D. 公证人

51. 评标委员会由招标人代表和有关技术、经济等方面专家组成，成员人数为(　　)人以上单数。

A. 3　B. 5　C. 7　D. 9

52. 招标人和中标人应当自中标通知书发出之日起(　　)日内，按照招标文件和中标人的投标文件订立书面合同。

A. 15　B. 20　C. 30　D. 45

53. 下列选项中，不符合《招标投标法》关于联合体投标的规定是(　　)。

A. 联合体以一个投标人身份共同投标，联合体各方均应具备承担招标项目的能力

B. 联合体各方应当签订共同投标协议，连同投标文件一并提交给招标人

C. 联合体中标的，联合体各方应当共同与招标人签订合同

D. 联合体中标的，应当分别与招标人签订合同，就中标项目向招标人承担连带责任

54. 我国《招标投标法》规定，评标应由(　　)依法组建的评标委员会负责。

A. 地方政府相关行政主管部门　B. 招标代理人

C. 招标人　D. 中介机构

55. 我国《招标投标法》规定，开标时间应为(　　)。

A. 提交投标文件截止时间的同一时间　B. 提交投标文件截止时间的次日

C. 提交投标文件截止时间的7日后　D. 其他约定时间

56. 我国《招标投标法》规定，开标地点应为(　　)。

A. 招标人办公地点　B. 招标文件中预先确定的地点

C. 政府指定地点　D. 招标代理机构办公地点

57. 根据《招标投标法》规定，下列关于招标投标说法，正确的是(　　)。

A. 招标分为公开招标、邀请招标和议标三种方式

B. 联合体中标后，联合体各方应分别与招标人签订合同

C. 招标人不得修改已发出的招标文件

D. 投标人应当对招标文件提出的实质性要求和条件作出响应

58. 价格形成的基础是(　　)。

A. 供求关系　　B. 价值

C. 币值　　D. 土地的级差收益

59. 根据《价格法》规定,政府在必要时可以对部分商品的服务价格实行政府指导价和政府定价。下列不属于政府指导价和政府定价的商品是(　　)。

A. 关系到国计民生的极少数商品　　B. 资源稀缺的少数商品

C. 自然垄断经营的商品　　D. 大面积开发的商品房

60. 依据《土地管理法》规定,我国实行土地的社会主义公有制,国家为了公共利益的需要可以依法对土地实行(　　)并给予补偿。

A. 征收或者征用　　B. 购买

C. 无偿使用　　D. 划拨

61. 根据《土地管理法》,临时使用土地期限一般不超过(　　)年。

A. 1　　B. 2　　C. 3　　D. 4

62. 根据《土地管理法》规定,以下建设用地可以以出让等有偿方式取得的是(　　)。

A. 国家机关用地和军事用地

B. 城市基础设施用地和公益事业用地

C. 房地产开发用地

D. 国家重点扶持的能源、交通、水利等基础设施用地

63. 保险合同的主体双方是(　　)。

A. 投保人和保险人　　B. 保险人和被保险人

C. 投保人和被保险人　　D. 保险人和必须收益人

64. 建筑工程一切险和安装工程一切险均属于(　　)。

A. 人身保险　　B. 第三者意外伤害保险

C. 财产保险　　D. 固定资产保险

65. 建筑工程施工人员意外伤害保险属于(　　)。

A. 人身保险　　B. 第三者意外伤害保险

C. 财产保险　　D. 大病医疗保险

66. 根据《保险法》规定,投保人解除合同的,保险人应当自收到解除合同通知之日起(　　)日内,按照合同约定退还保险单的现金价值。

A. 10　　B. 15　　C. 20　　D. 30

67. 根据《税收征收管理法》规定,纳税人因有特殊困难、不能按期缴纳税款的,经省、自治区、直辖市国家税务局、地方税务局批准,可以延期缴纳税款,但是最长不得超过(　　)个月。

A. 1　　B. 2　　C. 3　　D. 4

68. 根据《税收征收管理法》规定,未按期缴纳税款的,税务机关除责令限期缴纳外,从滞纳税款之日起,按日加收滞纳税款(　　)的滞纳金。

A. 千分之二　　B. 千分之五

C. 万分之二　　D. 万分之五

69. 根据税收征收对象不同,税收可分为(　　)种。

A. 2　　B. 3　　C. 4　　D. 5

70. 根据《税收征收管理法》规定，下列税种中不属于流转税的是(　　)。

A. 关税　　B. 城市维护建设税

C. 营业税　　D. 城镇土地使用税

71. 城镇土地使用税是国家按使用土地的等级和数量，对城镇范围内的土地使用者征收的一种税，属于行为税，其税率为(　　)。

A. 比例税率　　B. 定额税率

C. 累进税率　　D. 差别税率

72. 工程造价咨询企业资质等级分为(　　)。

A. 甲级和乙级　　B. 特级、一级和二级

C. 初级、中级和高级　　D. 正式级和暂定级

73. 从事建设工程造价管理的专业人员分为两个级别，即(　　)。

A. 注册造价工程师和造价员　　B. 经济师和造价员

C. 工程师和预算员　　D. 注册监理工程师和预算员

74. 根据《工程造价咨询企业管理办法》规定，乙级工程造价咨询企业可以从事工程造价(　　)万元以下各类建设项目工程造价咨询业务。

A. 2000　　B. 3000　　C. 4000　　D. 5000

75. 根据《工程造价咨询企业管理办法》规定，甲级工程造价咨询企业中取得造价工程师注册证书的人员不少于(　　)人。

A. 6　　B. 8　　C. 10　　D. 16

76. 根据《工程造价咨询企业管理办法》规定，乙级工程造价咨询企业中专职从事工程造价工作的人员不得少于(　　)。

A. 8　　B. 10　　C. 12　　D. 20

77. 甲级工程造价咨询企业的注册资本不少于人民币(　　)万元。

A. 50　　B. 100　　C. 300　　D. 500

78. 根据《工程造价咨询企业管理办法》规定，下列属于乙级工程造价咨询企业资质标准的是(　　)。

A. 企业出资人中注册造价工程师人数不低于出资人总数的 80%

B. 企业取得造价工程师注册证书的人员不少于 6 人

C. 企业负责人从事工程造价专业工作 15 年以上

D. 企业暂定期内工程造价咨询营业收入累计不低于 100 万元

79. 关于工程造价咨询企业的业务承接，正确的是(　　)。

A. 甲级、乙级均不受行政区域限制　　B. 甲级只能在本地区内承接业务

C. 乙级只能在本省内承接业务　　D. 甲级只能从事工程造价 5000 万元以下

80. 根据我国规定，工程造价咨询企业出具的工程造价成果文件除由执行咨询业务的注册造价工程师签字、加盖执业印章外，还必须加盖(　　)。

A. 工程造价咨询企业执业印章　　B. 工程造价咨询企业法定代表人印章

C. 工程造价咨询企业技术负责人印章　　D. 工程造价咨询项目负责人印章

81. 根据《工程造价咨询企业管理办法》规定，工程造价企业设立分支机构的，在分支机构

执业的注册造价工程师不得少于（ ）名。

A. 2 B. 3 C. 5 D. 6

82. 工程造价咨询企业跨省、自治区、直辖市承接工程造价咨询业务的，应当自承接业务之日起（ ）日内到建设工程所在地人民政府建设主管部门备案。

A. 15 B. 20 C. 30 D. 60

83. 我国造价工程师的初始注册和延续注册的有效期均为（ ）年。

A. 1 B. 2 C. 3 D. 4

84. 根据《注册造价工程师管理办法》规定，属于注册造价工程师执业范围的是（ ）。

A. 建设项目投资估算的批准 B. 工程索赔费用的计算
C. 工程款的支付 D. 工程合同纠纷的裁决

85. 注册造价工程师执业务范围不包括（ ）。

A. 工程概算、预算、结算、竣工结（决）算的编制与审核
B. 工程量清单、招标控制价、投标报价的编制与审核
C. 建设项目管理过程中设计方案的优化
D. 工程经济纠纷案件的审理

86. 以下不属于注册造价工程师权利的是（ ）。

A. 依法独立执行工程造价业务 B. 保管和使用本人的注册证书和执业印章
C. 保守在执业中知悉的国家秘密 D. 在工程造价成果文件上签字并加盖执业印章

87. 注册造价工程师在每一注册期内应当达到注册机关规定的继续教育要求，每一注册有效期各为（ ）学时。

A. 20 B. 30 C. 40 D. 60

88. 按照中价协[2011]021号文规定，“全国建设工程造价员资格证书”原则上每（ ）年验证一次。

A. 1 B. 2 C. 3 D. 4

89. 按照中价协[2011]021号文规定，造价员应接受继续教育，每两年参加继续教育的时间累计不得少于（ ）学时。

A. 20 B. 30 C. 40 D. 60

90. 按照中价协[2011]021号文规定，取得资格证书的人员可自资格证书签发之日起（ ）内申请登记。

A. 1个月 B. 3个月 C. 6个月 D. 1年

二、多项选择题

1. 根据《建筑法》的规定，申请领取施工许可证应具备的条件包括（ ）。

A. 已办理工程用地批准手续 B. 已确定专业分包单位
C. 需要拆迁的，其拆迁进度符合施工要求 D. 材料、设备已经购入
E. 有满足施工需要的施工图纸及技术资料

2. 根据《建筑法》的规定，在城市规划区内的建筑工程，建设单位申领施工许可证的条件是已经（ ）。

A. 取得建设工程规划许可证 B. 确定建筑施工单位
C. 确定委托监理合同 D. 办理工程质量、安全监督手续

E. 建设资金已落实

3. 根据《建筑法》的规定，下列行为中属于禁止行为的有（ ）。

A. 施工企业允许其他单位使用本企业的营业执照，以本企业的名义承揽工程

B. 实行联合共同承包的，可按照资质等级高的单位的业务许可范围承揽工程

C. 两个以上的建筑施工企业联合承包大型或结构复杂的建筑工程

D. 分包单位按照分包合同的约定对总承包单位负责

E. 分包单位将其承包工程中的部分工程再分包给具有相应资质条件的施工企业

4. 根据《建筑法》中关于建筑工程发包与承包的相关规定，以下说法正确的有（ ）。

A. 承包单位应在其资质等级许可的业务范围内承揽工程

B. 施工总承包单位将其工程中的专业工程发包给具有相应资质的承包单位完成

C. 施工总承包单位将建筑工程主体结构的施工分包给其他单位

D. 总承包单位和分包单位就分包工程对建设单位承担连带责任

E. 各类建筑工程必须依法实行招标发包

5. 监理单位受建设单位委托，对承包单位在（ ）等方面，代表建设单位实施监督管理。

A. 施工质量　　B. 承包单位工程的分包

C. 建设工期　　D. 承包单位的资质审查

E. 建设资金使用

6. 按照《建筑法》的规定，建设单位应当在实施建筑工程监理前，将（ ）书面通知被监理的建筑施工企业。

A. 监理规划　　B. 委托的工程监理单位

C. 监理的费用　　D. 监理的内容

E. 监理权限

7. 根据《建筑法》的规定，建设工程安全生产管理应建立健全安全生产的（ ）制度。

A. 责任　B. 追溯　C. 保证　D. 群防群治　E. 监督

8. 根据《建筑法》的规定，交付竣工验收的建筑工程必须（ ）。

A. 具有完整的竣工决算、审计报告　　B. 符合规定的建筑工程质量标准

C. 具有完整的工程技术经济资料　　D. 具有经签署的工程保修书

E. 具有周密的工程保修计划

9.《合同法》中所列的平等主体有（ ）。

A. 公民　B. 自然人　C. 法人　D. 有国籍的人　E. 其他组织

10.《合同法》由（ ）组成。

A. 总则　B. 专用条款　C. 分则　D. 通用条款　E. 附则

11. 根据《合同法》的规定，合同履行的原则是（ ）。

A. 公开的原则　　B. 全面履行原则

C. 公正的原则　　D. 诚实信用原则

E. 公平的原则

12. 我国《合同法》要求参与各方应遵守的基本原则包括（ ）。

A. 公开原则　　B. 公平原则

C. 平等原则　　D. 自愿原则

E. 诚实信用原则

13. 当事人在订立合同过程中有下列( )情形之一、给对方造成损失的,应当承担损害赔偿责任。

A. 不履行合同意向　B. 因经营状况严重恶化而不签订合同

C. 假借订立合同,恶意进行磋商　D. 有其他违背诚实信用原则的行为

E. 故意隐瞒与订立合同有关的重要事实或者提供虚假情况

14. 根据《合同法》的规定,属于效力待定合同情形的包括( )。

A. 限制民事行为能力订立的合同

B. 无代理权人以他人名义订立的合同

C. 与第三人恶意串通的代理人的合同

D. 无处分权的人处分他人财产的合同

E. 合同双方的代理人为同一人签订的合同

15. 根据《合同法》的规定,有下列( )情形之一的,合同无效。

A. 在订立合同时显失公平的　B. 以合法形式掩盖非法目的

C. 一方以欺诈、胁迫的手段订立合同

D. 恶意串通,损害国家利益

E. 因重大误解订立的

16. 根据我国《合同法》的规定,以下( )格式条款无效。

A. 免除对方责任　B. 免除自己责任

C. 加重对方责任　D. 排除自己主要权利

E. 排除对方主要权利

17. 按照《合同法》规定,效力待定的合同包括( )。

A. 未成年人订立的合同　B. 不能完全辨认自己行为的精神病人订立的合同

C. 无权代理人订立的合同　D. 因发生不可抗力导致无法履行的合同

E. 经法定代理人追认的无代理权人以被代理人名义订立的合同

18. 根据我国《合同法》的规定,下列合同中自始没有法律约束力的是( )。

A. 无效合同　B. 可变更合同　C. 可撤销合同

D. 被撤销合同　E. 效力待定合同

19. 根据《合同法》规定,属于可变更、可撤销合同的是( )。

A. 在订立合同时显失公平的　B. 因重大误解订立的

C. 以欺诈、胁迫的手段订立的合同

D. 以合法形式掩盖非法目的

E. 乘人之危,使对方在违背真实意思情况下订立的合同

20. 可撤销合同的确认应该是由( )确认。

A. 政府行政主管部门　B. 工商行政管理部门

C. 人民法院　D. 仲裁机构

E. 当事人双方

21. 根据我国《合同法》的规定,执行政府定价或政府指导价的合同,在合同履行过程中,当事人一方逾期交付标的物的,而市场行情发生波动时,则( )。

A. 遇价格上涨时，按照新价格执行
B. 遇价格下降时，按照原价格执行
C. 遇价格上涨时，按照原价格执行
D. 遇价格下降时，按照新价格执行
E. 无论是价格上涨还是下降，仍按市场价执行

22. 合同的转让包括（　　）。
A. 合同债权转让　　B. 合同债务转移
C. 合同权利义务的概括转让　　D. 支付违约金
E. 合同变更

23. 根据我国《合同法》的规定，当事人之间对合同争议的解决方式有（　　）。
A. 和解　B. 协调　C. 调解　D. 协商　E. 仲裁或诉讼

24. 根据《合同法》的规定，有下列（　　）情形之一的，合同当事人可以选择诉讼方式解决合同争议。
A. 合同争议的当事人对仲裁不满意的
B. 合同争议的当事人不愿意和解、调解的
C. 经过和解、调解未能解决合同争议的
D. 当事人没有订立仲裁协议或者仲裁协议无效的
E. 仲裁裁决被人民法院依法裁定撤销或者不予执行的

25. 根据《招标投标法》的规定，招标投标活动应当遵循（　　）的原则。
A. 公开　B. 公平　C. 公正　D. 全面履行　E. 诚实信用

26.《招标投标法》规定，在中华人民共和国境内进行下列（　　）工程建设项目，必须进行招标。
A. 投资金额超过5000万元以上的项目
B. 大型基础设施、公用事业等关系社会公共利益、公众安全的项目
C. 全部或部分使用国有资金投资或者国家金融的项目
D. 使用国际组织或者外国政府贷款、援助资金的项目
E. 需要采用不可替代的专利或者专有技术

27. 招标公告或投标邀请书应当载明（　　）以及获取招标文件的办法等事项。
A. 招标人的名称和地址　　B. 竣工时间
C. 招标项目的性质　　D. 数量
E. 实施地点和时间

28. 招标文件应当包括招标项目的技术要求、（　　）等所有实质性要求和条件以及签订合同的主要条款。
A. 对招标人资格审查标准　　B. 对投标人资格审查标准
C. 投标报价要求　　D. 评标标准
E. 工期

29. 根据《招标投标法》规定，下列关于投标的说法不正确的是（　　）。
A. 由同一专业的单位组成的联合体投标，按照资质等级较高的单位确定资质等级
B. 在招标文件要求提交投标文件截止时间前，投标人可以撤回已提交的投标文件

C. 联合体各方应当签订共同投标协议，将其连同投标文件一并提交招标人

D. 联合体各方应当共同与招标人签订合同，就中标项目向招标人承担连带责任

E. 为开拓市场，投标人可以以低于成本价的报价投标

30. 中标人的投标应当符合下列(　　)条件之一。

A. 能够最大限度满足招标文件中规定的各项综合评价标准

B. 投标价格低于成本价

C. 能够满足招标文件的实质性要求

D. 经评审投标价格最低

E. 投标价最接近标底

31. 根据《价格法》规定，生产经营者定价的基本依据是(　　)。

A. 生产经营成本

B. 市场供求状况

C. 国民经济发展

D. 社会发展状况

E. 社会承受能力

32. 根据《价格法》的规定，政府指导价或政府定价的范围是(　　)。

A. 关系到国计民生的极少数商品

B. 资源稀缺的少数商品

C. 自然垄断经营的商品

D. 大面积开发的商品房

E. 政府采购的商品

33. 根据《价格法》的规定，制定政府指导价、政府定价应当依据有关商品或者服务的(　　)。

A. 社会平均成本和市场供求状况

B. 国民经济与社会发展要求

C. 社会承受能力

D. 国民经济总产值

E. 价值

34. 我国把土地分为(　　)。

A. 农用地

B. 建设用地

C. 临时用地

D. 未利用地

E. 私有用地

35. 依据《土地管理法》的规定，下列(　　)建设用地经县级以上人民政府依法批准，以划拨方式取得土地使用权。

A. 国外贷款项目用地

B. 国家机关用地和军事用地

C. 城市基础设施和公益事业用地

D. 成片开发建设的住宅小区

E. 国家重点扶持的能源、交通、水利等基础设施用地

36. 根据我国《土地管理法》的规定，在下列可以收回国有土地使用权的情形中，收回土地使用权后应对土地使用人给予适当补偿的有(　　)。

A. 因单位撤消、迁移等原因，停止使用原划拨的国有土地

B. 土地出让合同约定的使用期限届满后使用者未申请续期的土地

C. 为公共利益需要而使用的土地

D. 公路、铁路、机场、矿场等经核准报废的土地

E. 为实施城市规划进行旧城区改建，需要调整的土地

37. 根据我国《保险法》的规定，下列关于保险合同的表述正确的是(　　)。

A. 人身保险的受益人只能由投保人指定

B. 保险合同成立后，投保人可以按照合同规定分期支付保险费

C. 在合同有效期内，如果保险标的危险程度增加，保险人无权要求增加保险费

D. 保险事故发生后，被保险人为防止或者减少保险标的的损失所支付的必要的、合理的费用，由保险人承担

E. 在保险合同有效期内，保险人和投保人不能解除保险合同

38. 税率是指纳税额与计税基数之间的比例关系，我国现行税率有（　　）。

A. 比例税率　　B. 浮动税率

C. 累进税率　　D. 固定税率

E. 定额税率

39. 根据税收的对象不同，税收可分为（　　）。

A. 流转税　　B. 所得税

C. 财产税　　D. 行为税

E. 资源税

40. 根据《工程造价咨询企业管理办法》的规定，下列要求中，属于甲级工程造价咨询企业资质标准的有（　　）。

A. 已取得乙级工程造价企业资质证书满 3 年

B. 技术负责人从事工程造价专业工程 10 年以上

C. 专职从事工程造价工作的人员不得少于 16 人

D. 近 3 年工程造价咨询营业收入累计不低于人民币 500 万元

E. 人均办公面积不少于 $10m^2$

41. 工程造价咨询企业的业务范围包括（　　）。

A. 审批建设项目可行性研究中的投资估算　　B. 确定建设项目合同价款

C. 编制与审核工程竣工决算报告　　D. 仲裁工程结算纠纷

E. 提供工程造价信息服务

42. 根据《造价工程师注册管理办法》的规定，造价工程师有下列（　　）情形之一的，不予注册。

A. 申请在 2 个以上单位注册的　　B. 不具备完全民事行为能力的

C. 未达到造价工程师继续教育合格标准的　　D. 年龄超过 60 岁的

E. 在工程造价咨询活动中有过失行为的

43. 根据《注册造价工程师管理办法》的规定，下列事项中属于注册造价工程师业务范围的有（　　）。

A. 建设项目可行性研究的审批　　B. 建设项目经济评价

C. 工程标底的编制和审核　　D. 工程经济纠纷的鉴定

E. 工程竣工决算报告的审批

44. 根据《造价工程师注册管理办法》的规定，造价工程师享有的权利和义务包括（　　）。

A. 使用造价工程师名称　　B. 执行工程造价计价标准和计价方法

C. 签发工程开工、停工、复工令　　D. 发起设立工程造价咨询企业

E. 接受继续教育、提高执业水平

45. 根据《全国建设工程造价员管理办法》（中价协[2011]021 号）的规定，下列说法正确的是（　　）。

A. 造价员应在本人完成的工程造价成果文件上签字、加盖从业印章
B. 造价员可以同时在两个或两个以上单位从业
C. 应保守委托人的商业秘密
D. 允许他人以自己的名义执业
E. 造价员变更工作单位的，应在变更工作单位90日内提出变更申请
46. 按照中价协[2011]021号文规定，有下列（　　）情形之一的，不予登记。
A. 受聘于一个设计、施工、工程监理单位
B. 逾期登记且未达到继续教育要求的
C. 已取得注册造价工程师证书，且在有效期内的
D. 受刑事处罚未执行完毕的
E. 继续教育未达到合格标准的
47. 按照中价协[2011]021号文规定，有下列（　　）情形之一者为验证不合格，应限期整改。
A. 在从业过程中牟取合同约定外的不正当利益
B. 四年内无工作业绩，且不能说明理由的
C. 四年内参加继续教育不满40学时的
D. 到期无故不参加验证的
E. 验证不合格且限期整改未达到要求的
48. 按照中价协[2011]021号文规定，有下列（　　）情形之一者，注销资格证书及从业印章。
A. 不具有完全民事行为能力的
B. 同时在两个或两个以上单位从业
C. 信用档案信息有不良行为记录的
D. 转让资格证书或从业印章
E. 每两年参加继续教育的时间累计少于20学时

☆参考答案

一、单项选择题

1. A	2. C	3. D	4. C	5. B	6. C	7. C	8. B	9. A	10. B
11. D	12. C	13. A	14. C	15. D	16. C	17. D	18. A	19. B	20. C
21. D	22. C	23. A	24. C	25. D	26. D	27. C	28. A	29. C	30. A
31. A	32. B	33. A	34. C	35. B	36. C	37. D	38. C	39. C	40. C
41. A	42. B	43. D	44. D	45. C	46. A	47. B	48. C	49. B	50. A
51. B	52. C	53. D	54. C	55. A	56. B	57. D	58. B	59. D	60. A
61. B	62. C	63. A	64. C	65. A	66. D	67. C	68. D	69. D	70. D
71. B	72. A	73. A	74. D	75. C	76. C	77. B	78. B	79. A	80. A
81. B	82. C	83. D	84. B	85. D	86. C	87. D	88. D	89. A	90. D

二、多项选择题

1. A、C、E	2. A、B、D、E	3. A、B、E
4. A、B、D	5. A、C、E	6. B、D、E
7. A、D	8. B、C、D	9. B、C、E
10. A、C、E	11. B、D	12. B、C、D、E
13. C、D、E	14. A、B、D	15. B、C、D
16. B、C、E	17. A、B、C	18. A、D
19. A、B、E	20. C、D	21. C、D
22. A、B、C	23. A、C、E	24. B、C、D、E
25. A、B、C、E	26. B、C、D	27. A、C、D、E
28. B、C、D、E	29. A、E	30. A、C、D
31. A、B	32. A、B、C	33. A、B、C
34. A、B、D	35. B、C、E	36. C、E
37. B、D	38. A、C、E	39. A、B、C、D、E
40. A、D、E	41. B、C、E	42. A、B、C
43. B、C、D	44. A、B、D、E	45. A、C、E
46. B、C、D	47. B、C、D	48. A、B、C、D

第二章　建设工程项目管理

☆考纲要求

1. 了解建设工程项目的组成、分类和程序；
2. 了解建设工程项目管理的目标、类型和任务；
3. 熟悉建设工程项目的成本管理内容；
4. 了解建设工程设项目风险管理的基本内容。

☆复习提示

○重点概念

本章应重点掌握的概念包括建设工程项目的组成、单项工程、单位工程、分部工程、分项工程、工程项目建设程序、建设工程项目管理目标、建设工程项目成本管理(包括成本预测、成本计划、成本控制、成本核算、成本分析和成本考核)、建设工程项目风险、风险识别、风险分析与评估、风险应对策略。

○学习方法

本章主要讲述了建设工程项目管理的基础理论知识，包括建设工程项目管理概述、建设工程项目成本管理和建设工程项目风险管理共三节内容。每节内容条理清晰、概念明确，便于归纳总结，比较容易理解。

本章学习时需要将一些重要的知识点归纳总结，建立知识框架体系，加深对概念的理解，准确把握重要概念。本章重点是建设工程项目的组成与分类、建设工程项目管理的目标、建设工程项目成本管理、建设工程项目风险的应对策略。

☆主要知识点

○建设工程项目管理概述

一、主要知识点

建设工程项目管理主要知识点框架如图 2-1 所示。

本节主要知识点有四个方面：一是建设工程项目的组成，虽然内容简单但每次必考，要充分理解单项工程、单位工程的概念和区别，了解分部分项工程的划分，熟悉计算消耗量的最基本构造要素；二是建设工程项目的分类，也是重要考点；三是工程项目建设程序；四是建设工程项目管理目标。

- 建设工程项目管理
  - 建设工程项目的组成与分类
    - 建设工程项目的组成。
    - 建设工程项目的分类。
  - 工程项目建设程序
    - 投资决策阶段工作内容。
    - 实施阶段工作内容。
    - 交付使用阶段工作内容。
  - 建设工程项目管理的目标和任务
    - 项目管理的概念及知识体系。
    - 建设工程项目管理目标和发展趋势。
    - 建设工程项目管理的类型和任务。

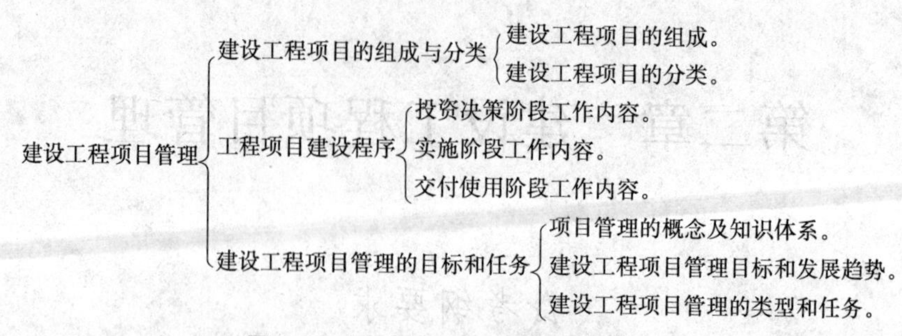

图 2-1 建设工程项目管理主要知识点

1. 建设工程项目的组成(见图 2-2)

- 建设工程项目
  - 单项工程:是建设工程项目的组成部分,是指在一个建设工程项目中具有独立的设计文件,竣工后可以独立发挥生产能力或效益的一组配套齐全的工程项目。
  - 单位工程:是单项工程的组成部分,是指具备独立的施工条件并能形成独立使用功能的建筑物及构筑物(具有独立的设计文件,可以单独组织施工,但竣工后不能独立发挥生产能力或使用功能的工程)。
  - 分部工程:是单位工程的组成部分,应按专业性质、建筑部位确定。
  - 分项工程:是分部工程的组成部分,一般按主要工程、材料、施工工艺、设备类别等进行划分,分项工程是计算人、材、机消耗量的最基本构造要素。

图 2-2 建设工程项目的组成

例如:建造一所大学,进行以下项目划分(见图 2-3):

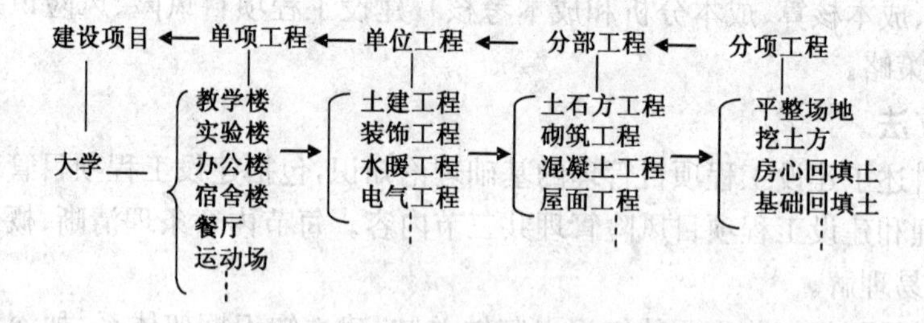

图 2-3 建设项目的组合性示意图

由上可知,一个建设工程项目有时可以仅包括一个单项工程,也可以包括多个单项工程。一个单项工程可以包括一个或多个单位工程。一个单位工程可以包括一个或多个分部工程。一个分部工程可以包括一个或多个分项工程。这说明建设工程项目具有组合性特征。这种组合性特征决定了确定工程造价的逐步组合过程。

2. 建设工程项目的分类

建设工程项目种类繁多。为适应科学管理的需要,其可从不同角度进行如下分类(见图 2-4)。

3. 工程项目建设程序

概念:工程项目建设程序是指工程项目从策划、评估、决策、设计、施工到竣工验收、投入生产或交付使用的过程中,各项工作必须遵循的先后工作次序。我国工程项目建设程序如图 2-5 和图 2-6 所示。

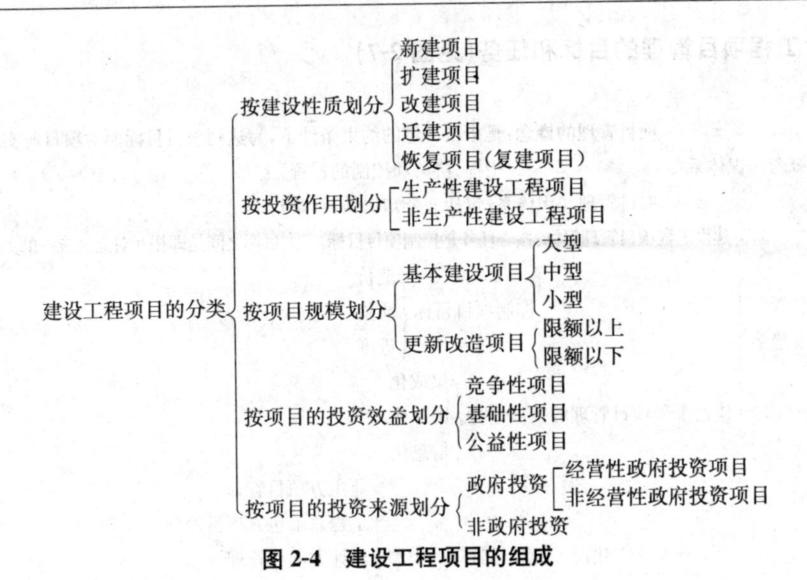

图 2-4　建设工程项目的组成

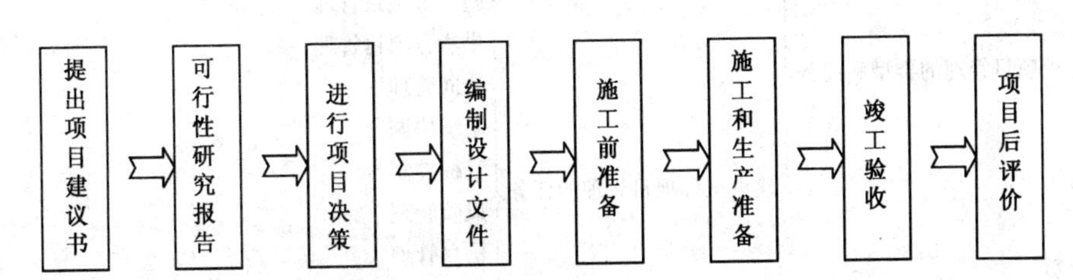

图 2-5　我国工程项目建设程序

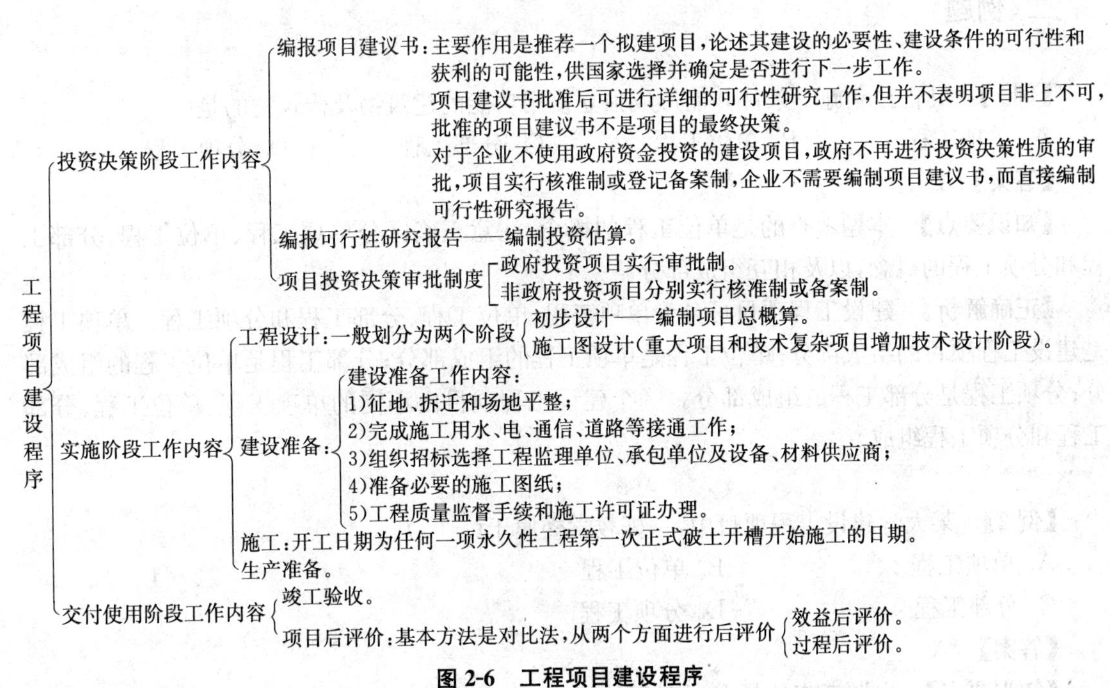

图 2-6　工程项目建设程序

4. 建设工程项目管理的目标和任务(见图 2-7)

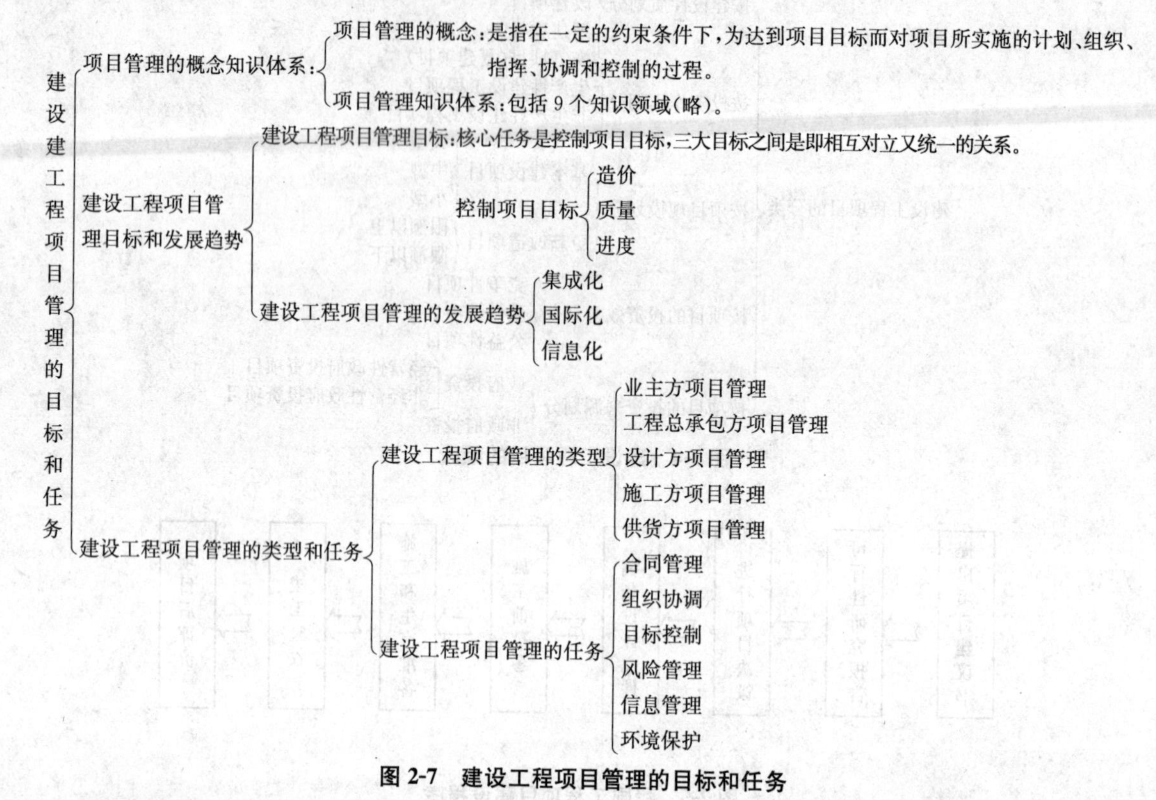

图 2-7 建设工程项目管理的目标和任务

二、例题

【例 1】 具备独立施工条件并能形成独立使用功能的建筑物及构筑物的是(　　)。

A. 单项工程　　B. 单位工程　　C. 分部工程　　D. 分项工程

【答案】 B

【知识要点】 本题考查的是单位工程的概念，注意正确区分单项工程、单位工程、分部工程和分项工程的概念，以及相互组成部分。

【正确解析】 建设工程项目可分为单项工程、单位工程、分部工程和分项工程。单项工程是建设工程项目的组成部分；单位工程是单项工程的组成部分；分部工程是单位工程的组成部分；分项工程是分部工程的组成部分。一个建设工程项目由不同的单项工程、单位工程、分部工程和分项工程组成。

【例 2】 某大学建设工程项目中，一栋教学楼属于(　　)。

A. 单项工程　　B. 单位工程

C. 分部工程　　D. 分项工程

【答案】 A

【知识要点】 本题考查的是单项工程的概念，注意将概念中的单项工程与实际项目名称对应上，便于理解与记忆。

【正确解析】 单项工程是指在一个建设工程项目中具有独立的设计文件、竣工后可以独立发挥生产能力或效益的一组配套齐全的工程项目。一个建设工程项目有时可以包括一个单项工程，也可以包括多个单项工程。本题大学建设工程项目中，可以有教学楼、办公楼、实验楼、图书馆、宿舍楼、餐厅、体育馆等，每一个都属于一个单项工程。就教学楼而言，可以由建筑工程、装饰装修工程、电气工程、给排水采暖工程等组成，每一个都属于一个单位工程；就装饰装修工程而言，可以由楼地面工程、天棚工程、墙面工程、门窗工程等组成，每一个都属于一个分部工程；就楼地面工程而言，可以由面层、找平层、垫层、踢脚、散水等组成，每一个属于一个分项工程。计算工程造价从分项工程开始的，所以，分项工程是计算工、料及资金消耗的最基本构造要素。

由上可知，单位工程具有独立的设计文件，可以单独组织施工，但竣工后不能独立发挥生产能力或使用功能的工程；分部工程应按专业性质、建筑部位确定；分项工程一般按主要工程、材料、施工工艺、设备类别等进行划分。

【例 3】 不属于按建设项目投资效益分类的是(　　)。

A. 竞争性项目　　B. 基础性项目

C. 公益性项目　　D. 生产性项目

【答案】 D

【知识要点】 本题考查的是建设工程项目的分类。

【正确解析】 按项目的投资效益划分，建设工程项目分为竞争性项目、基础性项目和公益性项目；按投资作用划分，建设工程项目可分为生产性建设项目和非生产性建设项目；按建设性质划分，建设工程项目分为新建项目、扩建项目、改建项目、迁建项目和恢复项目；按项目规模划分，国家规定基本建设项目分为大型、中型、小型三类；按项目的投资来源划分，建设工程项目可分为政府投资项目和非政府投资项目，政府投资项目又可分为经营性政府投资项目和非经营性政府投资项目。

【例 4】 根据"国务院关于投资体制改革的决定"，对于企业不使用政府资金投资建设的项目，一律不再实行审批制，区别不同情况实行(　　)。

A. 审核制　　B. 核准制

C. 备案制　　D. 报告制

【答案】 B C

【知识要点】 本题考查的是项目投资决策审批制度

【正确解析】 根据"国务院关于投资体制改革的决定"国发[2004]20 号，对于企业不使用政府资金投资建设的项目，政府不再进行投资决策性质的审批，项目实行核准制或登记备案制，企业不需要编制项目建议书而可直接编制可行性研究报告，即政府投资项目和非政府投资项目分别实行审批制、核准制或备案制。

【例 5】 建设工程项目的造价、质量和进度三大目标之间是(　　)的关系。

A. 相互矛盾　　B. 相互统一

C. 相互对立统一　　D. 相互独立

【答案】 C

【知识要点】 本题考查的是建设工程项目管理三大目标之间的关系。

【正确解析】 建设工程项目管理的核心任务是控制项目目标，即造价控制、质量控制、进度控制。三大目标之间既存在着矛盾的方面、又存在着统一的方面，是对立统一的关系。例如，某一工程如果提高质量标准，肯定会追加投资，造价增大，施工进度会减慢，工期延长；如果想要赶工期，加快进度，势必会造成质量下降，同时还需要增加投资，造价随之增大。这就是三者之间相互矛盾、相互统一的关系。进行项目管理，必须充分考虑建设工程项目三大目标之间的对立统一关系，注意统筹兼顾，合理确定三大目标，防止发生盲目追求单一目标而冲击或干扰其他目标的现象。

◎建设工程项目成本管理

一、主要知识点

本节主要知识点有二处：一是建设工程项目成本管理流程，注意成本管理流程中的先后次序，不能颠倒，此处是考核的重点；二是建设工程项目成本管理的内容，是本章大纲唯一要求熟悉的内容，也是考核的重点。

建设工程项目成本管理流程、内容和方法，如图 2-8 所示。

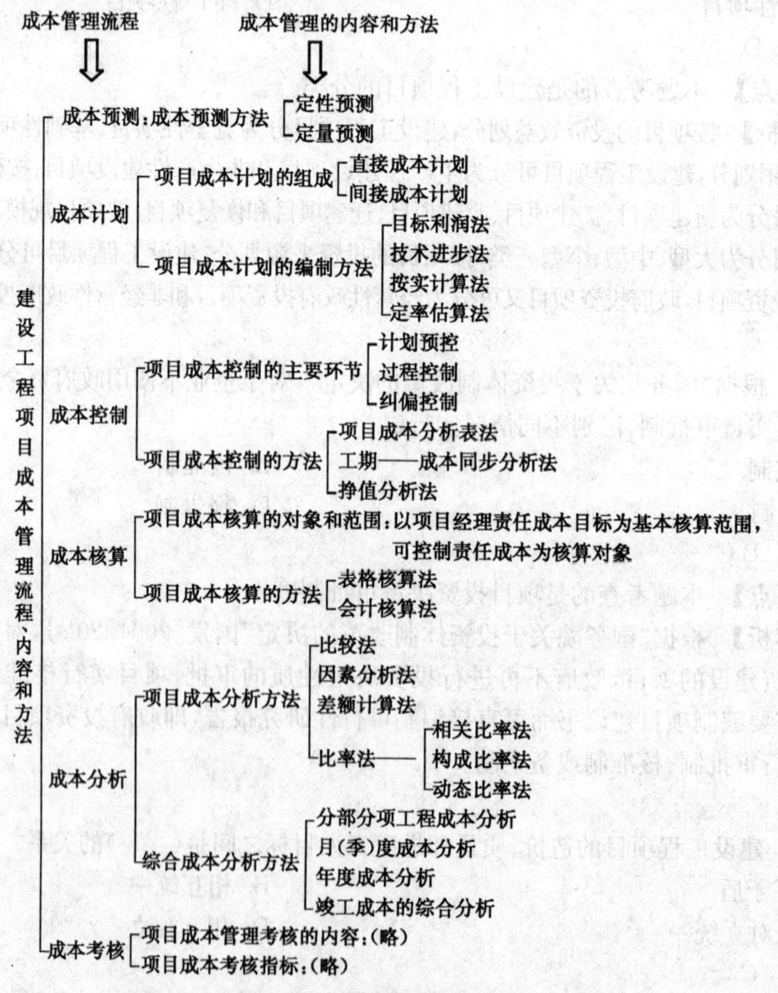

图 2-8 建设工程项目成本管理流程、内容和方法

二、例题

【例1】 成本分析、成本考核、成本核算是建设工程项目施工成本管理的重要环节，就此三项工作而言，其正确的工作流程是(　　)。

A. 成本核算—成本分析—成本考核　B. 成本分析—成本考核—成本核算

C. 成本考核—成本核算—成本分析　D. 成本分析—成本核算—成本考核

【答案】 A

【知识要点】 本题考查的是建设工程项目施工成本管理流程。

【正确解析】 建设工程项目施工成本管理流程是成本预测⟶成本计划⟶成本控制⟶成本核算⟶成本分析⟶成本考核等环节，每个环节之间存在相互联系和相互作用的关系。成本预测是成本计划的编制基础。成本计划是开展成本控制和核算的基础。成本控制能对成本计划的实施进行监督，保证成本计划的实现。而成本核算是成本计划是否实现的最后检查，所提供的成本信息又是成本预测、成本计划、成本控制和成本考核等的依据。成本分析为成本考核提供依据，也为未来成本预测与编制成本计划指明方向。成本考核是实现成本目标责任制的保证和手段。

【例2】 全过程成本管理的原则贯穿于项目建设的各个阶段，作为项目成本管理的核心内容，同时也是项目成本管理中不确定因素最多、最复杂、最基础的建设工程项目，成本管理的内容是(　　)。

A. 成本计划　B. 成本控制　C. 成本核算　D. 成本分析

【答案】 B

【知识要点】 本题考查的是建设工程项目成本管理的核心内容和方法。

【正确解析】 成本控制是指在项目实施过程中，对影响项目成本的各项要素，即施工生产所耗费的人力、物力和各项费用开支，采取一定措施进行监督、调节和控制，及时预防、发现和纠正偏差，保证项目成本目标实现。根据全过程成本管理的原则，成本控制应贯穿于项目建设的各个阶段，是项目成本管理的核心内容。

【例3】 项目成本分析的基本方法包括(　　)。

A. 比较法　B. 因素分析法　C. 差额计算法

D. 网络计划法　E. 比率法

【答案】 A B C E

【知识要点】 本题考查的是项目成本分析的基本方法。

【正确解析】 项目成本分析的基本方法包括比较法、因素分析法、差额计算法、比率法等。比较法又称指标对比分析法，是通过技术经济指标的对比，检查目标的完成情况，分析产生差异的原因，进而挖掘内部潜力的方法。因素分析法又称连环置换法，可用来分析各种因素对成本的影响程度。差额计算法是因素分析法的一种简化形式，可利用各个因素的目标值与实际值的差额来计算其对成本的影响程度。比率法是指用两个以上的指标的比例进行分析的方法，常用的有相关比率法、构成比率法、动态比率法。

○建设工程项目风险管理

一、主要知识点(见图 2-9)

本节主要知识点有二处:一是建设工程项目风险分类;二是建设工程项目风险应对策略。风险回避策略、风险转移是考核常涉及的知识点。

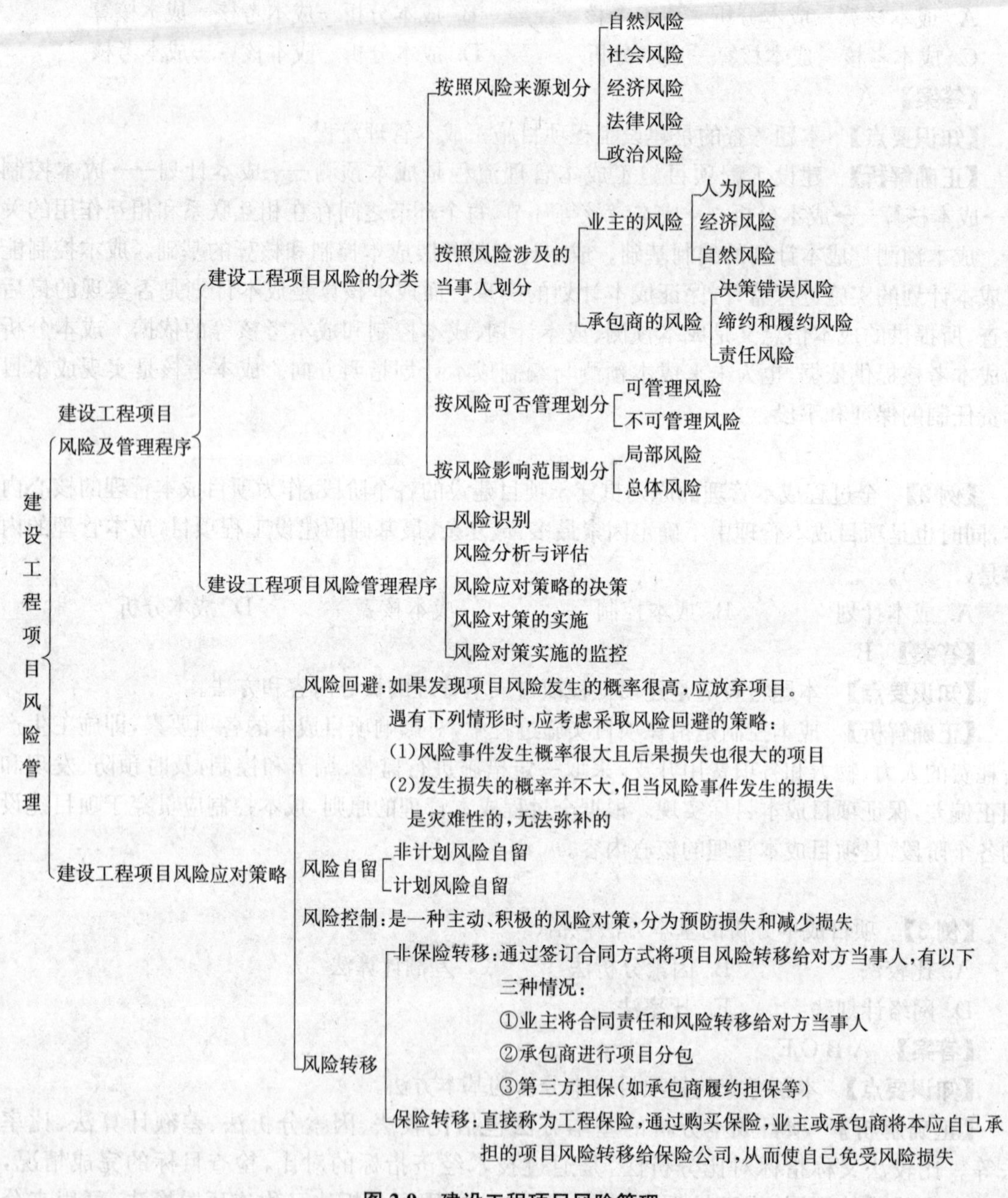

图 2-9 建设工程项目风险管理

二、例题

【例 1】 建设工程项目风险的应对策略包括(   )和风险转移。

A. 风险识别　　　　B. 风险回避　　　　C. 风险控制

D. 风险分析与评估　　E. 风险自留

【答案】 B C E

【知识要点】 本题考查的是建设工程项目风险的应对策略。

【正确解析】 建设工程项目风险的应对策略包括风险回避、风险自留、风险控制、风险转移。风险回避是指完成项目风险分析与评价后，如果发现项目风险发生的概率很高，而且可能的损失也很大，又没有其他有效的对策来降低风险时，应采取放弃项目、放弃原有计划或改变目标等方法，使其不发生或不再发展，从而避免可能产生的潜在损失。

风险自留是指项目风险保留在风险管理主体内部，通过采取内部控制措施等来化解风险或者对这些保留下来的项目风险不采取任何措施。

风险控制是一种主动、积极的风险对策。风险控制工作可分为预防损失和减少损失两方面。当有些风险无法回避、必须直接面对、而以自身的承受能力又无法有效承担时，风险转移就是一种十分有效的选择。适当、合理的风险转移是合法的、正当的，是一种高水平管理的体现。风险转移主要包括非保险转移和保险转移两大类。

【例 2】 以下(　　)属于承包商遇到的风险。

A. 责任风险　　B. 决策错误风险　　C. 经济风险

D. 缔约和履约风险　　E. 人为风险

【答案】 A B D

【知识要点】 本题考查的是建设工程项目风险的分类。

【正确解析】 建设工程项目的风险因素有很多，可以从不同的角度进行分类。按照风险来源进行划分，风险因素包括自然风险、社会风险、经济风险、法律风险、政治风险；按照风险涉及的当事人划分，包括业主风险、承包商风险。业主遇到的风险通常可以归纳为三类，即人为风险、经济风险、自然风险；承包商遇到的风险也可以归纳为三类，即决策错误风险、缔约和履约风险、责任风险。

【例 3】 风险转移是通过某种方式将某些风险的后果连同对风险应对的权利和责任转移给他人。项目风险最常见的非保险转移有以下情况(　　)。

A. 业主将合同责任和风险转移给对方当事人　　B. 建立风险准备金

C. 承包商进行项目分包　　D. 业主放弃项目

E. 实施第三方担保

【答案】 A C E

【知识要点】 本题考查的是风险转移的种类。

【正确解析】 风险转移主要包括非保险转移和保险转移两大类。非保险转移一般是指通过签订合同的方式将项目风险转移给非保险人的对方当事人。项目风险最常见的非保险转移有三种情况：即业主将合同责任和风险转移给对方当事人；承包商进行项目分包；第三方担保，如业主付款担保、承包商履约担保、预付款担保、分包商付款担保、工资支付担保等。

保险转移通常直接称为工程保险。通过购买保险，业主或承包商作为投保人将本应由自己承担的项目风险(包括第三方责任)转移给保险公司，从而使自己免受风险损失。

☆强化训练

一、单项选择题

1. 作为建设工程项目的组成部分，具有独立的设计文件、竣工后可以独立发挥生产能力或效益的一组配套齐全的工程项目是(　　)。

A. 单项工程　B. 单位工程　C. 分部工程　D. 分项工程

2. 具备独立施工条件并能形成独立使用功能的建筑物及构筑物的是(　　)。

A. 分部工程　B. 单项工程　C. 分项工程　D. 单位工程

3. 单位工程是单项工程的组成部分。按照单项工程的构成，又可将其分解(　　)。

A. 分部工程和分项工程　B. 建筑工程和设备安装工程

C. 单项工程和单位工程　D. 电气照明工程和电气设备安装工程

4. (　　)是单位工程的组成部分，应按专业性质、建筑部位确定。

A. 单项工程　B. 单位工程　C. 分部工程　D. 分项工程

5. (　　)是分部工程的组成部分，一般按主要工程、材料、施工工艺、设备类别等进行划分。

A. 单项工程　B. 单位工程　C. 分部工程　D. 分项工程

6. 具有独立的设计文件、可以单独组织施工、但竣工后不能独立发挥生产能力或使用功能的工程是(　　)。

A. 单项工程　B. 单位工程　C. 分部工程　D. 分项工程

7. 在工业厂房工程中，以下不属于单位工程的是(　　)。

A. 土建工程　B. 工业管道工程

C. 设备安装工程　D. 塑钢门窗制作与安装工程

8. 对一般工业与民用建筑工程而言，下列工程中不属于分部工程的是(　　)。

A. 土方开挖工程　B. 智能建筑工程　C. 主体结构工程　D. 屋面工程

9. 建一所大学，该工程属于(　　)。

A. 单位工程　B. 单项工程　C. 建设工程项目　D. 分项工程

10. 一栋教学办公综合楼属于(　　)。

A. 单项工程　B. 单位工程　C. 分部工程　D. 分项工程

11. 某住宅楼的土建工程属于(　　)。

A. 单项工程　B. 分部工程　C. 单位工程　D. 分项工程

12. 某体育场馆的钢筋混凝土桩基础工程属于(　　)。

A. 单项工程　B. 单位工程　C. 分部工程　D. 分项工程

13. (　　)是计算工、料及资金消耗的最基本的构造要素。

A. 单项工程　B. 单位工程　C. 分部工程　D. 分项工程

14. 不属于按建设项目性质分类的是(　　)。

A. 扩建项目　B. 在建项目　C. 改建项目　D. 迁建项目

15. 不属于按建设项目投资效益分类的是(　　)。

A. 竞争性项目　B. 基础性项目　C. 公益性项目　D. 生产性项目

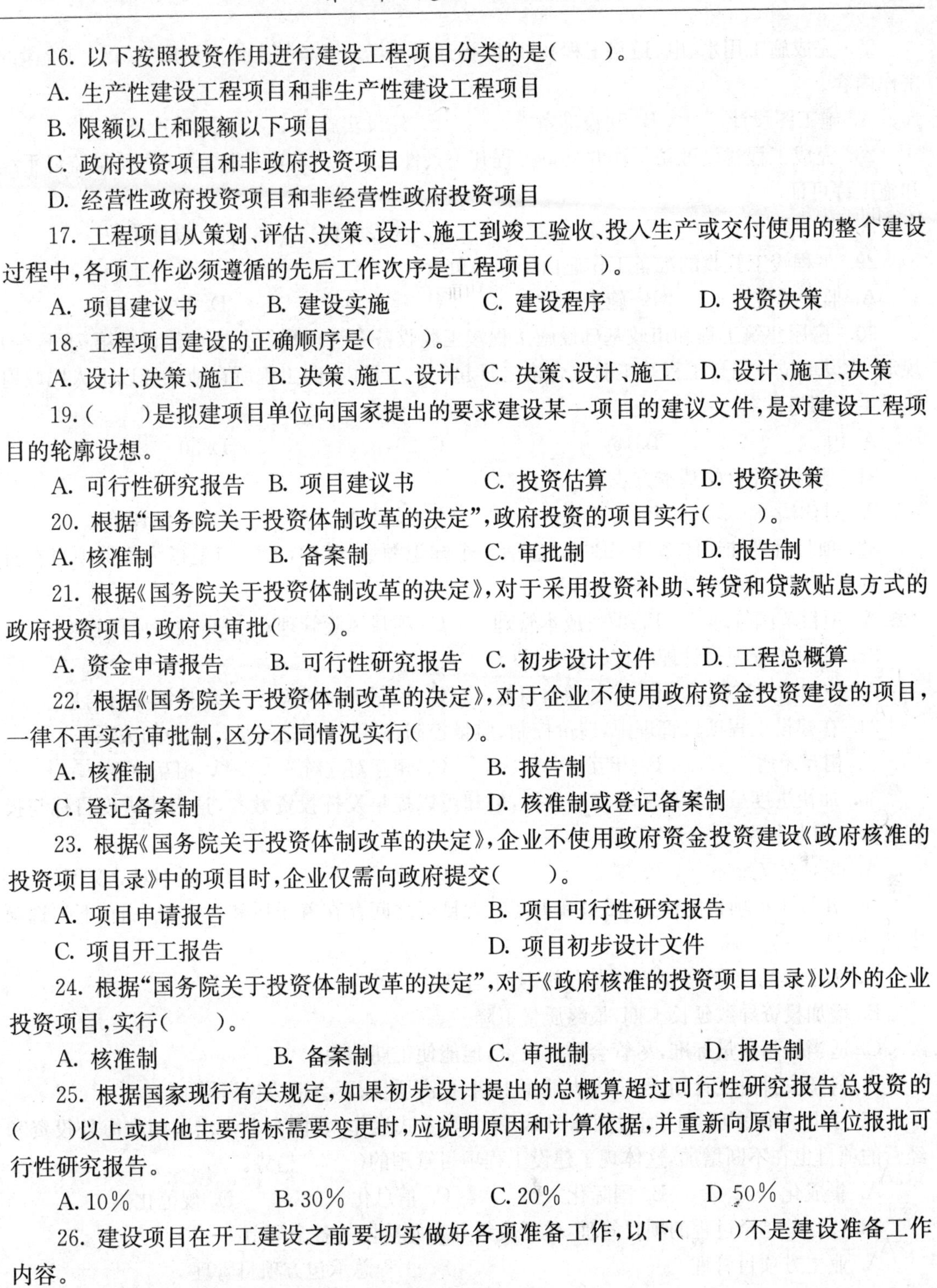

16. 以下按照投资作用进行建设工程项目分类的是(　　)。

A. 生产性建设工程项目和非生产性建设工程项目

B. 限额以上和限额以下项目

C. 政府投资项目和非政府投资项目

D. 经营性政府投资项目和非经营性政府投资项目

17. 工程项目从策划、评估、决策、设计、施工到竣工验收、投入生产或交付使用的整个建设过程中，各项工作必须遵循的先后工作次序是工程项目(　　)。

A. 项目建议书　B. 建设实施　C. 建设程序　D. 投资决策

18. 工程项目建设的正确顺序是(　　)。

A. 设计、决策、施工　B. 决策、施工、设计　C. 决策、设计、施工　D. 设计、施工、决策

19. (　　)是拟建项目单位向国家提出的要求建设某一项目的建议文件，是对建设工程项目的轮廓设想。

A. 可行性研究报告　B. 项目建议书　C. 投资估算　D. 投资决策

20. 根据"国务院关于投资体制改革的决定"，政府投资的项目实行(　　)。

A. 核准制　B. 备案制　C. 审批制　D. 报告制

21. 根据《国务院关于投资体制改革的决定》，对于采用投资补助、转贷和贷款贴息方式的政府投资项目，政府只审批(　　)。

A. 资金申请报告　B. 可行性研究报告　C. 初步设计文件　D. 工程总概算

22. 根据《国务院关于投资体制改革的决定》，对于企业不使用政府资金投资建设的项目，一律不再实行审批制，区分不同情况实行(　　)。

A. 核准制　B. 报告制

C. 登记备案制　D. 核准制或登记备案制

23. 根据《国务院关于投资体制改革的决定》，企业不使用政府资金投资建设《政府核准的投资项目目录》中的项目时，企业仅需向政府提交(　　)。

A. 项目申请报告　B. 项目可行性研究报告

C. 项目开工报告　D. 项目初步设计文件

24. 根据"国务院关于投资体制改革的决定"，对于《政府核准的投资项目目录》以外的企业投资项目，实行(　　)。

A. 核准制　B. 备案制　C. 审批制　D. 报告制

25. 根据国家现行有关规定，如果初步设计提出的总概算超过可行性研究报告总投资的(　　)以上或其他主要指标需要变更时，应说明原因和计算依据，并重新向原审批单位报批可行性研究报告。

A. 10%　B. 30%　C. 20%　D 50%

26. 建设项目在开工建设之前要切实做好各项准备工作，以下(　　)不是建设准备工作内容。

A. 征地、拆迁、场地平整以及基坑开挖工作

B. 完成施工用水、电、通信、道路等接通工作

C. 组织招标选择工程监理单位、承包单位及设备、材料供应商

D. 准备必要的施工图纸

27. 完成施工用水、电、道路工程和征地、拆迁以及场地平整等工作应该属于(　　)阶段的工作内容。

A. 施工图设计　　B. 建设准备　　C. 建设实施　　D. 生产准备

28. 完成工程建设准备工作并具备工程开工条件后,(　　)应及时办理工程质量监督手续和施工许可证。

A. 监理单位　　B. 施工单位　　C. 建设单位　　D. 设计单位

29. 工程竣工验收的准备工作应由(　　)负责。

A. 监理单位　　B. 施工单位　　C. 建设单位　　D. 设计单位

30.《房屋建筑工程和市政基础设施工程竣工验收备案管理暂行办法》(建设部第78号令)规定,建设单位应当自工程竣工验收合格之日起(　　)日内,向工程所在地县级以上人民政府建设主管部门备案。

A. 10　　B. 15　　C. 20　　D. 30

31. 项目后评价的基本方法是(　　)。

A. 对比法　　B. 分析法　　C. 统计法　　D. 总结评价法

32. 项目管理知识体系(PMBOK)包括9个知识领域,其中,(　　)是指为确保项目在批准的预算范围内完成所需的各个过程。

A. 项目范围管理　　B. 项目成本管理　　C. 项目风险管理　　D. 项目质量管理

33. 建设工程项目管理的核心任务是(　　)。

A. 控制项目采购　　B. 控制项目目标　　C. 控制项目风险　　D. 控制项目信息

34. 在建设工程项目管理中,造价控制、质量控制、进度控制之间是(　　)的关系。

A. 相互矛盾　　B. 相互统一　　C. 相互对立统一　　D. 相互独立

35. 加快进度虽然一般需要增加投资,但却可以提早发挥投资效益,这表明进度目标与投资目标之间存在着(　　)的关系。

A. 既对立又统一　　B. 对立　　C. 统一　　D. 既不对立又不统一

36. 建设工程项目的造价、质量和进度三大目标之间存在着矛盾和对立的一面,下列选项中,能说明这一点的是(　　)。

A. 为了提高质量,就需要增加投资、延长工期

B. 增加投资导致延长工期,最终质量下降

C. 适当提高质量标准,尽管会增加投资,但能使工期缩短

D. 科学安排进度计划、可以大大缩短工期、提高质量、不会造成投资增加

37. 我国的许多项目已通过国际招标、咨询等方式运作,我国企业走出国门在海外投资和经营的项目也在不断增加,这体现了建设工程项目管理的(　　)趋势。

A. 集成化　　B. 国际化　　C. 信息化　　D. 规范化

38. (　　)是全过程的项目管理,包括决策和实施阶段的各个环节。

A. 业主方项目管理　　B. 工程总承包方项目管理

C. 设计方项目管理　　D. 施工方项目管理

39. (　　)不仅仅局限于项目勘察设计阶段,而且要延伸到项目的施工阶段和竣工验收阶段。

A. 业主方项目管理　　B. 工程总承包方项目管理

C. 设计方项目管理　　D. 施工方项目管理

40. 成本计划的编制基础是(　　)。

A. 成本控制　　B. 成本核算　　C. 成本分析　　D. 成本预测

41. 成本管理的核心任务是(　　)。

A. 成本计划　　B. 成本控制　　C. 成本核算　　D. 成本分析

42. 施工成本管理中的成本控制、成本预测和成本计划,该三项的正确工作流程是(　　)。

A. 成本控制—成本预测—成本计划　　B. 成本控制—成本计划—成本预测

C. 成本预测—成本计划—成本控制　　D. 成本计划—成本预测—成本控制

43. 成本分析、成本考核、成本核算是建设工程项目施工成本管理的重要环节,仅就此三项工作而言,其正确的工作流程是(　　)。

A. 成本核算—成本分析—成本考核　　B. 成本分析—成本考核—成本核算

C. 成本考核—成本核算—成本分析　　D. 成本分析—成本核算—成本考核

44. 成本预测的方法可以分为(　　)两大类。

A. 加权平均法和回归分析法　　B. 直接成本和间接成本

C. 目标利润法和差额计算法　　D. 定性预测和定量预测

45. 承包企业以货币形式编制项目在计划期内的生产费用、成本水平及为降低成本采取的主要措施和规划的具体方案。这属于建设工程项目成本管理内容中的(　　)。

A. 成本分析　　B. 成本计划　　C. 成本考核　　D. 成本预测

46. 在工程合同价与实际施工成本、工程款支付比较时,成本的计划值是(　　)。

A. 施工预算　　B. 实施施工成本　　C. 工程合同价　　D. 工程款支付

47. 下列方法中,成本计划的方法是(　　)。

A. 差额计算法和因素分析法　　B. 定率估算法和比率法

C. 目标利润法和按实计算法　　D. 技术进步法和比较法

48. 将项目分成若干个子项目,参照同类项目历史数据,采用算数平均的方法计算子项目的目标成本降低额和降低率,然后再汇总整个项目的成本降低额和降低率。这种编制成本计划的方法是(　　)。

A. 目标利润法　　B. 目标成本法　　C. 技术进步法　　D. 定率估算法

49. 在进行成本分析时,将同类指标不同时期的数值进行对比,以分析该项指标的发展方向和发展速度的方法是(　　)。

A. 动态比率法　　B. 差额计算法　　C. 相关比率法　　D. 比较法

50. 建设工程项目风险的因素有很多,以下(　　)不是按照风险来源进行划分的因素。

A. 自然风险　　B. 经济风险　　C. 人为风险　　D. 法律风险

51. 工程承发包市场风险属于(　　)。

A. 自然风险　　B. 经济风险　　C. 社会风险　　D. 法律风险

52. 下列不属于自然风险的是(　　)。

A. 异常恶劣的雨、雪、冰冻天气　　B. 恶劣的施工现场条件

C. 环境保护法则的限制　　D. 未能预测到的特殊地质条件

53. 按照分析涉及的当事人划分,包括(　　)。

A. 业主风险和承包商风险　　B. 人为风险和自然风险

C. 监理风险和社会风险　　D. 承包商风险和经济风险

54. 建设工程项目风险按照风险影响的范围划分，可分为(　　)。

A. 社会风险和政治风险　　B. 业主风险和承包商风险

C. 可管理和不可管理风险　　D. 局部风险和总体风险

55. 项目风险管理的流程包括：①风险识别；②风险分析与评估；③风险应对策略的决策；④风险对策的实施；⑤风险对策实施的监控。其正确的流程是(　　)。

A. ①②③④⑤　　B. ⑤④③②①　　C. ①③④⑤②　　D. ②①④③⑤

56. 在建设工程项目风险管理程序中，(　　)是风险管理中的首要步骤。

A. 风险分析与评估　　B. 风险应对策略的决策

C. 风险识别　　D. 风险对策的实施

57. 在建设工程项目风险管理过程中，风险识别的最主要成果是(　　)。

A. 风险事件发生的概率　　B. 风险等级

C. 风险事件引发后果的严重程度　　D. 风险清单

58. 以下不属于工程项目风险应对策略的是(　　)。

A. 风险自留　　B. 应急计划　　C. 风险控制　　D. 风险转移

59. 下列应对风险的措施中属于风险回避的措施是(　　)。

A. 业主选择放弃项目　　B. 要求对方提供第三方担保

C. 业主选择签订总价合同　　D. 承包商选择签订专业分包合同

60. 风险事件发生概率很大且后果损失也很大的项目，应该采用的应对策略是(　　)。

A. 风险转移　　B. 风险回避　　C. 风险自留　　D. 风险控制

61. 既不改变项目风险的客观性，也不改变项目风险的发生概率，也不改变项目风险潜在损失的严重性的建设工程项目风险应对策略是(　　)。

A. 风险转移　　B. 风险自留　　C. 风险控制　　D. 风险回避

62. (　　)是一种主动、积极的风险对策。

A. 风险转移　　B. 风险自留　　C. 风险控制　　D. 风险回避

63. 当有些风险必然出现、必须直接面对，而以本身的承受能力又无法有效地承担时，应该选择的风险应对策略为(　　)。

A. 风险转移　　B. 风险自留　　C. 风险控制　　D. 风险回避

64. 风险转移主要包括保险转移和非保险转移两大类，下列不属于非保险转移的是(　　)。

A. 承包商履约担保　　B. 业主付款担保

C. 监理单位承担　　D. 业主通过合同条款转移

65. 总承包商将自己不擅长的某专业工程进行分包，属于(　　)的风险应对策略。

A. 风险转移　　B. 风险自留　　C. 风险控制　　D. 风险回避

66. 关于风险转移，以下说法错误的是(　　)。

A. 非保险转移又称为合同转移，保险转移通常直接称为工程保险

B. 保险并不能转移工程项目的所有风险

C. 适当、合理的风险转移是合法的、正当的，是一种高水平管理的体现

D. 如果风险管理人员水平高，工程保险可以转移工程项目的所有风险

二、多项选择题

1. 建设工程项目可以划分为(　　)。

A. 单项工程　B. 单位工程

C. 分部工程　D. 分项工程

E. 单体工程

2. 以下属于建设工程项目的是(　　)。

A. 某工厂的一个车间　B. 某一大型体育馆

C. 某发电厂　D. 某小区一栋住宅楼

E. 一所学校

3. 下列工程中,属于单位工程的是(　　)。

A. 设备安装工程　B. 智能建筑工程

C. 电梯工程　D. 玻璃幕墙工程

E. 土建工程

4. 以下(　　)项目属于分项工程。

A. 楼地面装修工程　B. 楼面面层

C. 天棚装修工程　D. 墙面抹灰

E. 房间踢脚

5. 建设工程项目按照建设性质不同,可划分为(　　)。

A. 新建项目　B. 筹建项目

C. 改建项目　D. 恢复项目

E. 重建项目

6. 基本建设项目按投资规模分类是(　　)。

A. 大型项目　B. 中型项目

C. 生产性建设项目　D. 非生产性建设项目

E. 小型项目

7. 建设工程项目按照投资效益可划分为(　　)。

A. 经营性政府投资项目　B. 竞争性项目

C. 非经营性政府投资项目　D. 基础性项目

E. 公益性项目

8. 建设工程项目按照投资作用可划分为(　　)。

A. 政府投资项目　B. 非政府投资项目

C. 生产性建设项目　D. 非生产性建设项目

E. 限额以上和限额以下

9. 工程项目建设程序是指工程项目从策划、评估、决策、(　　)的整个建设过程中,各项工作必须遵循的先后次序。

A. 设计　B. 竣工验收

C. 施工　D. 投入生产或交付使用

E. 运营

10. 根据《国务院关于投资体制改革的决定》,企业投资建设《政府核准的投资项目目录》中的项目时，不再经过批准(　　)的程序。

A. 初步设计和概算　　B. 资金申请报告

C. 项目建议书　　D. 可行性研究报告

E. 开工报告

11. 在重大项目和技术复杂项目中，工程设计工作一般划分为(　　)阶段。

A. 扩大初步设计　　B. 施工图设计

C. 初步设计　　D. 方案设计

E. 技术设计

12. 项目在开工建设之前要切实做好各项准备工作，建设准备工作主要内容包括(　　)。

A. 准备必要的施工图纸　　B. 完成施工用水、电、通信、道路等接通工作

C. 征地、拆迁和场地平整　　D. 组织招标选择工程监理单位、承包单位

E. 物资准备

13. 工程项目经批准新开工建设，项目即进入施工安装阶段。以下(　　)是项目新开工时间。

A. 工程地质勘查、平整场地、旧建筑物拆除

B. 任何一项永久性工程第一次正式破土开槽开始施工的日期

C. 不需要开槽的工程，正式开始打桩的日期就是开工日期

D. 临时建筑、施工厂临时道路和水、电等工程开始施工的日期

E. 需要大量土方、石方工程的，以开始进行土方、石方工程的日期作为正式开工日期

14. 竣工验收准备工作主要包括(　　)。

A. 整理技术资料　　B. 绘制竣工图

C. 编制竣工决算　　D. 办理工程结算

E. 支付工程款

15. 项目后评价的基本方法是对比法。在实际工作中，往往从以下(　　)方面对建设工程项目进行后评价。

A. 经济效益后评价　　B. 环境效益后评价

C. 社会效益后评价　　D. 过程后评价

E. 效益后评价

16. 为适应建设工程项目大型化、项目大规模融资及分散项目风险等需求，建设工程项目管理呈现出(　　)趋势。

A. 集成化　　B. 国际化

C. 规范化　　D. 信息化

E. 传统化

17. 施工方项目管理的目标体系包括项目施工质量、成本、工期以及(　　)。

A. 技术　　B. 施工组织

C. 安全和现场标准化　　D. 合同管理

E. 环境保护

18. 在下列关于建设工程项目管理类型的论述中，正确的是(　　)。

A. 业主方项目管理是全过程的项目管理

B. 工程总承包方的项目管理既包括项目设计阶段，也包括项目施工安装阶段

C. 工程总承包方的项目管理是指项目施工安装阶段的项目管理

D. 设计方的项目管理应该延伸到项目施工阶段和竣工验收阶段

E. 供货方的项目管理是实施项目施工质量、成本、工期、安全和环境保护目标体系

19. 在下列关于建设工程项目管理任务的论述中，正确的是（　　）。

A. 从某种意义上讲，项目的实施过程就是合同订立和履行的过程

B. 组织协调是实现项目目标必不可少的方法和手段

C. 目标控制的措施包括组织、技术、经济、合同等措施

D. 信息管理是项目目标控制的基础

E. 为加快项目进度，环境措施可以列入后期工程实施

20. 项目成本管理是指为确保项目在批准的预算范围内完成所需的各个过程，具体内容包括（　　）。

A. 项目核准　　B. 资源规划

C. 成本估算　　D. 成本控制

E. 成本预测

21. 在以下关于建设工程项目成本管理说法中，正确的是（　　）。

A. 成本计划是开展成本控制和核算的基础

B. 成本核算是对成本计划是否实现的最后检查

C. 成本分析是成本考核的依据

D. 成本预测是成本计划的编制基础

E. 成本控制是成本计划的基础

22. 施工合同签订后，工程项目施工成本计划的常用编制方法有（　　）。

A. 专家意见法　　B. 功能指数法

C. 目标利润法　　D. 技术进步法

E. 定率估算法

23. 成本控制的环节有（　　）。

A. 全员控制　　B. 计划控制

C. 运行过程控制　　D. 纠偏控制

E. 目标控制

24. 项目成本控制的方法有（　　）。

A. 成本分析法　　B. 目标成本控制法

C. 挣值法　　D. 工期—成本同步分析

E. 价值工程法

25. 作为施工项目成本核算的方法之一，表格核算法的特点有（　　）。

A. 便于操作　　B. 逻辑性强

C. 核算范围大　　D. 适应性好

E. 表格格式自由

26. 作为施工项目成本核算是方法之一，会计核算法的特点有（　　）。

A. 逻辑性强　　B. 易于操作

C. 核算范围大 D. 专业水平要求高
E. 审核不够严密

27. 施工项目成本分析的基本方法包括（ ）。
A. 因素分析法 B. 差额计算法
C. 强制评分法 D. 动态比率法
E. 相关比率法

28. 企业项目成本考核指标包括（ ）。
A. 施工责任目标成本与实际降低额和降低率
B. 设计成本降低额和降低率
C. 施工成本降低额和降低率
D. 施工计划成本实际降低额和降低率
E. 项目经理责任目标总成本降低额和降低率

29. 在建设工程项目风险的分类中，下列按照风险来源进行划分的是（ ）。
A. 自然风险 B. 社会风险
C. 经济风险 D. 政治风险
E. 责任风险

30. 业主遇到的风险通常可以归纳为（ ）。
A. 缔约和履约风险 B. 人为风险
C. 自然风险 D. 经济风险
E. 法律风险

31. 承包商遇到的风险可归纳为（ ）。
A. 决策错误风险 B. 人为风险
C. 缔约和履约风险 D. 法律风险
E. 责任风险

32. 建设工程项目的经济风险有（ ）。
A. 金融风险 B. 政局的不稳定性
C. 国家经济政策的变化 D. 劳动力市场的变动
E. 社会风气

33. 下列风险中属于承包商决策错误风险的有（ ）。
A. 报价失误风险 B. 缔约与履约风险
C. 责任风险 D. 保标与买标风险
E. 信息失真风险

34. 常用的项目风险分析与评估方法有（ ）。
A. 财务报表法 B. 调查打分法
C. 流程图法 D. 计划评审技术法
E. 敏感性分析法

35. 建设工程项目风险的应对策略包括（ ）。
A. 风险预测 B. 风险回避
C. 风险自留 D. 风险控制

E. 风险转移

36. 当发生下列(　　)风险时，应考虑采取风险回避的策略。

A. 单一风险事件发生的概率很高

B. 风险事件发生概率不大但后果损失很大的项目

C. 风险事件发生概率很大且后果损失也很大的项目

D. 发生损失的概率并不大，但当风险事件发生后产生的损失是灾难性的、无法弥补的

E. 发生损失的概率不大，产生的损失也不大

37. 风险控制是一种主动、积极的风险对策，其工作可分为(　　)方面。

A. 预防损失　　B. 非计划性风险自留

C. 减少损失　　D. 计划性风险自留

E. 降低或消除损失

38. 建设项目风险最常见的非保险转移有(　　)。

A. 业主将合同责任和风险转移给对方当事人

B. 承包商进行项目分包

C. 业主付款担保

D. 承包商履约担保

E. 工程保险

☆参考答案

一、单项选择题

1. A　2. D　3. B　4. C　5. D　6. B　7. D　8. A　9. C　10. A
11. C　12. C　13. D　14. B　15. D　16. A　17. C　18. C　19. B　20. C
21. A　22. D　23. A　24. B　25. A　26. A　27. B　28. C　29. C　30. B
31. A　32. B　33. B　34. C　35. A　36. A　37. B　38. A　39. C　40. D
41. B　42. C　43. A　44. D　45. B　46. C　47. C　48. D　49. A　50. C
51. B　52. C　53. A　54. D　55. A　56. C　57. D　58. B　59. A　60. B
61. B　62. C　63. A　64. C　65. A　66. D

二、多项选择题

1. ABCD　2. BCE　3. AE　4. BDE　5. ACD　6. ABE　7. BDE
8. CD　9. ABCD　10. CDE　11. BCE　12. ABCD　13. BCE　14. ABC
15. DE　16. ABD　17. CE　18. ABD　19. ABCD　20. BCDE　21. ABCD
22. CDE　23. BCD　24. ACD　25. ADE　26. ACD　27. ABDE　28. BC
29. ABCD　30. BCD　31. ACE　32. ACD　33. ADE　34. BDE　35. BCDE
36. CD　37. AC　38. ABCD

第三章　建设工程合同管理

☆考纲要求

1. 了解建设工程相关合同类型及其主要内容；
2. 了解建设工程施工合同的类型及其选择；
3. 熟悉建设工程施工合同工程造价相关的主要内容与条款；
4. 了解建设工程总承包合同及分包合同订立与履行的基本原则；
5. 掌握工程造价咨询合同的全部内容。

☆复习提示

◯重点概念

根据考试大纲和历年试题分析，本章应重点掌握的概念有 EPC 承包合同、施工总承包合同、工程分包合同、建设工程合同、建设工程勘察、设计合同、建设工程施工合同、施工合同双方的一般权利和义务、建设工程造价咨询合同、建设工程造价咨询合同标准条件、建设工程造价咨询合同标准条件、总价合同、单价合同、成本加酬金合同、建设工程施工合同类型的选择、建设工程合同示范文本、协议书、通用条款、专用条款、合同价款、合同价款的确定方式、工程预付款、工程量确认、工程款(进度款)支付、竣工结算、质量保修金、EPC 承包合同的订立与履行、专业分包合同的订立与履行、劳务分包合同的订立与履行

◯学习方法

本章包括建设工程造价管理相关合同、建设工程施工合同管理、建设工程总承包及分包合同合同管理共三节内容。其中，建设工程合同类型、建设工程造价咨询合同、建设工程施工合同类型及选择、建设工程施工合同文件的组成、建设工程施工合同中有关造价的条款、EPC 承包合同的订立与履行、专业分包合同的订立与履行是考核的重点内容。这部分的知识点明确，归纳后便于记忆。对于不同的合同类型，选择时注意比较每种合同类型的特点、适用范围、风险分担情况等；对于各种合同示范文本注意重点掌握每种合同示范文本的组成及有关造价条款的内容；对于建设工程总承包合同及分包合同，注意订立与履行的基本内容。

在学习本章时，一定要注意避免混淆概念，建设工程合同类型与建设工程施工合同类型是完全不同的两个概念。前者根据我国《合同法》，将建设工程合同分为勘察、设计、施工三种合同，建设工程造价咨询合同不属于建设工程合同类型。后者按计价方式的不同将建设工程施工合同进一步划分为总价合同、单价合同、成本加酬金合同三大类。在施工中，应按照工程实际情况，选择其中一种计价模式的合同作为施工合同。

☆主要知识点

○建设工程造价管理相关合同

一、主要知识点

本节主要知识点有七处：一是业主的主要合同关系；二是承包商的主要合同关系。这两部分内容较简单，比较容易记忆，注意两者的区别即可；三是建设工程合同类型，其中，建设工程合同概念必须牢记，建设工程合同类型为重要考点；四是建设工程施工合同，发包人与承包人的权利和义务为考核的知识点；五是建设工程造价咨询合同的组成内容，组成内容为考核的知识点；六是建设工程造价咨询合同标准条件；七是建设工程造价咨询合同专用条件，其中，建设工程造价咨询业务的种类为考核的知识点。

考试大纲中的1和5就是对本节的要求。值得注意的是，在本次大纲的修订中，将建设工程造价咨询合同确定为掌握内容，而将第二节建设工程相关合同类型及其主要内容确定为了解内容。虽然为了解内容，但为重要考点。本节知识框架如下所示：

1. 业主的主要合同关系(见图3-1)

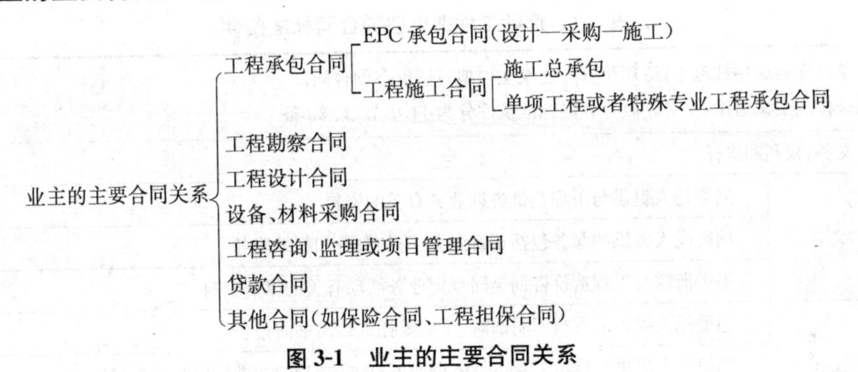

图3-1 业主的主要合同关系

2. 承包商的主要合同关系(见图3-2)

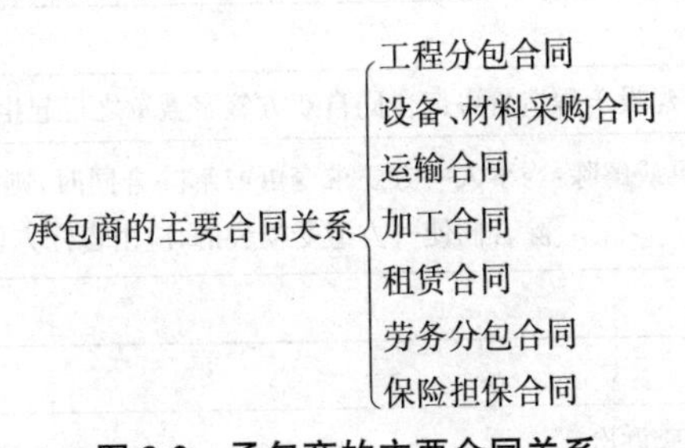

图3-2 承包商的主要合同关系

3. 建设工程合同类型(见图3-3)

建设工程合同：是指承包人进行工程建设、发包人支付价款的合同。

建设工程合同类型
- 勘察合同
- 设计合同
- 施工合同

图3-3 建设工程合同类型

4. 建设工程施工合同(见图 3-4)

建设工程施工合同
- 工程施工合同的内容：包括工程范围、建设工期、中间交工工程的开工和竣工时间、工程质量、工程造价、技术资料交付时间、材料和设备供应责任、拨款和结算、工程验收、质量保修范围和质量保证期、双方相互协作等条款。
- 发包人的权利和义务：(略)
- 承包人的权利和义务：(略)

图 3-4 建设工程施工合同

5. 建设工程造价咨询合同组成内容(见图 3-5、图 3-6)

《建设工程造价咨询合同(示范文本)》组成
- 《建设工程造价咨询合同》
- 《建设工程造价咨询合同标准条件》
- 《建设工程造价咨询合同专用条件》

图 3-5 建设工程造价咨询合同(示范文本)组成

《建设工程造价咨询合同》组成内容
- 建设工程造价咨询合同标准条件
- 建设工程造价咨询合同专用条件
- 建设工程造价咨询合同执行中共同签署的补充与修正文件

图 3-6 建设工程造价咨询合同组成内容

6. 建设工程造价咨询合同标准条件 (见表 3-1)

表 3-1 建设工程造价咨询合同标准条件

<table>
<tr><td colspan="2">合同标准条件作为通用性范本，适用于各类建设工程项目造价咨询合同。
合同标准条件应全文引用，不得删改。合同标准条件分为 11 小节，共 32 条</td></tr>
<tr><td colspan="2">咨询人的义务、权利和责任</td></tr>
<tr><td rowspan="3">咨询人的义务</td><td>向委托人提供与工程造价咨询业务有关的资料</td></tr>
<tr><td>向委托人提供的服务包括正常服务、附加服务和额外服务</td></tr>
<tr><td>不得泄露与工程造价咨询合同规定业务活动有关的保密资料</td></tr>
<tr><td rowspan="3">咨询人的权利</td><td>当委托人提供的资料不明确时，可向委托人提出书面报告</td></tr>
<tr><td>当第三人提出与建设工程造价咨询业务有关的问题时，进行核对或查问</td></tr>
<tr><td>到工程现场进行勘察</td></tr>
<tr><td colspan="2">委托人的义务、权利和责任：(略)</td></tr>
<tr><td rowspan="2">合同生效、变更与终止</td><td>合同生效：建设工程造价咨询合同自双方签字盖章之日起生效</td></tr>
<tr><td>合同的变更或解除：当事人一方要求变更或解除合同时，则应在 14 日前通知对方；因变更或解除合同使一方遭受损失的，应由责任方负责赔偿</td></tr>
<tr><td colspan="2">咨询业务的酬金：(略)</td></tr>
<tr><td colspan="2">其他规定：(略)</td></tr>
<tr><td colspan="2">合同争议的解决：协商、调解、仲裁或诉讼</td></tr>
</table>

7. 建设工程造价咨询合同专用条件(见表 3-2)

表 3-2 建设工程造价咨询合同专用条件

合同专用条件是根据建设工程项目特点和条件，由委托人和咨询人协商一致后填写。如果双方认为需要，还可以在其中增加约定的补充条款和修正条款。
在咨询合同专用条件中，必须具体写明委托人所委托的咨询业务范围

续表 3-2

建设工程造价咨询业务	A类:建设项目可行性研究投资估算的编制、审核及项目经济评价
	B类:建设工程概算、预算、结算、竣工结(决)算的编制、审核
	C类:建设工程招标标底、投标报价的编制、审核
	D类:工程洽商、变更及合同争议的鉴定与索赔
	E类:编制工程造价计价依据及对工程造价进行监控和提供有关工程造价信息资料
一般情况下,签订合同时预付30%咨询报酬,当工作量完成70%时,支付70%的咨询酬金,剩余部分待咨询结果定案时一次付清	
合同标准条件与合同专用条件起相互补充说明的作用,专用条件中的条款序号应与被补充、修正或说明的标准条件的条款序号一致,即两部分内容中相同序号的条款共同组成一个内容完备、说明某一问题的条款	
若标准条件内的条款已是一个完备的条款时,专用条款内可不再列此序号。合同专用条件中的条款只是按序号大小排列	

二、例题

【例1】 根据我国《合同法》的规定,建设工程合同是指承包人进行工程建设、发包人支付价款的合同。建设工程合同包括(　　)等。

A. 设计合同、施工合同、监理合同　　B. 勘察合同、设计合同、施工合同

C. 施工合同、咨询合同、监理合同　　D. 分包合同、采购合同、咨询合同

【答案】 B

【知识要点】 本题考查的是《合同法》关于建设工程合同类型的规定。

【正确解析】 根据我国《合同法》的规定,建设工程合同是指承包人进行工程建设、发包人支付价款的合同。建设工程合同包括勘察、设计、施工合同等。

发包人可以与总承包人订立建设工程合同,也可以分别与勘察人、设计人、施工人订立勘察、设计、施工承包合同。发包人不得将应当由一个承包人完成的建设工程肢解成若干部分发包给几个承包人。

总承包人或勘察、设计、施工承包人经发包人同意,可以将自己承包的部分工作交由第三人完成。第三人就其完成的工作成果与总承包人或勘察、设计、施工承包人向发包人承担连带责任。承包人不得将其承包的全部建设工程转包给第三人或者将其承包的全部建设工程肢解以后以分包的名义分别转包给第三人。

【例2】 以下属于承包商主要合同关系的是(　　)。

A. 工程分包合同　　B. 监理合同

C. 劳务分包合同　　D. 工程咨询合同

E. 设备、材料采购合同

【答案】 A C E

【知识要点】 本题考查的是建设工程项目中的主要合同关系。

【正确解析】 正确区分业主的主要合同关系和承包商的主要合同关系非常重要。

业主为实现建设工程项目总目标,可通过签订合同将建设工程项目寿命期内有关活动委托给相应的专业承包单位或专业机构,如工程勘察、工程设计、工程施工、设备和材料供应、工

程咨询(可行性研究、技术咨询)与项目管理服务等单位。业主的主要合同关系包括:工程承包合同;工程勘察合同;工程设计合同;设备、材料采购合同;工程咨询、监理或项目管理合同;贷款合同;其他合同(工程保险合同、工程担保合同等)。

承包商作为工程承包合同的履行者,也可通过签订合同将工程承包合同中所确定的工程设计、施工、设备材料采购等部分任务委托给其他相关单位完成。承包商主要合同关系有:工程分包合同;设备、材料采购合同;运输合同;加工合同;租赁合同;劳务分包合同;保险合同(工程保险、工程担保合同等)。

注意两者共有的合同关系是设备、材料采购合同、保险合同和担保合同。

【例 3】 在工程施工合同中,关于发包人权利和义务的论述中,错误的是( )。

A. 发包人在不妨碍承包人正常工作的情况下,可以随时对工程质量进行检查

B. 承包人施工质量不合格,发包人有权要求其修理或者返工

C. 工程竣工后,发包人使用尚未验收的建设工程

D. 建设工程竣工后,发包人应及时进行验收

【答案】 C

【知识要点】 本题考查的是建设工程施工合同中发包人的权利和义务。

【正确解析】 发包人的权利和义务:

(1)发包人在不妨碍承包人正常工作的情况下,可以随时对作业进度、质量进行检查。

(2)因施工人的原因致使建设工程质量不符合约定的,发包人有权要求施工人在合理期限内无偿修理或者返工、改建。经过修理或者返工、改建后,造成逾期交付的,施工人应当承担违约责任。

(3)因发包人的原因致使工程中途停建、缓建的,发包人应当采取措施弥补或者减少损失,赔偿承包人因此造成的停工、窝工、倒运、机械设备调迁、材料和构件积压等损失和实际费用。

(4)建设工程竣工后,发包人应当根据施工图纸及说明书、国家颁发的施工验收规范和质量验收标准及时进行验收。验收合格的,发包人应当按照约定支付价款,并接收该建设工程。建设工程竣工验收合格后,方可交付使用;未经验收或者验收不合格的,不得交付使用。

【例 4】 《建设工程造价咨询合同(示范文本)》由( )组成。

A.《建设工程造价咨询合同》 B.《建设工程造价咨询合同标准条件》

C.《建设工程造价咨询合同专用条件》 D.《建设工程造价咨询合同补充条件》

【答案】 A B C

【知识要点】 本题考查的是《建设工程造价咨询合同(示范文本)》的组成部分。

【正确解析】 为加强建设工程造价咨询市场管理,规范市场行为,国家建设部和工商行政管理总局联合发布了《建设工程造价咨询合同(示范文本)》。该示范文本由《建设工程造价咨询合同》、《建设工程造价咨询合同标准条件》和《建设工程造价咨询合同专用条件》三部分组成。

《建设工程造价咨询合同》中明确规定,下列文件均为建设工程造价咨询合同的组成部分:

(1)建设工程造价咨询合同标准条件;

(2)建设工程造价咨询合同专用条件;

(3)建设工程造价咨询合同执行中共同签署的补充与修正文件。

合同标准条件作为通用性范本,适用于各类建设工程项目造价咨询合同。“合同标准条

件”应全文引用，不得删改。“合同专用条件”则应按其条款编号和内容，根据咨询项目的实际情况进行修改和补充，但不得违反公正、公平原则。

【例 5】 建设工程造价咨询合同标准条件中，以下属于委托人的义务、权利和责任的有（　　）。

A. 委托人应当免费向咨询人提供所委托项目咨询业务有关的资料

B. 当委托人提供的资料不明确时，可向委托人提出书面报告

C. 委托人有权向咨询人询问工作进展情况

D. 到工程现场进行勘察

E. 委托人有权阐述对具体问题的意见和建议

【答案】 A C E

【知识要点】 本题考查的是委托人的义务、权利和责任，正确区分咨询人和委托人的义务、权利和责任。

【正确解析】 A 是委托人的义务；C 和 E 是委托人的权利；B 和 D 是咨询人的权利。

○建设工程施工合同管理

一、主要知识点

本节的知识点有五点：一是建设工程施工合同类型，正确区分三种不同计价方式的合同，了解每种合同的概念、适用条件、承发包双方风险分担情况，该知识点为重要考点；二是建设工程施工合同类型的选择，综合考虑各种因素，选择不同计价模式的合同；三是建设工程施工合同文件的组成；四是建设工程施工合同有关造价的条款，是本章要求熟悉的内容，要引起重视，特别是合同价款的确定方式为重要考点；五是建设工程施工合同争议的解决办法。

考试大纲中的 2 和 3 就是对本节的要求。要重点掌握建设工程施工合同有关造价的条款的规定，还有建设工程施工合同类型及其选择的有关内容。

（一）建设工程施工合同的类型及选择

1. 建设工程施工合同的类型（见图 3-7、表 3-3 和表 3-4）

按计价方式不同，建设工程施工合同可以划分为：
- 总价合同。
- 单价合同。
- 成本加酬金合同。

图 3-7　建设工程施工合同的类型

表 3-3　建设工程施工合同类型

合同类型		概　念	风险分担	适用条件
总价合同	固定总价合同	俗称“一次包死”合同，在合同中确定一个完成项目的总价，承包人据此完成项目全部内容的合同	承包商承担项目全部风险，发包人基本无风险。投标报价较高	工程量较小且能精确计算、工期较短（1 年内）、技术简单、风险不大、图纸详尽的中小型工程，
	可调总价合同	在固定总价合同的基础上，增加合同履行过程中因市场价格浮动对承包价格调整的条款，约定合同价款调整的原则、方法和依据		合同期较长（一年以上）的工程

续表 3-3

合同类型		概念	风险分担	适用条件
单价合同	固定单价合同	俗称“量变价不变”合同。“量”按实际完成的工程量结算；“价”按合同约定的价格结算，即投标时所填报的综合单价确定结算价款，而不是直接计单价	承发包双方风险共担 发包方承担工程量增大的风险；承包方承担物价上涨的风险（风险可以得到合理的分摊）	工期较长、技术复杂、不可预见因素较多的大型土建工程
	可调单价合同	调价方法同总价合同的调价方法		
成本加酬金合同	成本加固定酬金	由发包人向承包人支付工程项目的实际成本，并按事先约定的一种方式支付酬金的合同	业主承担项目的全部风险，承包人无风险。报酬较低	边设计、边施工的紧急工程；需要立即开展工作的项目；灾后修复工程
	成本加固定百分比酬金			
	成本加浮动酬金			
	目标成本加奖罚			

表 3-4 不同计价方式合同类型比较

合同类型	总价合同	单价合同	成本加酬金合同			
			百分比酬金	固定酬金	浮动酬金	目标成本加奖罚
应用范围	广泛	广泛	有局限性			酌情
业主造价控制	易	较易	最难	难	不易	有可能
承包商风险	风险大	风险小	基本无风险		风险不大	有风险

2. 建设工程施工合同类型的选择(见表 3-5)

表 3-5 建设工程施工合同类型的选择

工程项目的复杂程度	规模大、技术复杂、承包商风险较大、各项费用不易准确估算，不宜采用固定总价合同
工程项目的设计深度	总价合同——施工图设计
	单价合同——技术设计
	成本加酬合同金或单价合同——初步设计
工程施工技术的先进程度	较大部分采用新技术、新工艺，业主和承包商没有经验，不宜采用固定价合同，应选成本加酬金合同

(二)建设工程施工合同示范文本

1. 建设工程施工合同文件的组成

《建设工程施工合同(示范文本)》GF－1999－0201 组成如图 3-8 所示。

建设工程施工合同文件的组成
- 《协议书》：是建设工程施工合同的总纲性法律文件，经双方当事人签字盖章后合同即成立。建设工程施工合同文件包括内容见图 3-9。
- 《通用条款》：共 11 部分 47 条，适用于各类建设工程，在具体使用时不作任何改动。
- 《专用条款》：考虑到具体实施的建设工程的内容各不相同，需由当事人根据发包工程的实际情况进行细化。
- 三个附件
  - 承包方承揽工程项目一览表。
  - 发包方供应材料设备一览表。
  - 房屋建筑工程质量保修书。

图 3-8 建设工程施工合同文件的组成

建设工程施工合同文件组成内容(见图 3-9)。

建设施工合同文件组成内容
- ①施工合同协议书(工程的洽商、变更等书面协议或文件)
- ②中标通知书
- ③投标书及其附件
- ④施工合同专用条款
- ⑤施工合同通用条款
- ⑥标准、规范及有关技术文件
- ⑦图纸
- ⑧工程量清单
- ⑨工程报价单或预算书
- (以上是合同优先解释顺序)

图 3-9　建设工程施工合同文件组成内容

2. 建设工程施工合同中有关造价的条款(见表 3-6)

表 3-6　建设工程施工合同中有关造价的条款

合同价:是按有关规定和协议条款约定的各种取费标准计算、用以支付承包人按照合同要求完成工程内容时的价款。招标工程的合同价款由发包人、承包人依据中标通知书中的中标价格在协议书内约定	
合同价款的确定方式	固定价格合同:是指在约定的风险范围内价款不再调整的合同
	可调价格合同:通常用于工期较长的工程,计价方式同固定价格合同,只是需要增加可调价的条款
	成本加酬金合同:合同价款包括成本和酬金两部分,双方在专用条款中约定成本构成和酬金的计算方法
合同价款的调整	通用条款规定,承包人应当在合同价款的调整因素发生后 14 天内,将调整原因、金额以书面形式通知工程师,工程师确认调整金额后作为追加合同价款,与工程款同期支付
工程预付款	通用条款规定,工程实行预付款的,预付时间应不迟于约定的开工日期前 7 天
工程量的确认	对承包人已完工程量的核实确认,是发包人支付工程价款的前提
工程款(进度款)支付	在确认计量结果后 14 天内,发包人向承包人支付工程款(进度款)
竣工结算	工程竣工验收报告经发包人认可后 28 天内,承包人向发包人递交竣工结算报告及完整的结算资料,双方按照约定,进行工程竣工结算
质量保修金	工程质量保修金一般不超过施工合同价款的 3%～5%

(三)建设工程施工合同争议的解决办法(见表 3-7)

表 3-7　建设工程施工合同争议的解决办法

发包人、承包人在履行合同时发生争议,可以和解、调解,和解、调解不成的,采取仲裁或诉讼	
出现下列情况时,可停止履行合同	单方违约导致合同确已无法履行,双方协议停止施工
	调解要求停止施工,且为双方接受
	仲裁机构要求停止施工
	法院要求停止施工

二、例题

【例 1】 按照计价方式的不同,建设工程施工合同可以划分为(　　)。

A. 固定价格合同　　B. 总价合同

C. 可调价格合同　　D. 单价合同

E. 成本价酬金合同

【答案】 BDE

【知识要点】 本题考查的是建设工程施工合同的类型的划分。注意与建设工程施工合同示范文本中关于合同价款确定方式的区别。

【正确解析】 按照计价方式的不同，建设工程施工合同可以划分为总价合同、单价合同和成本加酬金合同三大类。根据招标标准情况和建设工程项目的特点不同，建设工程施工合同可选用其中的任何一种。

总价合同又分为固定总价合同和可调总价合同。固定总价合同是承包商按投标时业主接受的合同价格"一笔包死"。在合同履行过程中，不论实际成本如何，均按合同价获得工程款的支付。可调总价合同只是在固定总价合同的基础上，增加合同履行工程中因市场价格浮动对承包价格调整的条款。

单价合同是指承包商按工程量报价单内分项工作内容填报单价，以实际完成工程量乘以所填报单价确定结算价款的合同。承包商所填报的单价应为计入各种摊销费用后的综合单价，而非直接费单价。实行工程量清单计价的工程宜采用单价合同。

成本加酬金合同是由发包人向承包人支付工程项目的实际成本，并按事先约定的一种方式支付酬金的合同。

建设工程施工合同示范文本的通用条款中规定了三种确定合同价款的方式：固定价格合同、可调价格合同和成本加酬金合同。固定价格合同是指在约定的风险范围内价款不再调整的合同，双方需在专用条款中约定合同价款包含的风险范围。可调价格合同只是需要增加可调价的条款，双方在专用条款中约定合同价款调整方法。成本加酬金合同的合同价款包括成本和酬金两部分，双方在专用条款中约定成本构成和酬金的计算方法。

【例2】 在建设工程施工合同类型的选择上，如果单项工程的分类已详细而明确，但实际工程量与预计的工程量可能有较大出入时，应优先选择（　　）。

A. 总价合同　　B. 单价合同　　C. 成本加酬金合同　　D. 固定总价合同

【答案】 B

【知识要点】 本题考查的是建设工程施工合同类型的选择策略，根据承发包双方在合同中的风险分担情况，来选择合同类型。

【正确解析】 在总价合同中，承包商承担项目全部风险，发包人基本无风险；在单价合同中，发包方承担工程量增大的风险，承包方承担物价上涨的风险，承发包双方风险共担，风险可以得到合理的分摊；在成本加酬金合同中，业主需承担项目实际发生的一切费用，因而也就承担了工程项目的全部风险，承包人无风险。

由于未知的因素较多，为能顺利完工，应优先选择双方风险共担的合同，即选择单价合同。

【例3】 成本加酬金合同主要适用的项目有（　　）。

A. 需要立即开展工作的项目。如震后救灾工作

B. 新型的工程项目，或对项目工程内容及技术经济指标未确定

C. 工期较短的项目

D. 规模大且技术复杂的工程项目，风险很大的项目，各项费用不易准确估算

E. 合同工期在1年以内且施工图设计文件已通过审查的建设工程

【答案】 A B D

【知识要点】 本题考查的是建设工程施工合同类型选择时应考虑的因素。

【正确解析】 选择建设工程施工合同时应综合考虑的因素有：

①工程项目的复杂程度：规模大且技术复杂的工程项目，承包风险较大，各项费用不易准确估算，因而不宜采用固定总价合同，最好的是有把握的部分采用总价合同，估算不准确的部分采用单价合同或成本加酬金合同。

②工程项目的设计深度：初步设计阶段宜采用的合同有成本加酬金合同和单价合同。

③工程施工技术的先进程度：如果工程施工中有较大部分采用新技术和新工艺，当业主和承包商在这方面都没有经验，且在国家颁布的标准、规范、定额中又没有依据时，为避免投标人盲目提高承包价款或由于对施工难度估计不足而导致承包亏损，不宜采用固定总价合同，而应选用成本加酬金合同。

④工程施工工期的紧迫程度：有些紧急工程（如灾后恢复工程等）要求尽快开工且工期较紧时，可能仅有实施方案，还没有施工图纸，因此，承包商不可能报出合理的价格，宜采用成本加酬金合同。

综上所述，合同工期在1年以内且施工图设计文件已通过审查的建设工程可选择总价合同；紧急抢修、救援、救灾等建设工程，可选择成本加酬金合同；其他情形的建设工程均宜选择单价合同。

【例4】 《建设工程施工合同（示范文本）》GF－1999－0201由（　　）组成，并附有3个附件。

A.《协议书》　　B.《标准条件》　　C.《专用条件》

D.《通用条款》　　E.《专用条款》

【答案】 A D E

【知识要点】 本题考查的是《建设工程施工合同（示范文本）》的组成。

【正确解析】 国家建设部和国家工商行政管理局1999年12月印发的《建设工程施工合同（示范文本）》GF－1999－0201是各类公用建筑、民用住宅、工业厂房、交通设施及线路工程施工和设备安装的合同范本，由《协议书》、《通用条款》、《专用条款》三部分组成，并附有3个附件，为使用者提供了"承包方承揽工程项目一览表"，"发包方供应材料设备一览表"和"房屋建筑工程质量保修书"三个标准化表格形式的附件。

【例5】 在建设工程施工合同中，当合同文件不能相互解释、相互说明时，下列合同优先解释顺序正确的是（　　）。

A. 合同协议书—专用条款—中标通知书—技术标准

B. 专用条款—中标通知书—技术标准—合同协议书

C. 合同协议书—中标通知书—专用条款—通用条款

D. 合同协议书—通用条款—专用条款—中标通知书

【答案】 C

【知识要点】 本题考查的是建设工程施工合同优先解释顺序。

【正确解析】 施工合同文件应能相互解释、相互说明。当合同文件中出现不一致时，以合同的优先解释顺序解释，见图3-9所示。当合同文件内容出现含糊不清或者当事人有不同理解时，按照合同争议的解决方式处理。

○建设工程总承包合同及分包合同的管理

一、主要知识点

（一）建设工程总承包合同管理（见表3-8）

表3-8 建设工程总承包合同管理

EPC（设计—采购—施工）总承包是最典型和最全面的工程总承包方式，业主仅面对一家承包商，由该承包商负责一个完整工程的设计、施工、设备供应等工作。	
合同的订立过程	招标：业主在工程项目立项后即开始招标
	投标：承包商根据招标文件提出投标文件
	签订合同：业主确定中标后，通过合同谈判达成一致后与承包商签订EPC承包合同
合同文件的组成（EPC优先次序）	①合同协议书 ②合同专用条件 ③合同通用条件 ④业主要求 ⑤投标书 ⑥工程量清单、数据、费率或价格；付款计划表；方案设计文件等
业主的主要权利和义务	选择和任命业主代表——类似于施工合同中的工程师
	负责工程勘察：业主向承包商提供工程勘察所取得的现场水文及地表以下的资料
	工程变更：业主代表有权指令或批准变更
	施工文件的审查：业主有权检查与审核承包商的施工文件，包括承包商绘制的竣工图纸
承包商的主要责任	设计责任：承包商应以合理的技能进行设计，保证工程项目的安全可靠性和经济适用性
	承包商文件：承包商文件应足够详细，并经业主代表同意或批准后使用
	施工文件：承包商应编制足够详细的施工文件，符合业主代表要求
	工程协调：承包商应负责工程的协调
	承包商负责工程需要的所有货物和其他物品的包装、装货、运输、接受、卸货、存储和保护
合同价款及其支付	合同价款：总承包合同通常为总价合同，支付以总价为基础
	合同价格的期中支付：合同价格可以采用按月支付或分期（工程阶段）支付方式

（二）建设工程分包合同管理

1. 建设工程施工专业分包合同管理（见表3-9）

表3-9 建设工程施工专业分包合同管理

专业分包合同的订立	专业分包合同的内容	协议书
		通用条款
		专用条款
	专业分包合同文件的组成	①合同协议书
		②中标通知书（如有时）
		③分包人的投标函或报价书
		④除总包合同价款之外的总承包合同文件

续表 3-9

<table>
<tr><td rowspan="7">专业分包合同的订立</td><td rowspan="4">专业分包合同文件的组成</td><td>⑤合同专用条款</td></tr>
<tr><td>⑥合同通用条款</td></tr>
<tr><td>⑦合同工程建设标准图纸</td></tr>
<tr><td>⑧合同履行中的其他书面文件</td></tr>
<tr><td colspan="2">承包人的义务：承包人应当提供一份不包括报价书的主合同副本或复印件，使分包人全面了解主合同的各项内容</td></tr>
<tr><td colspan="2">合同价款：来源于承包人接受、分包人承诺的投标函或报价书所注明的金额，并在中标函和协议书中进一步明确。通用条款明确规定，分包合同价款与总包合同相应部分价款无任何连带关系；分包合同的计价方式应与主合同一致，可采用固定价格合同、可调价格合同、成本加酬金合同中的一种</td></tr>
<tr><td colspan="2">合同工期：来源于分包人投标书中承诺的工期，应在协议书中注明</td></tr>
<tr><td rowspan="4">专业分包合同的履行管理</td><td colspan="2">开工：分包人应按协议书约定的日期开工，不能按时开工，应在约定开工日期前 5 天向承包人提出延期开工要求，并陈述理由。承包人接到请求后 48 小时内给予同意或否决的答复，未予答复，则视同意延期开工</td></tr>
<tr><td colspan="2">支付管理：分包人在合同约定的时间内，向承包人报送该阶段已完工作的工程量报告。</td></tr>
<tr><td colspan="2">变更管理：承包人接到工程师依据主合同发布的涉及分包工程变更指令后，以书面确认书方式通知分包人</td></tr>
<tr><td colspan="2">竣工验收：专业分包工程具备竣工验收条件时，分包人应向承包人提供完整的竣工资料和竣工验收报告</td></tr>
</table>

2. 建设工程施工劳务分包合同管理（见表 3-10）

表 3-10　建设工程施工劳务分包合同管理

<table>
<tr><td rowspan="5">劳务分包合同的订立</td><td rowspan="4">劳务分包合同的内容</td><td colspan="2">劳务合同：共 35 条</td></tr>
<tr><td rowspan="3">三个附件</td><td>工程承包人供应材料、设备、构配件计划</td></tr>
<tr><td>工程承包人提供施工机具、设备一览表</td></tr>
<tr><td>工程承包人提供周转、低值易耗材料一览表</td></tr>
<tr><td colspan="3">劳务分包合同的订立：劳务分包合同的发包方可以是施工合同的承包人或承担专业工程施工的分包人</td></tr>
<tr><td rowspan="2">劳务分包合同的履行</td><td>施工管理</td><td colspan="2">劳务分包人施工完毕，承包人和劳务分包人共同进行验收，无需请工程师参加，也不必等主合同工程全部竣工后再验收
全部工程验收合格后（包括劳务分包人工作），劳务分包人对其分包的劳务作业施工质量不再承担责任，质量保修期内的保修责任由承包人承担</td></tr>
<tr><td>劳务报酬</td><td colspan="2">固定劳务报酬方式；按工时计算劳务报酬方式；按工程量计算劳务报酬方式</td></tr>
</table>

二、例题

【例 1】　关于 EPC 总承包合同价款及其支付，以下说法中不正确的是（　　）。

A. EPC 总承包合同通常为总价合同，支付以总价为基础

B. 如果EPC总承包合同价格要进行调整，应在合同专用条款中约定
C. 如果EPC总承包合同发生任何未预见的困难和费用时，合同价格可以调整
D. 承包商应支付其为完成合同义务所引起的关税和税收，合同价格不因此类费用变化进行调整

【答案】 C

【知识要点】 本题考查EPC合同价款。

【正确解析】 EPC总承包合同通常为总价合同，支付以总价为基础。如果合同价格要随劳务、货款和其他工程费用的变化进行调整，应在合同专用条款中约定。如果发生任何未预见的困难和费用，合同价格不予调整。

承包商应支付其为完成合同义务所引起的关税和税收，合同价格不因此类费用变化进行调整，但因法律、行政法规变更的除外。

【例2】 下列关于建设工程施工专业分包合同订立的论述中正确的有（　　）。
A. 专业分包合同的当事人是发包人和分包人
B. 专业分包合同的当事人是承包人和分包人
C. 专业分包合同与主合同的区别在于计价方式不同
D. 专业分包合同与主合同文件约定的工期一致
E. 分包人有权充分了解其在分包合同中应履行的义务

【答案】 B E

【知识要点】 本题考查的是专业分包合同的订立。

【正确解析】 专业分包合同的当事人是承包人和分包人。专业分包合同（从合同）与主合同（建设工程施工合同）的区别主要表现在除主合同中承包人向发包人提交的报价书外，主合同的其他文件也构成专业分包合同的有效文件。

在签订合同过程中，为使分包人合理预计专业分包工程施工中可能承担的风险，以及保证分包工程施工能够满足主合同的要求顺利进行，承包人应使分包人充分了解其在分包合同中应履行的义务。为此，承包人应提供主合同供分包人查阅。此外，如果分包人提出，承包人应当提出一份不包括报价书的主合同副本或复印件，使分包人全面了解主合同的各项内容。

合同价款来源于承包人接受、分包人承诺的投标函或报价书所注明的金额，并在中标函和协议书中进一步明确。通用条款明确规定，分包合同价款与总包合同相应部分价款无任何连带关系。

分包合同的计价方式应与主合同中对该部分工程的约定相一致，可以采用固定价格合同、可调价格合同或成本加酬金合同中的一种。

与合同价款一样，合同工期也来源于分包人投标书中承诺的工期，作为判定分包人是否按期履行合同义务的标准，也应在合同协议书中注明。

【例3】 劳务分包合同的发包方可以是（　　）。
A. 业主
B. 施工合同的承包人
C. 承担专业工程施工的分包人
D. 劳务合同分包人
E. 转包人

【答案】 B C

【知识要点】 本题考查的是劳务分包合同的订立。

【正确解析】 劳务分包合同的发包方可以是施工合同的承包人或承担专业工程施工的分包人。《建设工程施工劳务分包合同(示范文本)》没有采用通用条款和专业条款的形式,只有1个施工劳务合同和3个附件。

☆强化训练

一、单项选择题

1. 按照我国《合同法》的规定,建设工程合同是指承包人进行工程建设、发包人支付价款的合同。下列不属于建设工程合同的是(　　)。

A. 勘察合同　　B. 设计合同　　C. 施工合同　　D. 建设项目贷款合同

2. 建设工程合同的当事人是(　　)。

A. 承包商与设备材料供应商　　B. 发包人与承包人

C. 勘察单位与设计单位　　D. 业主与分包人

3. 业主将建设工程项目设计、设备与材料采购、施工任务全部发包给一个承包商的工程承包合同是(　　)。

A. EPC承包合同　　B. 施工总承包合同

C. 单项工程承包不同　　D. 特殊专业工程承包合同

4. 以下不属于业主主要合同关系的是(　　)。

A. 工程承包合同　　B. 工程分包合同

C. 项目管理合同　　D. 工程勘察、设计合同

5. 以下不属于承包商主要合同关系的是(　　)。

A. 工程分包合同　　B. 加工合同

C. 监理合同　　D. 设备、材料采购合同

6. 以下即属于业主主要合同关系也属于承包商主要合同关系的是(　　)。

A. 保险担保合同　　B. 租赁合同

C. 贷款合同　　D. 运输合同

7. 承包商合同关系中的工程分包合同的发包人一般是(　　)。

A. 业主　　B. 总承包单位

C. 建设单位　　D. 分包单位

8. 总承包人或者勘察、设计、施工承包人经发包人同意,可以将自己承包的部分工作交由第三人完成。第三人就其完成的工作成果与总承包人或者勘察、设计、施工承包人向发包人承担(　　)。

A. 赔偿责任　　B. 违约责任

C. 连带责任　　D. 侵权责任

9. 在设计合同的实施过程中,下列造成设计返工、停工、延迟或者修改的情况中,发包人不应增付费用的情形是(　　)。

A. 发包人变更设计计划　　B. 发包人提供不准确的勘察资料

C. 发包人没有提供设计所需的条件　　D. 承包人设计不合格延长设计时间

10. 在工程施工合同中，关于承包人的权利和义务论述中，错误的是(　　)。

A. 隐蔽工程隐蔽以前，承包人应当通知发包人检查

B. 发包人没有及时进行隐蔽检查的，承包人有权要求赔偿停工、窝工等损失

C. 发包人未按照约定提供材料、设备的，承包人有权要求赔偿停工、窝工等损失

D. 工程竣工后，承包人要求发包人支付全部工程款

11. 建设工程造价咨询合同标准条件作为通用性范本，适用于各类建设工程项目造价咨询合同，合同标准条件应(　　)。

A. 全文引用，不得删改

B. 只引用主要条款、其他双方在专用条件中约定

C. 全文引用，对于不适合本工程的条款进行修改

D. 参照咨询合同示范文本进行编制

12. 以下关于咨询人的义务、权利和责任论述中错误的是(　　)。

A. 向委托人提供与工程造价咨询业务有关的资料

B. 在履行合同期间，不得泄露与造价咨询合同规定业务活动有关的保密资料

C. 到工程现场勘察

D. 向委托人提供的服务只有正常服务和附加服务，没有额外服务

13. 由于委托人或第三人的原因使咨询人工作受阻碍或延误，以致增加了工作量或持续时间，则咨询人应当将此情况与可能产生的影响及时书面通知委托人，由此增加的工作量视为(　　)。

A. 正常服务　　B. 附加服务　　C. 额外服务　　D. 增值服务

14. 当事人一方要求变更或解除工程造价咨询合同时，则应在(　　)日前通知对方。

A. 7　　B. 14　　C. 20　　D. 30

15. 以下(　　)不是工程造价咨询合同争议的解决办法。

A. 协商　　B. 调解　　C. 庭外和解　　D. 仲裁或诉讼

16. 建设工程造价咨询业务主要包括A类、B类、C类、D类和E类，属于C类业务范围的是(　　)。

A. 建设项目可行性研究投资估算的编制、审核

B. 建设工程概算、预算、结算、竣工结(决)算的编制、审核

C. 建设工程招标标底、投标报价的编制、审核

D. 工程洽商、变更及合同争议的鉴订与索赔

17. 一般情况下，签订建设工程造价咨询合同时预付(　　)的造价咨询报酬，当工作量完成70%时，支付70%的咨询报酬，剩余部分待咨询结果定案时一次付清。

A. 5%　　B. 10%　　C. 20%　　D. 30%

18. 工程量相对较小且能精确计算、工期较短、技术要求相对简单、风险较小的建设项目适宜选用下列(　　)。

A. 总价合同　　B. 单价合同　　C. 成本加酬金合同　　D. 综合单价

19. 以下(　　)可以合理分担合同履行过程中的风险，适用于工期长、技术复杂、不可遇见因素较多的大型工程。

A. 总价合同　B. 单价合同　C. 成本加酬金合同　D. 综合单价

20. 在下列(　　)中，业主需要承担工程项目实际发生的一切费用，因而也就承担了工程项目的全部风险，而承包商基本无风险。

A. 总价合同　B. 单价合同　C. 成本加酬金合同　D. 综合单价

21. 单价合同的工程量清单内所开列的工程量一般为(　　)。

A. 准确工程量　B. 估计工程量，而非准确工程量

C. 图纸工程量　D. 实际完成工程量

22. (　　)大多用于工期长、技术复杂、实施过程中发生各种不可预见因素较多的大型土建工程，以及业主为缩短工程建设周期、初步设计完成后就进行施工招标的工程。

A. 单价合同　B. 总价合同

C. 成本加酬金合同　D. 可调价格合同

23. (　　)是承包商按投标时业主接受的合同价格"一笔包死"。在合同履行过程中，如果业主没有要求变更原定的承包内容，承包商完成承包任务后，不论其实际成本如何，均按合同价获得工程款的支付。

A. 固定总价合同　B. 可调总价合同

C. 固定单价合同　D. 可调单价合同

24. 以下(　　)合同期较长(1年以上)，只是在固定总价合同的基础上，增加合同履行工程中因市场价格浮动对承包价格调整的条款。

A. 固定总价合同　B. 可调总价合同

C. 固定单价合同　D. 可调单价合同

25. 从承包方角度出发，为尽量减少其合同风险，首先考虑采用的合同形式应该是(　　)。

A. 单价合同　B. 总价合同

C. 固定总价合同　D. 成本加酬金合同

26. 采用固定总价合同时，(　　)要考虑承担合同履行过程中的全部风险。

A. 业主　B. 发包商　C. 承包商　D. 材料供应商

27. 适用于边设计、边施工的紧急工程或灾后修复工程的合同类型是(　　)。

A. 单价合同　B. 总价合同　C. 固定总价合同　D. 成本加酬金合同

28. 采用成本加酬金合同时，(　　)要考虑承担合同履行过程中的主要风险。

A. 发包商　B. 设计方　C. 承包商　D. 施工方

29. 在下列合同类型中，承包方承担的风险较大，发包方基本无风险，因而其投标报价也较高的合同是(　　)。

A. 固定总价合同　B. 可调单价合同

C. 单价合同　D. 成本加酬金合同

30. (　　)是指承包商按工程量报价单内分项工作内容填报单价，以实际完成工程量乘以所填报单价确定结算价款的合同。

A. 总价合同　B. 单价合同

C. 成本加酬金合同　D. 综合单价

31. 在单价合同中承包商所填报的单价应为计入各种摊销费用后的(　　)，而非直接费

单价。

A. 总价合同　　B. 单价合同

C. 成本加酬金合同　　D. 综合单价

32. 下列合同中对于业主最有利的是(　　)。

A. 固单价合同　　B. 可调单价合同

C. 成本加酬金合同　　D. 总价合同

33. 实行工程量清单计价的工程宜采用(　　)。

A. 单价合同　　B. 总价合同

C. 成本加酬金合同　　D. EPC 承包合同

34. 工程项目施工合同以付款方式划分为:①总价合同;②单价合同;③成本加酬金合同,对于承包商而言,风险从大到小排列正确的是(　　)。

A. ③②①　　B. ①②③　　C. ②①③　　D. ③①②

35. 下列合同中对于承包商最有利的是(　　)。

A. 单价合同　　B. 可调单价合同

C. 成本加酬金合同　　D. 总价合同

36. 工程项目的设计深度经常是选择合同类型的重要因素。对业主而言,在完成了施工图设计后进行招标,首先应该选择的合同类型是(　　)。

A. 总价合同　　B. 可调价格合同

C. 单价合同　　D. 成本加酬金合同

37. 以下成本加酬金合同方式中,对业主的造价管理最不利的合同形式是(　　)。

A. 成本加固定酬金合同　　B. 成本加固定百分比酬金合同

C. 成本加浮动酬金合同　　D. 目标成本加奖罚合同

38. 如果施工中有较大部分采用新技术和新工艺,当业主和承包商在这方面都没有经验,为避免投标人盲目提高承包价款,或由于对施工难度估计不足而导致承包亏损,应首先选用(　　)。

A. 固定总价合同　　B. 可调总价合同

C. 单价合同　　D. 成本加酬金合同

39. 一般而言,合同工期在1年以内且施工图设计文件已通过审查的建设工程,可选择(　　);紧急抢修、救援、救灾等建设工程,可选择(　　);其他情形的建设工程均宜选择(　　)。

A. 成本加酬金合同;总价合同;单价合同

B. 单价合同;成本加酬金合同;总价合同

C. 总价合同;成本加酬金合同;单价合同

D. 单价合同;总价合同;成本加酬金合同

40.《建设工程施工合同(示范文本)》由三部分组成,下列选项不属于其组成内容的是(　　)。

A. 协议书　　B. 通用条款　　C. 专用条款　　D. 补充条款

41. 在合同履行过程中,双方有关工程的洽商、变更等书面协议或文件也构成对双方有约束力的合同文件,将其视为(　　)的组成部分。

A. 协议书　　B. 通用条款　　C. 专用条款　　D. 附件

42. 在《建设工程施工合同(示范文本)》的组成部分中,发包方和承包方不能进行修改和细化的是(　　),在具体使用时不作任何改动,全文引用。

A. 在协议书　　B. 通用条款　　C. 专用条款　　D. 附件

43. 在《建设工程施工合同(示范文本)》的组成部分中,(　　)只为合同当事人提供合同内容的编制指南,具体内容需要当事人根据发包工程的实际情况进行细化。

A. 协议书　　B. 通用条款　　C. 专用条款　　D. 附件

44. 招标工程的合同价款由发包人、承包人依据中标通知书的中标价在(　　)内约定。合同价款约定后,任何一方不得擅自改变。

A. 协议书　　B. 通用条款　　C. 专用条款　　D. 附件

45. 组成建设工程施工合同的文件包括:①中标通知书;②投标函及其附录;③合同协议书;④通用合同条款;⑤专用合同条款;⑥图纸;⑦已标价工程量清单,等。若专用合同条款无另外约定,则解释合同的优先顺序是(　　)。

A. ②①③④⑤⑦⑥　　B. ③①②⑤④⑥⑦

C. ①③⑤④②⑥⑦　　D. ②⑦①③⑤④⑥

46. 除专用合同条款另有约定外,关于合同条件执行优先顺序的解释,下列说法中正确的是(　　)。

A. 中标通知书优先于合同协议书　　B. 投标函优先于专用合同条款

C. 图纸优先于通用合同条款　　D. 已标价工程量清单优先于中标通知书

47. 在约定的风险范围内价款不再调整的合同,双方需要在专用条款中约定合同价款包含的风险范围、风险费用的计算方法以及承包风险范围以外的合同价款调整方法。这种合同价款的确定方式属于通用条款中规定的(　　)。

A. 总价合同　　B. 固定价格合同

C. 可调价格合同　　D. 成本加酬金合同

48. 通用条款规定,承包人应当在合同价款的调整因素发生后(　　)天内,将调整原因、金额以书面形式通知工程师,工程师确认调整金额后作为追加合同价款,与工程款同期支付。

A. 7　　B. 14　　C. 21　　D. 28

49. 施工合同中的工程师是指在实行工程监理的情况下,工程监理单位委派到本工程的(　　);在不实行监理的情况下,是指发包人派驻施工场地履行合同的(　　)。

A. 总监理工程师;甲方代表　　B. 总监理工程师;乙方代表

C. 监理工程师;取得工程师职称的代表　　D. 一级建造师;注册造价师

50. 通用条款规定,工程实行预付款的,双方应当在专用条款内约定发包人向承包人预付工程款的时间和数额,预付款时间应不迟于约定的开工日期前(　　)天。

A. 7　　B. 14　　C. 21　　D. 28

51. 在确认计量结果后(　　)天内,发包人向承包人支付工程款(进度款)。

A. 7　　B. 14　　C. 21　　D. 28

52. 发包人收到承包人递交的竣工结算报告及结算资料后(　　)天内进行核实,给予确认或者提出修改意见。

A. 7　　B. 14　　C. 21　　D. 28

53. 工程竣工验收报告经发包人认可后（　　）天内，承包人向发包人递交工程结算报告及完整的结算资料，双方按照约定的合同价款调整内容，进行工程竣工结算。

A. 7　　B. 14　　C. 21　　D. 28

54. 承包人收到竣工结算价款后（　　）天内将竣工工程交付发包人。

A. 7　　B. 14　　C. 21　　D. 28

55. EPC 总承包是最典型和最全面的工程总承包方式，业主仅面对一家承包商，由该承包商负责一个完整工程的（　　）等工作。

A. 设计—采购—施工　　B. 勘察—设计—施工

C. 勘察—设计—采购　　D. 施工—监理—咨询

56. EPC 承包合同的当事人是（　　）。

A. 业主和设计单位　　B. 设计单位和施工单位

C. 业主和总承包单位　　D. 施工单位和总承包单位

57. 关于 EPC 承包合同的订立过程，业主一般在（　　）即可开始招标。

A. 工程项目立项后　　B. 工程项目设计完成后

C. 设计概算完成后　　D. 施工图预算完成后

58. EPC 总承包是最典型和最全面的工程总承包方式，以下（　　）不包括在总承包之内。

A. 设计　　B. 施工　　C. 设备供应　　D. 地质勘察

59. 在实行 EPC 承包合同模式的过程中，（　　）作为合同招标文件的组成部分，是承包商报价和工程实施的重要依据。

A. 投标人须知　　B. 合同条件

C. 业主要求　　D. 投标书格式

60. EPC 总承包合同文件包括的内容有：①合同协议书；②合同专用条件；③合同通用条件；④业主要求；⑤投标书。则 EPC 总承包合同文件执行的优先次序是（　　）。

A. ①②③④⑤　　B. ①③②④⑤

C. ④①③②⑤　　D. ⑤①②③④

61. 在以下关于建设工程施工专业分包合同价款的论述中，错误的是（　　）。

A. 专业合同的合同价款应在中标函和协议书中标明

B. 分包合同价款等于总包合同相应部分的合同价款

C. 分包合同价款与总包合同相应部分的合同价款无任何连带关系

D. 分包人应根据其对分包工程的理解向承包人标价

62. 专业分包合同的当事人是（　　）。

A. 发包人和承包人　　B. 承包人和分包人

C. 发包人和分包人　　D. 承包人和设计人

63. 在专业分包合同的履行中，分包人应当按照协议书约定的日期开工。分包人不能按时开工时，应在约定开工日期前（　　）天向承包人提出延期开工要求，并陈述理由。

A. 5　　B. 7　　C. 10　　D. 14

64. 以下（　　）不是《建设工程施工专业分包合同（示范文本）》的组成内容。

A. 协议书　　B. 通用条款　　C. 专用条款　　D. 附件

65. 劳务分包人施工完毕后，由（　　）共同进行验收，不必等主合同工程全部竣工后再验收。

A. 承包人和劳务分包人　B. 发包人和工程师

C. 承包人和工程师　D. 劳务发包人和工程师

66. 全部工程验收合格后（包括劳务分包人工作），质量保修期内的保修责任由（　　）承担。

A. 发包人　B. 专业分包人　C. 承包人　D. 发包人

二、多项选择题

1. 工程承包合同主要有（　　）。

A. BOT 承包合同　B. EPC 承包合同

C. 施工总承包合同　D. 单项工程承包合同

E. 单位工程承包合同

2. 在建设工程项目合同体系中，以下属于承包商主要合同关系的有（　　）。

A. 工程咨询合同　B. 工程监理合同

C. 工程承包合同　D. 工程分包合同

E. 劳务分包合同

3. 在建设工程项目合同体系中，以下属于业主的主要合同关系的有（　　）。

A. 工程设计合同　B. 加工合同

C. 设备、材料采购合同　D. 租赁合同

E. 工程保险合同

4. 在建设工程项目合同体系中，以下既可能属于业主又可能属于承包商合同关系的合同有（　　）。

A. 项目管理合同　B. 工程担保合同

C. 设备、材料采购合同　D. 工程分包合同

E. 工程咨询合同

5.《建设工程造价咨询合同》明确规定，下列文件均为建设工程造价咨询合同的组成部分的是（　　）。

A. 建设工程造价咨询合同标准条件　B. 建设工程造价咨询合同补充条件

C. 建设工程造价咨询合同专用条件　D. 建设工程造价咨询合同协议书

E. 建设工程造价咨询合同执行中共同签署的补充与修正文件

6. 工程施工合同中承包人的主要义务包括（　　）。

A. 组织进行图纸会审和设计交底

B. 按合同要求的工期完成并交付工程

C. 负责对分包的管理，并对分包方的行为负责

D. 按合同规定主持和组织工程的验收

E. 负责保修期内的工程维修

7. 在履行合同期间，咨询人向委托人提供的服务包括（　　）。

A. 非正常服务　B. 正常服务

C. 附加服务　D. 额外服务

E. 增值服务

8. 关于工程造价咨询合同标准条件和专用条件，下列说法正确的有（　　）。

A. 合同标准条件与合同专用条件起互为补充说明的作用

B. 专用条件中的条款号与被补充、修正或说明的标准条件中的条款号可以不一致

C. 若标准条件内的条款已是一个完备的条款时，专用条款内可以不再列此序号

D. 合同专用条件中的条款只是按序号大小排列

E. 委托人委托的咨询业务必须在标准条件中约定

9. 建设工程施工合同形式繁多、特点各异，业主应综合考虑以下工程项目的（　　）因素，选择不同计价模式的合同。

A. 设计深度　　B. 施工技术的先进程度

C. 投资资金性质　　D. 复杂程度

E. 工期的紧迫程度

10. 固定总价合同的适应条件一般为（　　）。

A. 工程量较小且能精确计算，工期较长（1年以上）

B. 已达到施工图设计深度，不会出现较大的设计变更

C. 工程规模较小、技术不太复杂的中小型工程

D. 紧急抢险工程，救援、救灾工程

E. 工期较短（1年以内）、技术要求相对简单、风险较小

11. 按照酬金的计算方式不同，成本加酬金的合同形式有（　　）。

A. 成本加固定酬金合同

B. 成本加固定百分比酬金合同

C. 最低限额成本加最大固定酬金确定的合同

D. 成本加浮动酬金合同

E. 目标成本加奖罚合同

12.《建设工程施工合同（示范文本）》的附件有（　　）。

A. 承包方承揽工程项目一览表　　B. 房屋建筑工程质量保修书

C. 发包方供应材料设备一览表　　D. 专业分包工程一览表

E. 承包人分包工程一览表

13.《建设工程施工合同（示范文本）的通用条款规定了确定合同价款的方式有（　　），发包人、承包人可在专用条款中约定采用其中的一种。

A. 总价合同　　B. 单价合同

C. 成本加酬金合同　　D. 固定价格合同

E. 可调价格合同

14. 在可调价格合同中，合同价款的调整因素包括（　　）。

A. 市场价格变化因素

B. 工程造价管理部门公布的价格调整

C. 一周内非承包人原因停水、停电、停气造成停工累计超过8小时

D. 法律、行政法规和国家有关政策变化影响合同价款

E. 工程变更导致工程量增加

15. 建设工程施工合同文件包括（　　）。

A. 施工合同协议书(工程的洽商、变更)
B. 招标文件、投标书及其附件、中标通知书
C. 施工合同通用条款、施工合同专用条款
D. 标准、规范、图纸
E. 工程量清单、工程报价单或预算书

16. 建设工程施工合同争议的解决办法有(　　)。
A. 和解　　B. 调解
C. 仲裁或诉讼　　D. 民间调解
E. 法庭调解

17. 建设工程施工合同发生争议后，一般情况下，双方都应继续履行合同，保持施工连续，保护好已完工程。当出现下列(　　)情况时，可停止履行合同。
A. 上级单位要求停止施工
B. 法院或仲裁机构要求停止施工
C. 乙方要求停止施工
D. 单方违约导致合同确已无法履行，双方协议停止施工
E. 调解要求停止施工，且为双方接受

18. 在EPC总承包合同中，业主的主要权利和义务有(　　)。
A. 选择和任命业主代表　　B. 负责工程勘察
C. 工程协调　　D. 组织工程设计
E. 批准工程变更

19. 关于EPC总承包合同的履行中，下列说法正确的有(　　)。
A. EPC承包合同中不包括地质勘察
B. 与施工合同相比，总承包合同中承包商的工程责任更大
C. 业主应负责工程需要的所有货物和其他物品的包装、运输、储存和保护
D. 总承包合同价款通常为总价合同，支付以总价为基础
E. 施工文件的审查是承包商的主要责任

20. 下列关于建设工程施工专业分包合同管理说法正确的有(　　)。
A. 专业分包合同的当事人是业主和分包人
B. 专业分包合同的当事人是承包人和分包人
C. 专业分包合同文件的组成中，包括除总包合同价款之外的总包合同文件
D. 分包合同工期与总包合同工期一致
E. 分包人不能按时开工时，应在约定开工日期前5天内向承包人提出延期开工要求

21.《建设工程施工劳务分包合同(示范文本)》组成内容有(　　)。
A. 协议书　　B. 通用条款
C. 专用条款　　D. 施工劳务合同
E. 附件

22. 劳务分包合同的发包方可以是(　　)。
A. 施工合同的承包人　　B. 业主
C. 承担专业工程施工的分包人　　D. 设计单位

E. 监理单位

23. 劳务分包人施工完毕后，进行验收的人员有（　　）。

A. 业主　　　　B. 承包人

C. 发包人　　　　D. 工程师

E. 劳务分包人

24. 劳务分包合同中，支付劳务分包人报酬的方式可以约定以下（　　）中之一，须在合同中明确约定。

A. 固定劳务报酬方式　　　　B. 成本加酬金报酬方式

C. 按工时计算劳务报酬方式　　　　D. 成本加浮动酬金方式

E. 按工程量计算劳务报酬方式

☆参考答案

一、单项选择题

1. D　2. B　3. A　4. B　5. C　6. A　7. B　8. C　9. D　10. D
11. A　12. D　13. C　14. B　15. C　16. C　17. D　18. A　19. B　20. C
21. B　22. A　23. A　24. B　25. D　26. C　27. D　28. A　29. A　30. B
31. D　32. D　33. A　34. B　35. C　36. A　37. B　38. D　39. C　40. D
41. A　42. B　43. C　44. A　45. B　46. B　47. B　48. B　49. A　50. A
51. B　52. D　53. D　54. B　55. A　56. C　57. A　58. D　59. C　60. B
61. B　62. B　63. A　64. D　65. A　66. C

二、多项选择题

1. BCD　2. DE　3. ACE　4. BC　5. ACE　6. BCE
7. BCD　8. ACD　9. ABDE　10. BCE　11. ABDE　12. ABC
13. CDE　14. BCD　15. ACDE　16. ABC　17. BDE　18. ABE
19. ABD　20. BCE　21. DE　22. AC　23. BE　24. ACE

第四章　建设工程造价构成

☆考纲要求

1. 熟悉工程造价的含义与特点；
2. 熟悉我国建设工程造价的构成；
3. 熟悉设备及工器具购置费的构成；
4. 熟悉建设工程费、安装工程费的构成；
5. 熟悉工程建设其他费用的构成；
6. 熟悉预备费的构成；
7. 熟悉建设期利息的计算。

☆复习提示

○重点概念

本章应重点掌握的概念包括工程造价的含义、工程造价的特点、建设项目工程造价的构成、建设投资、建筑安装工程造价构成、直接费、直接工程费、措施费、规费、企业管理费、设备购置费、工器具及生产家具购置费、工程建设其他费、固定资产其他费用、无形资产费用、其他资产费用(递延资产)、预备费、基本预备费、价差预备费、建设期贷款利息。

○学习方法

本章主要讲述了建设工程造价构成，是本书的核心内容，包括建设工程造价的含义与特点、工程造价的构成共二节内容。每节内容概念非常明确，有关造价构成已经归纳总结成知识架构图，便于理解、记忆。

本章内容非常重要，是历年重点考核的内容，是从事建设工程造价活动所必须熟悉的最基础的知识，因此，全面掌握本章知识尤为重要。

☆主要知识点

○建设工程造价的含义与特点

一、主要知识点

建设工程造价的含义与特点如图 4-1 所示。

本节知识点有四处：一是工程造价的两种含义，正确理解非常重要，一种是从项目建设投资角度提出的建设项目工程造价，它是一个广义的概念；另一种是从工程交易或工程承包、设计范围角度提出的建筑安装工程造价，它是一个狭义的概念。工程造价的两种含义实质上就是以不同角度把握同一事物的本质。二是工程造价的特点。三是工程建设各阶段工程造价的关系。四是工程建设各阶段工程造价的控制。

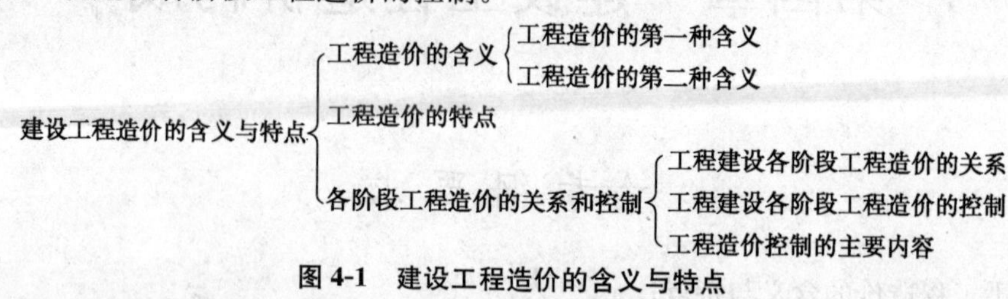

图 4-1 建设工程造价的含义与特点

1. 工程造价的含义(见图 4-2)

工程造价通常是指工程的建造价格，由于所站角度的不同，工程造价有不同的含义。

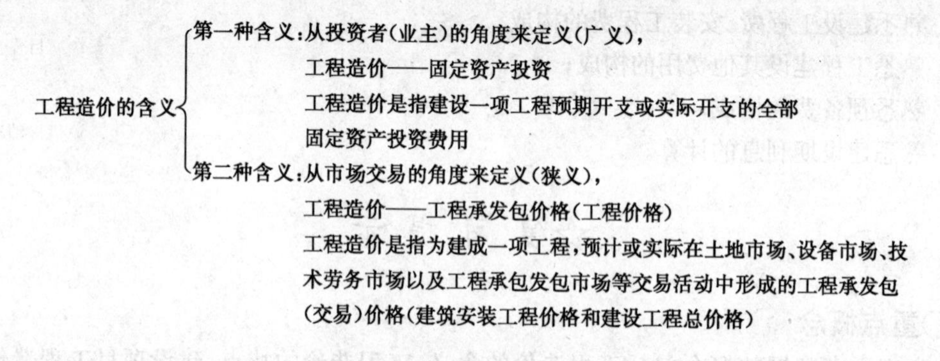

图 4-2 工程造价的含义

显然，第二种含义是以建设工程这种特殊的商品形式作为交易对象，通过招标投标或其他交易方式，在进行多次预估的基础上，最终由市场形成的价格。

2. 工程造价的特点(见图 4-3)

工程造价的特点
- 大额性：任何一项建设工程造价高昂
- 单个性：任何一项建设工程要单独计算造价
- 动态性：从决策到竣工交付使用，建设期较长，影响造价因素较多、造价是变动的，直到竣工决算才能最终确定工程实际造价
- 层次性
  - 建设项目总造价
  - 单项工程造价
  - 单位工程造价
- 阶段性(多次性)：随着工程建设的进展，需要在建设程序的各阶段进行计价，从而形成了投资估算、设计概算、施工图预算、合同价、结算价、竣工决算。

图 4-3 工程造价的特点

3. 工程建设各阶段工程造价的关系(见图 4-4)

建设工程项目需按一定的建设程序进行决策和实施，工程计价也需在工程建设各阶段进行计价，以保证工程造价计算的准确性和控制的有效性。多次性计价是一个由粗到细、由浅入深、由概略到精确的计价过程。这些造价形式之间存在着前者控制后者、后者补充前者的相互

作用关系。多次性计价是一个逐步深化、逐步细化和逐步接近实际造价的过程。竣工决算就是工程的实际造价。

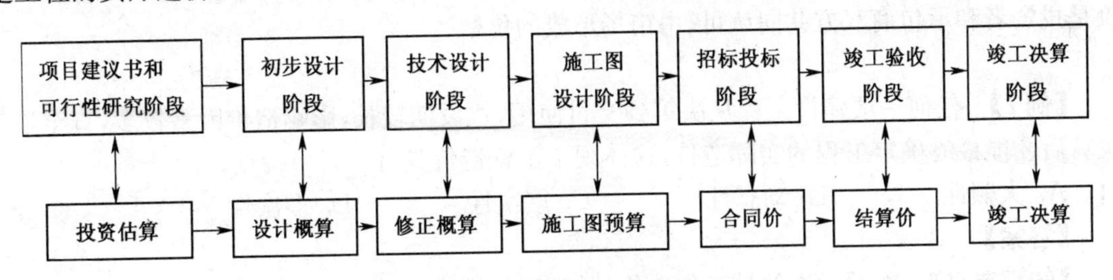

图 4-4 工程建设各阶段与造价对应关系

4. 工程建设各阶段工程造价的控制(见表 4-1)

表 4-1 工程建设各阶段工程造价的控制

以设计阶段为重点的建设全过程造价控制	工程造价控制的关键在于施工前的投资决策和设计阶段,而在项目作出投资决策后,控制工程造价的关键就在于设计
主动控制,以取得令人满意的结果	将控制立足于事先主动采取决策措施,以尽可能减少以至避免目标值与实际值的偏差,这是主动积极的控制方法
技术与经济相结合是控制工程造价最有效的手段	在工程建设过程中把技术与经济有机结合,通过技术比较、经济分析和效果评价,正确处理技术先进与经济合理两者之间的对立统一关系,力求在技术先进条件下的经济合理,在经济合理基础上的技术先进

二、例题

【例 1】 工程造价的第一种含义是从投资者或业主的角度定义的,工程造价是指( )。

A. 建设项目总投资　　B. 固定资产投资和铺地流动资金投资的总和

C. 建设项目固定资产投资　　D. 建筑安装工程投资

【答案】 C

【知识要点】 本题考查的是工程造价的含义。

【正确解析】 工程造价通常是指工程的建造价格。由于所站的角度不同,工程造价有不同的含义。工程造价的第一种含义:从投资者(业主)的角度来定义,工程造价是指建设一项工程预期开支或实际开支的全部固定资产投资费用。投资者为获得投资项目的预期收益,就需要对项目进行策划、决策及实施,直至竣工验收等一系列投资管理活动。在上述活动中所花费的全部费用,就构成了工程造价。从这个意义上讲,建设工程造价就是建设工程项目固定资产的总投资,即建设项目的固定资产投资也就是建设项目的工程造价,二者在量上是等同的。

工程造价的第二种含义:从市场交易的角度来定义,工程造价是指为建设一项工程,预计或实际在土地市场、设备市场、技术劳务市场、承包市场等交易活动中形成的工程承发包(交易)价格。显然,工程造价的第二种含义是以市场经济为前提,以建设工程这种特定的商品形式作为交易对象,通过招投标或其他交易方式,在进行多次预估的基础上,最终由市场形成的价格。其交易的对象可以是一个建设项目,一个单项工程,也可以是建设的某一个阶段,如土地开发工程、建筑安装工程、装饰工程等。

建筑安装工程造价亦称建筑安装产品价格，从投资的角度看，它是建设项目投资中的建筑安装工程部分的投资，也是项目造价的组成部分。从市场交易的角度看，建筑安装工程实际造价是投资者和承包商双方共同认可、由市场形成的价格。

【例 2】 任何一项建设工程从决策到交付使用，建设期较长，影响造价因素较多，直至竣工决算后才能最终确定工程的实际造价，这体现了工程造价具有（　　）特点。

A. 大额性　　B. 动态性　　C. 层次性　　D. 多次性

【答案】 B

【知识要点】 本题考查的是工程造价的特点。

【正确解析】 由于工程建设的特点，使工程造价具有大额性、单个性、动态性、层次性、阶段性（多次性）。任何一项建设工程从决策到交付使用，都有一个较长的建设期，在这一期间，如工程变更，材料价格、费率、利率、汇率等会发生变化，必然会影响工程造价的变动，从而体现了建设工程造价的动态性。

◯工程造价的构成

一、主要知识点

工程造价的构成如图 4-5 所示。

- 工程造价的构成
  - 建设项目工程造价的构成
  - 建筑安装工程造价的构成
  - 设备及工器具购置费的构成
  - 工程建设其他费用的构成
  - 预备费、建设期贷款利息

图 4-5　工程造价的构成

1. 建设项目投资构成和工程造价的构成（见图 4-6）

- 建设项目投资构成和工程造价的构成
  - 固定资产投资——工程造价
    - 建设投资
      - 工程费用
        - 设备及工器具购置费用
        - 建筑安装工程费用（建安工程造价）
          - 直接费
          - 间接费
          - 利润
          - 税金
      - 工程建设其他费用
        - 固定资产其他费用
        - 无形资产费用
        - 其他资产费用
      - 预备费
        - 基本预备费
        - 涨价预备费（价差预备费）
    - 建设期贷款利息
    - 固定资产投资方向调节税（2000 年暂停征收，目前已取消）
  - 流动资产投资——流动资金（经营性项目铺底流动资金）

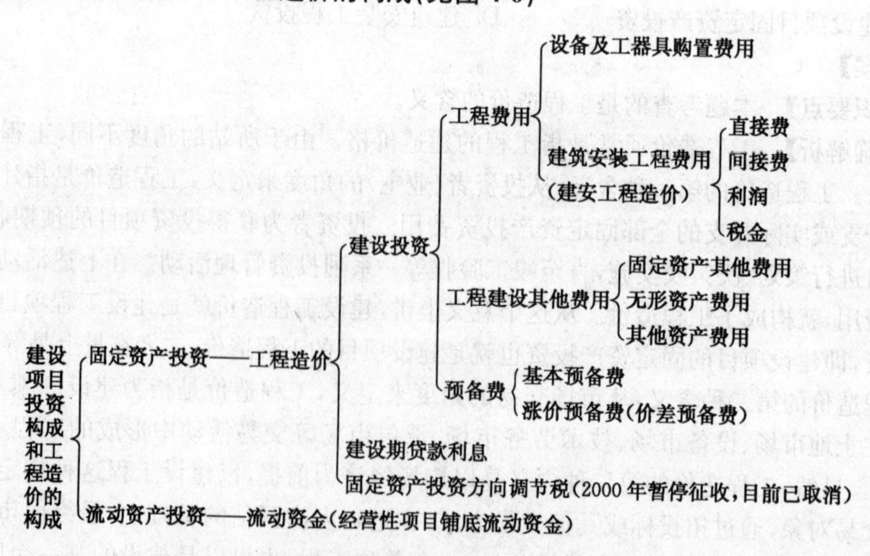

图 4-6　建设项目投资构成和工程造价的构成

2. 建筑安装工程造价的构成

按照建设部、财政部建标[2003]206 号文件《关于印发〈建筑安装工程费用的项目组成〉的通知》规定，建筑安装工程费用由直接费、间接费、利润和税金组成，见图 4-7。

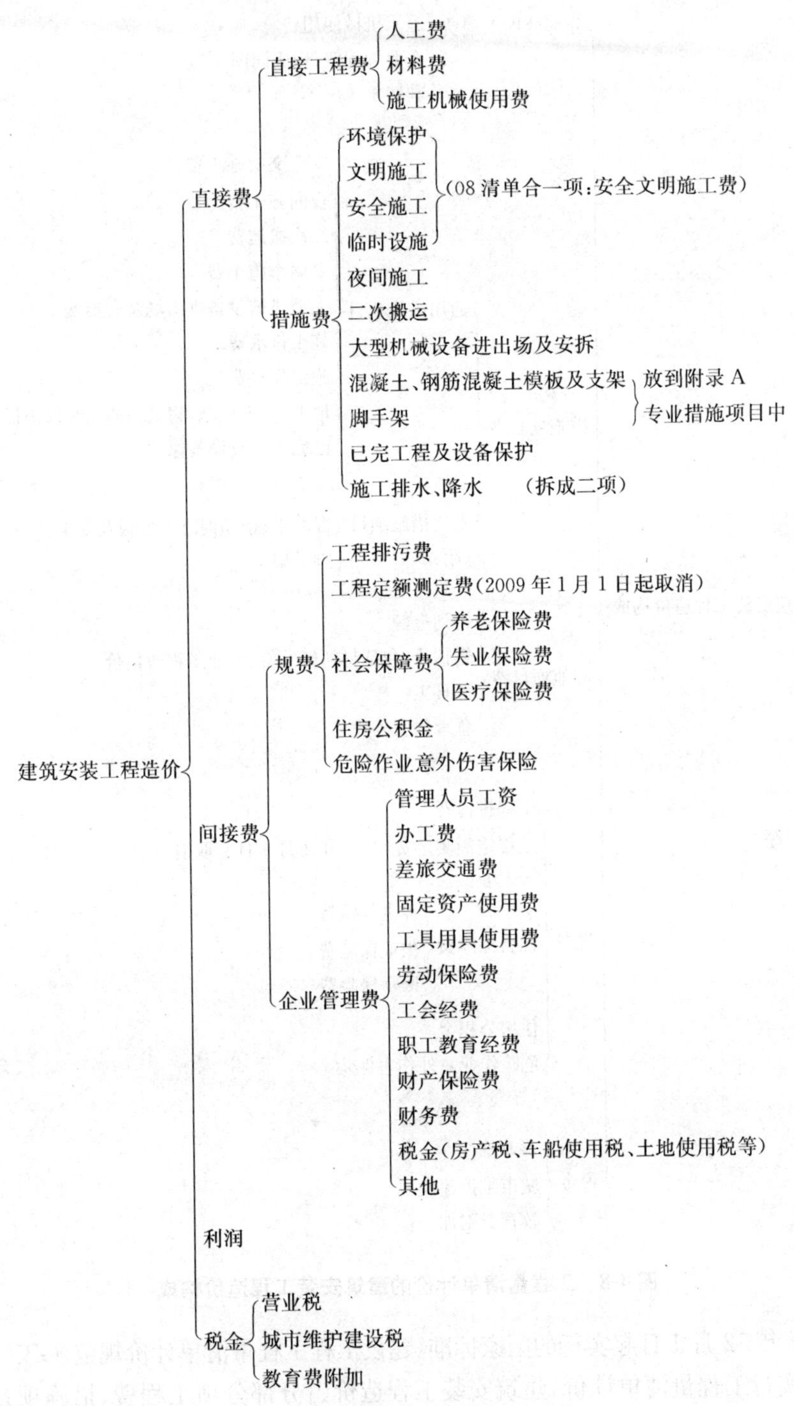

图 4-7　建筑安装工程造价的构成

3. 工程量清单计价的建筑安装工程造价构成(见图 4-8)

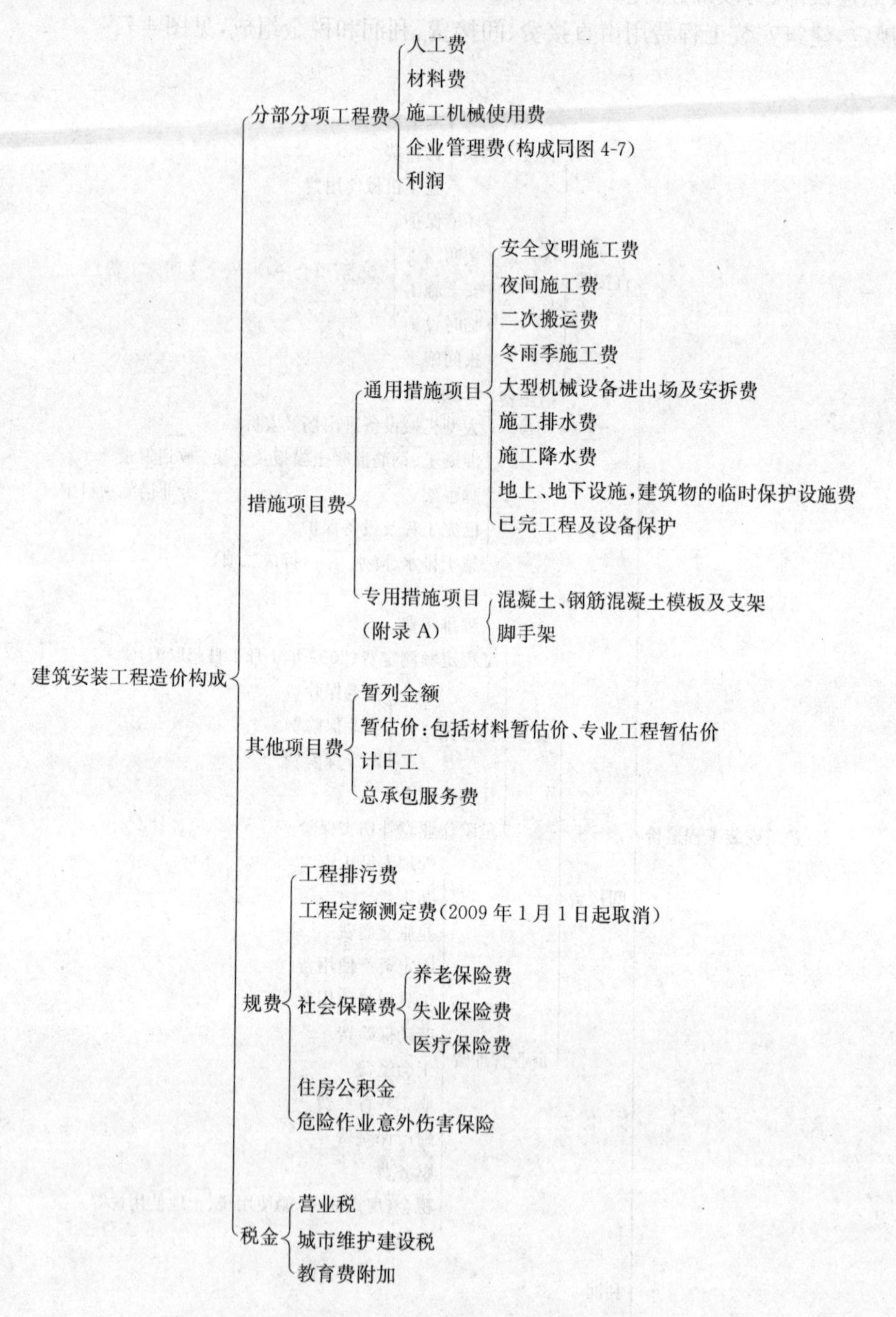

图 4-8 工程量清单计价的建筑安装工程造价构成

按照 2008 年 12 月 1 日起实行的国家标准《建设工程工程量清单计价规范》GB50500—2008 的有关规定,实行工程量清单计价,建筑安装工程造价由分部分项工程费、措施项目费、其他项目费和规费、税金组成,见图 4-8。

直接费由直接工程费和措施费组成。

直接工程费是指施工过程中耗费的构成工程实体的各项费用，包括人工费、材料费、施工机械使用费，见图 4-9。

4. 直接工程费构成（见图 4-9）

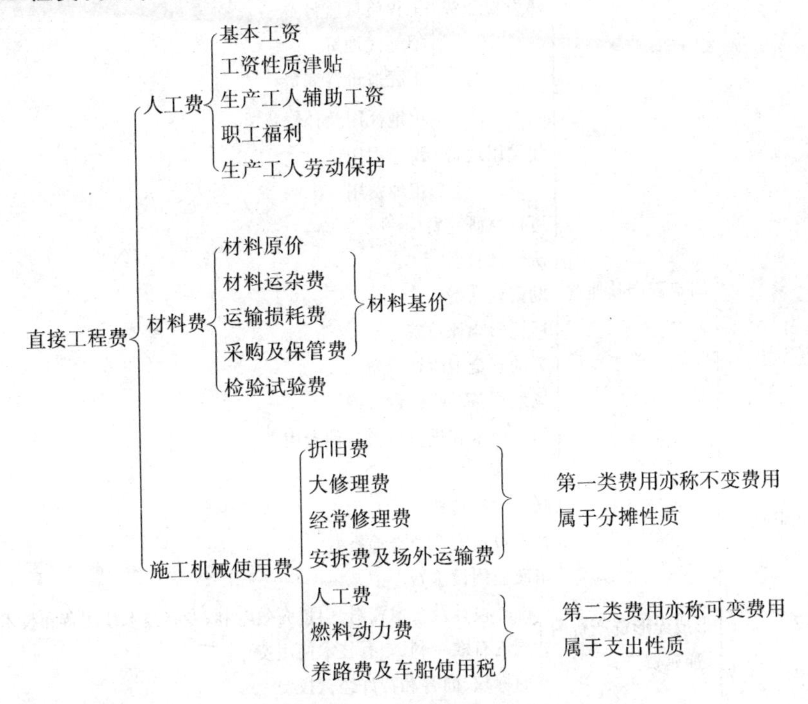

图 4-9　直接工程费组成

5. 设备及工器具购置费的构成（见图 4-10）

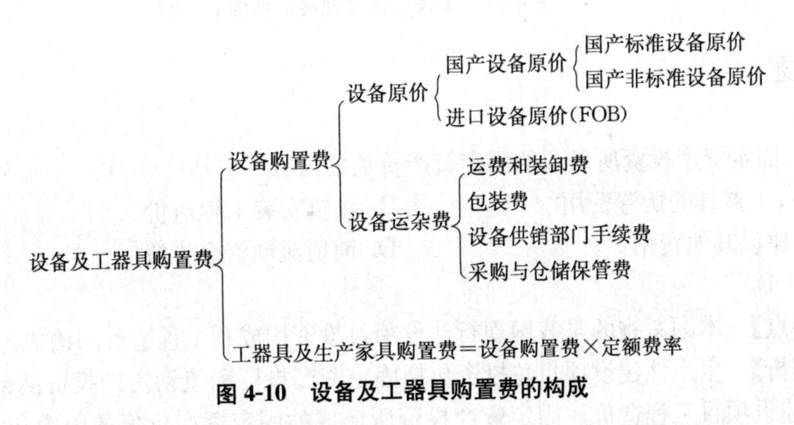

图 4-10　设备及工器具购置费的构成

设备购置费＝设备原价（或进口设备抵岸价）＋设备运杂费

进口设备原价（抵岸价）＝货价（FOB）＋国际运费 ＋ 运输保险费 ＋银行财务费＋外贸手续费＋关税＋消费税＋增值税＋车辆购置附加费

进口设备到岸价（CIF）＝离岸价格（FOB）＋国际运费 ＋ 运输保险费

进口设备从属费＝银行财务费＋外贸手续费＋关税＋消费税＋增值税＋车辆购置附加费

设备运杂费＝设备原价×设备运杂费率

6. 工程建设其他费的构成(见图 4-11)

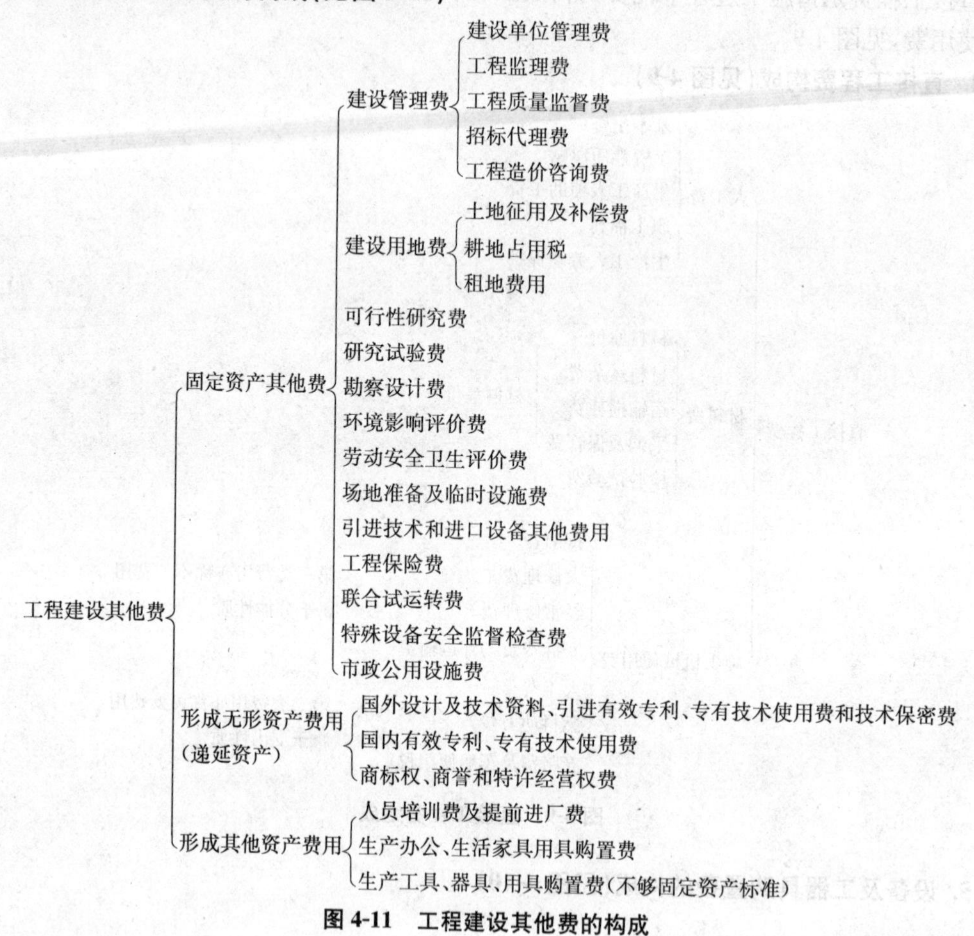

图 4-11 工程建设其他费的构成

二、例题

【例 1】 固定资产投资所形成的固定资产价值的内容不包括(　　)。

A. 设备、工器具的购置费用　　B. 建筑安装工程造价

C. 工程建设其他费用　　D. 铺地流动资金投资

【答案】 D

【知识要点】 本题考查的是我国现行建设项目投资构成和工程造价的构成。

【正确解析】 生产性建设项目总投资包括固定资产投资和流动资产投资两部分。固定资产投资就是建设项目工程造价。固定资产投资所形成的固定资产价值的内容包括建设投资、建设期贷款利息、固定资产投资方向调节税(目前已取消)的总和。建设投资由工程费用、工程建设其他费和预备费构成。工程费用包括设备及工器具购置费和建筑安装工程费用。铺地流动资金投资形成流动资产,因此,不是固定资产投资所形成的价值。见图 4-6。

非生产性建设项目总投资只包括固定资产投资,不含流动资产投资。建设项目总造价是指项目总投资中的固定资产投资的总额。

【例 2】 按《建筑安装工程费用项目组成》(建标[2003]206 号)的规定，建筑安装工程费用的组成为(　　)。

A. 定额直接费、间接费、利润、税金　　B. 直接费、间接费、利润、规费、税金

C. 直接费、间接费、利润、税金　　D. 直接工程费、间接费、利润、规费、税金

【答案】 C

【知识要点】 本题考查的是建筑安装工程造价的构成。

【正确解析】 按照建设部、财政部建标[2003]206 号文件《关于印发〈建筑安装工程费用的项目组成〉的通知》规定，建筑安装工程费用由直接费、间接费、利润和税金组成，见图 4-7。直接费由直接工程费和措施费组成，间接费由规费和企业管理费组成，税金由营业税、城市建设维护税和教育费附加组成。

【例 3】 措施项目费是指为完成工程项目施工、发生于该工程施工前和施工过程中非工程实体项目的费用。以下属于措施费的有(　　)。

A. 安全文明施工费　　B. 危险作业意外伤害保险

C. 已完工程及设备保护费　　D. 冬雨季施工费

E. 地上、地下设施，建筑物的临时保护设施费

【答案】 A C D E

【知识要点】 本题考查的是措施费项目的组成。

【正确解析】 措施项目费是指为完成工程项目施工、发生于该工程施工准备和施工过程中的技术、生活、安全、环境保护等方面的非工程实体项目的费用。按 08 清单措施项目费由通用措施项目和专用措施项目两部分构成。通用措施项目由安全文明施工费(含环境保护费、文明施工费、安全施工费和临时设施费)、夜间施工费、二次搬运费、冬雨季施工费、大型机械设备进出场及安拆费、施工排水费、施工降水费、地上地下设施建筑物的临时保护设施费、已完工程及设备保护费共 9 项组成。措施项目类的组成注意与建标[2003]206 号文中措施项目组成的区别。

专用措施项目见附录 A、附录 B、附录 C、附录 D、附录 E、附录 F 里的专用措施项目。例如附录 A 的专用措施项目:混凝土、钢筋混凝土模板及支架;脚手架;垂直运输机械。附录 B 的专用措施项目:脚手架;垂直运输机械;室内空气污染测试。其他工程见附录。

【例 4】 工程施工过程中，建筑材料、构件和建筑安装物进行一般鉴定、检查所发生的费用，包括自设实验室进行试验所耗用的材料和化学药品等费用，应计入(　　)。

A. 措施费　　B. 直接工程费

C. 企业管理费　　D. 研究试验费

【答案】 B

【知识要点】 本题考查的是直接工程费及材料费的组成。

【正确解析】 直接工程费是指施工过程中耗费的构成工程实体的各项费用，包括人工费、材料费、施工机械使用费。材料费是指施工过程中耗费的构成工程实体的原材料、辅助材料、构配件、零件、半成品的费用，包括材料原价、材料运杂费、运输损耗费、采购及保管费、检验试

验费。其中,检验试验费是指对建筑材料、构件和建筑安装物进行一般鉴定、检查所发生的费用,包括自设实验室进行试验所耗用的材料和化学药品等费用。

检验试验费不包括对新结构、新材料的实验费和建设单位对具有出厂合格证明的材料进行检验,对构件做破坏性实验及其他特殊要求检验实验的费用。

【例5】 竣工验收时,为鉴定工程质量,隐蔽工程进行必要的挖掘和修复费用应计入( )。

A. 基本预备费　　B. 竣工验收费

C. 建设单位管理费　　D. 工程质量监督费

【答案】 A

【知识要点】 本题考查的是基本预备费所包含的费用内容。

【正确解析】 基本预备费是指在投资估算或设计概算内难以预料的工程费用,包括:

(1)在批准的初步设计范围内,技术设计、施工图设计及施工过程中所增加的工程费用;设计变更、局部地基处理等增加的费用。

(2)一般自然灾害造成的损失和预防自然灾害所采取的措施费用。

(3)竣工验收时为鉴定工程质量,对隐蔽工程进行必要的挖掘和修复费用。

(4)超长、超宽、超重引起的运输增加费用等。

竣工验收费属于建设单位管理费。工程质量监督费是指工程质量监督检验部门检验工程质量而收取的费用。建设单位管理费和工程质量监督费属于建设管理费。建设管理费是固定资产其他费用的构成之一。

【例6】 在某建设项目投资构成中,设备及工器具购置费为2000万元,建筑安装工程费为1000万元,工程建设其他费为500万元,基本预备费为120万元,涨价预备费为80万元,建设期贷款为1800万元,应计利息为80万元,流动资金400万元,则该建设项目的建设投资为( )万元。

A. 3500　　B. 3700　　C. 3780　　D. 4180

【答案】 B

【知识要点】 本题考查的是建设投资的费用构成。

【正确解析】 在我国现行工程造价的构成中,建设投资包括设备及工器具购置费用、建筑安装工程费用、工程建设其他费用、预备费,不包括建设期贷款利息和流动资金。

建设投资＝2000＋1000＋500＋120＋80＝3700(万元)

【例7】 某施工企业在某工地现场需搭建可周转使用的临时建筑物400m²。若该建筑物每平方米造价为180元,可周转使用3年,年利用率为85%,不计其一次性拆除费用。现假设施工项目合同工期为280天(一年按365天计算),则该建筑物应计的周转使用的临建费为( )元。

A. 15649　　B. 18411　　C. 20400　　D. 21660

【答案】 D

【知识要点】 本题考查的是临时设施费中周转使用临建费的计算。

【正确解析】 临时设施费的构成包括周转使用临建费、一次性使用临建费和其他临时设施费，其相关计算公式为：

临时设施费=（周转使用临建费+一次性使用临建费）×[1+其他临时设施所占比例(%)]

$$周转使用临建费=\sum\left(\frac{临建面积\times每平方米造价}{使用年限\times365\times利用率}\times工期(天)\right)+一次性拆除费$$

一次性使用临建费=∑(临建面积每平方米造价×[1-残值率(%)])+一次性拆除费

其他临时设施在临时设施费中所占的比例可由各地区造价部门依据典型施工企业的成本资料经分析后综合测定。

$$周转使用临建费=\frac{400\times180}{3\times365\times85\%}\times280=21660(元)$$

【例8】 已知某进口工程设备FOB价为50万美元，美元与人民币汇率为1∶8，银行财务费率为0.2%，外贸手续费率为1.5%，关税税率为10%，增值税率为17%。若该进口设备抵岸价为586.7万元人民币，则该进口设备到岸价为(　　)万元人民币。

A. 406.8　　B. 450.0　　C. 456.0　　D. 586.7

【答案】 B

【知识要点】 本题考查的是进口设备原价的构成及计算。

【正确解析】 进口设备到岸价(CIF)=离岸价格(FOB)+国际运费+运输保险费

计算过程如下：

进口设备抵岸价=进口设备到岸价(CIF)+进口设备从属费

进口设备抵岸价= CIF+银行财务费+外贸手续费+关税+消费税+增值税+车辆购置附加费

银行财务费=人民币货价(FOB)×银行财务费率=50×8×0.2%=0.8

外贸手续费=(FOB+国际运费+运输保险费)外贸手续费率=CIF×1.5%

关税=到岸价(CIF)×进口关税税率=CIF×10%

增值税=(CIF+关税+消费税)×增值税率=(CIF+ CIF×10%+0)×17%

代入上述公式得：

586.7= CIF+0.8+CIF×1.5%+ CIF×10%+0+(CIF+ CIF×10%+0)×17%+0

解得CIF=450(万人民币)

☆强 化 训 练

一、单项选择题

1. 生产性建设项目的工程总造价就是建设项目(　　)的总和。

A. 固定资产投资　　B. 有形资产投资和无形资产投资

C. 固定资产投资和流动资产投资　　D. 建筑安装工程费用和设备工器具购置费用

2. 非生产性建设项目的工程总造价就是建设项目(　　)的总和。

A. 固定资产和无形资产投资　　B. 固定资产投资

C. 固定资产和流动资产投资　　D. 铺地流动资金投资

3. 建设工程造价有两种含义，从业主和承包商的角度可以分别理解为（　　）。

A. 建设工程固定资产投资和建设工程承发包价格

B. 建设工程总投资和建设工程承发包价格

C. 建设工程总投资和建设工程固定资产投资

D. 建设工程固定资产投资和铺地流动资金投资

4. 建筑安装工程造价亦称建筑安装产品价格。从市场交易的角度看，建筑安装工程实际造价是投资者和承包商双方共同认可的，由（　　）。

A. 发包方确定的价格　　B. 市场形成的价格

C. 承包方确定的价格　　D. 建设行业主管部门制定的价格

5. 工程造价的第一种含义是从投资者或业主的角度定义的，按照该定义，工程造价是指（　　）。

A. 建设项目总投资　　B. 建设项目固定资产投资

C. 建设工程其他投资　　D. 建筑安装工程投资

6. 工程造价第二种含义，是从市场交易的角度来分析，建设工程造价是指为建成一项工程，预计或实际在土地市场、设备市场、技术劳务市场、承包市场等交易活动中所形成的（　　）。

A. 固定资产投资　　B. 固定资产和无形资产

C. 固定资产投资和流动资产投资　　D. 工程承发包（交易）价格

7. 下列关于建设工程造价定义正确的是（　　）。

A. 工程造价是指建设一项工程预期开支或实际开支的全部固定资产投资费用

B. 工程造价是指建设一项工程预期开支或实际开支的全部固定资产和流动资产投资费用

C. 有计划地建设某项工程，预期开支或实际开支的全部固定资产和流动资产投资的费用

D. 有计划地建设某项工程，实际开支的全部固定资产和流动资产投资的费用

8. 根据我国现行工程造价构成规定，属于固定资产投资中积极部分的是（　　）。

A. 建筑安装工程费　　B. 设备及工、器具购置费

C. 建设用地费　　D. 可行性研究费

9. 任何一项建筑产品都有特殊的用途，在结构、造型、布置、装饰等方面都有不同要求，工程内容和实物形态的个别差异决定了工程造价的（　　）特点。

A. 大额性　　B. 动态性

C. 单个性　　D. 层次性

10. 建设工程规模大、周期长、造价高，随着工程建设的进展需要在建设程序的各个阶段进行计价，这反映了工程造价的（　　）特点。

A. 单个性　　B. 动态性

C. 层次性　　D. 多次性

11. 工程造价的多次性计价是一个逐步深化、逐步细化、逐步接近最终造价的过程。工程实际造价是指（　　）。

A. 合同价　　B. 预算造价

C. 竣工结算价　　D. 竣工决算价

12. 建设项目是一个从抽象到实际的建设过程，工程造价也从投资估算阶段的投资预计到竣工决算的实际投资，形成最终的建设工程的实际造价。造价的表现形式有：①设计概算；

②结算价；③合同价；④竣工决算；⑤施工图预算。正确的顺序是(　　)。

A. ①②③④⑤　　B. ①⑤③②④

C. ⑤④①②③　　D. ③②①⑤④

13. 工程造价控制的关键在(　　)阶段。

A. 施工　　B. 招投标

C. 投资决策和设计　　D. 竣工结算

14. 建设工程项目投资决策完成后，控制工程造价的关键在(　　)阶段。

A. 工程设计　　B. 工程招标

C. 工程施工　　D. 工程结算

15. 工程造价控制贯穿于项目建设全过程，以(　　)阶段为重点的建设全过程造价控制。

A. 决策　　B. 设计

C. 施工　　D. 招投标

16. 控制工程造价最有效的手段是(　　)。

A. 加强政府的宏观调控　　B. 严格实施限额设计

C. 主动控制　　D. 技术与经济相结合

17. 在施工阶段合理确定工程造价的手段是(　　)。

A. 编制施工图预算　　B. 根据初步设计概算确定工程造价

C. 按实际完成的工程量，以合同价为基础合理确定进度款和结算价

D. 全面汇总工程建设中的全部实际费用，编制竣工决算

18. 为实现工程造价的有效控制，需要在工程建设程序的各阶段采取有效措施，将工程造价控制在(　　)之内。

A. 投资能力范围和确定的投资估算　　B. 投资效益要求的范围和工程造价最高限额

C. 最小变更范围和政府批准的预算　　D. 合理的范围和核定的造价限额

19. 建设项目工程造价是指(　　)。

A. 建设项目的建设投资、建设期贷款利息和流动资金的总和

B. 建设项目的建设投资、建设期贷款利息的总和

C. 建筑安装工程造价、设备及工器具购置费、预备费、建设期贷款利息

D. 建筑安装工程造价、设备及工器具购置费、工程建设其他费、建设期贷款利息

20. 根据我国现行建设项目投资构成的规定，建设投资中没有包括的费用是(　　)。

A. 工程费用　　B. 工程建设其他费用

C. 建设期利息　　D. 预备费

21. 关于我国现行建设项目投资构成的说法中，正确的是(　　)。

A. 生产性建设项目总投资为建设投资和建设期贷款利息之和

B. 工程造价为工程费用、工程建设其他费用和预备费之和

C. 固定资产投资为建设投资和建设期贷款利息之和

D. 工程费用为直接费、间接费、利润和税金之和

22. 建设投资由(　　)组成。

A. 工程费用、工程建设其他费、预备费

B. 建筑安装工程费、工程建设其他费、建设期贷款利息

C. 建筑工程费、安装工程费、设备及工器具购置费、预备费

D. 设备及工器具购置费、建筑安装工程费、建设期贷款利息

23. 根据《建设工程工程量清单计价规范》(GB 50500—2008)的有关规定，建筑安装工程造价由(　　)组成。

A. 直接费、间接费、利润、规费和税金

B. 直接费、间接费、利润、税金

C. 分部分项工程费、措施项目费、其他项目费

D. 分部分项工程费、措施项目费、其他项目费、规费和税金

24. 某建设项目建筑工程费2000万元，安装工程费700万元，设备购置费1100万元，工程建设其他费450万元，预备费180万元，建设期贷款利息120万元，流动资金500万元，则该项目的建设投资为(　　)万元。

A. 4250　　B. 4430　　C. 4550　　D. 5050

25. 根据《建筑安装工程费用项目组成》(建标[2003]206号)的规定，建筑安装工程造价由(　　)组成。

A. 直接费、间接费、计划利润、规费和税金

B. 直接费、间接费、利润、税金

C. 分部分项工程费、措施项目费、其他项目费

D. 分部分项工程费、措施项目费、其他项目费、规费和税金

26. 根据《建筑安装工程费用项目组成》(建标[2003]206号)的规定的规定，下列属于直接工程费中人工费的是生产工人(　　)。

A. 失业保险费　　B. 危险作业意外伤害保险费

C. 劳动保险费　　D. 劳动保护费

27. 根据《建筑安装工程费用项目组成》(建标[2003]206号)的规定，建筑材料、构件和建筑安装物进行一般鉴定和检查所发生的费用应计入建筑安装工程(　　)。

A. 措施费　　B. 工程建设其他费用

C. 研究实验费　　D. 材料费

28. 下列建筑安装工程费用中，应计入直接工程费的是(　　)。

A. 施工机械的安拆费及场外运输费　　B. 新材料试验费

C. 对构件做破坏性实验费　　D. 大型机械设备进出场及安拆费

29. 下列不属于建筑安装工程直接费的是(　　)。

A. 安全施工费　　B. 夜间施工费

C. 固定资产使用费　　D. 二次搬运费

30. 下列属于措施费的项目有(　　)。

A. 劳动安全卫生评价费　　B. 冬雨季施工费

C. 场地准备及临时设施费　　D. 工程排污费

31. 项目竣工验收前，施工企业对已完工程进行保护发生的费用应计入(　　)。

A. 措施费　　B. 规费

C. 直接工程费　　D. 企业管理费

32. 根据《建筑安装工程费用项目组成》(建标[2003]206号)的规定，施工排水降水费应计

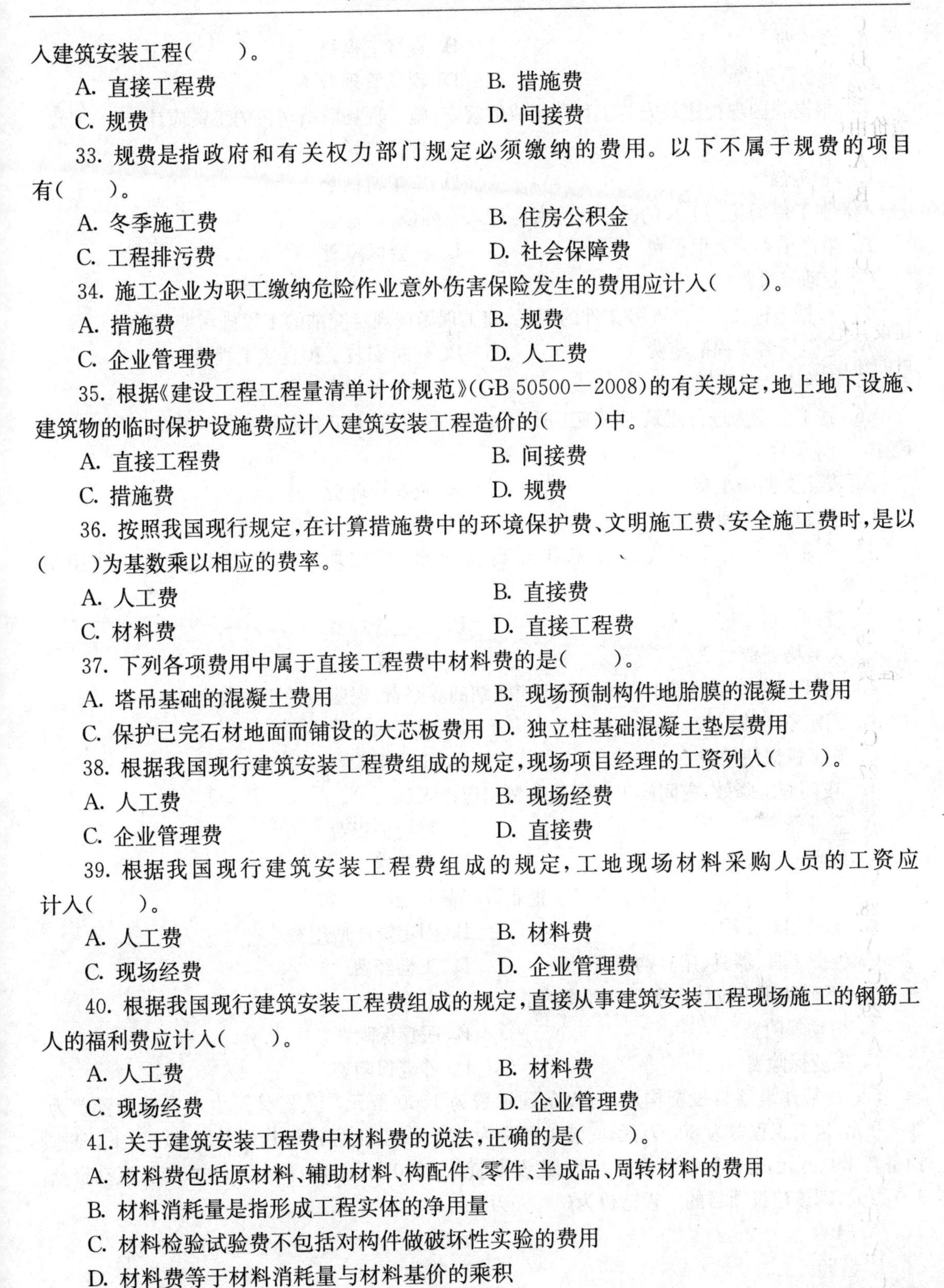

入建筑安装工程(　　)。

A. 直接工程费　　B. 措施费

C. 规费　　D. 间接费

33. 规费是指政府和有关权力部门规定必须缴纳的费用。以下不属于规费的项目有(　　)。

A. 冬季施工费　　B. 住房公积金

C. 工程排污费　　D. 社会保障费

34. 施工企业为职工缴纳危险作业意外伤害保险发生的费用应计入(　　)。

A. 措施费　　B. 规费

C. 企业管理费　　D. 人工费

35. 根据《建设工程工程量清单计价规范》(GB 50500－2008)的有关规定,地上地下设施、建筑物的临时保护设施费应计入建筑安装工程造价的(　　)中。

A. 直接工程费　　B. 间接费

C. 措施费　　D. 规费

36. 按照我国现行规定,在计算措施费中的环境保护费、文明施工费、安全施工费时,是以(　　)为基数乘以相应的费率。

A. 人工费　　B. 直接费

C. 材料费　　D. 直接工程费

37. 下列各项费用中属于直接工程费中材料费的是(　　)。

A. 塔吊基础的混凝土费用　　B. 现场预制构件地胎膜的混凝土费用

C. 保护已完石材地面而铺设的大芯板费用　　D. 独立柱基础混凝土垫层费用

38. 根据我国现行建筑安装工程费组成的规定,现场项目经理的工资列入(　　)。

A. 人工费　　B. 现场经费

C. 企业管理费　　D. 直接费

39. 根据我国现行建筑安装工程费组成的规定,工地现场材料采购人员的工资应计入(　　)。

A. 人工费　　B. 材料费

C. 现场经费　　D. 企业管理费

40. 根据我国现行建筑安装工程费组成的规定,直接从事建筑安装工程现场施工的钢筋工人的福利费应计入(　　)。

A. 人工费　　B. 材料费

C. 现场经费　　D. 企业管理费

41. 关于建筑安装工程费中材料费的说法,正确的是(　　)。

A. 材料费包括原材料、辅助材料、构配件、零件、半成品、周转材料的费用

B. 材料消耗量是指形成工程实体的净用量

C. 材料检验试验费不包括对构件做破坏性实验的费用

D. 材料费等于材料消耗量与材料基价的乘积

42. 根据建标[2003]206号文件的规定,建筑材料的采购费、仓储费、工地保管费和仓储损耗费中属于建筑安装工程的是(　　)。

A. 措施费　　B. 直接工程费
C. 企业管理费　　D. 现场管理费

43. 根据我国现行建筑安装工程费组成的规定，施工现场塔吊司机的工资应计入(　　)。
A. 人工费　　B. 材料费
C. 现场经费　　D. 施工机械费

44. 施工现场瓦工工长的医疗保险费应计入下列(　　)。
A. 生产工人劳动保护费　　B. 社会保障费
C. 劳动保险费　　D. 生产工人的辅助工资

45. 根据建标[2003]206 号文件的规定，施工现场按规定交纳的工程排污费属于(　　)。
A. 建筑安装工程措施费　　B. 建筑安装工程直接工程费
C. 建筑安装工程间接费　　D. 建设单位管理费

46. 施工企业为进行建筑工程施工所必须搭设的生活用临时建筑物、构筑物的费用应计入下列(　　)项目。
A. 安全文明施工费　　B. 企业管理费
C. 建设单位管理费　　D. 场地准备及临时设施费

47. 企业为职工学习先进技术和提高文化水平、按职工工资总额计提的费用应计入(　　)。
A. 管理人员工资　　B. 企业管理费
C. 人员培训费　　D. 办公费

48. 施工现场使用的施工机械按规定应缴纳的养路费、保险费及年检费应计入(　　)。
A. 固定资产使用费　　B. 财产保险费
C. 施工机械使用费　　D. 工程保险费

49. 夜间施工降效、夜间施工照明用电费用应计入(　　)。
A. 企业管理费　　B. 直接工程费
C. 市政公用设施费　　D. 措施费

50. 根据我国现行规定，以下不属于企业管理费的是(　　)。
A. 工具用具使用费　　B. 固定资产使用费
C. 生产工具、器具、用具购置费　　D. 工会经费

51. 下列费用中应计入企业管理费的是(　　)。
A. 劳动保险费　　B. 医疗保险费
C. 失业保险费　　D. 养老保险费

52. 在某建设项目投资构成中，设备购置费为 1000 万元，工、器具及生产家具购置费为 200 万元，建筑工程费为 800 万元，安装工程费为 500 万元，工程建设其他费用 400 万元，基本预备费 150 万元，涨价预备费 250 万元，建设期贷款 1800 万元，应计利息 100 万元，流动资金 350 万元，则该建设项目的工程造价为(　　)万元。
A. 3400　　B. 5200
C. 3750　　D. 5550

53. 设备购置费由设备原价和(　　)构成。
A. 采购与仓库保管费　　B. 设备供销部门手续费

C. 设备运杂费　　D. 运费

54. 进口设备的原价是指进口设备的(　　)，即抵达买方边境港口或边境车站、且交完关税等税费后形成的价格。

A. 抵岸价　　B. 到岸价

C. 离岸价　　D. 关税完税价格

55. 某项目购买一台国产设备，订货合同价为 1500 万元，其运杂费率为 6%，则该设备的购置费为(　　)万元。

A. 1506　　B. 1590　　C. 1550　　D. 1560

56. 装运港船上交货价(FOB)是我国进口设备采用最多的一种货价，习惯称(　　)。

A. 离岸价格　　B. 到岸价格

C. 抵岸价格　　D. 运费和保险在内价

57. 关税是对进出国境或关境的货物和物品征收的一种税，计算公式为(　　)。

A. 关税＝离岸价格(FOB)进口关税税率　　B. 关税＝CFR 进口关税税率

C. 关税＝到岸价格(CIF)进口关税税率　　D. 关税＝抵岸价进口关税税率

58. 某进口设备人民币货价为 50 万元，国际运费费率为 10%，运输保险费费率为 0.3%，进口关税税率为 20%，则该设备应支付关税税额为(　　)万元。

A. 11.34　　B. 11.00　　C. 11.30　　D. 10.00

59. 进口设备采用 FOB 交货价时，卖方需承担责任的是(　　)。

A. 租船舱，支付运费　　B. 办理出口手续，并将货物装上船

C. 装船后的一些风险和运费　　D. 办理海外运输保险并支付保险费

60. 银行财务费的计费基础是(　　)。

A. FOB　　B. CIF　　C. CFR　　D. 进口从属费

61. 某项目进口一批生产设备，FOB 价为 600 万元，CIF 价为 830 万元，银行财务费率为 0.5%，外贸手续费率为 1.5%，关税税率为 20%，增值税率为 17%。该批设备无消费税和海关监管手续费，则该批进口设备的抵岸价为(　　)。

A. 1170.10　　B. 1187.02　　C. 1180.77　　D. 1078.30

62. 某项目进口一批工艺设备，其银行财务费为 4 万元，外贸手续费为 19 万元，关税税率为 20%，增值税税率为 17%，抵岸价为 1790 万元。该批设备无消费税，则该批进口设备的到岸价格(CIF)为(　　)万元。

A. 745.57　　B. 1258.55　　C. 1274.93　　D. 4837.84

63. 某进口设备离岸价为 255 万元，国际运费为 25 万元，海上保险费率为 0.2%，关税税率为 20%，则该设备的关税完税价格为(　　)万元。

A. 280.56　　B. 281.12　　C. 336.67　　D. 337.35

64. 某进口设备通过海洋运输，到岸价为 972 万元，国际运费 88 万元，海上运输保险费率 3‰，则离岸价为(　　)万元。

A. 881.08　　B. 883.74　　C. 1063.18　　D. 1091.90

65. 某采用装运港船上交货价的进口设备货价为 1000 万元人民币，国外运费为 90 万元人民币，国外运输保险费为 10 万元人民币，进口关税为 150 万元人民币。则该设备的到岸价为(　　)万元人民币。

A. 1250　B. 1150　C. 1100　D. 1090

66. 单台设备安装后的调试费属于(　　)。

A. 安装工程费　B. 建筑工程费

C. 设备购置费　D. 工程建设其他费

67. 建设单位委托具有相应资质的工程造价咨询企业代为进行工程建设项目投资估算、设计概算、施工图预算、标底或招标控制价、工程结算等费用应计入(　　)。

A. 建设管理费　B. 可行性研究费

C. 建设单位管理费　D. 勘察设计费

68. 下列费用属于工程建设其他费用内容的是(　　)。

A. 设备购置费　B. 预备费

C. 工具、器具及生产家具购置费　D. 建设用地费

69. 以下费用项目不属于固定资产其他费用的是(　　)。

A. 工程保险费　B. 劳动保险费

C. 特殊设备安全监督检验费　D. 劳动安全卫生评价费

70. 在下列建设工程项目相关费用中,属于工程建设其他费用的是(　　)。

A. 环境影响评价费　B. 建筑安装工程费

C. 设备及工器具购置费　D. 预备费

71. 下列不属于建设用地费的是(　　)。

A. 城市维护建设税　B. 土地征用及补偿费

C. 征用耕地一次性缴纳的耕地占用税

D. 建设单位租用建设项目土地使用权在建设期支付的租地费用

72. 征用城镇土地在建设期间按规定每年需缴纳的税收是(　　)。

A. 新菜地开发基金　B. 城镇土地使用税

C. 营业税　D. 城镇建设维护税

73. 在下列建设工程项目相关费用中,属于工程建设其他费用的是(　　)。

A. 安装工程费　B. 预备费

C. 设备及工器具购置费　D. 环境影响评价费

74. 某工程为验证设计参数,按设计规定在施工过程中必须对一新型结构进行测试。该项费用由建设单位支出,应计入(　　)。

A. 勘察设计费　B. 研究实验费

C. 检验试验费　D. 工程质量监督费

75. 按照我国现行规定,建设单位所需的临时设施搭建费属于(　　)。

A. 直接工程费　B. 措施费

C. 工程建设其他费　D. 企业管理费

76. 下列不属于勘察设计费的是(　　)。

A. 工程勘察费　B. 基础设计费

C. 详细设计费　D. 编制项目建议书费

77. 以下费用中不属于建设管理费的是(　　)。

A. 建设单位发生的管理性质的开支　B. 工程监理费、质量监督费

C. 场地准备及临时设施费　　D. 工程招标费、工程造价咨询费

78. 下列属于工程建设其他费中其他资产费用的是(　　)。

A. 特许经营权费　　B. 人员培训及提前进厂费

C. 国外设计及技术资料费　　D. 招标代理费费

79. 联合试运转费是指(　　)。

A. 单台设备进行单机试运转的调试费

B. 系统设备联动无负荷试运转的调试费

C. 整个车间无负荷联合试运转所发生的费用净支出

D. 整个生产线负荷联合试运转所发生的费用净支出

80. 下列费用中,不属于工程建设其他费用中工程保险费的是(　　)。

A. 建筑安装工程一切险保费　　B. 引进设备财产保险保费

C. 危险作业意外伤害险保费　　D. 人身意外伤害险保费

81. 不属于工程建设其他费中的无形资产费用的是(　　)。

A. 引进有效专利、专有技术使用费　　B. 生产准备及开办费

C. 国内有效专利、专有技术使用费　　D. 商标权、商誉费

82. 根据我国现行规定,关于预备费的说法中,正确的是(　　)。

A. 基本预备费以工程费用为计算基数

B. 基本预备费是指在投资估算或设计概算内难以预料的工程费用

C. 涨价预备费以工程费用和工程建设其他费用之和为计算基数

D. 涨价预备费不包括利率、汇率调整增加的费用

83. 价差预备费测算方法,一般根据国家规定的(　　)计算。

A. 投资综合指数　　B. 工程造价指数

C. 消费物价指数　　D. 固定资产投资价格指数

84. 一般情况下,为预防自然灾害造成的损失而采取的措施费用应计入(　　)。

A. 工程保险费　　B. 措施费

C. 基本预备费　　D. 环境影响评价费

85. 根据建设期资金用款计划,对于建设期贷款利息的估算,正确的是(　　)。

A. 当年借款按全年计息,上年借款也按全年计息

B. 当年借款按半年计息,上年借款按全年计息

C. 当年借款按半年计息,上年借款也按半年计息

D. 当年借款按全年计息,上年借款按半年计息

86. 关于价差预备费,下列表述错误的是(　　)。

A. 根据国家规定的投资综合价格指数

B. 按估算年份价格水平的投资额为基数

C. 根据价格变动趋势,预测价值上涨率,采用单利方法计算

D. 建设项目在建设期间,由于价格等变化引起工程造价变化的预测预留费用

87. 在利用国外贷款计算利息时,国内代理机构不收取的费用是(　　)。

A. 转贷费　　B. 担保费

C. 管理费　　D. 承诺费

88. 在下列费用中，不属于工程造价构成的是(　　)。

A. 用于支付项目所需土地而发生的费用

B. 用于建设单位自身进行项目管理所支出的费用

C. 用于购买安装施工机械所支出的费用

D. 用于委托工程勘察设计所支付的费用

二、多项选择题

1. 工程造价是指为建设某项工程，预计或实际在土地市场、设备市场、技术劳务市场、承包市场等交易活动中，形成的工程承发包价格。这一含义是从(　　)角度定义的。

A. 投资者　　B. 承包商

C. 业主　　D. 供应商

E. 设计市场供给主体

2. 下列有关工程造价的说法，正确的是(　　)。

A. 工程造价最终是由市场形成的价格

B. 工程造价的两种含义表明需求主体和供给主体追求的经济利益相同

C. 工程造价在建设过程中是不确定的，直至竣工决算后才能确定工程的实际造价

D. 工程造价的两种含义实质上就是以不同角度把握同一事物的本质

E. 建筑安装工程造价是工程造价中最活跃的部分，也是建筑市场交易的主要对象之一

3. 由于工程建设的特点，使工程造价具有以下(　　)特点。

A. 大额性　　B. 层次性

C. 动态性　　D. 单次性

E. 阶段性

4. 下列能反映工程造价具有层次性特点的是(　　)。

A. 建设项目总造价　　B. 单项工程造价

C. 单位工程造价　　D. 分部工程造价

E. 分部分项工程单价

5. 建设工程规模大、周期长、造价高，随着工程建设的进展需要在建设程序的各个阶段进行计价，从而形成了投资估算、设计概算、(　　)和竣工决算。

A. 预算造价　　B. 综合单价

C. 直接费单价　　D. 合同价

E. 结算价

6. 建设项目各阶段工程造价控制的关键环节是(　　)。

A. 招投标阶段重视施工招标　　B. 施工阶段加强合同管理与事前控制

C. 设计阶段强调限额设计　　D. 决策阶段做好投资估算

E. 合同实施阶段使用招标控制价控制结算

7. 有效控制工程造价应体现以下(　　)原则。

A. 以施工阶段为重点　　B. 以设计阶段为重点

C. 主动控制　　D. 技术与经济相结合

E. 预先控制

8. 在下列各项费用中，属于建设项目工程造价的有(　　)。

A. 建设期贷款　B. 流动资产投资

C. 建设期贷款利息　D. 设备及工器具购置费

E. 预备费

9. 建设投资由(　　)构成。

A. 工程费用　B. 铺地流动资金

C. 工程建设其他费　D. 预备费

E. 直接工程费

10. 建筑安装工程费用包括(　　)。

A. 直接费　B. 间接费

C. 利润　D. 税金

E. 建设管理费

11. 根据《建筑安装工程费用项目组成》(建标[2003]206 号文)的规定，建筑安装工程直接工程费包括(　　)。

A. 其他直接费　B. 人工费

C. 措施费　D. 材料费

E. 施工机械使用费

12. 下列属于建筑安装工程费用的有(　　)。

A. 建设用地费　B. 直接费

C. 设备购置费　D. 间接费

E. 联合试运转费

13. 下列属于直接工程费中人工费的有(　　)。

A. 基本工资　B. 辅助工资

C. 差旅交通费　D. 劳动保险费

E. 职工福利费

14. 根据《建筑安装工程费用项目组成》(建标[2003]206 号文)的规定，下列费用中属于建筑安装工程直接工程费的有(　　)。

A. 施工作业生产工人的福利费　B. 材料的检验试验费

C. 材料的采购及保管费用　D. 大型机械设备的安拆费

E. 混凝土模板及支架费

15. 下列费用项目中，应计入建筑安装工程人工单价的有(　　)。

A. 养老保险费　B. 气候影响的停工工资

C. 职工教育经费　D. 防暑降温费

E. 职工退职金

16. 根据现行建筑安装费用的规定，下列属于直接工程费中人工费的是(　　)。

A. 6 个月以上的病假人员的工资　B. 生产工人的劳动保护用品购置费

C. 6 个月以内的病假人员的工资　D. 装载机司机的工资

E. 住房补贴

17. 建筑安装工程材料费包括(　　)。

A. 材料原价
B. 材料运杂费
C. 采购与保管费
D. 新材料试验费
E. 运输损耗费

18. 属于建筑安装工程直接工程费中的材料费的有(　　)。
A. 材料二次搬运费
B. 材料检验试验费
C. 钢筋混凝土模板及支架费
D. 材料运输损耗费
E. 材料摊销费

19. 按照《建筑安装工程费用项目组成》(建标[2003]206 号)的规定,下列各项费用属于建筑安装工程施工机械使用费的有(　　)。
A. 大型机械设备进出场及安拆费
B. 折旧费
C. 安拆费及场外运费
D. 大修理费
E. 燃料动力费

20. 根据《建筑安装工程费用项目组成》(建标[2003]206 号文)的规定,下列费用中属于建筑安装工程措施费的有(　　)。
A. 材料二次搬运费
B. 新材料试验费
C. 夜间施工增加费
D. 构件破坏性试验费
E. 安全施工费

21. 根据我国现行建筑安装工程费用构成规定,属于措施费的项目有(　　)。
A. 脚手架费
B. 施工排水降水费
C. 工程排污费
D. 已完工程保护费
E. 大型机械设备进出场及安拆费

22. 根据我国现行建筑安装工程费用项目组成规定,下列属于社会保障费的是(　　)。
A. 住房公积金
B. 养老保险费
C. 失业保险费
D. 医疗保险费
E. 劳动保护费

23. 根据《建筑安装工程费用项目组成》(建标[2003]206 号)的规定,下列各项中属于企业管理费的有(　　)。
A. 职工教育经费
B. 管理人员工资
C. 工会经费
D. 生产工人工资
E. 财务费

24. 建筑安装工程费用项目中企业管理费包括 12 项,下列项目属于企业管理费的有(　　)。
A. 文明施工
B. 办公费
C. 劳动保险费费
D. 固定资产使用费
E. 环境保护

25. 根据《建筑安装工程费用项目组成》(建标[2003]206 号)的规定,规费包括(　　)。
A. 医疗保险费
B. 养老保险费
C. 职工福利费
D. 危险作业意外伤害保险费
E. 财产保险费

26. 下列各项费用中,属于措施费中的安全文明施工费的是(　　)。

A. 安全施工费　　B. 环境保护费
C. 文明施工费　　D. 环境影响评价费
E. 临时设施费

27. 下列属于间接费的有(　　)。

A. 办公费　　B. 业务招待费
C. 差旅交通费　　D. 夜间施工费
E. 市政公用设施费

28. 根据我国现行建筑安装工程费用组成的规定,下列各项费用项目中属于措施费的是(　　)。

A. 劳动安全卫生评价费　　B. 地上、地下设施,建筑物的临时保护费
C. 冬雨季施工增加费　　D. 场地准备及临时设施费
E. 已完工程及设备保护费

29. 根据现行建筑安装费用的规定,规费应包括(　　)。

A. 工程排污费　　B. 劳动保护费
C. 大型机械设备进出场及按拆费　　D. 住房公积金
E. 社会保障费

30. 企业管理费中的税金是指企业按规定缴纳的(　　)。

A. 房产税　　B. 营业税
C. 车船使用税　　D. 土地使用税
E. 印花税

31. 措施项目费是指为完成工程项目施工、发生于该工程(　　)的费用。

A. 施工前和施工过程中非工程实体项目
B. 施工前和施工过程中工程实体项目
C. 施工准备和施工过程中的技术、生活、安全、环境保护等方面的非工程实体项目的费用
D. 施工准备和施工过程中的技术、生活、安全、环境保护等方面的工程实体项目的费用
E. 施工结束之后的非工程实体项目

32. 建筑安装工程造价中的税金是指国家税法规定应计入建筑安装工程造价内的(　　)。

A. 营业税　　B. 土地使用税
C. 城市建设维护税　　D. 房产税
E. 教育费附加

33. 下列费用中,不属于建筑安装工程直接工程费的有(　　)。

A. 施工机械大修理费　　B. 材料采购及保管费
C. 职工退休金　　D. 职工教育经费
E. 职工学习、培训期间的工资

34. 设备及工器具购置费由(　　)组成。

A. 设备购置费　　B. 工器具购置费
C. 生产家具购置费　　D. 工具用具使用费
E. 固定资产使用费

35. 设备购置费是指建设项目购置或自制的达到固定资产标准的各种国产或进口设备、工具、器具的购置费用，由(　　)构成。

A. 单台设备试运转费　　B. 进口设备到岸价
C. 设备安装调试费　　D. 设备原价
E. 设备运杂费

36. 进口设备的交货类别可分为(　　)。

A. 内陆交货价　　B. 海上交货价
C. 装运港船上交货价　　D. 目的地交货价
E. 生产地交货价

37. 设备运杂费由以下(　　)构成。

A. 运费和装卸费　　B. 二次搬运费
C. 包装费　　D. 采购与仓库保管费
E. 供销部门手续费

38. 下列有关外贸手续费的说法正确的是(　　)。

A. 外贸手续费率一般取 1.5%　　B. 外贸手续费的计费基础是 CIF 价
C. 外贸手续费率一般取 2.5%　　D. 外贸手续费的计费基础是 FOB 价
E. 外贸手续费的计费基础是装运港船上交货价、国际运费、运输保险费之和

39. 设备运杂费中运费和装卸费是指(　　)止发生的运费和装卸费。

A. 国产设备由设备制造厂交货地点起至工地仓库
B. 进口设备由设备制造厂交货地点起至工地仓库
C. 进口设备由我国到岸港口或边境车站至工地仓库
D. 进口设备由设备制造厂交货地点起至施工组织设计指定的设备堆放地点
E. 国产设备由边境车站起至工地仓库

40. 在下列各项费用中，(　　)没有包括关税。

A. 离岸价(FOB)　　B. 运费在内价(CFR)
C. 抵岸价　　D. 运费、保险费在内价(CIF)
E. 关税完税价

41. 关于设备运杂费的构成及计算的说法中，正确的有(　　)

A. 运费和装卸费是由设备制造厂交货地点至施工安装作业面所发生的费用
B. 进口设备运杂费是由我国到岸港口或边境车站至工地仓库所发生的费用
C. 原价中没有包含的、为运输而进行包装所支出的各种费用应计入包装费
D. 采购与仓库保管费不含采购人员和管理人员的工资
E. 设备运杂费为设备原价与设备运杂费率的乘积

42. 工程建设其他费用按照资产属性分别形成(　　)。

A. 固定资产　　B. 有形资产
C. 无形资产　　D. 流动资产
E. 递延资产

43. 下列费用属于工程建设其他费用中固定资产其他费用的是(　　)。

A. 建设管理费　　B. 生产准备及开办费

C. 建设用地费
D. 劳动安全卫生评价费
E. 专利及专有技术使用费

44. 在下列工程建设其他费用中，按规定将形成固定资产的有(　　)。

A. 市政公用设施费
B. 可行性研究费
C. 场地准备及临时设施费
D. 专有技术使用费
E. 生产准备费

45. 属于工程建设其他费中的形成无形资产费用的是(　　)。

A. 国外设计及技术资料费
B. 人员培训费及提前进厂费
C. 国内有效专利、专有技术使用费
D. 生产准备及开办费
E. 商标、商誉和特许经营权费

46. 以下不属于工程建设其他费的是(　　)。

A. 来华人员费
B. 专有技术使用费
C. 技术转让费
D. 技术开发费
E. 技术保密费

47. 在下列建设项目投资中，属于工程建设其他费用的有(　　)。

A. 土地使用费
B. 建筑安装工程费
C. 建设管理费
D. 流动资金
E. 生产准备费

48. 在下列费用中，属于工程建设其他费中建设管理费的有(　　)。

A. 建设单位管理费
B. 施工管理费
C. 勘察设计费
D. 工程监理费
E. 总承包管理费

49. 下列对于预备费的理解，正确的是(　　)。

A. 实行工程保险的工程项目，基本预备费应适当降低
B. 基本预备费以工程费用为计取基础，乘以基本预备费费率进行计算
C. 基本预备费用于设计变更、局部地基处理等增加的费用
D. 涨价预备费一般采用复利方法计算
E. 基本预备费又称价格变动不可预见费

50. 建设期贷款利息是指在项目建设期发生的支付(　　)等的借款利息和融资费用。

A. 利率、汇率调整
B. 银行贷款
C. 出口信贷
D. 债券
E. 人、材、机的价差费

51. 下列费用中属于价差预备费的内容是(　　)。

A. 在批准的初步设计范围内，施工图设计及施工过程中所增加的工程费
B. 人工、材料、施工机械的价差费
C. 建筑安装工程费及工程建设其他费用调整
D. 利率、汇率调整增加的费用
E. 设计变更、局部地基处理等增加的费用

52. 在利用国外贷款的利息计算中，计算年利率时应综合考虑的因素是(　　)。

A. 手续费　　B. 担保费
C. 汇率变动　　D. 管理费
E. 承诺费

53. 某建筑安装工程以直接费为计算基础计算工程造价，其中，直接工程费为500万元，措施费率为5%，间接费率为8%，利润率为4%，则关于该建筑安装工程造价的说法，正确的有（　）。

A. 该工程间接费为40.00万元　　B. 该工程措施费为25.00万元
C. 该工程利润为22.68万元　　D. 该工程利润的计算基数为540.00万元
E. 该工程直接费为525.00万元

☆参考答案

一、单项选择题

1. C　2. B　3. A　4. B　5. B　6. D　7. A　8. A
9. C　10. D　11. D　12. B　13. C　14. A　15. B　16. D
17. C　18. D　19. B　20. C　21. C　22. A　23. D　24. B
25. B　26. D　27. D　28. A　29. C　30. B　31. A　32. B
33. A　34. B　35. C　36. D　37. D　38. C　39. B　40. A
41. C　42. B　43. D　44. B　45. C　46. A　47. B　48. C
49. D　50. C　51. A　52. A　53. C　54. C　55. B　56. A
57. C　58. A　59. B　60. A　61. C　62. B　63. A　64. A
65. C　66. A　67. A　68. D　69. B　70. A　71. A　72. B
73. D　74. B　75. C　76. D　77. C　78. B　79. D　80. C
81. B　82. B　83. A　84. C　85. B　86. C　87. D　88. C

二、多项选择题

1. BDE　2. ACDE　3. ABCE　4. ABC　5. ADE　6. ABCD
7. BCD　8. CDE　9. ACD　10. ABCD　11. BDE　12. BD
13. ABE　14. ABC　15. BD　16. BCE　17. ABCE　18. BD
19. BCDE　20. ACE　21. ABDE　22. BCD　23. ABCE　24. BCD
25. ABD　26. ABCE　27. ABC　28. BCE　29. ADE　30. ACDE
31. AC　32. ACE　33. CD　34. ABC　35. DE　36. ACD
37. ACDE　38. ABE　39. AC　40. ABD　41. BCE　42. ACE
43. ACD　44. ABC　45. ACE　46. CD　47. ACE　48. ADE
49. ACD　50. BCD　51. BCD　52. ADE　53. BCE

第五章　建设工程造价计价方法和依据

☆考 纲 要 求

1. 熟悉工程造价计价的方法和特点；
2. 熟悉工程造价计价依据的分类与作用；
3. 了解建设安装工程预算定额、概算定额和投资估算指标的编制原则及方法；
4. 了解人工、材料、机械台班定额消耗量的确定方法及其单价组成和编制方法；
5. 了解建筑安装工程费用定额的组成，熟悉建筑安装工程费用定额的使用；
6. 熟悉预算定额、概算定额项目单价的编制方法；
7. 了解工程造价资料积累的内容、方法及应用。

☆复 习 提 示

○重点概念

根据考试大纲和历年试题分析，本章应重点掌握的概念有：工程造价计价方法、工程造价计价顺序、工程造价计价特点、工程造价计价依据的分类、工程建设定额的分类、预算定额、概算定额、估算指标、劳动定额、材料消耗定额、施工机械台班定额、人工、材料、机械台班单价、定额基价、间接费定额、工程造价指数。

○学习方法

本章主要讲述了工程造价计价方法；工程造价计价依据的分类；预算定额、概算定额和估算指标；人工、材料、机械台班消耗量定额；人工、材料、机械台班单价及定额基价；建筑安装工程费用定额；工程造价信息共七节内容，从工程造价构成的基本构造要素人、材、机的消耗量到其单价的构成，从不同类型的计价依据到单位建筑产品直接工程费单价的形成，比较全面地阐述了建设工程领域工程造价计价方法和计价依据，真实反映了目前我国建设行业在不同的建设阶段工程计价所使用的定额。

本章应重点掌握工程造价计价方法和计价依据的分类与作用，人工、材料、机械台班消耗量定额的概念及编制方法，人工、材料、机械台班单价的组成，定额基价编制依据及确定方法。

☆主要知识点

○工程造价计价方法

一、主要知识点

（一）工程造价计价的基本方法

1. 工程造价的计价顺序

分部分项工程单价→单位工程造价→单项工程造价→建设项目总造价

2. 我国现行的工程造价计价方法及单价构成(见图 5-1)

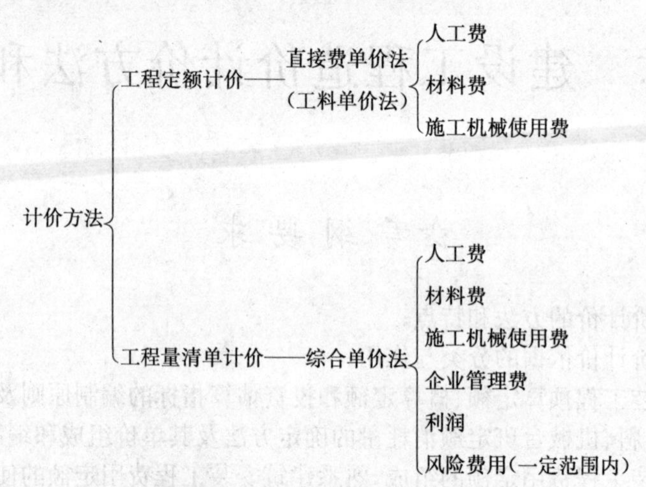

图 5-1 我国现行的工程造价计价方法及单价构成

(二)工程定额计价法

1. 定额计价方法

即按预算定额规定的分部分项子目(项目划分)、工程量计算规则,逐项计算分项工程工程量,套用预算定额单价(基价),确定直接工程费,然后按规定的取费标准确定措施费、间接费、利润和税金,加上材料调差系数和适当的不可预见费,经汇总后即为工程预算或标底。以单位工程施工图预算书的编制为例,说明计算过程如下:

列项→算量→套价→直接费汇总→取费(计算工程造价)→编制说明、封面

具体步骤如下:

第一阶段:收集资料

第二阶段:熟悉图纸和现场

第三阶段:计算工程量

第四阶段:套定额单价

第五阶段:编制工料分析表

第六阶段:费用计算

第七阶段:复核

第八阶段:编制说明

2. 定额计价的基本方法与程序(见图 5-2)

(三)工程量清单计价法

1. 工程量清单计价

工程量清单计价方法是在建设工程招标投标中,招标人按照国家统一的工程量计算规则提供工程量清单 ,投标人依据工程量清单、拟建工程的施工方案,结合自身实际情况并考虑风险后自主报价的工程造价计价模式。清单计价模式下编制工程量的主体是招标人,招标控制价由招标人负责编制,而投标人的任务是填报单价、计算合价、汇总成报价。

我国于 2003 年 7 月 1 日开始实施《建设工程工程量清单计价规范》,并在此基础上进行了修订。现使用的《建设工程工程量清单计价规范》GB 50500—2008，于 2008 年 12 月 1 日起施行。

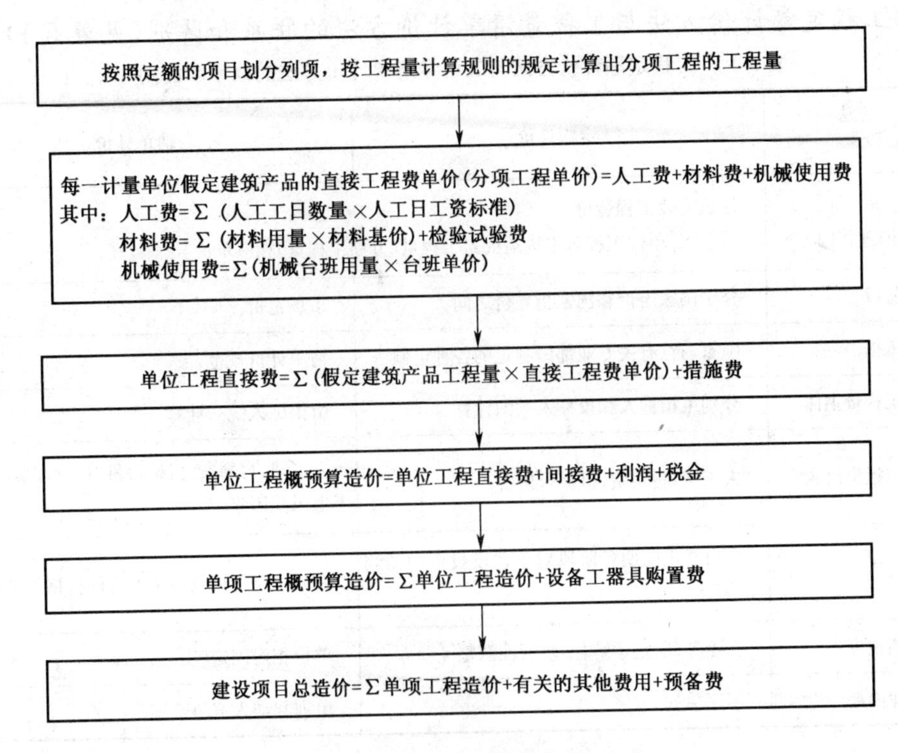

图 5-2 定额计价的基本方法与程序

2. 工程量清单计价的建设工程造价构成(见图 5-3)

建设工程造价构成：

- 分部分项工程费＝∑分部分项工程量×相应分部分项工程综合单价
- 措施项目费＝∑各措施项目工程量×费率或综合单价
- 其他项目费＝暂列金额＋暂估价＋计日工＋总承包服务费
- 规费＝ 人工费×规费费率
- 税金＝(分部分项工程费＋措施项目费＋其他项目费＋规费)×税率

图 5-3 工程量清单计价的建设工程造价构成

单位工程造价＝分部分项工程费＋措施项目费＋其他项目费＋规费＋税金

单项工程造价＝∑单位工程造价

建设项目总造价＝∑单项工程造价

其中，综合单价是完成一个规定计量单位的分部分项工程量清单项目或措施清单项目所需的人工费、材料费、机械使用费、管理费与利润，以及一定范围内的风险费用。

3. 工程量清单计价法的程序

工程量清单计价法的程序和方法与工程定额计价法基本一致，只是上述第四、第五、第六阶段有所不同，具体如下：

第四阶段：工程量清单项目组价

第五阶段:分析综合单价

第六阶段:费用计算(计算的费用内容与定额计价的费用内容不同)

(四)工程定额计价方法与工程量清单计价方法的联系和区别(见表 5-1)

表 5-1 工程定额计价方法与工程量清单计价方法的联系和区别

异同 \ 方法		定额计价	清单计价
工程造价计价的基本原理相同		建筑安装工程造价=∑[单位工程基本构造要素工程量(分项工程量)相应单价]	
区别	定价阶段	介于国家定价和国家指导价之间	市场定价
	计价依据	国家、省、有关专业部门制定的各种定额	清单计价规范
	编制工程量主体	分别由招标人和投标人按图计算	由招标人统一计算
	单价与报价组成	人工费、材料费、机械台班费	人工费、材料费、机械台班费、管理费、利润,并考虑风险因素
	适用阶段	项目建设前期各阶段对于建设投资的预测和估计	合同价格形成及后续的合同价格管理阶段
	价格调整方式	变更签证、定额解释、政策性调整	单价相对固定
	措施性消耗	不用单列	单列并纳入竞争范围

(五)工程造价计价的特征(见图 5-4)

工程造价计价的特征:

- 计价的单件性:建筑产品的单件性特点决定了每项工程都必须单独计算造价。
- 计价的多次性:建设工程项目规模大、周期长、造价高,需按一定的建设程序进行决策和实施,工程计价也需在不同阶段多次进行,以保证工程造价计算的准确性和控制的有效性。多次性计价是个逐步深化、逐步细化和逐步接近实际造价的过程。(如图 4-4 所示)
- 计价的组合性:工程造价的计算是分部组合而成。这一特征与建设项目的组合性有关,如图 2-3 所示。工程造价计算过程包含了分部分项工程单价、单位工程造价、单项工程造价和建设项目总造价,体现了工程造价计价的组合性计价特征。
- 计价方法的多样性:工程项目的多次计价有其各不相同的计价依据,每次计价的精准度要求也各不相同,由此决定了计价方法的多样性。例如,施工图预算造价的编制方法有工料单价法和综合单价法,工料单价法又分预算单价法和实物法。
- 计价依据的复杂性:由于影响工程造价的因素较多,决定了计价依据的复杂性。

图 5-4 工程造价计价的特征

二、例题

【例 1】 我国现行的工程造价计价方法有( )。

A. 工程定额计价法和工程量清单计价法两种

B. 直接费单价法一种

C. 工料单价法和直接费单价法两种

D. 综合单价法一种

【答案】 A

【知识要点】 本题考查的是我国现行的工程造价计价方法。

【正确解析】 我国现行的工程造价计价方法有两种:工程定额计价法和工程量清单计价法,也可以称为直接费单价和综合单价法两种。

定额计价法是我国传统的工程造价计价方法,在计算分项工程费用时,使用的是直接费单价进行计价,因此,定额计价法也称直接费单价法,有时又称工料单价法。

计算公式:分项工程费$=\sum$分项工程量$\times$直接工程费单价(定额基价)

清单计价法也称综合单价法,在计算分项工程费用时,使用的是综合单价进行计价。

计算公式:分部分项工程费$=\sum$分部分项工程量$\times$分部分项工程综合单价

我国自2003年7月1日起实施工程量清单计价,使我国工程造价从传统的以预算定额为主的计价方式向国际上通行的工程量清单计价模式转变,是我国工程造价管理改革的一项重大措施,对规范工程招标投标中的发、承包双方计价行为起到了重要作用。现行的《建设工程工程量清单计价规范》GB 50500—2008是在03清单计价规范的基础上进行修订的,于2008年12月1日起施行。

2001年12月1日起实行的《建筑工程施工发包与承包计价管理办法》(建设部令第107号)规定,施工图预算、招标标底和投标报价由成本(直接费、间接费)、利润和税金构成。其编制可以采用以下计价方法:

(1)工料单价法。分部分项工程量的单价为直接费。直接费以人工、材料、机械的消耗量及其相应价格确定。间接费、利润、税金按照有关规定另行计算。

(2)综合单价法。分部分项工程量的单价为全费用单价。全费用单价综合计算完成分部分项工程所发生的直接费、间接费、利润、税金。

【例2】 定额计价方法与工程量清单计价方法的区别是( )。

A. 定额计价模式更多地反映了国家定价或国家指导价阶段

B. 清单项目的工程量由招标人统一计算,作为投标人投标报价的共同基础

C. 定额计价模式主要依据各种定额,其性质为指令性的

D. 工程量清单应采用综合单价计价

E. 工程量清单计价方法下的合同模式是固定合同

【答案】 A B C D

【知识要点】 本题考查的是定额计价与清单计价的区别。

【正确解析】 工程量清单计价与定额计价的区别在7个方面:①体现我国建设市场发展过程中的定价阶段不同;②计价依据和性质不同;③工程量编制主体不同;④单价与报价的组成不同;⑤适用阶段不同;⑥合同价格的调整方式不同;⑦清单计价把施工措施性消耗单列并纳入了竞争的范畴,而定额计价未进行区分。

其中,最大的差别在于第一个方面,体现我国建设市场发展过程中的定价阶段不同,定额

计价体现了国家定价或国家指导价阶段；清单计价反映了市场定价阶段，而我国工程造价改革的最终目标就是市场形成价格。工程量清单计价方法下的合同模式为单价合同。

【例 3】 工程量清单计价法的程序和方法与工程定额计价法基本一致，只是在以下（ ）阶段有所不同。

A. 计算工程量　　B. 套定额单价
C. 工程量清单项目组价　　D. 分析综合单价
E. 费用计算

【答案】 CDE

【知识要点】 本题考查的是工程量清单计价法与工程定额计价法程序的不同。

【正确解析】 任何一项工程的计价都是先从收集资料、熟悉图纸和现场、计算工程量开始的，然后是第四阶段套价。定额计价套的是直接费单价。清单计价套的是综合单价，而综合单价需要经过工程量清单项目组价，这是第一点不同之处；第二点不同之处是第五阶段，定额计价需编制工料分析表，而清单计价需要分析综合单价；第三点不同体现在第六阶段费用计算的内容不同，定额计价通过取费表计算直接费、间接费、利润及税金等各种费用，并汇总得出工程造价，而清单计价是进行分部分项工程费、措施项目费、其他项目费、规费和税金的计算，从而汇总得出工程造价。

【例 4】 综合单价是完成一个规定计量单位的分部分项工程量清单项目或措施清单项目所需的（ ），以及一定范围内的风险费用。

A. 人工费、材料费、机械使用费　　B. 人工费、材料费、机械使用费、规费和利润。
C. 管理费、利润、规费和税金　　D. 人工费、材料费、机械使用费、管理费与利润

【答案】 D

【知识要点】 本题考查的是综合单价的概念。

【正确解析】 综合单价是完成一个规定计量单位的分部分项工程量清单项目或措施清单项目所需的人工费、材料费、机械使用费、管理费与利润，以及一定范围内的风险费用。该定义并不是真正意义上的全包括的综合单价，而是一种狭义上的综合单价，规费和税金等不可竞争的费用并不包括在项目单价中。国际上所谓的综合单价一般是指全包括的综合单价。在我国目前建筑市场存在过度竞争的情况下，清单计价规范规定保障税金和规费等为不可竞争的费用做法很有必要。

○工程造价计价依据的分类

一、主要知识点

（一）工程造价计价依据的分类（见表 5-2）

工程造价计价依据必须满足：
- 准确可靠，符合实际
- 可信度高，具有权威
- 数据化表达，便于计算
- 定性描述清晰，便于准确利用

表 5-2　工程造价计价依据的分类

分类	按用途分类	按使用对象分类
第一类　规范工程计价的依据	国家标准《建设工程工程量清单计价规范》、《建筑面积计算规范》	规范建设单位(业主)计价行为的依据：可行性研究资料、用地指标、工程建设其他费用定额等
	行业协会推荐标准《建设项目投资编审规程》、《建设项目全过程造价咨询规程》等	
第二类　计算设备数量和工程量的依据	可行性研究资料	第二类：规范建设单位(业主)和承包商双方计价行为的依据：包括国家标准《建设工程工程量清单计价规范》和《建筑面积计算规范》；中价协发布的投资估算、设计概算、工程结算、全过程造价咨询等规程；初步设计、扩大初步设计、施工图设计、工程变更及施工现场签证；概算指标、概算定额、预算定额；人工单价、材料预算单价、机械台班单价；工程造价信息；间接费定额、设备价格、运杂费率等。包含在工程造价内的税种、税率；利率和汇率；其他计价依据
	初步设计、扩大初步设计、施工图设计图纸和资料	
	工程变更及施工现场签证	
第三类　计算分部分项工程人工、材料、机械台班消耗量及费用的依据	概算指标、概算定额、预算定额	
	人工单价	
	材料预算单价	
	机械台班单价	
	工程造价信息	
第四类　计算建筑安装工程费用的依据	费用定额	
	价格指数	
第五类　计算设备费的依据	设备价格、运杂费率	
第六类　计算工程建设其他费用的依据	用地指标	
	各项工程建设其他费用定额	
第七类　和计算造价相关的法规和政策	包含在工程造价内的税种、税率	
	与产业政策、能源政策、环境政策、技术政策和土地等资源利用政策有关的取费标准	
	利率和汇率	
	基他计价依据	

(二)工程建设定额的分类（见图 5-5）

二、例题

【例 1】 预算定额是以(　　)为基础的综合扩大。

A. 劳动定额　　B. 材料消耗定额

C. 机械台班消耗定额　　D. 施工定额

【答案】 D

【知识要点】 本题考查的是预算定额的编制基础。

【正确解析】 施工定额是企业内部使用的定额，以同一性质的施工过程(工序)为研究对象，由劳动定额、材料消耗定额、机械台班消耗定额组成。预算定额是在施工定额的基础上编制的，将若干个工序综合成一个分项工程。预算定额的研究对象是一个规定计量单位的分项工程或结构构件。预算定额是编制概算定额的基础。概算定额是编制概算指标的依据。投资估算指标是以预算定额、概算定额为基础的综合扩大。

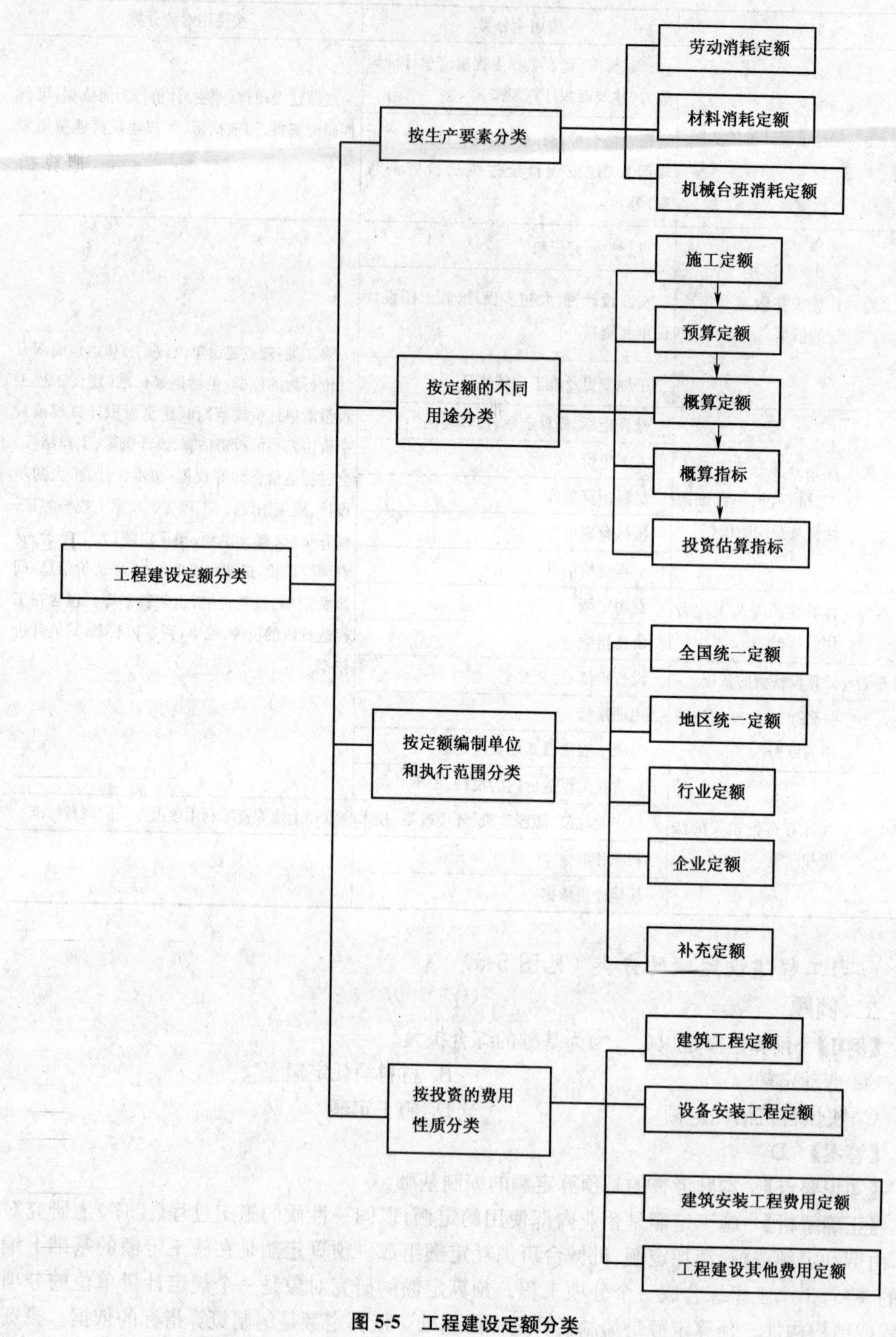

图 5-5　工程建设定额分类

【例 2】 下面所列工程建设定额中，属于按定额的不同用途分类的是（　　）。

A. 机械台班消耗定额　　B. 行业定额

C. 投资估算指标　　D. 建筑工程定额

【答案】 C

【知识要点】 本题考查的是定额的分类。

【正确解析】 按定额的用途可以把工程定额分为施工定额、预算定额、概算定额、概算指标、投资估算指标等五种。

【例 3】 在现行工程计价依据体系中，以下属于标准类的工程造价计价依据是（　　）。

A.《建设工程工程量清单计价规范》(GB 50500—2008)

B.《中华人民共和国招标投标法》（中华人民共和国主席令第 21 号）

C.《全国统一安装工程预算定额》（建标[2000]60 号）

D.《建筑工程建筑面积计算规范》（建设部公告第 326 号）

E.《建筑安装工程费用组成》（建标[2003]206 号）

【答案】 A D

【知识要点】 本题考查的是工程计价依据体系。

【正确解析】 标准类的只有清单计价规范和建筑面积计算规范，选 A 和 D。C 属于定额类，B 和 E 属于相关的法律、政策类。

○预算定额、概算定额和估算指标

一、主要知识点

（一）预算定额（见表 5-3）

表 5-3　预算定额知识一览表

概念	预算定额是计算和确定一个规定计量单位的分项工程或结构构件的人工、材料和施工机械台班消耗的的数量标准。预算定额是一种计价性定额。预算定额以施工定额为基础综合扩大编制，同时也是编制概算定额的基础。
预算定额作用	①预算定额是编制施工图预算、确定工程造价的依据
	②预算定额是建筑安装工程在工程招标中确定招标控制价和投标报价的依据
	③预算定额是建设单位拨付工程价款、建设资金和编制竣工决算的依据
	④预算定额是施工企业编制施工计划、确定劳动力、材料、机械台班需用量计划、统计完成工程量的依据
	⑤预算定额是施工企业实施经济核算、考核工程成本的参考依据
	⑥预算定额是对设计方案和施工方法进行经济评价的依据
	⑦预算定额是编制概算定额的基础
编制原则	社会平均水平的原则
	简明适用的原则
编制依据	①全国统一劳动定额、全国统一基础定额（现行劳动定额和施工定额）
	②现行设计规范，施工验收规范，质量评定标准和安全操作规程
	③适用的标准和已选定的典型工程施工图纸
	④推广的新技术、新结构、新材料、新工艺
	⑤施工现场测定资料、试验资料和统计资料
	⑥现行预算定额及基础资料和地区材料预算价格、工资标准及机械台班单价
编制步骤	准备工作阶段
	编制初稿阶段
	修改和审查计价定额阶段

续表 5-3

消耗量指标的确定	人工工日消耗量	人工工日消耗量=基本用工+其他用工 基本用工=∑(综合取定的工程量×劳动定额) 其他用工=超运距用工+辅助用工+人工幅度差 超运距用工=∑(超运距材料数量×时间定额) 辅助用工=∑(材料加工数量×相应的加工劳动定额) 人工幅度差=(基本用工+辅助用工+超运距用工)×人工幅度差系数
	材料消耗量	材料消耗量=材料净用量+损耗量或 材料消耗量=材料净用量(1+损耗率) 材料损耗率=损耗量/净用量×100% 材料损耗量=材料净用量×损耗率
	机械台班消耗量	预算定额机械台班耗用量=施工定额机械台班(1+机械幅度差系数)
编制定额项目表		
预算定额编排	定额文字说明:包括总说明、建筑面积计算规则、分部说明和分节说明	
	分项工程定额消耗指标:各分项定额的消耗量指标是预算定额最基本的内容	
	附录:主要用途是用于对预算定额的分析、换算和补充	

(二)概算定额、概算指标(见表 5-4、表 5-5)

表 5-4　概算定额知识一览表

概念	概算定额又称扩大结构定额,规定了完成单位扩大分项工程或扩大结构构件所必需消耗的人工、材料和机械台班的数量标准。概算定额也是一种计价性定额,一般在预算定额的基础上综合扩大而成。
概算定额作用	①概算定额是扩大初步设计阶段编制设计概算和技术设计阶段编制修正概算的依据
	②概算定额是对设计项目进行技术经济分析和比较的基础资料之一
	③概算定额是编制建设项目主要材料计划的参考依据
	④概算定额是概算指标的依据
	⑤概算定额编制招标控制价和投标报价的依据
编制依据	现行的预算定额
	选择的典型工程的施工图和其他有关资料
	人工工资标准、材料预算价格和机械台班预算价格
编制步骤	准备工作阶段
	编制初稿阶段
	审查定稿阶段

表 5-5 概算指标知识一览表

概念	概算指标是以整个建筑物或构筑物为对象，以"平方米"、"立方米"或"座"等为计量单位，规定了人工、材料、机械台班的消耗指标的一种标准。概算指标是概算定额的扩大与合并，是一种计价性质定额。
概算指标作用	①概算指标是基本建设主管部门编制投资估算和编制基本建设计划、估算主要材料用量计划的依据
	②概算指标是设计单位编制初步设计概算、选择设计方案的依据
	③概算指标是考核基本建设投资效果的依据
主要内容和形式	工程概况：包括建筑面积、建筑层数、建筑地点、时间、工程各部位的结构及做法
	工程造价及费用组成
	每平方米建筑面积的工程量指标
	每平方米建筑面积的工料消耗指标

(三)投资估算指标(见表 5-6)

表 5-6 投资估算指标知识一览表

概念	投资估算指标是在项目建议书和可行性研究阶段编制投资估算、计算投资需要量时使用的一种定额，一般以独立的单项工程和完整的工程项目为计算对象，也是以预算定额、概算定额为基础的综合扩大。	
层次划分	建设项目综合指标	包括单项工程投资、工程建设其他费用和预备费等，一般以项目的综合生产能力单位投资表示，如元/t、元/kW
	单项工程指标	包括建筑工程费、安装工程费、设备、工器具及生产家具购置费和其他费用。单项工程指标一般以单项工程生产能力投资，如元/t 或其他单位表示
	单位工程指标	按规定应列入能独立设计、施工的工程项目的费用，即建筑安装工程费用
编制方法	收集整理资料阶段：将整理后的数据资料按项目划分栏目加以归类，按照编制年度的现行定额、费用标准和价格，调整成编制年度的造价水平及相互比例	
	平衡调整阶段	
	测算审查结算	

(四)各种定额间关系比较(见表 5-7)

表 5-7 各种定额间关系比较

项目	施工定额	预算定额	概算定额	概算指标	投资估算指标
研究对象	工序	分项工程或结构构件	扩大分项工程或扩大结构构件	整个建筑物或构筑物	独立的单项工程或完整的工程项目
用途	编制施工预算	编制施工图预算	编制扩大初步设计概算或修正概算	编制初步设计概算	编制投资估算
作用	是编制预算定额的基础	是编制概算定额的基础	是编制概算指标的依据	是编制投资估算指标的依据	是计算建设项目主要材料消耗量的基础
项目划分	最细	细	较粗	粗	很粗
定额水平	平均先进水平	社会平均水平			
定额性质	生产性定额	计价性定额			

二、例题

【例 1】（ ）是在项目建议书和可行性研究阶段编制投资估算、计算投资需要量时使用的一种定额，一般以独立的单项工程或完整的工程项目为对象。

A. 概算定额
B. 概算指标
C. 投资估算指标
D. 预算定额

【答案】 C

【知识要点】 本题考查的是投资估算指标的概念。

【正确解析】 投资估算指标是在项目建议书和可行性研究阶段编制投资估算、计算投资需要量时使用的一种定额，一般以独立的单项工程或完整的工程项目为对象，也是以预算定额、概算定额为基础的综合扩大。

概算定额是在扩大初步设计阶段编制设计概算和技术设计阶段编制修正概算的依据，是以扩大分项工程或扩大的结构构件为对象。概算定额是在预算定额的基础上综合扩大而成的，是编制概算指标的依据，是一种计价性定额。

概算指标是在初步设计阶段编制初步设计概算所采用的一种定额，是以整个建筑物或构筑物为对象，是在概算定额的基础上编制的，是一种计价性定额。

【例 2】 关于预算定额性质与特点的说法，不正确的是（ ）。

A. 一种计价性定额
B. 以分项工程为对象编制
C. 反映平均先进水平
D. 以施工定额为基础编制

【答案】 C

【知识要点】 本题考查的是预算定额的性质与特点。

【正确解析】 预算定额按社会平均水平确定，施工定额反映平均先进水平。

预算定额是在编制施工图预算阶段，以工程中的分项工程或结构构件为对象编制，用来计算工程造价和计算工程中的劳动、材料、机械台班需要量的定额，是以施工定额为基础综合扩大编制的，是编制概算定额的基础。预算定额是一种计价性定额。

【例 3】 砌筑 $10m^3$ 砖墙需基本用工 20 个工日，辅助用工为 5 个工日，超运距用工需 2 个工日，人工幅度差系数为 10%，则预算定额人工工日消耗量为（ ）工日/$10m^3$。

A. 27.7 B. 29.0 C. 29.2 D. 29.7

【答案】 D

【知识要点】 本题考查的是预算定额中的人工消耗指标的确定。

【正确解析】 预算定额中的人工消耗指标是指完成该分项工程必须消耗的各种用工，包括基本用工、材料超运距用工、辅助用工和人工幅度差，计算公式如下：

人工工日消耗量＝基本用工＋超运距用工＋辅助用工＋人工幅度差

人工幅度差＝(基本用工＋辅助用工＋超运距用工)×人工幅度差系数

人工工日消耗量＝(基本用工＋超运距用工＋辅助用工)×(1＋人工幅度差系数)

$=(20+2+5)\times(1+10\%)$

$=29.7$(工日/10m^3)

【例 4】 概算定额的编制依据有(　　)。

A. 现行的预算定额

B. 现行的劳动定额和施工定额

C. 推广的新技术、新结构、新材料、新工艺

D. 典型工程施工图纸

E. 现行的人工工资标准、材料预算价格和机械台班预算价格

【答案】 A D E

【知识要点】 本题考查的是概算定额的编制依据。

【正确解析】 概算定额是在预算定额的基础上综合扩大而成的,编制的依据有现行的预算定额、典型的施工图纸、人工工资标准、材料预算价格和机械台班预算价格。本题一定要注意与预算定额编制依据的异同点。

共同点是:①现行的预算定额;②现行的设计规范、施工验收规范;③典型工程施工图纸;④现行的人工工资标准、材料价格和机械台班单价。

不同点是:预算定额编制依据还有①现行的劳动定额和施工定额;②推广的新技术、新结构、新材料、新工艺;③施工现场测定资料、实验资料和统计资料。

○人工、材料、机械台班消耗量定额

一、主要知识点

人工、材料、机械台班消耗量以劳动定额、材料消耗定额、机械台班消耗定额的形式来表现,是工程计价最基础的定额,是编制预算定额的基础,也是编制企业定额的基础(见图 5-6)。

定额消耗量分类(俗称三量)
- 人工工日消耗量(劳动定额)
- 材料消耗量(材料消耗定额)
- 机械台班消耗量(机械台班使用定额)

图 5-6　定额消耗量分类

人工、材料、机械台班消耗量定额知识见表 5-8。

表 5-8　人工、材料、机械台班消耗量定额

劳动定额	概念	劳动定额又称人工定额,指在正常施工条件下某等级工人在单位时间内完成合格产品的数量或完成单位合格产品所需的劳动时间(工日)。1 个工日=8h
	分类	时间定额:完成单位合格产品所必需消耗的工作时间。例:铺 1m^2 地砖用多少工日?
		产量定额:在单位时间内完成合格产品的数量。例:1 个工日铺多少平方米地砖?
	关系	时间定额与产量定额之间的关系:两者之间互为倒数 时间定额=1/产量定额
	工作时间	定额时间=准备与结束工作时间+基本工作时间+辅助工作时间+休息工作时间+不可避免的中断时间
		非定额时间=多余和偶然工作时间+施工本身造成的停工时间+违反劳动纪律的损失时间
	编制方法	①经验估计
		②统计计算法:运用过去统计资料确定定额的方法
		③技术测定法
		④比较类推法

续表 5-8

材料消耗定额	概念	材料消耗定额是指正常的施工条件和合理使用材料的情况下，生产质量合格的单位产品所必须消耗的建筑安装材料的数量标准
	组成	材料净用量：直接用于建筑和安装工程的材料——编制材料净用量定额
		材料损耗量：不可避免产生的施工废料和不可避免的施工操作损耗——编制材料损耗量定额
	计算公式	材料消耗量 ＝ 材料净用量＋材料损耗量＝材料净用量(1＋材料损耗率) 材料损耗量＝材料净用量×材料损耗率　材料损耗率 ＝材料净用量/ 材料损耗量×100％
	编制方法	①现场技术测定：主要是编制材料损耗定额
		②实验法：主要是编制材料净用量定额
		③统计法：通过对现场用料的大量统计资料进行分析计算的一种方法
		④理论计算法：运用一定的数学公式计算材料消耗量定额
机械台班定额	概念	机械台班消耗定额是在正常施工条件下，利用某种机械生产单位合格产品所必须消耗的机械工作时间，或是在单位时间内机械完成合格产品的数量。1 台班＝8 小时
	计算公式	施工机械台班产量定额＝机械纯工作 1 小时正常生产率×工作班纯工作时间 施工机械台班产量定额＝机械纯工作 1 小时正常生产率×工作班延续时间×机械正常利用系数 施工机械时间定额＝1/机械台班产量定额

二、例题

【例 1】 某瓦工班组 15 人，砌 1.5 厚砖基础，需 6 天完成，砌筑砖基础的定额为 1.25 工日/m^3，该班组完成的砌筑工程量是(　　)。

A. 90m^3/工日　　B. 80m^3/工日

C. 72m^3　　D. 112.5m^3

【答案】 C

【知识要点】 本题考查的是时间定额与产量定额的关系。

【正确解析】 时间定额是指某工种某一等级的工人或工人小组在合理的劳动组织等施工条件下，完成单位合格产品所必须消耗的工作时间。

产量定额是指某工种某等级工人或工人小组在合理的劳动组织等施工条件下，在单位时间内完成合格产品的数量。时间定额与产量定额之间的关系为互为倒数。

由上可知，砌筑砖基础的定额为 1.25 工日/m^3，是时间定额。

产量定额＝1/时间定额＝1/1.25＝0.8(m^3/工日)

砌筑工作任务需 6 天完成，班组 15 人，消耗总工日：15×6＝90(工日)

该班组完成的砌筑工程量为：工程量＝0.8×90＝72(m^3)

【例 2】 砌筑每立方米一砖厚砖墙时，砖(240mm×115mm×53mm)的净用量为 529 块，灰缝厚度为 10mm，砖的损耗率为 1％，砂浆的损耗率为 2％，则每立方米一砖厚砖墙的砂浆消耗量为(　　)m^3。

A. 0.217　　B. 0.222　　C. 0.226　　D. 0.231

【答案】 D

【知识要点】 本题考查的是材料消耗量、材料净用量和材料损耗量之间的关系。

【正确解析】 材料消耗量 ＝ 材料净用量＋材料损耗量＝材料净用量(1＋材料损耗率)

砌筑 $1m^3$ 一砖厚砖墙，净用量为 529 块砖(240mm×115mm×53mm)是材料净用量，$1m^3$ 砖墙中砖的净用量体积为：V 砖＝529×0.24×0.115×0.053＝0.7738(m^3)

$1m^3$ 砖墙中砂浆的净用量体积为：V 砂浆＝1－0.7738＝0.2262(m3)

砂浆的损耗率为 2%，则砂浆的消耗量＝砂浆的净用量(1＋砂浆损耗率)

＝0.2262×(1＋2%)

＝0.231(m^3)

【例 3】 以下属于周转性材料的是(　　)。

A. 脚手架　B. 模板　C. 挡土板　D. 预埋铁件　E. 临时设施

【答案】 A B C

【知识要点】 本题考查的是周转性材料的概念。

【正确解析】 建筑安装施工中除耗用直接构成工程实体的各种材料、成品、半成品外，还需要耗用一些工具性的材料，如挡土板、脚手架及模板等。这类材料在施工中不是一次消耗完，而是随使用次数逐渐消耗，故称为周转性材料。

○人工、材料、机械台班单价及定额基价

一、主要知识点(见图 5-7 所示)

人、材、机单价“俗称三价”
- 人工单价(人工工日单价、人工费单价)
- 材料价格(材料预算价格)
- 施工机械台班单价

图 5-7　人工、材料、机械台班单价

(一)人工单价

1. 人工单价概念

是指一个建筑安装工人一个工作日在计价时应计入的全部人工费用。合理确定人工工日单价是正确计算人工费和工程造价的前提和基础。

2. 人工费单价的组成

按照建标[2003]206 号文的规定，人工费单价的组成如图 5-8 所示：

人工费
- 基本工资
- 工资性质津贴
- 生产工人辅助工资
- 职工福利
- 生产工人劳动保护

图 5-8　人工费单价的组成

(二)材料价格

1. 材料价格的概念

材料价格是指材料(包括构件、成品及半成品等)由其来源地(或交货地)运至施工工地仓

库堆放场地后的出库价格。

2. 材料价格组成(见图 5-9)

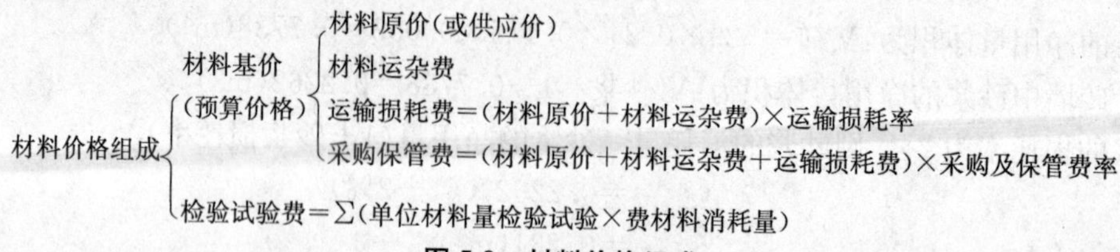

图 5-9 材料价格组成

材料费=Σ(材料消耗量×材料基价)+检验试验费

材料预算价格=[(材料原价+运杂费)×(1+运输损耗率)]×(1+采购及保管费率)

(三)施工机械台班单价

1. 施工机械台班单价的概念

机械台班单价亦称施工机械台班使用费,是指单位工作台班中为使机械正常运转所分摊和支出的各项费用(是指一台施工机械在正常运转条件下,一个工作台班中所发生的全部费用)。

1 台班=8h

2. 施工机械台班单价的组成(见图 5-10)

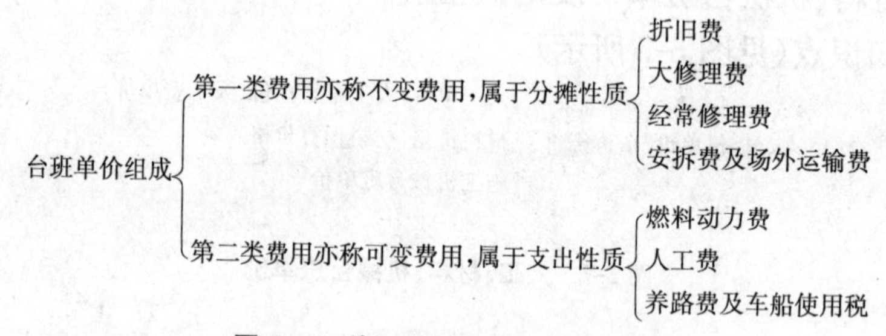

图 5-10 施工机械台班单价的组成

(四)定额基价

定额基价亦称分项工程单价,一般是指在一定使用期内建筑安装单位产品的不完全价格。

定额项目基价=人工费+材料费+机械费

定额基价的组成如图 5-11 所示。

定额基价的组成:
- 人工费=定额项目工日×数综合平均日工资标准
- 材料费=Σ(定额项目材料耗用量×材料预算价格)
- 机械费=Σ(定额项目机械台班用量×机械台班单价)

图 5-11 定额基价的组成

二、例题

【例】 某工程水泥从两个地方供货,甲地供货 200t,原价为 240 元/t,乙地供货 300t,原价为 250 元/t。甲、乙运杂费分别为 20 元/t、25 元/t,运输损耗率均为 2%。采购及保管费率均为 3%,则该工程水泥的材料基价为( )元/t。

A. 281.04　　B. 282.45　　C. 282.61　　D. 287.89

【答案】 C

【知识要点】 本题考查的是材料基价(材料预算价格)的计算方法。

【正确解析】 材料价格一般由材料原价(或供应价)、材料运杂费、运输损耗费、采购及保管费组成。上述四项构成材料基价(材料预算价格)。此外,在计价时,材料费中还应包括单独列项计算的检验试验费。

方法一:

材料基价=[(材料原价+运杂费)×(1+运输损耗率)]×(1+采购及保管费率)

甲地供货:材料基价=[(240+20)×(1+2%)]×(1+3%)=273.156(元/t)

乙地供货:材料基价=[(250+25)×(1+2%)]×(1+3%)=288.915(元/t)

加权平均:材料基价=(200×273.156+300×288.915)/500=282.61(元/t)

方法二:

加权平均材料原价=(200×240+300×250)/500=246(元/t)

加权平均材料运杂费=(200×20+300×25)/500=23(元/t)

水泥的材料基价=[(246+23)×(1+2%)]×(1+3%)=282.61(元/t)

○建筑安装工程费用定额

一、主要知识点

(一) 建筑安装工程费用定额的编制原则(见图5-12)

编制原则
- 合理确定定额水平的原则
- 简明适用性原则
- 定性与定量分析相结合的原则

图5-12　建筑安装工程费用定额的编制原则

(二) 间接费定额知识(见表5-9)

表5-9　间接费定额知识一览表

间接费定额的基础数据	全员劳动生产率=年度自行完成建筑安装工程工作量/年平均在册人数
	非生产人员比例:指非生产人员占施工企业职工总数的比例,非生产人员比例一般应控制在职工总数的20%
	全年有效施工天数:指在施工年度内能够用于施工的天数,各地区由于气候因素的影响而略有不同
	工资标准:指施工企业建筑安装生产工人与非生产人员的日平均工资标准和工资性津贴
	间接费年开支额:选择具有代表性的施工企业进行综合分析,确定出建筑安装工人每人平均的间接费开支额
间接费定额的编制方法	以直接费为计算基础:间接费=直接费合计×间接费费率(%) 间接费费率(%)=规费费率(%)+企业管理费费率(%)
	以人工费和机械费合计为计算基础:间接费=人工费和机械费合计×间接费费率(%)
	以人工费为计算基础:间接费=人工费合计×间接费费率(%)

续表 5-9

规费费率	根据本地区典型工程承发包价的分析资料综合取定规费计算中所需数据：①每万元发承包价计算基数和机械费含量；②人工费占直接费比例；③每万元发承包价中所含规费缴纳标准的各项基数
	规费费率计算公式： (1)以直接费为计算基础： 规费费率(%)＝[∑规费缴纳标准×每万元发承包价计算基数/每万元发承包价中人工费含量]×人工费占直接费比例(%) (2)以人工费和机械费合计为计算基础： 规费费率(%)＝[∑规费缴纳标准×每万元发承包价计算基数/每万元发承包价中人工费含量和机械费含量]×100% (3)以人工费为计算基础： 规费费率(%)＝[∑规费缴纳标准×每万元发承包价计算基数/每万元发承包价中人工费含量]×100%
企业管理费费率	(1)以直接费为计算基数： 企业管理费费率(%)＝[生产工人年平均管理费/(年有效施工天数×人工单价)]×人工费占直接费比例(%)
	(2)以人工费和机械费合计为计算基础： 企业管理费费率(%)＝[生产工人年平均管理费/年有效施工天数（人工单价＋每一日机械使用费）]×100(%)
	(3)以人工费为计算基础： 企业管理费费率(%)＝[生产工人年平均管理费/(年有效施工天数×人工单价)]×100(%)

(三)利润

利润计算公式如下：

(1)以直接费为计算基础

利润＝(直接工程费＋措施费＋间接费)×相应利润率

(2)以人工费和机械费为计算基础

利润＝直接工程费和措施费中的(人工费＋机械费)×相应利润率

(3)以人工费为计算基础

利润＝直接工程费和措施费中的人工费×相应利润率

(四)税金

税金计算公式：税金＝(税前造价＋利润)×税率(%)

二、例题

【例1】 某装饰工程直接工程费500万元，直接工程费中人工费30万元，措施费中人工费20万元，间接费费率50%，利润率为40%，则以人工费为计算基础时，该工程的利润为(　　)万元。

A. 20　　B. 45　　C. 30　　D. 18

【答案】 A

【知识要点】 本题考查的是以人工费为计算基础时利润的计算方法。

【正确解析】 以人工费为计算基础：

利润＝直接工程费和措施费中的人工费×相应利润率＝(30＋20)×40%＝20(万元)

【例 2】 某房地产工程直接工程费 3000 万元，其中，人工费 200 万元，机械使用费 700 万元，措施费 800 万元，其中人工费 200 万元，机械使用费 200 万元，间接费费率 40%，利润率为 20%，综合税率为 3.4%，则以直接费为计算基础时，该工程的工程造价为(　　)万元。

A. 3800　　B. 5320　　C. 6384　　D. 6601

【答案】 D

【知识要点】 本题考查的是建筑安装工程造价的计算方法。

【正确解析】 以直接费为计算基础：

利润＝(直接工程费＋措施费＋间接费)×相应利润率

间接费＝直接费合计×间接费费率(%)

＝(3000＋800)×40%＝1520(万元)

利润＝(3000＋800＋1520)×20%＝1064(万元)

税金＝(直接工程费＋措施费＋间接费＋利润)×综合税率(%)

＝(3000＋800＋1520＋1064)×3.4%＝217(万元)

工程造价＝直接费＋间接费＋利润＋税金＝3800＋1520＋1064＋217

＝6601(万元)

【例 3】 某房地产工程直接工程费 5000 万元，其中，人工费 300 万元，机械使用费 1000 万元，措施费 800 万元，其中人工费 200 万元，机械使用费 200 万元，间接费费率 40%，利润率为 20%，则以人工费和机械费合计为计算基础时，该工程的利润为(　　)万元。

A. 1228　　B. 1136　　C. 260　　D. 340

【答案】 D

【知识要点】 本题考查的是以人工费和机械费为计算基础时利润的计算方法。

【正确解析】 以人工费和机械费为计算基础：

利润＝直接工程费和措施费中的(人工费＋机械费)×相应利润率

＝(300＋1000＋200＋200)×20%＝340(万元)

○工程造价信息

一、主要知识点

(一)工程造价信息的管理

1. 工程造价信息的含义

工程造价信息是一切有关工程造价的特征、状态及其变动的消息组合。在工程承发包市场和工程建设过程中，工程造价总是在不停地运动、变化，并呈现出种种不同特征。人们通过工程造价信息来认识和掌握工程造价运动的变化。

2. 工程造价信息分类(见图 5-13)

工程造价信息分类
- 人工价格
- 材料、设备价格
- 机械台班价格
- 综合单价
- 各种脚手架、模板等周转性材料的租赁价格等

图 5-13　工程造价信息分类

(二)工程造价资料的积累

1. 工程造价资料分类(见图 5-14)

工程造价资料分类
- 不同工程类型:工程造价资料按照不同工程类型进行划分,并分别列出其包含的单项工程和单位工程
- 不同阶段:工程造价资料按其不同阶段,一般分为项目可行性研究投资估算、初步设计概算、施工图预算、竣工结算、工程决算等
- 不同范围:

  工程造价资料按其组成特点,一般分为建设项目、单项工程和单位工程造价资料,同时也包括有关新材料、新工艺、新设备、新技术的分部分项工程造价资料。

图 5-14 工程造价资料分类

2. 工程造价资料积累的内容(见图 5-15)

积累内容
- 建设项目和单项工程造价资料
  - 对造价有主要影响的技术经济条件
  - 主要的工程量、主要的材料和主要设备数量
  - 投资估算、概算、预算、竣工决算及造价指数
- 单位工程造价资料:工程内容、建筑结构特征、主要工程量、主要材料的用量和单价、人工工日和人工费及相应造价
- 其他:有关新材料、新工艺、新设备、新技术分部分项工程的人工工日用量,主要材料用量、机械台班用量

图 5-15 工程造价资料积累的内容

3. 工程造价资料的管理

(1)建立造价资料积累制度。

(2)资料数据库的建立和网络化管理。

(三)工程造价指数

工程造价指数是反映一定时期由于价格变化对工程造价影响程度的一种指标,是调整工程造价价差的依据。工程造价指数反映了报告期与基期相比的价格变动趋势,利用它可以研究实际工程中的下列问题:

工程造价指数的用途
- ①利用工程造价指数分析价格变动趋势及其原因
- ②利用工程造价指数估计工程造价变化对宏观经济的影响
- ③工程造价指数是工程承发包双方进行工程估价和结算的重要依据

工程造价指数分类(见图 5-16)

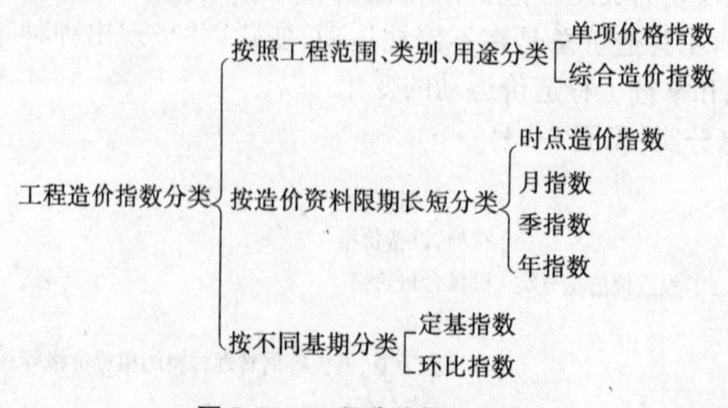

图 5-16 工程造价指数分类

二、例题

【例1】 工程造价资料按照其不同阶段，一般分为(　　)。

A. 单位工程造价资料　　B. 投资估算

C. 单项工程造价资料　　D. 竣工结算

E. 施工图预算

【答案】 BDE

【知识要点】 本题考查的是工程造价资料的分类。

【正确解析】 工程造价资料按不同工程类型、不同阶段、不同范围进行分类，按照不同阶段，一般分为项目可行性研究投资估算、初步设计概算、施工图预算、竣工结算、工程决算等。

☆强 化 训 练

一、单项选择题

1. 我国现行的工程造价计价方法有(　　)。

A. 定额计价法和实物量法　　B. 工料单价法和预算单价法

C. 工程量清单计价法和实物量法　　D. 直接费单价法和综合单价法

2. 我国于(　　)开始实施工程量清单计价，并在此基础上进行了修订，现行《建设工程工程量清单计价规范》GB 50500—2008，自(　　)起实施。

A. 2003年12月1日；2008年7月1日　　B. 2003年7月1日；2008年12月1日

C. 2003年7月1日；2008年7月1日　　D. 2003年12月1日；2008年12月1日

3. 正确的工程造价计价顺序是(　　)。

A. 分部分项工程单价→单位工程造价→单项工程造价→建设项目总造价

B. 工程项目单价→单项→工程造价→单位工程造价→建设项目总造价

C. 单位工程造价→单项→工程造价→分部分项工程单价→建设项目总造价

D. 单项工程造价→单位工程造价→工程项目单价→建设项目总造价

4. 影响工程造价的主要因素是(　　)。

A. 市场价格和措施工程项目　　B. 单位价格和单位消耗量

C. 市场行情和单位消耗量　　D. 单位价格和实物工程数量

5. 如果分部分项工程单位价格仅仅考虑人工、材料、施工机械资源要素的消耗量和价格形成，则该单位价格是(　　)。

A. 直接费单价　　B. 综合单价

C. 全费用单价　　D. 工程单价

6. 在工程定额计价法的步骤中，计算完工程量之后，紧接着的工作是(　　)。

A. 费用计算　　B. 套定额单价

C. 编制工料分析表　　D. 熟悉图纸和现场

7. 工程定额计价法采用的单价是(　　)。

A. 工料单价　　B. 综合单价

C. 扩大单价　　D. 预算单价

8. 根据《建设工程工程量清单计价规范》(GB 50500—2008)的规定,分部分项工程量清单应采用(　　)计价。

A. 工料单价　　B. 综合单价

C. 扩大单价　　D. 预算单价

9. 工程定额计价方法与工程量清单计价方法的相同之处在于(　　)的一致性。

A. 工程量计算规则　　B. 项目划分单元

C. 单价与报价构成　　D. 从下而上分部组合计价方法

10. 工程定额计价法与工程量清单计价法在第一阶段时,收集资料不包括(　　)。

A. 设计图纸、施工组织设计　　B. 现行计价依据、工程计价手册

C. 工程协议或合同　　D. 工程量清单项目组价

11. 根据《建设工程工程量清单计价规范》(GB 50500—2008)的规定,在工程量清单计价中,分部分项工程单价除直接工程费外还包括(　　)。

A. 措施费、管理费、税金和利润,并考虑一定的风险费用

B. 措施费、管理费、规费和利润,并考虑一定的风险费用

C. 管理费、税金和利润,并考虑一定的风险费用

D. 管理费和利润,并考虑一定的风险费用

12. 工程量清单计价模式所采用的综合单价不含(　　)。

A. 管理费　　B. 利润

C. 措施费　　D. 风险费

13. 采用工程量清单报价时,下列计算公式正确的是(　　)。

A. 分部分项工程费=∑分部分项工程量×分部分项工程项目综合单价

B. 单位工程报价=分部分项工程费+措施项目费+其他项目费

C. 单项工程报价=∑单位工程造价+规费+税金

D. 建设项目总造价=∑单位工程造价

14. 下列关于定额计价基本方法描述不正确的是(　　)。

A. 定额基价,亦称分项工程单价

B. 定额项目基价=人工费+材料费+施工机械使用费

C. 单位工程造价=单位工程直接费+间接费+利润+税金

D. 单项工程造价=∑(分项工程工程量×直接工程费单价)

15. 在现行的工程量清单计价过程中,分部分项工程单价由(　　)组成。

A. 人工费、材料费、机械费

B. 人工费、材料费、机械费、管理费

C. 人工费、材料费、机械费、管理费和利润,并考虑一定的风险费用

D. 人工费、材料费、机械费、管理费、利润、规费和税金

16. 工程造价计价依据按用途可以分为 7 大类 18 小类,其中,概算指标、预算定额、工程造价信息是(　　)。

A. 计算建筑安装工程费用的依据

B. 计算分部分项工程人工、材料、机械台班消耗量及费用的依据

C. 计算设备数量和工程量的依据

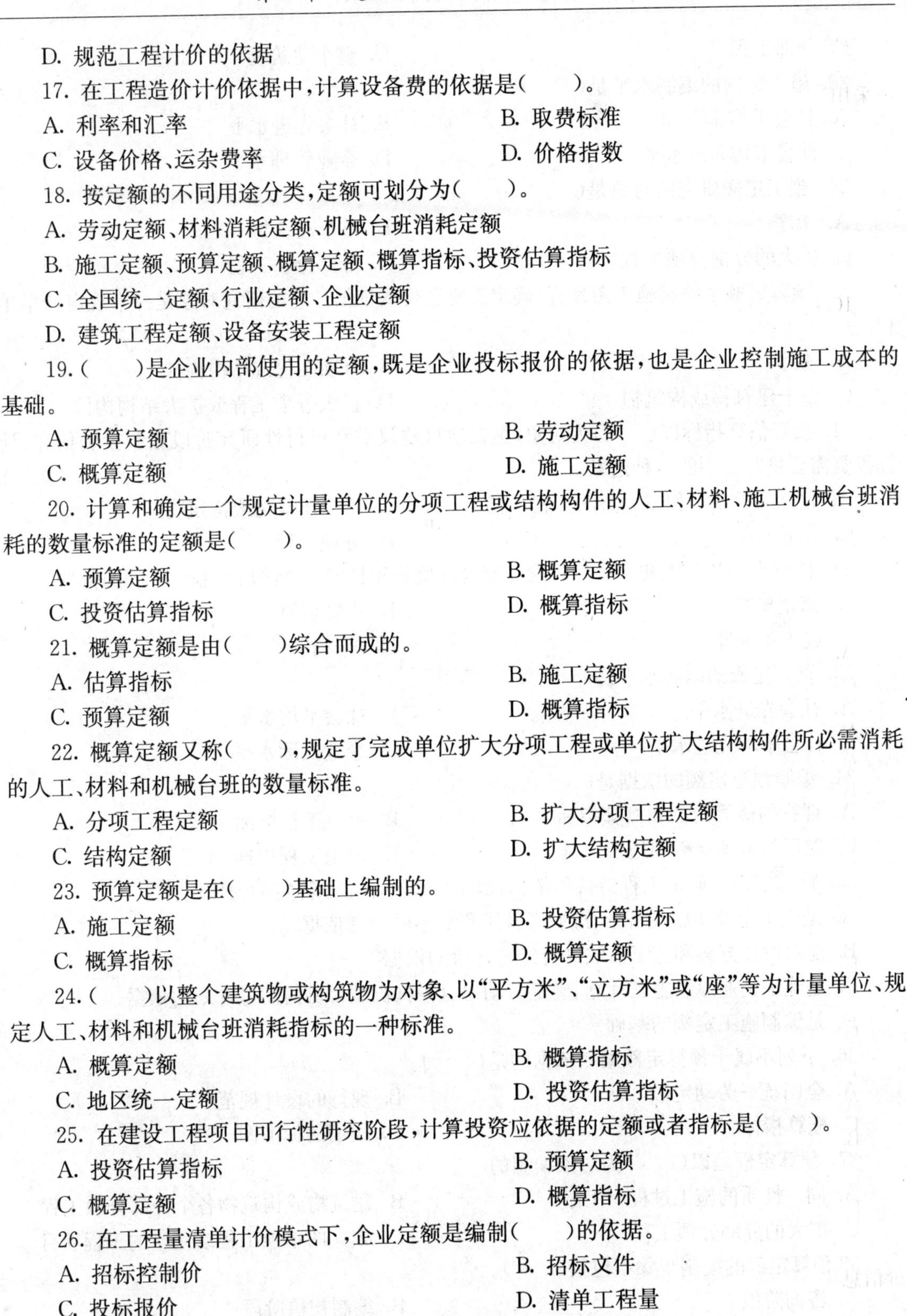

D. 规范工程计价的依据

17. 在工程造价计价依据中，计算设备费的依据是(　　)。

A. 利率和汇率

B. 取费标准

C. 设备价格、运杂费率

D. 价格指数

18. 按定额的不同用途分类，定额可划分为(　　)。

A. 劳动定额、材料消耗定额、机械台班消耗定额

B. 施工定额、预算定额、概算定额、概算指标、投资估算指标

C. 全国统一定额、行业定额、企业定额

D. 建筑工程定额、设备安装工程定额

19.(　　)是企业内部使用的定额，既是企业投标报价的依据，也是企业控制施工成本的基础。

A. 预算定额

B. 劳动定额

C. 概算定额

D. 施工定额

20. 计算和确定一个规定计量单位的分项工程或结构构件的人工、材料、施工机械台班消耗的数量标准的定额是(　　)。

A. 预算定额

B. 概算定额

C. 投资估算指标

D. 概算指标

21. 概算定额是由(　　)综合而成的。

A. 估算指标

B. 施工定额

C. 预算定额

D. 概算指标

22. 概算定额又称(　　)，规定了完成单位扩大分项工程或单位扩大结构构件所必需消耗的人工、材料和机械台班的数量标准。

A. 分项工程定额

B. 扩大分项工程定额

C. 结构定额

D. 扩大结构定额

23. 预算定额是在(　　)基础上编制的。

A. 施工定额

B. 投资估算指标

C. 概算指标

D. 概算定额

24.(　　)以整个建筑物或构筑物为对象、以“平方米”、“立方米”或“座”等为计量单位、规定人工、材料和机械台班消耗指标的一种标准。

A. 概算定额

B. 概算指标

C. 地区统一定额

D. 投资估算指标

25. 在建设工程项目可行性研究阶段，计算投资应依据的定额或者指标是(　　)。

A. 投资估算指标

B. 预算定额

C. 概算定额

D. 概算指标

26. 在工程量清单计价模式下，企业定额是编制(　　)的依据。

A. 招标控制价

B. 招标文件

C. 投标报价

D. 清单工程量

27. 在下列工程中，属于概算指标编制对象的是(　　)。

A. 分项工程

B. 单位工程

C. 分部工程　　D. 整个建筑物

28. 施工定额的编制水平是(　　)。

A. 社会平均水平　　B. 社会先进水平

C. 社会平均先进水平　　D. 企业管理水平

29. 施工定额研究的对象是(　　)。

A. 工序　　B. 整个建筑物

C. 扩大的分部分项工程　　D. 分部分项工程

30. 预算定额是编制施工图预算、确定工程造价的依据。它的研究对象是一个规定计量单位的(　　)。

A. 工序　　B. 分项工程或结构构件

C. 整个建筑物或构筑物　　D. 扩大分项工程或扩大结构构件

31. 投资估算指标以(　　)为对象,是在项目建议书和可行性研究阶段编制投资估算、计算投资需要量时使用的一种定额。

A. 独立的单项工程或完整的工程项目　　B. 整个建筑物或构筑物

C. 分部工程　　D. 分项工程

32. 概算定额是扩大初步设计阶段编制设计概算和技术设计阶段编制(　　)的依据。

A. 修正概算　　B. 投资估算

C. 施工图预算　　D. 概算指标

33. 预算定额的编制水平是(　　)。

A. 社会先进水平　　B. 社会平均水平

C. 社会平均先进水平　　D. 企业实际水平

34. 编制预算定额的依据是(　　)。

A. 现行的概算定额和概算指标　　B. 单位工程指标

C. 现行的劳动定额和施工定额　　D. 单项工程指标

35. 预算定额是确定工程造价的依据,以下(　　)不是预算定额的作用。

A. 是施工企业实施经济核算制、考核工程成本的参考依据

B. 是对设计方案和施工方法进行经济评价的依据

C. 是施工企业编制施工计划、确定劳动力、材料、机械台班需用量计划的依据

D. 是编制施工定额的基础

36. 下列不属于预算定额编制依据的是(　　)。

A. 全国统一劳动定额　　B. 现行的设计规范

C. 概算指标　　D. 通用的标准图

37. 预算定额是以(　　)为对象编制的。

A. 同一性质的施工过程—工序　　B. 建筑物或构筑物各个分部分项工程

C. 扩大的分部分项工程　　D. 独立的单项工程或完整的工程项目

38 预算定额的编制步骤不包括(　　)。

A. 咨询阶段　　B. 编制初稿阶段

C. 准备工作阶段　　D. 修改和审查计价定额阶段

39. 某预算定额项目的基本用工为 2.8 工日,辅助用工为 0.7 工日,超运距用工为 0.2 工

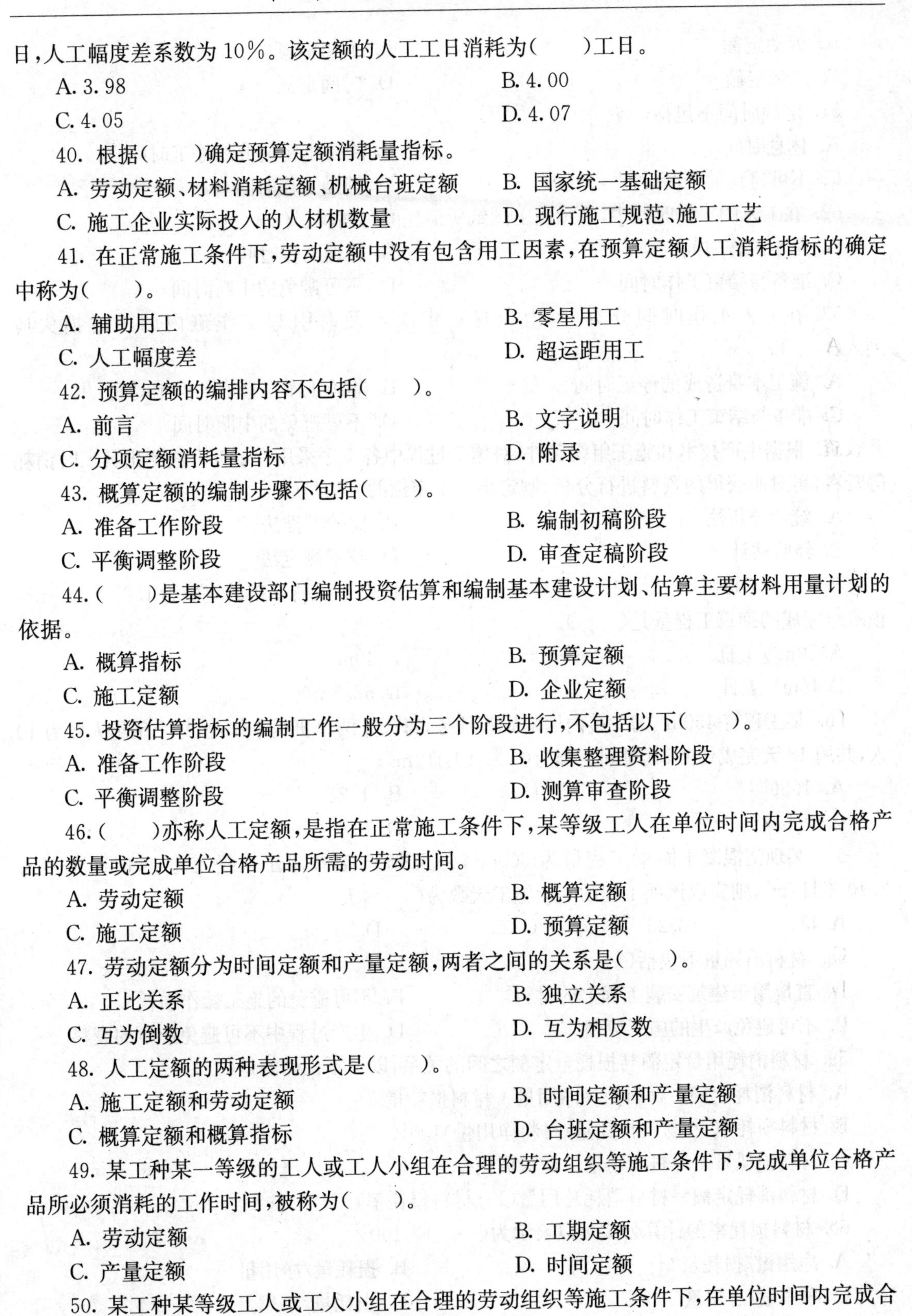

日，人工幅度差系数为10%。该定额的人工工日消耗为(　　)工日。

A. 3.98　　B. 4.00

C. 4.05　　D. 4.07

40. 根据(　　)确定预算定额消耗量指标。

A. 劳动定额、材料消耗定额、机械台班定额　　B. 国家统一基础定额

C. 施工企业实际投入的人材机数量　　D. 现行施工规范、施工工艺

41. 在正常施工条件下，劳动定额中没有包含用工因素，在预算定额人工消耗指标的确定中称为(　　)。

A. 辅助用工　　B. 零星用工

C. 人工幅度差　　D. 超运距用工

42. 预算定额的编排内容不包括(　　)。

A. 前言　　B. 文字说明

C. 分项定额消耗量指标　　D. 附录

43. 概算定额的编制步骤不包括(　　)。

A. 准备工作阶段　　B. 编制初稿阶段

C. 平衡调整阶段　　D. 审查定稿阶段

44. (　　)是基本建设部门编制投资估算和编制基本建设计划、估算主要材料用量计划的依据。

A. 概算指标　　B. 预算定额

C. 施工定额　　D. 企业定额

45. 投资估算指标的编制工作一般分为三个阶段进行，不包括以下(　　)。

A. 准备工作阶段　　B. 收集整理资料阶段

C. 平衡调整阶段　　D. 测算审查阶段

46. (　　)亦称人工定额，是指在正常施工条件下，某等级工人在单位时间内完成合格产品的数量或完成单位合格产品所需的劳动时间。

A. 劳动定额　　B. 概算定额

C. 施工定额　　D. 预算定额

47. 劳动定额分为时间定额和产量定额，两者之间的关系是(　　)。

A. 正比关系　　B. 独立关系

C. 互为倒数　　D. 互为相反数

48. 人工定额的两种表现形式是(　　)。

A. 施工定额和劳动定额　　B. 时间定额和产量定额

C. 概算定额和概算指标　　D. 台班定额和产量定额

49. 某工种某一等级的工人或工人小组在合理的劳动组织等施工条件下，完成单位合格产品所必须消耗的工作时间，被称为(　　)。

A. 劳动定额　　B. 工期定额

C. 产量定额　　D. 时间定额

50. 某工种某等级工人或工人小组在合理的劳动组织等施工条件下，在单位时间内完成合格产品的数量，被称为(　　)。

A. 劳动定额 B. 工期定额

C. 产量定额 D. 时间定额

51. 定额时间不包括( )。

A. 休息时间 B. 施工本身造成的停工时间

C. 不可避免的中断时间 D. 辅助工作时间

52. 在工人的工作时间中,熟悉施工图纸所消耗的时间属于( )。

A. 基本工作时间 B. 辅助工作时间

C. 准备与结束工作时间 D. 不可避免的中断时间

53. 在工人工作时间分类中,由于材料供应不及时引起工作班内的工时损失应列入( )。

A. 施工本身造成的停工时间 B. 非施工本身造成的停工时间

C. 准备与结束工作时间 D. 不可避免的中断时间

54. 根据生产技术和施工组织条件,对施工过程中各工序采用一定的方法测出其工时消耗等资料,再对所获得的资料进行分析,制定出人工定额的方法是( )。

A. 统计分析法 B. 比较类推法

C. 经验估计法 D. 技术测定法

55. 某瓦工班组 10 人,砌 1.5 厚砖基础,需 5 天完成,砌筑砖基础的定额为 1.25 工日/m^3,该班组完成的砌筑工程量是( )。

A. 50m^3/工日 B. 40m^3

C. 45m^3/工日 D. 62.5m^3

56. 某工程有 450m^3 的一砖内墙的砌筑任务,每天有两个班组来作业,每个班组人数为 10 人,共用 18 天完成任务,其时间定额为( )工日/m^3。

A. 1.56 B. 1.25

C. 0.8 D. 0.4

57. 某现浇混凝土圈梁工程量为 300m^3,每天有 15 名技术工人投入施工,时间定额为 2.40 工日/m^3,则完成该项工程的定额施工天数为( )天。

A. 48 B. 25 C. 35 D. 50

58. 材料消耗量不包括( )。

A. 直接用于建筑安装工程上的材料 B. 不可避免的施工操作损耗

C. 不可避免产生的施工废料 D. 生产过程中不可避免产生的废料

59. 材料消耗用量定额与损耗量定额之间的关系,以下不正确的是( )。

A. 材料消耗定额=材料消耗净用量+材料损耗量

B. 材料损耗率=(材料损耗量/材料净用量)100%

C. 材料损耗量=材料净用量×材料损耗率

D. 材料消耗定额=材料消耗总用量(1+材料损耗率)

60. 材料损耗率的计算公式可以表示为( )×100%。

A. 净用量/损耗量 B. 损耗量/净用量

C. 净用量/总用量 D. 损耗量/总用量

61. 材料消耗量定额包括材料净用量和( )。

A. 材料损耗量　　B. 运输损耗量
C. 堆放损耗量　　D. 材料消耗量

62. 在砌筑每立方米一砖厚砖墙中，若材料为标准砖（240mm×115mm×53mm），砖的净用量为529块，灰缝厚度为10mm，砖损耗率为2%，砂浆损耗率为1%，则砂浆消耗量为（　　）m^3。

A. 0.062　　B. 0.081　　C. 0.205　　D. 0.228

63. 在地砖规格600mm×600mm，灰缝2mm，其损耗率为1.5%，则铺100m^2 地砖地面消耗量为（　　）块。

A. 280　　B. 282　　C. 278　　D. 276

64. 砌筑10m^3 砖墙需消耗砖净用量10000块，有450块的损耗量，则材料损耗率和材料消耗定额分别为（　　）。

A. 4.5%，1000块/m^3　　B. 4.5%，1045块/m^3
C. 5%，1000块/m^3　　D. 5%，1045块/m^3

65. 施工机械台班产量定额=（　　）。

A. 机械纯工作1小时正常生产率×工作班延续时间×机械正常利用系数
B. 机械纯工作1台班正常生产率×工作班延续时间×机械正常利用系数
C. 机械纯工作1天正常生产率×工作班延续时间×机械正常利用系数
D. 机械纯工作单位正常生产率×工作班延续时间×机械正常利用系数

66. 某机械正常利用系数是0.75，工作班延续时间为8小时，机械纯工作1小时，正常生产率为1.5，则施工机械台班产量定额是（　　）。

A. 0.75　　B. 9　　C. 12　　D. 6

67. 人工单价是指一个建筑安装工人一个工作日在计价时应计入的全部人工费用。下列不属于人工费的是（　　）。

A. 职工福利费　　B. 职工教育经费
C. 工资性补贴　　D. 生产工人劳动保护费

68. 关于人工单价，表述不正确的是（　　）。

A. 包括生产工人基本工资　　B. 不包括生产工人住房公积金
C. 包括生产工人辅助工资　　D. 不包括生产工人劳动保护费

69. 下列关于材料价格，表述正确的是（　　）。

A. 材料价格是材料的出厂价格、进口材料的抵岸价
B. 材料价格是材料来源地（或交货地）的出库价格
C. 材料价格是指材料由其来源地（或交货地）运至工地仓库堆放地后的的出库价格
D. 材料价格是销售部门的批发价和市场采购价（或信息价）

70. 某工程钢材从两个地方供货，甲地供货400t，原价为4465元/t；乙地供货800t，原价为4450元/t，甲、乙运杂费分别为45元/t、50元/t，运输损耗率均为1%，采购及保管费率均为2%，则该工程钢材的材料单价为（　　）元/t。

A. 4455　　B. 4639.33
C. 4588.65　　D. 4638.43

71. 材料运输损耗是指材料在运输和装卸搬运过程中不可避免的损耗，一般通过损耗率来

规定损耗标准,材料运输损耗=( )。

A.(材料原价+材料保管费)×运输损耗率

B.(材料原价+材料运杂费)×运输损耗率

C.(材料原价+材料运杂费+材料采购保管费)×运输损耗率

D.(材料原价+材料采购保管费+检验实验费)×运输损耗率

72. 材料价格一般由包括材料原价、材料运杂费、运输损耗费、采购及保管费组成。上述四项构成材料基价。此外,在计价时,材料费中还应包括单独列项计算的( )。

A. 材料预算价格　　B. 检验试验费

C. 材料供应价　　D. 研究试验费

73. 施工机械台班单价按其费用性质分为两类,第一类费用亦称不变费用,是指属于分摊性质的费用。第二类费用亦称可变费用,是指属于支出性质的费用,属于第二类费用的是( )。

A. 折旧费　　B. 大修理费

C. 安拆费及场外运输费　　D. 燃料动力费

74. 某施工机械预计使用10年,一次大修理费用为10000元,寿命周期大修理次数为2次,耐用总台班为5000台班,则该机械台班大修理费为( )元。

A. 2　　B. 4　　C. 5　　D. 10

75. 某施工企业购买一台新型挖土机械,价格为50万元,预计使用寿命为2000台班,预计净残值为购买价格的3%,若按工作量法折旧,该机械每工作台班折旧费应为( )元。

A. 242.50　　B. 237.50　　C. 250.00　　D. 257.70

76. 某载重汽车配司机1人,当年制度工作日为250天,年工作台班为230台班,人工日工资单价为50元,则该载重汽车的台班人工费为( )元/台班。

A. 45.65　　B. 50.00　　C. 54.00　　D. 54.35

77. 某施工机械购买价格为120万元,残值率为3%,时间价值系数为1.1,机械耐用总台班5000台班,则该机械台班折旧费是( )元。

A. 240　　B. 264　　C. 256　　D. 272

78. 定额基价亦称( ),一般是指在一定使用期范围内建筑安装单位产品的不完全价格。

A. 分项工程单价　　B. 单位工程单价

C. 分部工程单价　　D. 单项工程单价

79. 定额基价由若干个计算出的项目的单价构成,计算公式为( )。

A. 定额项目基价=人工费+材料费+机械费

B. 定额项目基价=人工费+材料费+机械费+管理费

C. 定额项目基价=人工费+材料费+机械费+管理费+利润

D. 定额项目基价=人工费+材料费+机械费+管理费+利润+风险费用

80. 在某地区预算定额中,砌筑1m^3砖基础定额消耗量为:人工1.183工日,标准砖523.6块,M5水泥砂浆0.236m^3,人工工日单价为90元/工日,标准砖为1.8元/块,M5水泥砂浆为315元/m^3,需机械费15元,则1m^3砖基础的预算定额基价是( )。

A. 1048.95　　B. 1123.29　　C. 1016.82　　D. 1138.29

81. 建筑安装工程费用定额的水平应按社会必要劳动量确定。这一说法体现了建筑安装工程费用定额的(　　)的编制原则。

A. 社会平均水平的原则
B. 合理确定定额水平
C. 定性与定量分析相结合
D. 简明、适用性

82. 下列不属于间接费的取费基数的是(　　)。

A. 直接费合计
B. 人工费和机械费合计
C. 人工费合计
D. 人工费和材料费合计

83. 利润以直接费为计算基础的计算公式是:利润=(　　)×相应利润率。

A. 直接工程费+间接费
B. 直接工程费
C. 直接工程费+措施费+间接费
D. 直接费

84. 利润以人工费为计算基础的计算公式是:利润=(　　)×相应利润率。

A. 直接工程费中的人工费
B. 直接工程费和措施费中的人工费
C. 措施费中的人工费
D. 间接费中的人工费

85. 在建筑安装工程费中,正确的是税金计算公式是(　　)。

A. 税金=(直接费+间接费+利润)×综合税率(%)

B. 税金=(直接工程费+间接费+利润)×税率(%)

C. 税金=(直接工程费+措施费)×综合税率(%)

D. 税金=(直接工程费+措施费+间接费)×税率(%)

86. 某房地产工程直接工程费5000万元,其中,人工费300万元,机械使用费1000万元,措施费800万元,其中人工费200万元,机械使用费200万元,间接费费率40%,利润率为20%,则以直接费为计算基础时,该工程的利润为(　　)万元。

A. 1160
B. 1624
C. 1400
D. 1933

87. 某土建工程直接费合计1000万元,规费费率为30%,企业管理费费率为10%,则间接费为(　　)万元。

A. 100
B. 200
C. 300
D. 400

88. 某结构施工工程直接工程费为1000万元,措施费为100万元,间接费为100万元,相应利润率为30%,以直接费为计算基础的利润为(　　)万元。

A. 60
B. 300
C. 330
D. 360

89. 建工程造价资料数据库时,要解决的首要问题是(　　)。

A. 工程的分类与编码
B. 数据搜集与录入
C. 建立造价资料积累制度
D. 造价数据库网络化管理

90. 下列不属于单位工程造价资料的是(　　)。

A. 主要工程量、主要材料的用量和单价
B. 建设标准、建设工期
C. 人工工日和人工费及相应的造价
D. 工程的内容

91. 下列不能体现工程造价资料数据库作用的是(　　)。

A. 考核基本建设投资效果的依据
B. 编制招标控制价和投标报价的参考依据
C. 审查施工图预算的基础资料
D. 编制投资估算指标的重要基础资料

92. 工程造价指数按照工程范围、类别、用途分类,可分为(　　)。

A. 定基指数和环比指数
B. 季指数和年指数

C. 时点造价指数和日造价指数
D. 单项价格指数和综合造价指数

93. 在下列工程造价指数中，不适合采用综合指数形式表示的是（　　）。

A. 主要设备价格指数
B. 建筑安装工程造价指数
C. 单项工程造价指数
D. 建设项目造价指数

94. 在下列工程造价指数中，不属于单项价格指数的是（　　）。

A. 人工费价格指数
B. 主要材料价格指数
C. 间接费造价指数
D. 施工机械台班价格指数

二、多项选择题

1. 我国现行的工程造价计价方法有（　　）。

A. 单价法
B. 实物量法
C. 定额计价法
D. 预算法
E. 清单计价法

2. 人工、材料、机械资源要素消耗量定额是工程造价计价的重要依据，与（　　）密切相关。

A. 劳动生产率
B. 社会生产力水平
C. 市场行情
D. 技术和管理水平
E. 市场价格

3. 在工程量清单计价中，分部分项工程的综合单价由完成规定计量单位工程量清单项目所需（　　）等费用组成。

A. 人工费、材料费、施工机械使用费
B. 管理费
C. 规费
D. 利润
E. 税金

4. 采用工程量清单报价时，下列计算公式正确的是（　　）。

A. 分部分项工程费＝∑分部分项工程量×分部分项工程项目基本单价
B. 措施项目费＝∑措施项目工程量×措施项目综合单价
C. 单位工程造价＝分部分项工程费＋措施项目费＋其他项目费＋规费＋税金
D. 单项工程造价＝∑分部分项工程费
E. 建设项目总造价＝∑单项工程造价

5. 定额计价方法与工程量清单计价方法的主要区别在于（　　）。

A. 计价依据不同
B. 单价与报价组成不同
C. 编制工程量的主体不同
D. 对招标代理机构的要求不同
E. 对招标程序要求不同

6. 关于工程造价计价，下列表述正确的是（　　）。

A. 影响工程造价的主要因素是单位价格和实物工程数量
B. 承包人工程估价的定额反映的是社会平均生产力水平
C. 发包人进行估价的定额反映的是该企业技术与管理水平
D. 在市场经济体制下，工程计价时的资源要素价格应该是市场价格
E. 工程定额计价时，采用的价格是政府指定价

7. 工程造价计价依据必须满足以下（　　）要求。

A. 准确可靠,符合实际
B. 社会平均水平的原则
C. 可信度高,具有权威
D. 定性描述清晰,便于正确利用
E. 数据化表达,便于计算

8. 计算分部分项工程人工、材料、机械台班消耗量及费用的依据有( )。
A. 人工单价
B. 投资估算指标
C. 材料预算价
D. 工程造价信息
E. 机械台班单价

9. 计算设备数量和工程量的依据有( )。
A. 概算定额
B. 费用定额
C. 可行性研究资料
D. 施工图设计图纸
E. 工程变更及施工现场签证

10. 以下按照工程造价计价依据的使用对象分类的是( )。
A. 规范工程计价的依据
B. 规范建设单位(业主)计价行为的依据
C. 规范设计单位计价行为的依据
D. 规范造价咨询单位计价行为的依据
E. 规范建设单位(业主)和承包商双方计价行为的依据

11. 工程建设定额按照所反映的生产要素消耗内容可分为( )。
A. 企业定额
B. 施工定额
C. 劳动定额
D. 材料消耗定额
E. 机械台班消耗定额

12. 在工程建设定额的分类中,按定额的不同用途可分为( )。
A. 施工定额
B. 预算定额
C. 概算定额
D. 建筑工程定额
E. 投资估算指标

13. 在工程建设定额的分类中,按照投资的费用性质可分为( )。
A. 全国统一定额
B. 建筑工程定额
C. 行业定额
D. 设备安装工程定额
E. 工程建设其他费用定额

14. 施工定额是以同一性质的施工过程(工序)为研究对象,由( )组成。
A. 劳动定额
B. 行业定额
C. 材料消耗定额
D. 企业定额
E. 机械台班消耗定额

15. 关于编制预算定额应遵循的原则,下列说法中正确的有( )
A. 反映社会平均先进水平
B. 社会平均水平
C. 行业平均水平
D. 简明适用
E. 价格的灵活可协调性

16. 预算定额的作用是( )。
A. 编制概算定额的基础
B. 编制竣工决算的依据
C. 建设单位拨付工程款、建设资金的依据
D. 编制概算指标的依据
E. 编制施工图预算、确定招标控制价和投标报价的依据

17. 编制预算定额的依据有(　　)。

A. 现行的概算定额和概算指标
B. 施工现场测定资料
C. 全国统一劳动定额、基础定额
D. 现行的预算定额及地区的人、材、机单价
E. 推广的新技术、新结构、新材料

18. 预算定额中的人工消耗量指标是指完成该分项工程必须消耗的各种用工,包括(　　)。

A. 基本用工
B. 材料二次搬运用工
C. 辅助用工
D. 材料超运距用工
E. 人工幅度差

19. 确定预算定额消耗量指标的主要依据是(　　)。

A. 概算定额
B. 劳动定额
C. 材料消耗定额
D. 机械台班消耗定额
E. 概算指标

20. 概算定额的编制依据有(　　)。

A. 现行的预算定额
B. 选择典型的工程施工图纸
C. 全国统一劳动定额
D. 推广的新技术、新结构、新材料、新工艺
E. 人工工资标准、材料预算价格和机械台班预算价格

21. 关于概算定额的说法,正确的有(　　)。

A. 它是人工、材料、机械台班消耗量的数量标准
B. 它和预算定额的项目划分相同
C. 是编制指标控制价、投标报价的依据
D. 是编制概算指标的依据
E. 是对设计项目进行技术经济分析和比较的基础资料之一

22. 投资估算指标的内容包括(　　)。

A. 建筑安装工程费用指标
B. 设备购置费用指标
C. 建设项目综合指标
D. 单项工程指标
E. 单位工程指标

23. 劳动定额按其表现形式可分为(　　)。

A. 时间定额
B. 施工定额
C. 产量定额
D. 标准定额
E. 基础定额

24. 劳动定额亦称人工定额,指在正常施工条件下,某等级工人在(　　)。

A. 单位时间内完成产品的数量
B. 完成单位产品所需的劳动时间
C. 单位时间内完成合格产品的数量
D. 完成单位合格产品所需的劳动时间。
E. 在单位时间内完成合格产品的工日

25. 编制人工定额时,属于工人工作必需消耗的时间有(　　)。

A. 基本工作时间
B. 辅助工作时间
C. 违背劳动纪律损失时间
D. 准备与结束工作时间
E. 不可避免的中断时间

26. 在下列工人工作时间中,属于非定额时间的有(　　)。

A. 多余和偶然工作时间
B. 休息时间

C. 施工本身造成的停工时间
D. 不可避免的中断时间
E. 违背劳动纪律损失时间

27. 在合理劳动组织与合理使用机械的条件下，完成单位合格产品所必需的机械工作时间包括(　　)。

A. 正常负荷下的工作时间
B. 不可避免的中断时间
C. 机械多余的工作时间
D. 机械停工时间
E. 不可避免的无负荷工作时间

28. 劳动定额的编制方法有(　　)。

A. 经验估计法
B. 统计计算法
C. 技术测定法
D. 理论计算法
E. 比较类推法

29. 在下列施工机械工作时间中，不应列入定额时间的有(　　)。

A. 违背劳动纪律的停工时间
B. 不可避免的中断时间
C. 机械多余的工作时间
D. 不可避免的无负荷工作时间
E. 机械停工时间

30. 施工中材料的消耗分为必需消耗的材料和损失的材料。在确定材料定额量时，必需消耗的材料包括(　　)。

A. 直接用于建筑和安装工程的材料
B. 不可避免的场外运输损耗材料
C. 不可避免产生的施工废料
D. 不可避免的现场仓储损耗材料
E. 不可避免的施工操作损耗

31. 编制材料消耗定额的基本方法有(　　)。

A. 理论计算法
B. 统计法
C. 试验法
D. 现场技术测定法
E. 比较类推法

32. 机械纯工作时间是指机械必需消耗的净工作时间，包括正常工作负荷下，有根据降低负荷下(　　)。

A. 不可避免的休息时间
B. 不可避免的停工时间
C. 不可避免的无负荷时间
D. 机械多余工作时间
E. 不可避免的中断时间

33. 人工单价基本反映了建筑安装生产工人的工资水平和一个工人在一个工作日中可以得到的报酬。按现行规定，生产工人的人工工日单价组成内容有(　　)。

A. 基本工资
B. 工资性补贴
C. 生产工人劳动保险
D. 职工福利费
E. 工会经费

34. 材料单价一般称为(　　)。

A. 材料供应价
B. 材料原价
C. 材料基价
D. 市场采购价
E. 材料预算价格

35. 材料价格由下列(　　)费用组成。

A. 材料原价　　B. 材料运杂费
C. 运输损耗费　　D. 采购保管费
E. 研究实验费

36. 下列关于材料价格中各项费用的计算公式，正确的有(　　)。
A. 采购保管费=(材料原价+材料运杂费)×运输损耗率
B. 运输损耗费=(材料原价+材料运杂费+运输损耗费)×采购及保管费率
C. 材料预算价格=[(材料原价+运杂费)×(1+运输损耗率)]×(1+采购及保管费率)
D. 检验试验费=∑(单位材料量检验试验费×材料消耗量)
E. 材料费=∑(材料消耗量×材料预算价格)+ 检验试验费

37. 施工机械台班单价组成的内容包括(　　)。
A. 折旧费　　B. 大修理费
C. 大型机械设备进出场及安拆费　　D. 人工费
E. 燃料动力费

38. 在施工机械台班单价中，第一类费用亦称不变费用，是指属于分摊性质的费用，包括(　　)。
A. 折旧费　　B. 大修理费
C. 经常修理　　D. 安拆费及场外运输费
E. 养路费及车船使用税

39. 定额基价由若干个计算出的项目的单价构成，计算公式中正确的是(　　)。
A. 定额项目基价=人工费+材料费+机械费
B. 人工费=定额项目工日数×综合平均日工资标准
C. 材料费=∑(定额项目材料耗用量×材料预算价格)
D. 机械费=∑(定额项目机械台班用量×机械台班单价)
E. 换算后的定额基价=原定额基价+换出的费用-换入的费用

40. 定额基价的编制依据是(　　)。
A. 现行的概算定额　　B. 现行的地区材料预算价格
C. 现行的预算定额　　D. 现行的施工机械台班价格
E. 现行的日工资标准

41. 定额基价的换算适用于(　　)及其他配合比材料与定额不同时的换算。
A. 砂浆强度等级　　B. 混凝土强度等级
C. 抹灰砂浆　　D. 砖的强度等级
E. 乘系数的换算

42. 建筑安装工程费用定额的编制原则是(　　)。
A. 统一性和差别性相结合的原则　　B. 合理确定定额水平的原则
C. 由专业人员编写的原则　　D. 简明、适用性原则
E. 定性与定量分析相结合的原则

43. 间接费定额的基础数据指标包括(　　)。
A. 全员劳动生产率　　B. 生产人员比例
C. 全年有效施工天数　　D. 工资标准

E. 间接费年开支额

44. 间接费的计算公式按取费基数的不同分为:间接费=(　　)×间接费费率(%)。

A. 直接工程费合计
B. 人工费和材料费合计
C. 直接费合计
D. 人工费和机械费合计
E. 人工费合计

45. 利润的计算公式有(　　)。

A. 以直接费为计算基础
B. 以间接费为计算基础
C. 以人工费为计算基础
D. 以人工费和材料费合计为计算基础
E. 以人工费和机械费合计为计算基础

46. 企业管理费费率、规费费率的计算公式以(　　)为计算基础。

A. 直接工程费
B. 直接费
C. 直接工程费和间接费合计
D. 人工费
E. 人工费和机械费合计

47. 正确的利润计算公式是(　　)。

A. 利润=(直接工程费+措施费+间接费)×相应利润率
B. 利润=直接工程费和措施费中的(人工费+机械费)×相应利润率
C. 利润=直接工程费和措施费中的人工费×相应利润率
D. 利润=(直接工程费+间接费)×相应利润率
E. 利润=直接工程费的(人工费+机械费)×相应利润率

48. 工程造价信息的管理最能体现工程造价信息变化特征,并且在工程价格的市场机制中起重要作用的工程造价信息主要包括(　　)。

A. 人工价格
B. 材料、设备价格
C. 机械台班价格
D. 利率、汇率
E. 综合单价

49. 工程造价资料按照其不同阶段,一般分为(　　)。

A. 单位工程造价资料
B. 投资估算
C. 单项工程造价资料
D. 竣工结算
E. 施工图预算

50. 工程造价指数的作用(　　)。

A. 是编制消耗量定额的重要依据
B. 是调整工程造价价差的依据
C. 利用工程造价指数分析价格变动趋势及其原因
D. 利用工程造价指数估计工程造价变化对宏观经济的影响
E. 工程造价指数是工程承发包双方进行工程估价和结算的重要依据

51. 工程造价指数按资料限期长短分类,可分为(　　)。

A. 时点造价指数
B. 年指数
C. 月指数
D. 季指数
E. 周指数

52. 工程造价指数按不同基期分类,可分为(　　)。

A. 月指数　　B. 季指数
C. 定基指数　　D. 环比指数
E. 年指数

☆参考答案

一、单项选择题

1. D　2. B　3. A　4. D　5. A　6. B　7. A　8. B
9. D　10. D　11. D　12. C　13. A　14. D　15. C　16. B
17. C　18. B　19. D　20. A　21. C　22. D　23. A　24. C
25. B　26. C　27. A　28. C　29. A　30. B　31. A　32. A
33. B　34. C　35. D　36. C　37. B　38. A　39. D　40. A
41. C　42. A　43. C　44. A　45. A　46. A　47. C　48. B
49. D　50. C　51. B　52. C　53. A　54. D　55. B　56. C
57. A　58. D　59. D　60. B　61. A　62. D　63. A　64. B
65. A　66. B　67. B　68. D　69. C　70. B　71. B　72. B
73. D　74. B　75. A　76. D　77. C　78. A　79. A　80. D
81. B　82. D　83. C　84. B　85. A　86. B　87. D　88. D
89. A　90. B　91. A　92. D　93. A　94. C

二、多项选择题

1. CE　2. ABD　3. ABD　4. BCE　5. ABC　6. AD
7. ACDE　8. ACDE　9. CDE　10. BE　11. CDE　12. ABCE
13. BDE　14. ACE　15. BD　16. ABCE　17. BCDE　18. ACD
19. BCD　20. ABE　21. ACDE　22. CDE　23. AC　24. CD
25. ABDE　26. ACE　27. ABE　28. ABCE　29. ACE　30. ACE
31. ABCD　32. CE　33. ABD　34. CE　35. ABCD　36. CDE
37. ABDE　38. ABCD　39. ABCD　40. BCDE　41. ABC　42. BDE
43. ACDE　44. CDE　45. ACE　46. BDE　47. ABC　48. ABCE
49. BDE　50. BCDE　51. ABCD　52. CD

第六章　决策和设计阶段工程造价的确定与控制

☆考 纲 要 求

1. 了解决策和设计阶段影响工程造价的主要因素；
2. 了解可行性研究报告的主要内容和作用；
3. 熟悉投资估算的编制方法；
4. 熟悉设计概算的编制方法；
5. 熟悉施工图预算的编制方法；
6. 了解方案比选、优化设计、限额设计的基本方法。

☆复 习 提 示

○重点概念

根据考试大纲和历年试题分析，本章应重点掌握的概念有可行性研究、投资估算、生产能力指数法、系数估算法、比例估算法、混合法、指数估算法；设计概算、概算定额法、概算指标法、类似工程预算法、预算单价法、扩大单价法、设备价值百分比法；施工图预算、工料单价法、预算单价法、实物法、综合单价法。

○学习方法

本章讲述了决策和设计阶段工程造价确定与控制、投资估算的编制与审查、设计概算的编制与审查、施工图预算的编制与审查共 4 节内容，重点阐述了建设程序各个阶段对应的造价确定方法，大纲要求熟悉投资估算、设计概算、施工图预算的编制方法，是重点考核的内容。

将投资估算、设计概算、施工图预算的编制方法进行归纳总结、整理出知识框架图，对比分析，便于记忆。

☆主要知识点

○决策和设计阶段工程造价确定与控制概述

一、主要知识点

(一)决策和设计阶段工程造价确定与控制的意义(见图 6-1)

决策和设计阶段工程造价确定与控制的意义
- 提高资金利用效率和投资控制效率
- 使工程造价确定与控制工作更主动
- 便于技术与经济相结合
- 在决策和设计阶段控制工程造价效果最显著

图 6-1　决策和设计阶段工程造价确定与控制的意义

(二)决策和设计阶段影响工程造价的主要因素(见表 6-1)

表 6-1　决策和设计阶段影响工程造价的主要因素

决策和设计阶段影响工程造价的主要因素	决策阶段影响工程造价的主要因素是建设标准	项目建设规模	市场因素:是项目规模确定中需考虑的首要因素
			技术因素:生产技术及技术装备是项目规模效益赖以生存的基础,管理技术水平是实现规模效益的保证
			环境因素:燃料动力供应、协作及土地条件、运输及通信条件
		建设地区及建设地点(厂址)	建设地区的选择:靠近原料、燃料提供地和产品消费地的原则、工业项目适当聚集的原则
			建设地点(厂址)的选择:节约土地;少占耕地;减少拆迁移民;应尽量选在工程地质、水文地质条件较好的地段
		技术方案	选择原则:先进适用、安全可靠、经济合理
			选择内容:生产方法选择、工艺流程方案选择
		设备方案	设备的选择与技术密切相关,二者必须匹配
		工程方案	应在满足使用功能、确保质量的前提下,力求降低造价、节约资金
		环境保护措施	应从环境效益、经济效益相统一的角度进行分析论证,力求环境保护治理方案技术可行和经济合理
	设计阶段影响工程造价的主要因素	工业项目	总平面设计
			工艺设计
			建筑设计
		农业项目	住宅小区规划
			住宅建筑设计

(三)建设项目可行性研究与工程造价确定和控制(见表 6-2)

表 6-2　建设项目可行性研究与工程造价确定和控制知识一览表

可行性研究的概念	建设项目可行性研究是在投资决策前,对项目有关的社会、经济和技术等方面情况进行深入细致的调查研究,对各种可能拟定的建设方案和技术方案进行认真的技术经济分析与比较论证,对项目建成后的经济效益进行科学的预测和评价,并在此基础上综合研究、论证建设项目的技术先进性、适用性、可靠性,经济合理性和有利性,以及建设可能性与可行性,由此确定该项目是否投资和如何投资,使之进入项目开发的的下一阶段作出结论性意见
可行性研究报告的内容	(1)项目兴建理由与目标
	(2)市场分析与预测
	(3)资源条件评价
	(4)建设规模与产品方案
	(5)场(厂)址选择
	(6)技术方案
	(7)原材料燃料供应

续表 6-2

可行性研究报告的内容	(8)总图运输与公用辅助工程
	(9)环境影响评价
	(10)劳动安全卫生与消防
	(11)组织机构与人力资源配置
	(12)项目实施进度
	(13)投资估算
	(14)融资方案
	(15)财务评价
	(16)国民经济评价
	(17)社会评价
	(18)风险分析
	(19)研究结论与建议
	(20)附件
可行性研究报告的作用	(1)作为投资主体投资决策的依据
	(2)作为向当地政府或城市规划部门申请建设执照的依据
	(3)作为环保部门审查建设项目对环境影响的依据
	(4)作为编制设计任务书的依据
	(5)作为安排项目计划和实施方案的依据
	(6)作为筹集资金和向银行申请贷款的依据
	(7)作为编制科研试验计划和新技术、新设备需用计划及大型专用设备生产预安排的依据
	(8)作为从国外引进技术、设备以及与国外厂商谈判签约的依据
	(9)作为与项目协作单位签订经济合同的依据
	(10)作为项目后评价的依据
可行性研究对工程造价确定与控制的影响	(1)项目可行性研究结论的正确性是工程造价合理性的前提
	(2)项目可行性研究的内容是决定工程造价的基础
	(3)工程造价高低、投资多少也影响可行性研究结论
	(4)可行性研究的深度影响投资估算的精确度,也影响工程造价的控制效果
设计方案的评价、比选与工程造价确定与控制	(1)建设项目经济评价的作用及内容
	(2)设计方案评价、比选的原则
	(3)设计方案评价、比选的方法
	(4)设计方案评价、比选应注意的问题
	(5)设计方案评价、比选对工程造价确定和控制的影响

二、例题

【例 1】 在项目决策阶段,影响工程造价的最主要因素是(　　)。

A. 项目建设规模　　　　B. 技术方案

C. 设备方案　　　　D. 建设标准

【答案】 D

【知识要点】 本题考查的是项目决策阶段影响工程造价的最主要因素。

【正确解析】 项目工程造价的多少主要取决于项目的建设标准。在工程项目前期工作中，建设标准规定了项目决策中有关建设的原则、等级、建筑面积、工艺设备配置、建设用地和主要技术经济指标。建设标准的内容包括影响工程项目投资效益的主要方面，如建设规模、建设等级、建筑标准、建设设备、建设用地、建设工期、投资估算指标和主要技术经济指标等。

决策阶段影响工程造价的最主要因素是项目的建设标准，包括的内容有项目建设规模、建设地区及建设地点(厂址)、技术方案、设备方案、工程方案和环境保护措施等。

【例 2】 建设项目规模的合理选择关系到项目的成败，决定着项目工程造价的合理与否。项目规模合理化的制约因素主要包括(　　)。

A. 资金因素、技术因素和环境因素　　B. 资金因素、技术因素和市场因素

C. 市场因素、技术因素和环境因素　　D. 市场因素、环境因素和资金因素

【答案】 C

【知识要点】 本题考查的是项目合理规模的主要制约因素。

【正确解析】 在确定项目合理规模时，市场因素、技术因素和环境因素都是制约因素，此外，不同行业，不同类型的项目考虑的因素各有不同。而资金因素是在确定了项目合理规模后所考虑的问题，应根据所确定的项目规模考虑资金筹措问题。

○投资估算的编制与审查

一、主要知识点(见表 6-3)

表 6-3　投资估算的编制与审查知识一览表

<table>
<tr><td>投资估算的概念</td><td colspan="4">是指在项目投资决策过程中，依据现有的资料和特定的方法，对建设项目的投资额进行的估计</td></tr>
<tr><td rowspan="8">投资估算编制内容</td><td rowspan="8">建设投资估算</td><td rowspan="3">工程费用</td><td>建筑工程费</td><td rowspan="3">形成固定资产</td></tr>
<tr><td>设备及工器具购置费</td></tr>
<tr><td>安装工程费</td></tr>
<tr><td colspan="2">工程建设其他费用</td><td>分别形成固定资产、无形资产及其他资产</td></tr>
<tr><td rowspan="2">预备费</td><td>基本预备费</td><td rowspan="2">一并计入固定资产</td></tr>
<tr><td>价差预备费</td></tr>
<tr><td colspan="2">建设期贷款利息的估算</td><td>计入固定资产</td></tr>
<tr><td colspan="2">流动资金＝流动资产－流动负债</td><td>计入流动资产</td></tr>
<tr><td rowspan="4">建设项目投资估算基本步骤</td><td colspan="4">(1)分别估算各单项工程所需的建筑工程费、设备及工器具购置费、安装工程费</td></tr>
<tr><td colspan="4">(2)在汇总各单项工程工程费用的基础上，估算工程建设其他费用和基本预备费</td></tr>
<tr><td colspan="4">(3)估算价差预备费</td></tr>
<tr><td colspan="4">(4)估算建设期利息</td></tr>
</table>

续表 6-3

建设项目投资估算基本步骤	(5)估算流动资金			
	(6)汇总出总投资			
投资估算的编制方法	项目建议书阶段投资估算	生产能力指数法:是根据已建成的类似项目生产能力和投资额来粗略估算拟建建设项目投资额的方法		
		系数估算法:也称因子估算法,根据已知的拟建建设项目的主体工程费或主要生产工艺设备费为基数,以其他辅助或配套工程费占主体工程费或主要生产工艺设备费的百分比为系数,进行估算项目的相关投资额		
		比例估算法:是根据已知的同类建设项目主要生产工艺设备投资占整个建设项目的投资比例,先逐项估算出拟建建设项目主要生产工艺设备投资,再按比例进行估算拟建建设项目相关投资额的方法		
		混合法:对一个拟建建设项目采用生产能力指数法与比例估算法或系数估算法与比例估算法混合进行估算其相关投资额的方法		
		指标估算法		
	可行性研究阶段的投资估算	建筑工程费用估算	单位建筑工程投资估算法	单位功能价格法
				单位面积价格法
				单位容积价格法
			单位实物工程量投资估算法	
			概算指标投资估算法	
		设备购置费估算=设备原价+设备运杂费		
		安装工程费估算:安装工程费=设备原价×安装费率 安装工程费=设备吨位×每吨安装费 安装工程费=安装工程实物量×安装费用指标		
		工程建设其他费估算		
		基本预备费估算		
		价差预备费估算		
		建设期贷款利息估算		
	流动资金估算	分项详细估算法:流动资金=流动资产—流动负债 流动资产=应收账款+存货+现金　流动负债=应收账款		
		扩大指标估算法:年流动资金额=年费用基数×各类流动资金率(%)		
投资估算的文件组成	封面、签署页			
	编制说明			
	投资估算分析			
	总投资估算表			
	单项工程估算表			
	主要技术经济指标			
投资估算的审核	审核和分析投资估算编制依据的时效性、准确性和实用性			
	审核选用的投资估算方法的科学性与适用性			
	审核投资估算的编制内容与拟建项目规划要求的一致性			
	审核投资估算的费用项目、费用数额的真实性			

二、例题

【例1】 先求出已有同类企业主要设备投资占全部建设投资的比例系数，然后再估算出拟建建设项目的主要设备投资，最后按比例系数求出拟建项目的建设投资，这种估算方法称（ ）。

A. 设备系数法　　B. 指标估算法

C. 系数估算法　　D. 比例估算法

【答案】 D

【知识要点】 本题考查的是比例估算法的概念。

【正确解析】 比例估算法是根据已知的同类建设项目主要生产工艺设备投资占整个建设项目的投资比例，先逐项估算出拟建建设项目主要生产工艺设备投资，再按比例进行估算拟建建设项目相关投资额的方法。

【例2】 按照生产能力指数法（n=0.6，f=1），若将设计中的化工厂生产系统的生产能力提高3倍，投资额大约增加（ ）。

A. 200%　　B. 300%

C. 230%　　D. 130%

【答案】 D

【知识要点】 本题考查的是生产能力指数法的计算。

【正确解析】 生产能力指数法是根据已建成的类似项目生产能力和投资额来粗略估算拟建建设项目投资额的方法。其计算公式为：

$C=C1(Q/Q1)^x \cdot f$

$C/C1=(Q/Q1)^x \cdot f=(4/1)^{0.6}.1=2.3$

注意：生产能力增长3倍，$Q/Q_1=4/1$

所求值为C相对C_1增长的比例

因此，2.3−1=1.3=130%，所以投资额增加了130%

【例3】 某年产量10万t化工产品已建成项目的静态投资额为5000万元，现拟建年产20万t同产品的类似项目。若生产能力指数为0.6，综合调整系数为1.2，则采用生产能力指数法估算的拟建项目静态投资额为（ ）万元。

A. 7579　　B. 6000　　C. 9094　　D. 9490

【答案】 C

【知识要点】 本题考查的是生产能力指数法的计算。

【正确解析】 计算过程为：$C=C_1(Q/Q1)^x.f$

$=5000\times(20/10)^{0.6}\times1.2$

$=9094$（万元）

○设计概算的编制与审查

一、主要知识点

(一)设计概算的编制

设计概算是在设计阶段对建设项目投资额度的概略计算。对于采用二阶段设计的建设项目,初步设计阶段必须编制设计概算;采用三阶段设计的建设项目,在扩大初步设计阶段必须编制修正概算。

设计概算分为三级：
- 单位工程概算
- 单项工程综合概算
- 建设项目总概算

各级概算之间的相互关系如图 6-2 所示。

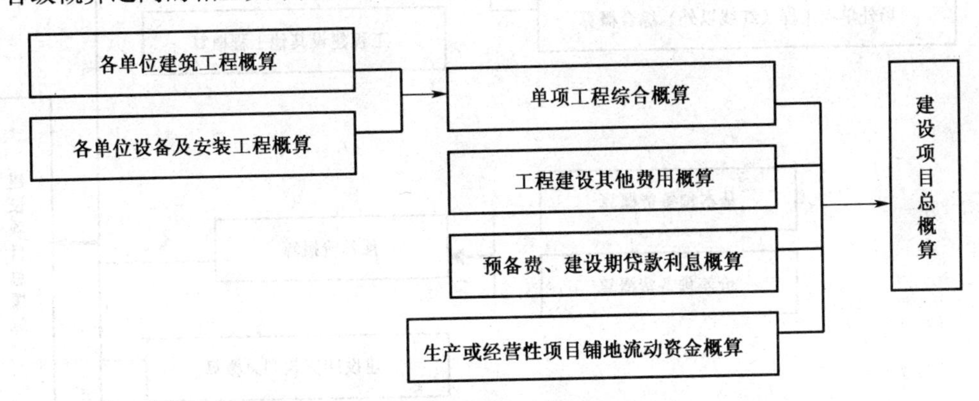

图 6-2　设计概算的三级概算关系

单项工程综合概算的组成内容如图 6-3 所示。

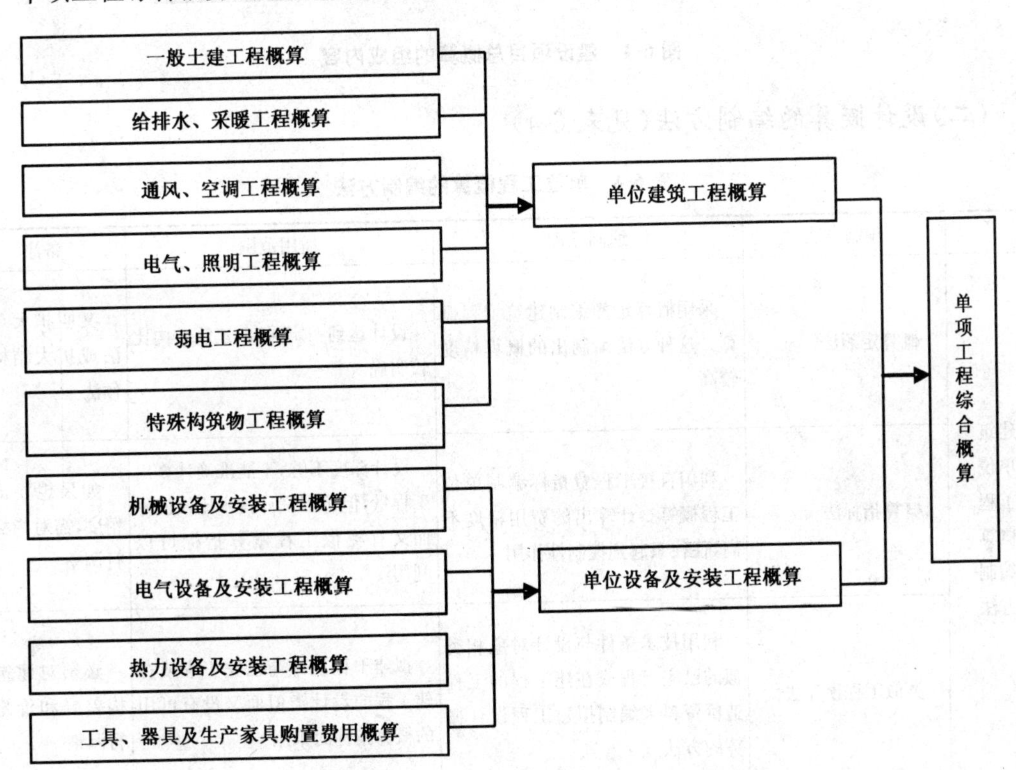

图 6-3　单项工程综合概算的组成内容

建设项目总概算的组成内容如图 6-4 所示。

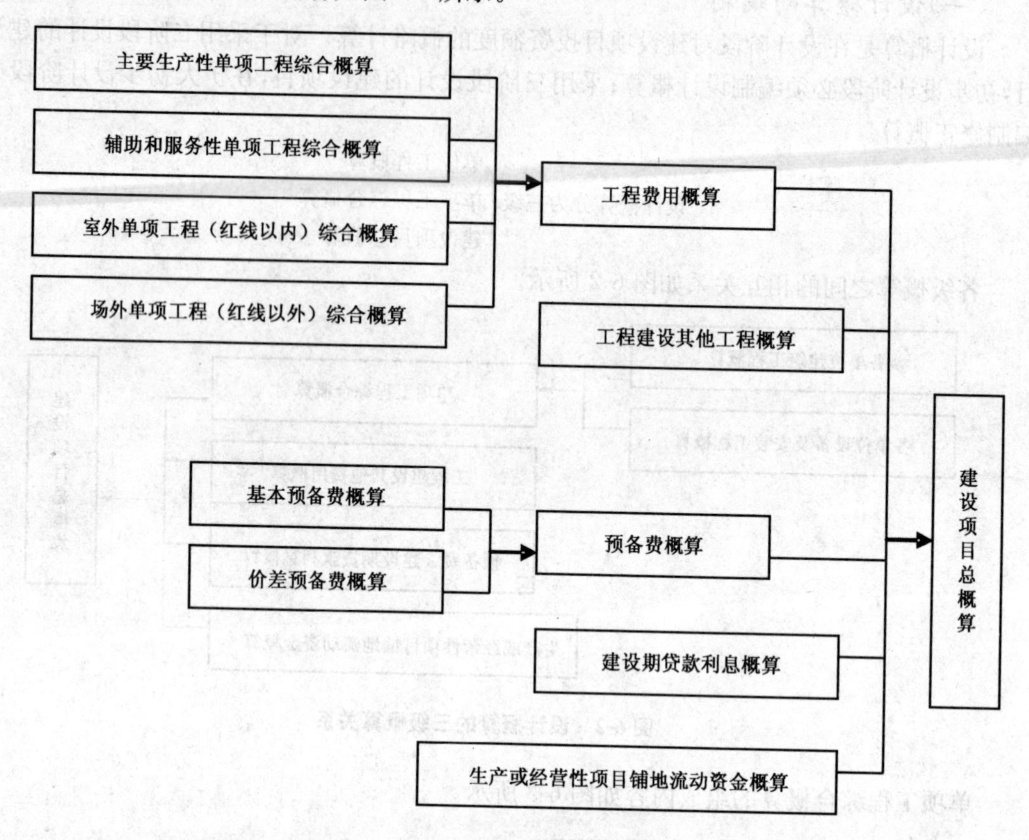

图 6-4 建设项目总概算的组成内容

(二)设计概算的编制方法(见表 6-4)

表 6-4 单位工程概算的编制方法

	编制方法	编制原理	适用范围	备注
建筑单位工程概算编制方法	概算定额法	采用概算定额编制建筑工程概算。这种方法编制出的概算精度较高	设计达到一定深度，建筑结构比较明确	又叫扩大单价法或扩大结构定额法
	概算指标法	利用直接工程费指标编制单位工程概算。计算出的费用精度不高，往往只起到控制性作用	设计深度不够，不能准确计算出工程量，但工程设计技术比较成熟而又有类似工程概算指标可以利用	如果想要提高精度，需对指标进行调整
	类似工程预算法	利用技术条件与设计对象相类似的已完工程或在建工程的工程造价资料来编制拟建工程设计概算的方法	拟建工程设计与已完工程或在建工程的设计类似而又没有可用的概算指标时采用	必须对建筑结构差异和价差进行调整

续表 6-4

编制方法		编制原理	适用范围	备注
设备安装工程费概算的编制方法	预算单价法	编制程序与安装工程施工图预算基本相同	初步设计较深，有详细的设备和具体满足预算定额工程量清单	具有计算具体、精确性较高的优点
	扩大单价法	采用主体设备、成套设备的综合扩大安装单价编制概算	当初步设计深度不够、设备清单不完备、只有主体设备或仅有成套设备重量时使用	与建筑工程概算类似
	设备价值百分比法	安装费按占设备的百分比计算，又叫安装设备百分比法	设备安装费＝设备原价×安装费率(%)。设计深度不够，只有设备出厂价，无详细规格、重量	常用于价格波动不大的定型设备和通用设备
	综合吨位指标法	采用综合吨位指标编制概算 设备安装费＝设备吨位×每吨设备安装费指标(元/t)	设计文件提供的设备清单有规格和设备重量	常用于价格波动较大的非标准设备和引进设备

(三)设计概算的审查内容和方法(见图 6-5)

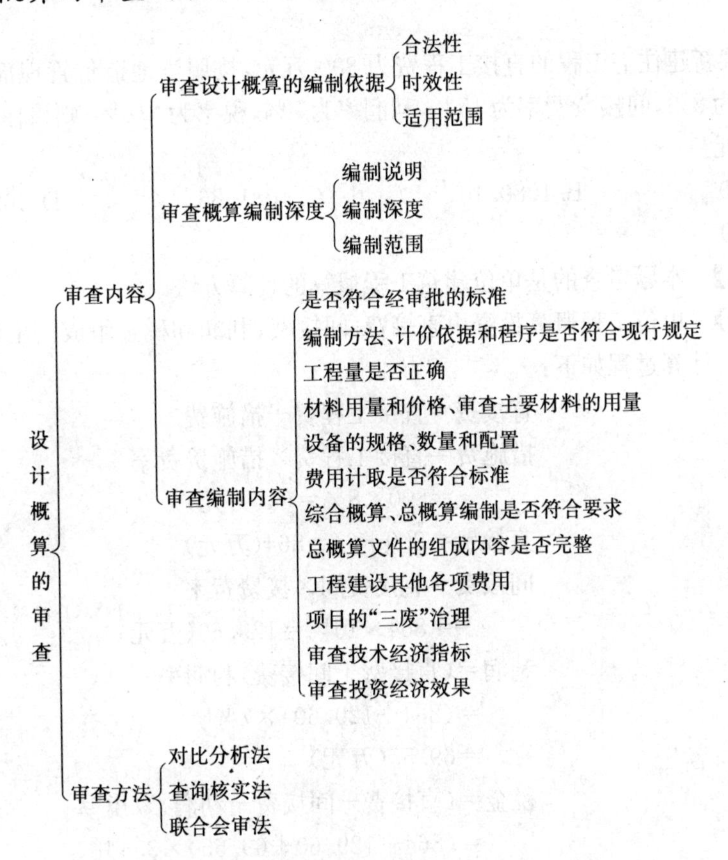

图 6-5　设计概算的审查内容和方法

二、例题

【例 1】 编制设计概算时，当初步设计深度不够、不能准确计算出工程量、但工程设计技术比较成熟而又有类似工程的概算指标可以利用，可采用的方法是（　　）。

A. 概算定额法　　B. 概算指标法

C. 类似工程预算法　　D. 类似工程概算法

【答案】 B

【知识要点】 本题考查的是设计概算的编制方法。

【正确解析】 建筑工程概算的编制方法有概算定额法、概算指标法、类似工程预算法等。设备及安装工程概算的编制方法有预算单价法、扩大单价法、设备价值百分比法和综合吨位指标法等。

就建筑单位工程概算的编制方法来说，概算定额法要求初步设计达到一定深度，建筑结构比较明确，能按照初步设计的平面、立面、剖面图纸计算出楼地面、墙身、门窗和屋面等分部工程（或扩大结构件）项目的工程量时，才可采用。

概算指标法的适用范围是当初步设计深度不够，不能准确计算出工程量，但工程设计技术比较成熟而又有类似工程概算指标可以利用。

类似工程预算法适用于拟建工程初步设计与已完工程或在建工程的设计类似而又没有可用的概算指标时采用。根据以上分析，本题正确选项为 B。

【例 2】 某新建住宅工程的直接工程费为 800 万元，按照当地造价管理部门规定，土建工程措施费费率为 8%，间接费费率为 15%，利润率为 7%，税率为 3.4%，则该住宅的单位工程概算为（　　）万元。

A. 1067.20　　B. 1080.10　　C. 1081.86　　D. 1099.30

【答案】 D

【知识要点】 本题考查的是单位建筑工程概算的计算方法。

【正确解析】 单位工程概算投资由直接费、间接费、利润和税金组成。土建工程应以直接费为计算基础。计算过程如下：

直接费＝直接工程费＋措施费

措施费＝直接工程费×措施费费率

＝800×8%＝64（万元）

直接费＝800＋64＝864（万元）

间接费＝直接费间×接费费率

＝864×15%＝129.60（万元）

利润＝（直接费＋间接费）利润率

＝（864＋129.60）×7%

＝69.55（万元）

税金＝（直接费＋间接费＋利润）×税率

＝（864＋129.60＋69.55）×3.4%

＝36.15（万元）

建筑单位工程概算＝直接费＋间接费＋利润＋税金

＝864＋129.60＋69.55＋36.15

＝1099.30(万元)

【例3】 某市一栋普通办公楼为3000m^2框架结构，建筑工程直接工程费为400元/m^2，其中毛石基础为40元/m^2。而今拟建一栋4000m^2办公楼，采用钢筋混凝土结构，带形基础造价为55元/m^2，其他结构相同，则该拟建新办公楼建筑工程直接工程费为(　　)万元。

A. 22　　B. 166　　C. 38　　D. 160

【答案】 B

【知识要点】 本题考查的是概算指标法的适用范围及计算方法。

【正确解析】 概算指标法采用直接工程费指标，用拟建工程的建筑面积(或体积)乘以技术体积相同或基本相同工程的概算指标，得出直接工程费，然后按规定计算出措施费、间接费、利润和税金等，编制出单位工程概算。

概算指标法适用的范围是设计深度不够，不能准确计算出工程量，但工程设计技术比较成熟而又有类似工程概算指标可以利用时，可采用概算指标法。计算过程如下：

调整后的概算指标＝400＋55－40＝415(元/m^2)

拟建新办公楼建筑工程直接工程费＝4000×415

＝1660000(元)

＝166(万元)

【例4】 某建设项目订购了50t的国产非标准设备，订货价格为50000元/t，已知设备运杂费率为8%，设备安装费率为20%，该设备及安装工程概算是(　　)万元。

A. 250　　B. 270　　C. 300　　D. 320

【答案】 D

【知识要点】 本题考查的是设备及安装单位工程概算的计算方法。

【正确解析】 设备及安装工程概算包括设备购置费用概算和设备安装工程费用概算两大部分。设备购置费概算＝设备原价＋设备运杂费

设备原价＝50×5＝250(万元/t)

设备运杂费＝设备原价×设备运杂费率

＝250×8%＝20(万元)

设备购置费概算＝250＋20＝270(万元)

设备安装工程费概算＝设备原价×安装费率

＝250×20%＝50(万元)

设备及安装工程概算＝设备购置费概算＋设备安装工程费算

＝270＋50＝320(万元)

【例5】 已知某引进设备吨重为50t，设备原价3000万人民币，每吨设备安装费指标为80000元，同类国产设备的安装费率为15%，则该设备安装费为(　　)万元。

A. 400　　B. 425　　C. 450　　D. 500

【答案】 A

【知识要点】 本题考查的是设备及安装单位工程概算的计算方法。

【正确解析】 此题表面上是计算题，实际上仍属考察设备概算编制方法的适用范围。设备价值百分比法常用于价格波动不大的定型产品和通用设备产品。而综合吨位指标法常用于价格波动较大的非标准设备和引进设备及安装工程概算。

本题是引进设备，采用综合吨位指标法计算设备安装费。计算过程如下：

设备安装费＝设备吨重×每吨设备安装费指标(元/t)

＝50×80000

＝4000000(元)

＝400(万元)

【例 6】 某地拟建一幢建筑面积为 $2500m^2$ 办公楼。已知建筑面积为 $2700m^2$ 的类似工程预算成本为 216 万元，其直接费占预算成本的 80%。拟建工程和类似工程地区的直接费和间接费差异系数分别为 1.2 和 1.1，利税率为 10%，则利用类似工程预算法编制该拟建工程概算造价为(　　)万元。

A. 246.4　　B. 259.6　　C. 287.4　　D. 302.8

【答案】 B

【知识要点】 本题考查的是利用类似工程预算法编制拟建工程概算造价的计算方法。

【正确解析】 直接费占预算成本的 80%权重，那么，间接费占预算成本的 20%权重

综合调整系数为：K＝80%×1.2＋20%×1.1＝1.18

类似工程预算单方成本为：2160000/2700＝800(元/m^2)

拟建工程单方概算成本为：800×1.18＝944(元/m^2)

拟建工程单方概算造价为：944×(1＋10%)＝1038.4(元/m^2)

拟建工程概算造价为：1038.4×2500＝2596000(元)＝259.6(万元)

○施工图预算的编制与审查

一、主要知识点

(一)施工图预算的概念与作用

1. 施工图预算的概念

是在施工图设计完成后，工程开工前，根据已批准的施工图纸、现行的预算定额、费用定额和地区人工、材料、设备与机械台班等资源价格，在施工方案或施工组织设计已大致确定的前提下，按照规定的计算程序计算直接工程费、措施费，并计取间接费、利润、税金等费用，确定单位工程造价的技术经济文件。

2. 施工图预算的编制模式(见表 6-5)

表 6-5　施工图预算的编制模式

要点＼模式	定额计价模式	工程量清单计价模式
计价模式	是采用国家、部门或地区统一规定的预算定额、单位估价表、取费标准、计价程序进行工程造价计价的模式	是招标人按照国家统一的工程量清单计价规范中的工程量计算规则提供工程量清单和技术说明，由投标人依据企业自身的条件和市场价格对工程量清单自主报价的工程造价计价模式

续表 6-5

要点＼模式	定额计价模式	工程量清单计价模式
计价过程	建设单位与施工单位均先根据预算定额中规定的工程量计算规则定额单价计算直接工程费，再按照规定的费率和取费程序计取间接费、利润和税金，汇总得到工程造价	由招标人提供工程量清单，投标人填报综合单价和合价，计算分部分项工程费、措施项目费、其他项目费、规费和税金，从而汇总得出工程造价
计价方法	工料单价法	综合单价法
执行时间	自新中国成立至今，也称传统定额计价模式	2003 年 7 月 1 日起实施 现行的是 GB50500－2008，是在原规范基础上进行修订，于 2008 年 12 月 1 日起实施

3. 施工图预算的作用(见表 6-6)

表 6-6　施工图预算的作用

各方	施工图预算的作用
对设计方	根据施工图预算进行投资控制
	根据施工图预算进行优化设计，确定最终设计方案
对投资方	根据施工图预算修正建设投资
	根据施工图预算确定招标控制价
	根据施工图预算拨付工程款和结算工程价款
对施工企业	根据施工图预算确定投标报价
	根据施工图预算进行施工准备和工程分包
	根据施工图预算拟定降低成本措施
对其他各方	可以客观、准确地为委托方做出施工图预算
	强化投资方对工程造价的控制
	施工图预算是其监督检查执行定额标准、合理确定工程造价、测算造价指数及审定工程招标控制价的重要依据

(二)施工图预算的编制内容及依据

1. 施工图预算的编制内容(见图 6-6)

施工图预算由 { 单位工程施工图预算；单项工程施工图预算；建设项目施工图预算 } 三级逐级编制、综合汇总而成

图 6-6　施工图预算的编制内容

单位工程施工图预算编制内容(见图 6-7)

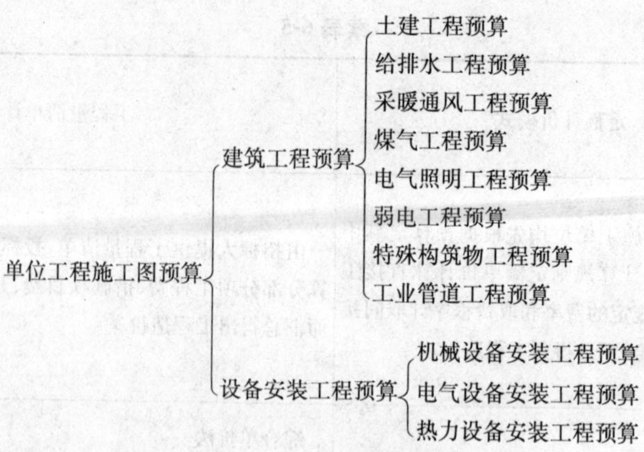

图 6-7　单位工程施工图预算编制内容

2. 施工图预算编制依据(见图 6-8)

编制依据：
- 法律、法规及有关规定
- 施工图纸及说明书和有关标准图等资料
- 施工组织设计或施工方案
- 工程量计算规则
- 现行预算定额和有关动态调价规定
- 招标文件或工程施工合同
- 工具书和有关手册
- 其他有关资料

图 6-8　施工图预算编制依据

(三)施工图预算的编制方法

1. 施工图预算的编制方法(见表 6-7)

表 6-7　施工图预算的编制方法

编制方法	工料单价法	预算单价法	采用地区统一单位估价表中的各分项工程工料预算单价(基价)乘以相应的各分项工程的工程量,计算出单位工程直接工程费、措施费、间接费、利润和税金,汇总后即可得到该单位工程的施工图预算造价
		实物法	根据施工图计算的各分项工程工程量分别乘以地区定额中人工、材料、施工机械台班的定额消耗量,分类汇总得出该单位工程所需的全部人工、材料、施工机械台班消耗数量,然后再乘以当时当地人工工日单价、各种材料单价、施工机械台班单价,求出相应的人工费、材料费、机械使用费,再加上措施费,就可以求出该工程的直接费。间接费、利润和税金等费用计算方法与预算单价法相同,汇总各项费用后即可得到该单位工程的施工图预算造价
	综合单价法	全费用综合单价	即单价中综合了分项工程人工费、材料费、机械费、管理费、利润、规费以及有关文件规定的调价、税金以及一定范围的风险等全部费用。以各分项工程量乘以全费用单价的合计汇总后,再加上措施项目的完全价格,就生成了单位工程施工图造价。公式如下: 建筑安装工程预算造价=(∑分项工程量分项工程全费用单价)+措施项目完全价格
		清单综合单价	分部分项工程量清单综合单价中综合了人工费、材料费、施工机械使用费、企业管理费、利润,并考虑了一定范围的风险费用,未包括措施费、规费和税金。因此,它是一种不完全单价。以各分部分项工程量乘以该综合单价的合计汇总后,再加上措施项目费、规费和税金后,就是单位工程的造价。公式如下: 建筑安装工程预算造价=(∑分项工程量分项工程不完全单价)+措施项目完全价格+其他项目费+规费+税金

2. 工料单价法施工图预算编制程序(见图 6-9)

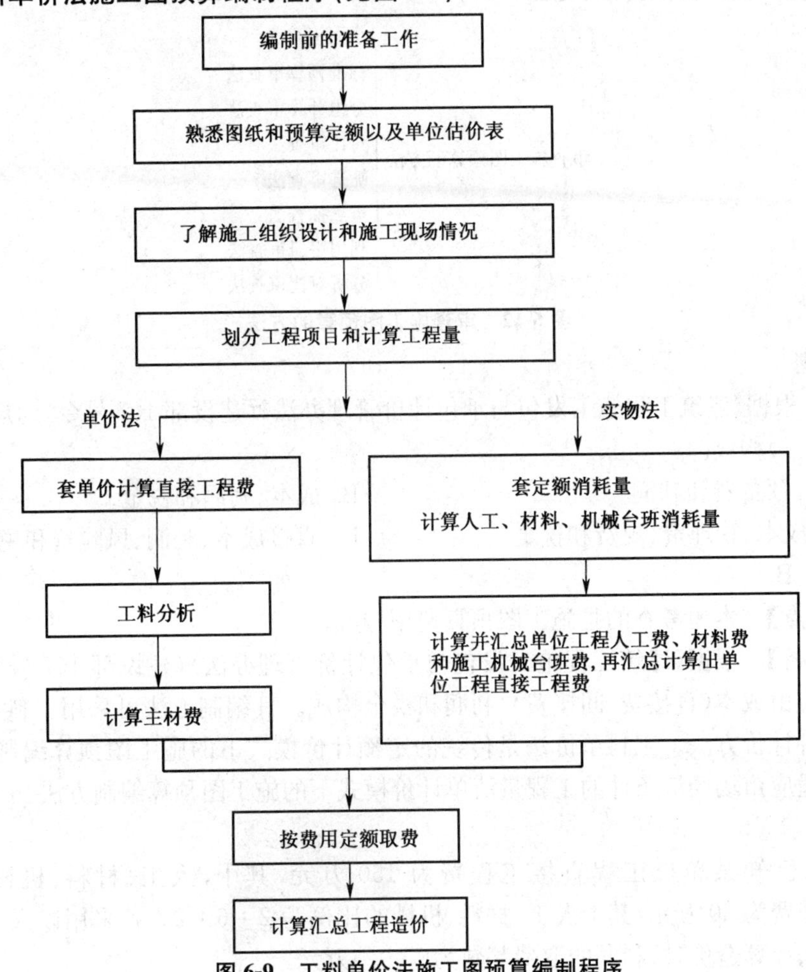

图 6-9　工料单价法施工图预算编制程序

(四)施工图预算的文件组成(见图 6-10)

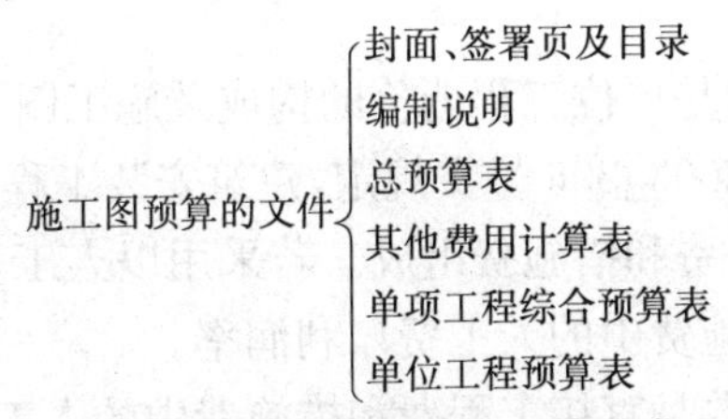

图 6-10　施工图预算的文件组成

(五)施工图预算的审查

1. 审查施工图预算的内容(见图 6-11)

审查施工图预算的内容
- 审查工程量
- 审查设备、材料的预算价格
- 审查预算单价的套用
- 审查有关费用项目及其取费

图 6-11　审查施工图预算的内容

2. 审查施工图预算的方法(见图6-12)

审查施工图预算的方法
- 全面审查法
- 标准预算审查法
- 分组计算审查法
- 对比审查法
- 筛选审查法
- 重点抽查法
- 利用手册审查法
- 分析对比审查法

图6-12 审查施工图预算的方法

二、例题

【例1】 根据《建筑工程施工发包与承包计价管理办法》(建设部107号令)的规定,施工图预算应由(　　)构成。

A. 成本、预备费和利润　　B. 成本、利润和税金
C. 直接成本、管理费、规费和税金　　D. 直接成本、利润、风险费和税金

【答案】 B

【知识要点】 本题考查的是施工图预算费用构成。

【正确解析】 根据《建筑工程施工发包与承包计价管理办法》(建设部107号令)的规定,施工图预算应由成本(直接费、间接费)、利润和税金构成。其编制方法可采用工料单价法和综合单价法两种计价方法。工料单价法是传统的定额计价模式下的施工图预算编制方法,而综合单价法是适应市场经济条件的工程量清单计价模式下的施工图预算编制方法。

【例2】 已知某单位工程直接工程费为150万元,其中,人工、材料、机械的比例为2∶5∶3,措施费为20万元,其中人工、材料、机械的比例为2∶6∶2。若采用以人工费为基础的工料单价法计算造价时,利润的取费基数为(　　)万元。

A. 30　　B. 34　　C. 150　　D. 170

【答案】 B

【知识要点】 本题考查的是单位工程造价的构成及施工图预算造价的计算方法。

【正确解析】 根据建标[2003]206号文规定,建筑安装工程费用由直接费、间接费、利润和税金组成。直接费由直接工程费和措施费组成。若采用以人工费为基础的工料单价法计算造价,则利润=直接工程费和措施费中的人工费×利润率。

由上可知,利润的取费基数是直接工程费和措施费中的人工费。

直接工程费中的人工费每份权重为:150/10= 15(万元)

直接工程费中的人工费占2份权重,因此,人工费=2×15=30(万元)

同样方法计算措施费中的人工费=2×2=4(万元)

直接工程费和措施费中的人工费=30+4=34(万元)

【例3】 关于预算单价法与实物法,下列说法正确的是(　　)。

A. 熟悉图纸和预算定额、划分工程项目和计算工程量步骤是相同的

B. 预算单价法套单价计算的是直接工程费

C. 实物法套用定额消耗量，计算人工、材料、机械台班消耗量

D. 预算单价法编制施工图预算，能把“量”“价”分开

E. 实物法能比较真实地反映工程产品的实际价格水平，工程造价的准确性高

【答案】 A B C E

【知识要点】 本题考查的是预算单价法与实物法的异同。

【正确解析】 预算单价法与实物法首尾部分的步骤是相同的，如图 6-9 所示，①—④步和最后 2 步相同，所不同的主要是中间三个步骤。

(1)采用实物法计算工程量后，套用相应人工、材料、施工机械台班预算定额消耗量，而预算单价法套定额单价(基价)计算的是直接工程费。

(2)预算单价法进行工料分析、计算主材费用，而实物法求出各分项工程人工、材料、施工机械台班消耗数量并汇总成单位工程所需的人工工日、材料和施工机械台班的消耗量。

(3)实物法用当时当地的各类人工工日、材料和施工机械台班的实际单价分别乘以相应的人工工日、材料和施工机械台班的消耗量，并汇总后得出单位工程的人工费、材料费和机械使用费。

用实物法编制施工图预算，能把“量”“价”分开，计算出量后，不再去套静态的定额基价，而是用人、材、机消耗量乘以当时当地的人、材、机实际单价，这样能比较真实反映工程产品的实际价格水平，工程造价的准确性高。实物法是与市场经济体制相适应的预算编制方法。

☆强 化 训 练

一、单项选择题

1. 对项目投资和使用功能具有决定性影响的是(　　)阶段。

A. 初步设计　　B. 项目决策

C. 施工图设计　　D. 项目设计阶段

2. 下列工程设计阶段中，对控制工程造价影响最小的是(　　)阶段。

A. 初步设计　　B. 技术设计

C. 施工图设计准备　　D. 施工图设计

3. 在决策阶段和设计阶段均为影响造价主要因素的是(　　)。

A. 项目建设规模　　B. 设备方案

C. 建设标准　　D. 总平面配置

4. 在建设项目决策与工程造价的关系方面，不正确的是(　　)。

A. 项目决策的正确性是工程造价合理性的前提

B. 项目决策的内容是决定工程造价的基础

C. 项目决策的深度影响投资估算的精度，也影响工程造价的控制效果

D. 造价高低、投资多少不影响项目决策

5. 关系到项目的成败、决定项目投资水平的最主要因素是(　　)。

A. 项目建设规模　　B. 技术方案

C. 设备方案　　D. 建设标准

6. 关于项目建设标准，下列说法中错误的是(　　)。

A. 工程造价的高低主要取决于项目的建设标准
B. 建设标准的具体内容应根据各类工程项目的不同情况确定
C. 能否控制工程造价，关键在于标准水平订得合理与否
D. 大多数工业项目应采用适当先进的标准

7. 在合理确定项目规模的过程中，首要考虑的因素是（　　）。
A. 市场因素　　B. 技术因素
C. 环境因素　　D. 效益因素

8. 关于生产技术方案选择的基本原则，下列说法中错误的是（　　）。
A. 先进适用　　B. 节约土地
C. 安全可靠　　D. 经济合理

9. 在项目设计阶段，应坚持先进性、适用性、安全可靠性、经济合理性原则来确定（　　）。
A. 建设规模　　B. 建设标准
C. 技术方案　　D. 设备方案

10. 在工业项目总平面设计中，影响工程造价的因素不包括（　　）。
A. 占地面积　　B. 功能分区
C. 建设地点　　D. 运输方式的选择

11. 下列各项中，属于设计阶段影响工程造价的主要因素是（　　）。
A. 技术方案　　B. 工程方案
C. 设备方案　　D. 工艺设计

12. 以下不属于可行性研究报告内容的是（　　）。
A. 市场分析与预测　　B. 资源条件评价
C. 技术设计　　D. 融资方案

13. 以下不属于可行性研究报告作用的是（　　）。
A. 作为申请建设执照的依据　　B. 作为审查建设项目对环境影响的依据
C. 作为安排项目计划和实施方案的依据　　D. 作为项目招标投标的依据

14. 进行投资方案选择、决定项目是否可行及主管部门进行项目审批的参考依据是（　　）。
A. 财务评价　　B. 投资估算
C. 国民经济评价　　D. 社会评价

15. 投资机会及项目建议书阶段是初步决策的阶段，投资估算的误差率控制在（　　）以内。
A. ±30%　　B. ±20%　　C. ±15%　　D. ±10%

16. 投资估算精度应满足控制（　　）的要求。
A. 初步设计概算　　B. 施工图预算
C. 项目资金筹资计划　　D. 项目投资计划

17. 项目投资估算精度要求在±10%的阶段是（　　）。
A. 投资设想　　B. 项目建议书阶段
C. 详细可行性研究阶段　　D. 初步可行性研究阶段

18. 下列选项中，不属于设计方案比选原则的是（　　）。

A. 协调好技术先进性和经济合理性的关系　B. 考虑建设投资和运营费用的关系
C. 兼顾近期和远期的要求　D. 处理好建设规模与资源利用的关系

19. 在我国，投资估算是指在(　　)阶段对项目投资所作的预估额。
A. 施工准备　B. 项目决策
C. 初步设计　D. 施工图设计

20. 从费用构成来讲建设项目投资估算的内容，应包括建设工程项目(　　)的全部费用。
A. 从施工到竣工投产　B. 从筹建到设计前
C. 从设计到竣工投产　D. 从筹建到竣工投产

21. 项目可行性研究阶段的投资估算是(　　)重要依据。
A. 主管部门审批项目建议书　B. 施工企业进行成本核算
C. 项目投资决策　D. 编制设计概算

22. 作为设计任务书中下达的投资限额是(　　)。
A. 投资估算　B. 设计概算
C. 工程费用估算　D. 工程费用概算

23. 在按资产形成法估算建设投资时，工程费用形成(　　)。
A. 固定资产　B. 流动资产
C. 无形资产　D. 递延资产

24. 在按资产形成法估算建设投资时，工程建设其他费用可分别形成固定资产、(　　)及其他资产。
A. 有形资产　B. 流动资产
C. 无形资产　D. 递延资产

25. 在可行性研究阶段，为简化计算，基本预备费、涨价预备费一并计入(　　)。
A. 固定资产　B. 流动资产
C. 无形资产　D. 递延资产

26. 下列各项中，不属于流动资产的是(　　)。
A. 现金　B. 应付账款
C. 应收账款　D. 存货

27. 在可行性研究阶段，投资估算精度要求高，需采用相对详细的投资估算方法，即(　　)。
A. 类似项目对比法　B. 系数估算法
C. 生产能力指数法　D. 指标估算法

28. 根据已建成的类似项目生产能力和投资额来粗略估算拟建建设项目投资额的方法是(　　)。
A. 生产能力指数法　B. 类似工程预算法
C. 混合法　D. 类似项目对比法

29. 投资估算精度相对较高、即可适用于项目建议书阶段又适用于可行性研究阶段使用的投资概算方法是(　　)。
A. 类似项目对比法　B. 系数估算法
C. 生产能力指数法　D. 指标估算法

30. 以拟建项目的主体工程费为基数、以其他工程费与主体工程费的比例系数估算项目相关投资额的方法叫(　　)。

A. 系数估算法　　B. 比例估算法

C. 指标估算法　　D. 扩大指标估算法

31. 某拟建项目的设备投资占总投资的60%以上,拟采用的主要工艺设备已经明确,则编制该项目投资估算精度较高的方法是(　　)。

A. 指标估算法　　B. 比例估算法

C. 资金周转法　　D. 生产能力指数法

32. 采用设备原价乘以安装费率估算安装工程费的方法属于(　　)。

A. 比例估算法　　B. 系数估算法

C. 设备系数法　　D. 指标估算法

33. 生产性建设项目流动资金估算的基本方法有分项详细估算法和(　　)。

A. 概算指标估算法　　B. 扩大指标估算法

C. 生产能力指数法　　D. 类似工程预算法

34. 某年产量10万t化工产品已建项目的静态投资额为3300万元,现拟建类似项目的生产能力为20万t/年。已知生产能力指数为0.6,综合调整系数为1.15,则采用生产能力指数法估算的拟建项目静态投资额为(　　)万元。

A. 4349　　B. 4554　　C. 5002　　D. 5752

35. 按照生产能力指数法(x=0.8,f=1.1),若将设计中的化工厂生产系数的生产能力提高到三倍,投资额将增加(　　)。

A. 118.9%　　B. 158.3%　　C. 164.9%　　D. 191.5%

36. 设计概算是设计单位编制和确定的建设工程项目从筹建至(　　)所需全部费用的文件。

A. 竣工交付使用　　B. 办理完竣工决算

C. 项目报废　　D. 施工保修期满

37. 建设项目的三阶段设计是指(　　)。

A. 单位工程设计、单项工程设计、建筑项目总设计

B. 初步设计、技术设计、施工图设计

C. 总图运输设计、平面设计、立面设计

D. 初步设计、技术设计、扩大初步设计

38. 既是工程拨款或贷款的最高限额、也是控制单位工程预算主要依据的文件是经过批准的(　　)。

A. 开工报告　　B. 资金申请报告

C. 设计概算文件　　D. 项目建议书

39. 下列关于设计概算的说法错误的是(　　)。

A. 设计概算是建设项目从筹建至竣工交付使用所需全部费用

B. 设计概算是控制施工图设计和施工图预算的依据

C. 设计概算是进行项目可行性研究的依据

D. 设计概算是衡量设计方案技术经济合理性和选择最佳设计方案的依据

40. 设计概算分为(　　)三级。

A. 单位工程概算、单项工程综合概算、建设项目总概算

B. 分项工程概算、分部工程概算、单位工程概算

C. 建筑工程概算、安装工程概算、设备工器具费概算

D. 工程费用概算、工程建设其他费用概算、预备费概算

41. 单位工程概算按其性质分为(　　)两大类。

A. 土建工程概算和装饰工程概算　　B. 水暖工程概算和电气照明工程概算

C. 建筑工程概算和设备安装工程概算　　D. 建筑工程概算和电气设备安装工程概算

42. 以下不属于建筑工程概算的是(　　)。

A. 土建工程概算　　B. 给排水、采暖工程概算

C. 电气照明工程概算　　D. 电气设备及安装工程概算

43. 以下不属于设备安装工程概算的是(　　)。

A. 机械设备及安装工程概算　　B. 热力设备及安装工程概算

C. 弱电工程概算　　D. 工具、器具及生产家具购置费概算

44. 在下列投资概算中,属于建筑单位工程概算的是(　　)。

A. 机械设备及安装工程概算　　B. 电气设备及安装工程概算

C. 工器具及生产家具购置费用概算　　D. 通风空调工程概算

45. 在一个建设项目中,通过单项工程综合概算计算得出的是该单项工程的(　　)概算。

A. 建筑工程费　　B. 工程费用

C. 安装工程费　　D. 总投资

46. 若干个单位工程概算汇总后成为单项工程概算。单项工程综合概算应包括的内容是(　　)。

A. 预备费　　B. 工程建设其他费用

C. 建筑安装工程费　　D. 建设期贷款利息

47. 若干个单项工程概算和(　　)等概算文件汇总成建设项目总概算。

A. 工程建设其他费用、预备费、建设期利息

B. 建筑工程费、安装工程费、工程建设其他费

C. 分项工程费、分部工程费、单位工程费

D. 工程费用、工程建设其他费用、预备费

48. 单位工程概算投资由(　　)组成。

A. 直接费、间接费、利润和税金　　B. 直接费、间接费、规费和税金

C. 分部分项工程费、利润、规费和税金　　D. 措施项目费、规费和税金

49.《建设项目设计概算编审规程》规定,建筑工程概算应按构成单位工程的主要(　　)编制。

A. 分项工程　　B. 分部工程

C. 分部分项工程　　D. 构造要素

50. 以下不属于建筑工程单位工程概算的编制方法的是(　　)。

A. 概算定额法　　B. 类似工程预算法

C. 概算指标法　　D. 实物法

51. 概算定额法又叫(　　)，是采用概算定额编制工程概算的方法。

A. 扩大结构定额法　　B. 扩大定额法
C. 扩大结构法　　D. 扩大预算法

52. 当初步设计达到一定深度、建筑结构比较明确、能结合图纸计算工程量时，编制单位工程概算宜采用(　　)。

A. 扩大单价法　　B. 概算指标法
C. 类似工程预算法　　D. 综合单价法

53. 某工程已有详细的设计图纸，建筑结构非常明确，采用的技术很成熟，则编制该单位建筑工程概算精度最高的方法是(　　)。

A. 概算定额法　　B. 概算指标法
C. 类似工程预算法　　D. 修正的概算指标法

54. ①确定各分部分项工程项目的概算定额单价；②列出分项工程的项目名称，计算工程量；③汇总计算单位工程直接费；④计算汇总单位工程直接工程费之和；⑤计算间接费和利税；⑥计算单位工程概算造价。按照概算定额法编制设计概算，正确的顺序是(　　)。

A. ①②③④⑤⑥　　B. ②⑤①④③⑥
C. ②①④③⑤⑥　　D. ②①⑤③④⑥

55. 概算指标法采用的是(　　)。

A. 直接工程费指标　　B. 全费用指标
C. 完全单价指标　　D. 综合单价指标

56. 当设计深度不够、不能准确计算出工程量、但工程设计技术比较成熟而又有类似工程的概算指标可以利用时，编制设计概算可采用的方法是(　　)。

A. 概算定额法　　B. 类似工程预算法
C. 概算指标法　　D. 类似工程概算法

57. 利用技术条件与设计对象相类似的已完工程或在建工程的工程造价资料来编制拟建工程设计概算的方法称为(　　)。

A. 概算定额法　　B. 类似工程预算法
C. 概算指标法　　D. 预算单价法

58. 当采用类似工程预算法编制概算时，必须要调整的因素是(　　)。

A. 质量类似和进度差异　　B. 时间差异和地点差异
C. 建筑结构差异和价格差异　　D. 质量差异和价格差异

59. 某市一栋普通办公楼为3000m^2 砖混结构，建筑工程直接工程费为370元/m^2，其中，毛石基础为39元/m^2。而今拟建一栋3500m^2 办公楼，采用钢筋混凝土带形基础，造价为51元/m^2，其他结构相同，利用概算指标法计算拟建办公楼建筑工程直接工程费为(　　)万元。

A. 133.7　　B. 111　　C. 129.5　　D. 120.25

60. 某新建办公楼工程的直接工程费为1800万元，按照当地造价管理部门规定，土建工程措施费费率为8%，间接费费率为15%，利润率为7%，税率为3.4%，则该住宅的单位工程概算为(　　)万元。

A. 1944　　B. 2235.6　　C. 2392.09　　D. 2473.42

61. 拟建的某教学楼与概算指标略有不同。概算指标拟定工程外墙贴面瓷砖，教学楼外墙面干挂花岗石。该地区外墙面贴瓷砖的预算单价为 80 元/m^2，花岗石的预算单价为 280 元/m^2。教学楼工程和概算指标拟定工程每 100m^2 建筑面积中外墙面工程量均为 80m^2。概算指标土建工程直接工程费单价为 2000 元/m^2，措施费为 170 元/m^2，则拟建教学楼土建工程直接工程费单价为(　　)元/m^2。

A. 1760　　B. 2160　　C. 2200　　D. 2330

62. 设备及安装工程概算包括(　　)两大部分。

A. 设备购置费用概算和设备安装工程费用概算

B. 设备购置费用概算和工具、器具及生产家具购置费概算

C. 设备购置费用概算和设备运杂费概算

D. 工具、器具及生产家具购置费概算和设备安装工程费用概算

63. 以下不属于设备及安装工程概算编制方法的是(　　)。

A. 预算单价法　　B. 设备价值百分比法

C. 扩大单价法　　D. 类似工程预算法

64. 当初步设计较深、有详细的设备和具体满足预算定额工程量清单时，可采用(　　)编制安装工程概算。

A. 预算单价法　　B. 扩大单价法

C. 综合吨位指标法　　D. 设备价值百分比法

65. 若初步设计有详细的设备清单，则可用于编制设备安装工程概算且精确性最高的方法是(　　)。

A. 预算单价法　　B. 扩大单价法

C. 概算指标法　　D. 类似工程预算法

66. 当初步设计深度不够、设备清单不完备、只有主体设备或仅有成套设备重量时，宜采用(　　)来编制概算。

A. 预算单价法　　B. 扩大单价法

C. 综合吨位指标法　　D. 设备价值百分比法

67. 当设计深度不够、只有设备出厂价而无详细规格、重量时，安装费可按(　　)计算。

A. 预算单价法　　B. 扩大单价法

C. 综合吨位指标法　　D. 设备价值百分比法

68. 在下列概算编制方法中，用于设备及安装工程概算编制的方法为(　　)。

A. 概算定额法　　B. 类似工程预算法

C. 扩大单价法　　D. 概算指标法

69. 已知某进口设备原价为 1500 万元，安装费率为 14%，设备吨位重为 300t，每吨设备安装费指标为 8000 元，则该进口设备安装工程费概算为(　　)万元。

A. 240　　B. 210

C. 225　　D. 200

70. 某桥式起重机净重 6t，每吨设备安装费指标为 200 元/t，其中人工费为 60 元/t，则该桥式起重机安装费及其中的人工费为(　　)元。

A. 840；260　　B. 1560；360　　C. 1200；360　　D. 1200；840

71. 不属于二级但属于三级概算编制形式的组成表格是(　　)。

A. 总概算表　　B. 单项工程综合概算表

C. 其他费用计算表　　D. 单位工程概算表

72. 审查设计概算的编制依据不包括审查编制依据的(　　)。

A. 合法性　　B. 完整性

C. 适用范围　　D. 时效性

73. 以下不属于审查设计概算的方法是(　　)。

A. 对比分析法　　B. 查询核实法

C. 联合会审法　　D. 对比审查法

74. 在审查设计概算时,一些关键设备、设施、重要装置等难以核算的较大投资进行多方核对、逐项落实的审查方法是(　　)。

A. 标准预算审查法　　B. 查询核实法

C. 对比分析法　　D. 联合会审法

75. 在下列造价审核方法中,属于设计概算审查方法的是(　　)。

A. 重点抽查法　　B. 全面审查法

C. 查询核实法　　D. 分解对比审查法

76. 在对某建设项目设计概算审查时,找到了与其关键技术基本相同、规模相近的同类项目的设计概算和施工图预算资料,则该建设项目的设计概算最适宜的审查方法是(　　)。

A. 标准审查法　　B. 分组计算审查法

C. 对比分析法　　D. 查询核实法

77. 施工图预算编制的两种模式是(　　)。

A. 传统定额计价和工程量清单计价　　B. 预算单价法和扩大单价法

C. 类似工程预算法和工程量清单计价法　　D. 直接费单价法和工料单价法

78. 作为施工企业进行工程结算的主要依据,也是确定施工合同价款重要依据的是(　　)。

A. 预期预算　　B. 施工图预算

C. 施工预算　　D. 工程概算

79. 施工图预算对设计方的作用体现在(　　)。

A. 修正建设投资　　B. 确定招标控制价

C. 拟定降低成本措施　　D. 进行控制投资、优化设计方案

80. 对于承包商而言,施工图预算的作用之一是(　　)。

A. 检验设计的经济合理性　　B. 测算标底

C. 测算造价指数　　D. 拟定降低成本措施

81. 在下列各项中,不属于施工图预算对投资方作用的是(　　)。

A. 进行控制投资　　B. 确定招标控制价

C. 拨付和结算工程价款　　D. 修正建设投资

82. 在下列各项中,不属于施工图预算对施工企业作用的是(　　)。

A. 确定投标报价　　B. 进行施工准备和工程分包

C. 拨付和结算工程价款　　D. 拟定降低成本措施

83. 施工图预算由(　　)三级逐级编制、综合汇总而成。

A. 单位工程预算、单项工程预算和建设项目总预算

B. 分项工程预算、分部工程预算和单位工程预算

C. 直接费预算、间接费预算和利润

D. 分部分项工程费、措施项目费和其他项目费

84. 根据《建筑工程施工发包与承包计价管理办法》(建设部107号令)的规定,施工图预算编制可以采用(　　)两种计价方法。

A. 预算单价法和实物法　B. 全费用综合单价和清单综合单价

C. 工料单价法和综合单价法　D. 直接费单价法和工料单价法

85. 在编制施工图预算时,先计算单位工程分部分项工程量,然后再乘以对应的定额基价,求出各分项工程直接工程费,再汇总成预算造价的这种方法是(　　)。

A. 综合单价法　B. 实物量法

C. 工料单价法　D. 清单计价法

86. 应用预算单价法编制施工图预算时,在套用定额单价后,紧接的工作是(　　)。

A. 计算工程量　B. 工料分析

C. 编写编制说明　D. 计算造价

87. 采用工料单价法和综合单价法编制施工图预算的,区别主要在于(　　)。

A. 预算造价的构成不同　B. 预算所起的作用不同

C. 预算编制依据不同　D. 单价包含的费用内容不同

88. 实物法和预算单价法相比,工作内容的不同主要体现在(　　)阶段。

A. 了解施工组织设计和施工现场情况　B. 熟悉图纸和预算定额

C. 套用定额消耗量,计算人工、材料、机械台班消耗量

D. 划分工程项目和计算工程量

89. 与单价法相比,实物法编制施工图预算的缺点是(　　)。

A. 工料消耗不清晰　B. 人、材、机价格不能体现市场价格

C. 分项工程单价不直观　D. 计算、统计的价格不准确

90. 实物法和定额单价法编制施工图预算的主要区别在于(　　)不同。

A. 依据的定额　B. 工程量的计算规则

C. 直接工程费计算过程　D. 确定利润的方法

91. 在用单价法编制施工图预算时,当施工图纸的某些设计要求与定额单价特征相差甚远或完全不同时,应(　　)。

A. 直接套用　B. 按定额说明对定额基价进行调整

C. 按定额说明对定额基价进行换算　D. 编制补充单位估价表或补充定额

92. 下列各项中,不属于施工图预算书组成部分的是(　　)。

A. 补充单位估价表　B. 主要设备材料数量及价格表

C. 工程量计算书　D. 工、料、机分析表

93. 下列选项中,一般不作为业主和承包商在工程施工交易时采用的依据是(　　)。

A. 施工图纸及说明书　B. 批准的初步设计文件

C. 工程量计算规则　D. 招标文件

94. ①了解现场情况；②熟悉施工图纸；③编制基价直接费计算表；④列项计量；⑤编写编制说明；⑥计算预算造价；⑦计算定额直接费；⑧工料分析。以上有关施工图预算的编制工作中，其正确的编制步骤是（　　）。

A. ①②④③⑦⑥⑧⑤　　B. ②①④③⑦⑧⑥⑤

C. ①②⑤④③⑦⑥⑧　　D. ②①④③⑦⑥⑧⑤

95. 按照工程量清单计价的规定，工程量清单应采用综合单价计价，综合单价中没有包括的费用是（　　）。

A. 措施费　　B. 管理费　　C. 利润　　D. 风险费用

96. 在应用定额编制施工图预算时，如遇某分项工程的有关内容与定额子目不完全相同，但定额说明允许在规定的范围内调整使用的，应当采取的处理办法是（　　）。

A. 直接套用预算定额子目及其单价　　B. 近似套用预算定额子目及其单价

C. 换算套用预算定额子目及其单价　　D. 套用补充预算定额子目及其单价

97. 施工图预算审查的主要内容不包括（　　）。

A. 审查工程量　　B. 审查预算单价套用

C. 审查其他有关费用　　D. 审查材料代用是否合理

98. 审查施工图预算的方法很多，其中，全面、细致、质量高的审查方法是（　　）。

A. 分组计算审查法　　B. 对比法

C. 全面审查法　　D. 筛选法

99. 利用不同建筑标准下的工程量、造价、用工三个单方基本值表对施工预算进行审查的方法是（　　）。

A. 标准预算审查法　　B. 筛选审查法

C. 利用手册审查法　　D. 分组对比审核法

100. 下列不属于审查施工图预算的方法是（　　）。

A. 全面审查法　　B. 对比审查法

C. 重点抽查法　　D. 联合审查法

101. 全面审查法主要适用于（　　）。

A. 需要精确审计的工程　　B. 利用标准图纸施工的工程

C. 利用通用图纸施工的工程　　D. 要求快速审查的工程

102. 标准预算审查法的适用对象为（　　）。

A. 工程量小的工程　　B. 需要快速审查的工程

C. 利用标准图纸或通用图纸施工的工程　D. 常用的构件、配件的审查

103. 在下列内容中，属于施工图预算重点抽资法审查重点的是（　　）。

A. 单位面积用工　　B. 有相同工程量计算基础的相关工程的数量

C. 计费基础　　D. 常用构配件工程量

104. 当建设工程条件相同时，用同类已完工程的预算或未完但已经过审查修正的工程预算审查拟建工程的方法是（　　）。

A. 标准预算审查法　　B. 对比审查法

C. 筛选审查法　　D. 全面审查法

105. 拟建工程与已完成工程采用同一个施工图，但两者基础部分和现场施工条件不同，则

对相同部分的施工图预算宜采用的审查方法是(　　)。

A. 分组计算审查法　　B. 筛选审查法

C. 对比审查法　　D. 标准预算审查法

106. 分组计算审查法的最大优点是(　　)。

A. 全面、细致　　B. 审查质量高

C. 加快审查工程量速度　　D. 审查时间短

107. 对工程量大、结构复杂的工程施工图预算，要求审查时间短、效果好的审查方法是(　　)。

A. 重点抽查法　　B. 分组计算审查法

C. 对比审查法　　D. 分解对比审查法

108. 某土建分项工程工程量为 $10m^3$，预算定额人工、材料、机械台班单位用量分别为 2 工日、$3m^2$ 和 0.6 台班，其他材料费 5 元。当时当地人工、材料、机械台班单价分别为 40 元/工日、50 元/m^2 和 100 元/台班。用实物法编制的该分项工程直接工程费为(　　)元。

A. 290　　B. 295　　C. 2905　　D. 2950

109. 编制某工程施工图预算时，套用预算定额后得到的人工、甲材料、乙材料、机械台班的消耗量分别为 15 工日、$12m^3$、$0.5m^3$、2 台班，预算单价与市场单价如下表所示，措施费为直接工程费的 7%，则用实物法计算的该工程的直接费为(　　)元。

	综合人工(元/工日)	材料		机械台班(元/台班)
		甲(元/m^3)	乙(元/m^3)	
预算单价	70	270	40	20
市场单价	100	300	50	30

A. 4654.50　　B. 5045.05　　C. 5157.40　　D. 5547.95

110. 某单位工程采用工料单价法计算工程造价，以直接费为计算基础。已知该工程直接工程费为 100 万，措施费为 10 万元，间接费费率为 8%，利润率为 3%，综合计税系数为 3.41%，则该工程的含税造价为(　　)万元。

A. 122.36　　B. 125.13　　C. 126.26　　D. 126.54

二、多项选择题

1. 建设项目决策阶段影响工程造价的主要因素有(　　)。

A. 设计方案　　B. 设备方案

C. 项目建设规模　　D. 工程方案

E. 环境保护措施

2. 建设项目规模的合理选择关系到项目的成败，决定着项目工程造价的合理与否，其制约因素有(　　)。

A. 施工因素　　B. 市场因素

C. 资金因素　　D. 技术因素

E. 环境因素

3. 在建设项目决策阶段，技术方案影响着工程造价，因此，选择技术方案应坚持的基本原则是(　　)。

A. 先进适用
B. 安全可靠
C. 经济合理
D. 简明适用
E. 平均先进

4. 可行性研究报告的内容包括(　　)。
A. 项目兴建理由与目标
B. 市场分析与预测
C. 场址选择
D. 国民经济评价
E. 设计概算

5. 可行性研究报告的作用有(　　)。
A. 作为投资主体投资决策的依据
B. 作为编制设计任务书的依据
C. 作为编制投资估算的依据
D. 作为项目后评价的依据
E. 作为筹集资金和向银行申请贷款的依据

6. 方案比选是一项复杂的工作,涉及因素很多,考虑的角度也不同,一般要遵循的原则有(　　)。
A. 协调好技术先进性和经济合理性的关系
B. 考虑建设投资和运营费用的关系
C. 兼顾近期和远期的要求
D. 既要简明又要实用
E. 考虑社会平均水平与个别先进水平的统筹

7. 在设计阶段,建设项目局部方案的多方案比选,一般采用的方法包括(　　)。
A. 造价额度
B. 运行费用
C. 净现值法
D. 财务评价
E. 净年值法

8. 建设投资估算的内容按费用的性质划分,包括(　　)。
A. 流动资金
B. 工程费用
C. 工程建设其他费用
D. 预备费
E. 建设期利息

9. 下列属于项目建议书阶段编制投资估算的方法是(　　)。
A. 比例估算法
B. 系数估算法
C. 生产能力指数法
D. 类似项目对比法
E. 指标估算法

10. 建筑工程费用,一般采用(　　)估算。
A. 单位实物工程量投资估算法
B. 工料单价投资估算法
C. 单位建筑工程投资估算法
D. 概算指标投资估算法
E. 工程量估算法

11. 流动资产一般采用分项详细估算法估算,其正确的计算式有(　　)。
A. 流动资金＝流动资产＋流动负债
B. 流动资金＝流动资产－流动负债
C. 流动资产＝应收账款＋存货＋现金
D. 流动负债＝应收账款
E. 流动负债＝应付账款

12. 投资估算的文件组成有(　　)。
A. 单位工程投资估算表
B. 封面、编制说明
C. 单项工程投资估算表
D. 总投资估算表

E. 主要技术经济指标

13. 设计概算分为(　　)。

A. 分项工程概算
B. 分部工程概算
C. 单位工程概算
D. 单项工程综合概算
E. 建设项目总概算

14. 单位工程概算按工程性质分为(　　)。

A. 建筑工程概算
B. 设备及安装工程概算
C. 分部工程概算
D. 分项工程概算
E. 分部分项工程概算

15. 建筑工程概算包括(　　)。

A. 热力设备及安装工程概算
B. 给排水、采暖工程概算
C. 土建工程概算
D. 电气设备及安装工程概算
E. 电气照明工程概算

16. 设备及安装工程概算包括(　　)。

A. 机械设备及安装工程概算
B. 通风、空调工程概算
C. 热力设备及安装工程概算
D. 特殊构筑物工程概算
E. 工具、器具及生产家具购置费概算

17. 单项工程综合概算由(　　)构成。

A. 单位建筑工程概算
B. 分部工程概算
C. 单位设备及安装工程概算
D. 分项工程概算
E. 工具、器具及生产家具购置费概算

18. 建设项目总概算是由各单项工程综合概算和(　　)等概算文件汇总编制而成。

A. 工程建设其他费用
B. 预备费
C. 建设期贷款利息
D. 规费
E. 税金

19. 设计概算的编制依据包括(　　)。

A. 施工图设计项目一览表
B. 类似工程的概、预算及技术经济指标
C. 资金筹措方式
D. 建设场地的自然条件和施工条件
E. 现行的概算定额、单位估价表

20. 单位建筑工程概算的常用编制方法有(　　)。

A. 预算定额法
B. 生产能力指数法
C. 概算定额法
D. 概算指标法
E. 类似工程预算法

21. 设备及安装单位工程概算的编制方法有(　　)。

A. 预算单价法
B. 扩大单价法
C. 设备价值百分比法
D. 全费用综合单价法
E. 综合吨位法

22. 在设计概算编制方法中，照明工程概算的编制方法包括(　　)。

A. 概算定额法
B. 设备价值百分比法

C. 概算指标法　　D. 综合吨位指标法

E. 类似工程预算法

23. 采用二级编制形式的设计概算文件一般由封面、签署页及目录(　)组成。

A. 编制说明　　B. 总概算表

C. 单项工程综合概算表　　D. 单位工程概算表

E. 工程建设其他费用计算表

24. 下列属于审查设计概算方法的有(　　)。

A. 全面审查法　　B. 联合会审法

C. 查询核实法　　D. 对比分析法

E. 对比审查法

25. 审查设计概算的编制依据时,重点审查编制依据的(　　)。

A. 合法性　　B. 可靠性

C. 时效性　　D. 来源

E. 适用范围

26. 由于下面(　　)原因引起的设计和投资变化,需要按照调整概算的有关程序调整概算。

A. 超出原设计范围的重大变更　　B. 建设单位自行扩大建设规模、提高建设标准

C. 贷款利息的提高　　D. 超出基本预备费规定范围

E. 超出工程造价调整预备费

27. 施工图预算按建设项目组成分为(　　)。

A. 单位工程施工图预算　　B. 单项工程施工图预算

C. 分部工程施工图预算　　D. 建设项目总预算

E. 分项工程施工图预算

28. 单位工程预算包括(　　)。

A. 分部工程预算　　B. 分项工程预算

C. 建筑工程预算　　D. 分部分项工程预算

E. 设备安装工程预算

29. 根据工程性质,下列工程预算属于建筑工程造价的是(　　)。

A. 给排水工程　　B. 采暖通风工程

C. 土建工程　　D. 电气设备安装工程

E. 电气照明工程

30. 根据工程性质,下列工程预算属于设备安装工程造价的是(　　)。

A. 炉窑工程　　B. 工业管道工程

C. 机械设备安装工程　　D. 电气设备安装工程

E. 热力设备安装工程

31. 施工图预算对施工企业的作用体现在(　　)。

A. 进行优化设计　　B. 确定投标报价

C. 修正建设投资　　D. 进行施工准备和工程分包

E. 拟定降低成本措施

32. 施工图预算对投资方的作用体现在(　　)。

A. 进行优化设计
B. 确定招标控制价
C. 修正建设投资
D. 拨付和结算工程价款
E. 拟定降低成本措施

33. 施工图预算对设计方的作用体现在(　　)。

A. 进行优化设计
B. 确定最终设计方案
C. 进行控制投资
D. 修正建设投资
E. 确定投标报价

34. 对施工单位而言,施工图预算是(　　)的依据。

A. 确定投标报价
B. 控制施工成本
C. 进行贷款
D. 编制工程概算
E. 进行施工准备

35. 编制施工图预算的依据包括(　　)。

A. 现行预算定额
B. 工程量计算规则
C. 施工定额
D. 工程施工合同
E. 施工方案

36. 施工图预算编制的依据有(　　)。

A. 会审过的施工图纸
B. 现行的建筑安装施工定额
C. 招标文件
D. 施工组织设计
E. 企业定额

37. 施工图预算编制方法有(　　)。

A. 实物金额法
B. 工料单价法
C. 费用单价法
D. 综合单价法
E. 基价法

38. 按照分部分项工程单价产生的方法不同,工料单价法可分为(　　)。

A. 预算单价法
B. 全费用综合单价
C. 实物法
D. 清单综合单价
E. 基价法

39. 按照单价综合的内容不同,综合单价法可分为(　　)。

A. 预算单价法
B. 全费用综合单价
C. 实物法
D. 清单综合单价
E. 扩大单价法

40. 采用工料单价法编制施工图预算造价时,应在汇总单位工程直接工程费的基础上,计算出直接费后,在加上(　　)。

A. 其他直接费
B. 风险费
C. 间接费
D. 利润

E. 税金

41. 以下属于预算单价法编制施工图预算的基本步骤的是（ ）。

A. 编制前的准备工作 B. 熟悉图纸和预算定额

C. 划分工程项目和计算工程量 D. 套单价计算直接工程费

E. 套用定额消耗量，计算人工、材料、机械台班消耗量

42. 编制施工图预算的过程中，包括在预算单价法中、但不包括在实物法中的工作内容有（ ）。

A. 套用预算定额 B. 汇总人材机费用

C. 计算未计价材料费 D. 套单价计算直接工程费

E. 计算其他费用

43. 施工图预算的文件组成有（ ）。

A. 封面、编制说明 B. 分部分项工程预算表

C. 单位工程预算表 D. 工程量计算表

E. 单项工程综合预算表

44. 施工图预算审查的内容有（ ）等。

A. 审查工程量 B. 审查预算定额

C. 审查预算单价的套用 D. 审查计费基础和费率

E. 审查设备、材料的预算价格

45. 在审查施工图预算的重点时，应关注（ ）。

A. 预算的编制深度是否适当 B. 预算单价套用是否正确

C. 设备材料预算价格取定是否合理 D. 费用标准是否符合现行规定

E. 技术经济指标是否合理

46. 施工图预算审核的方法有（ ）等。

A. 全面审查法 B. 重点抽查法

C. 分析比较审查法 D. 筛选审查法

E. 分组计算审查法

47. 不属于施工图预算审查的方法有（ ）。

A. 全面审查法 B. 重点抽查法

C. 对比审查法 D. 系数估计审查法

E. 联合会审法

48. 用筛选法审查施工图预算时，一般选用的筛选标准是（ ）单方基本值。

A. 用工量 B. 材料用量

C. 机械台班用量 D. 工程量

E. 工程造价

49. 采用重点抽查法审查施工图预算时，审查的重点有（ ）。

A. 编制依据 B. 工程量大或造价高的工程

C. 结构复杂的工程 D. 单位估价表

E. 计费基础和费率

☆参 考 答 案

一、单项选择题

1. B　2. D　3. C　4. D　5. A　6. D　7. A　8. B
9. C　10. C　11. D　12. C　13. D　14. B　15. A　16. A
17. C　18. D　19. B　20. D　21. C　22. A　23. A　24. C
25. A　26. B　27. D　28. A　29. D　30. A　31. B　32. D
33. B　34. D　35. C　36. A　37. B　38. C　39. C　40. A
41. C　42. D　43. C　44. D　45. B　46. C　47. A　48. A
49. C　50. D　51. A　52. A　53. A　54. C　55. A　56. C
57. B　58. C　59. A　60. D　61. B　62. A　63. D　64. A
65. A　66. B　67. D　68. C　69. A　70. C　71. B　72. B
73. D　74. B　75. C　76. C　77. A　78. B　79. D　80. D
81. A　82. C　83. A　84. C　85. C　86. B　87. D　88. C
89. C　90. C　91. D　92. C　93. B　94. B　95. A　96. C
97. D　98. C　99. B　100. D　101. A　102. C　103. C　104. B
105. C　106. C　107. A　108. D　109. D　110. D

二、多项选择题

1. BCDE　2. BDE　3. ABC　4. ABCD　5. ABDE　6. ABC
7. ABCE　8. BCD　9. ABCE　10. ACD　11. BCE　12. BCDE
13. CDE　14. AB　15. BCE　16. ACE　17. AC　18. ABC
19. BCDE　20. CDE　21. ABCE　22. ACE　23. ABDE　24. BCD
25. ACE　26. ADE　27. ABD　28. CE　29. ABCE　30. CDE
31. BDE　32. BCD　33. ABC　34. ABE　35. ABDE　36. ACD
37. BD　38. AC　39. BD　40. CDE　41. ABCD　42. CD
43. ACE　44. ACDE　45. BCD　46. ABDE　47. DE　48. ADE
49. BCE

第七章　建设工程招投标与合同价款的约定

☆考 纲 要 求

1. 了解建设项目招标投标程序；
2. 了解施工招标文件的组成与内容；
3. 熟悉建设工程量清单计价构成与计价方法；
4. 掌握建设工程招标工程量清单的编制方法；
5. 掌握建设工程招标控制价的编制；
6. 掌握建设工程投标报价的编制方法；
7. 了解建设工程施工合同价款的约定方法；
8. 了解设备、材料采购招投标及合同价款的约定方法。

☆复 习 提 示

○重点概念

根据考试大纲和历年试题分析，本章应重点掌握的概念有招标投标概念、建设工程招标的范围、建设工程招标的分类、建设工程招标的方式、公开招标、邀请招标、建设工程施工招标投标程序、资格审查、招标文件发放、勘察现场、投标答疑会、接受投标书、投标须知、工程量清单、工程量清单组成、工程量清单编制、分部分项工程量清单的编制、分部分项工程量清单的项目编码、项目名称、计量单位、工程数量、项目特征、措施项目清单的编制、其他项目清单的编制、暂列金额、暂估价、计日工、总承包服务费、规费与税金、招标控制价的概念、招标控制价编制原则、招标控制价的编制依据、招标控制价的编制方法、招标控制价的管理、施工投标文件内容、施工投标的程序、施工投标报价的编制、投标报价的编制依据、投标报价的编制方法、分部分项工程量清单计价、措施项目工程量清单计价、其他项目工程量清单计价、规费和税金计算、工程合同价款的约定方式、工程合同价款的约定。

○学习方法

本章内容包括建设工程招标、工程量清单的编制、招标控制价、投标报价的编制、合同价款的约定共五节内容。重点内容包括建设工程招标范围、分类、方式；建设工程招标投标程序；工程量清单的编制；招标控制价的编制；施工投标程序及投标报价的编制。

本章内容在历次考核中一直是比较重要的重点，主要的知识点一定要记熟、记牢，特别是关于工程量清单编制及招标控制价和投标报价的编制，一定要弄清楚哪些内容是招标人、投标人可以补充的，哪些内容是投标人不可以更改的，重点掌握分部分项工程量清单、措施项目清单、其他项目清单是如何编制和如何计价的，需要注意的事项和特别提醒的内容也要牢记。

☆主要知识点

○建设工程招标

一、主要知识点

(一)招投标的概念

1. 建设工程招标

是指招标人在发包建设项目之前、依据法定程序、以公开招标或邀请招标方式、鼓励潜在的投标人依据招标文件参与竞争、通过评定、从中择优选定得标人的一种经济活动。

2. 建设工程投标

指具有合法资格和能力的投标人根据招标条件，在指定期限内填写标书，提出报价，并等候开标，决定能否中标的经济活动。

(二)建设工程招标的范围(见图 7-1)

招标范围
- 招标的环节：勘察、设计、施工、监理以及与工程建设有关的重要设备、材料等的采购必须进行招标
- 招标范围
  - ①大型基础设施、公用事业等关系社会公共利益、公众安全的项目
  - ②全部或者部分使用国有资金或者国家融资的项目
  - ③使用国际组织或者外国政府贷款、援助资金的项目
- 招标投标活动应遵循：公开、公平、公正和诚实信用的原则

图 7-1　建设工程招标范围

(三)建设工程招标的分类(见图 7-2)

建设工程招标
- 建设项目总承包招标：又叫建设项目全过程招标、"交钥匙工程"
- 工程勘察设计招标：业主就拟建工程的勘察和设计任务以法定方式吸引勘察单位和设计单位参加竞争
- 工程施工招标
  - 全部工程招标
  - 单项工程招标
  - 专业工程招标
- 建设监理招标：是业主通过招标选择监理承包商的行为
- 货物招标：对设备、材料供应及设备安装调试等工作进行的招标

图 7-2　建设工程招标的分类

(四)招标方式和招标工作的组织

1. 招标方式

(1)公开招标：是指业主以招标公告的方式邀请不特定的法人或其他组织投标。

(2)邀请招标：是指业主以投标邀请书的方式邀请特定的法人或其他组织投标。

依法可以采用邀请招标的建设项目必须经过批准后方可进行邀请招标。业主应当向 3 家以上具备承担施工招标项目的能力、资信良好的特定法人或其他组织发出投标邀请书。

2. 招标工作的组织

(1)一是业主自行组织：业主具有编制招标文件和组织评标的，可以自行办理招标事宜。

(2)另一种是招标代理机构组织：不具备编制条件的，应当委托招标代理机构办理招标事宜。

(五)建设工程招标投标程序

1. 建设工程施工招标投标程序(见图 7-3)

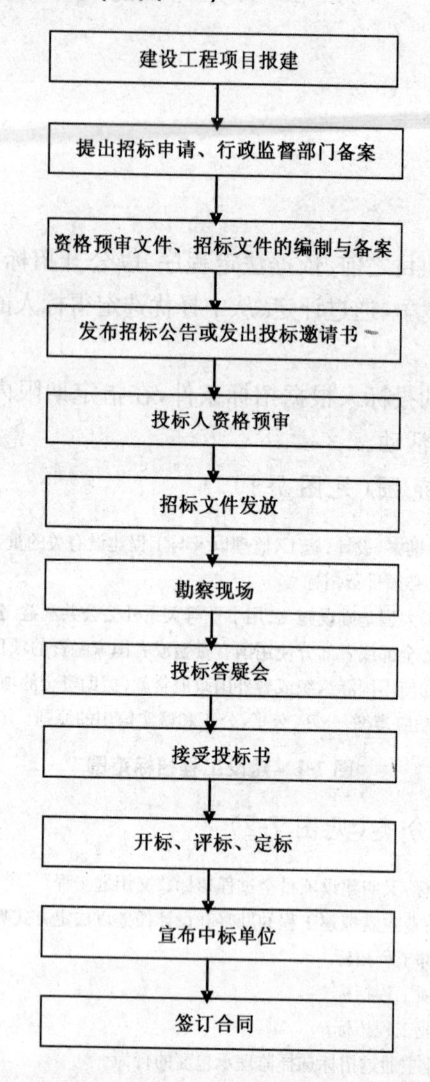

图 7-3 建设工程施工招标投标程序

2. 资格审查

资格审查{资格预审:是指在投标前对潜在投标人进行的资格审查
资格后审:是指在开标后对投标人进行的资格审查

3. 招标文件发放

经资格后审不合格的投标人的投标应作废标处理。

招标文件发放{
①招标单位对招标文件所做的任何修改或补充,须在投标截止时间至少 15 日前,发给所有获得招标文件的投标单位。修改或补充内容为招标文件的组成部分。
②投标单位收到招标文件后,若有疑问或不清的问题需澄清解释,应当在收到招标文件 7 日以内以书面形式向招标单位提出,招标单位应以书面形式或投标预备会形式予以解答。

4. 勘察现场

勘察现场:在投标预备会的前1～2天,招标单位应当组织投标单位进行现场勘察。

5. 投标答疑会

投标答疑会
- ①以书面形式进行解答
- ②通过投标答疑会进行解答:不得与任何投标单位的代表单独接触并个别解答任何问题

6. 接受投标书

接受投标书
- ①投标人少于3个,招标人应当依法重新招标
- ②投标人在招标文件要求提交投标文件的截止时间前,可以补充、修改或者撤回已提交的投标文件,并书面通知招标人。补充、修改的内容为投标文件组成部分

(六)招标文件的组成与内容

按照《标准施工招标文件》的规定,招标文件的组成见表7-1。

表7-1　招标文件的组成与内容

	组　成	内　容
标准施工招标文件组成	招标公告	招标条件;项目概况与招标范围;投标人资格要求;招标文件的获取;投标文件的递交;发布公告的媒介;联系方式
	投标人须知	投标人须知前附表;总则;招标文件;投标文件;投标;开标;评标;合同授予;重新招标和不再招标;纪律和监督;需要补充的其他内容
	评标办法	评标办法可选择经评审的最低投标价法和综合评估法
	合同条款及格式	由通用合同条款和专用合同条款两部分组成,且附有合同协议书、履约担保和预付款担保等三个格式文件
	工程量清单	工程量确定由分部分项工程量清单、措施项目清单、其他项目清单、规费项目清单、税金项目清单组成
	图纸	是指应由招标人提供的用于计算招标控制价和投标人计算投标报价所必需的各种详细程度的图纸
	技术标准和要求	招标文件规定的各项技术标准应符合国家强制性规定,主要说明建设项目执行的质量验收规范、技术标准、技术要求等有关内容
	投标文件格式	提供各种投标文件编制所应依据的参考格式
	规定的其他材料	如需要其他材料,应在投标人须知前附表中予以规定

二、例题

【例1】 关于工程招标的性质,下列说法中正确的是(　　)。

A. 招标是要约　　B. 投标是承诺　　C. 招标公告是要约　　D. 中标通知书是承诺

【答案】 D

【知识要点】 本题考查的是招标投标的性质。

【正确解析】 我国法学界一般认为,建设工程招标是要约邀请,而投标是要约,中标通知书是承诺。我国《合同法》也明确规定,招标公告是要约邀请。也就是说,招标实际上是邀

请投标人对招标人提出要约(即报价),属于要约邀请。投标则是一种要约,符合要约的所有条件:如具有缔约合同的主观目的;一旦中标,投标人将受投标书的约束;投标书的内容具有足以使合同成立的主要条件等。招标人向中标的投标人发出的中标通知书,则是招标人同意接受中标的投标人的投标条件,即同意接受投标人的要约的意思表示,应属于承诺。

【例2】 根据我国现行规定,在我国境内进行下列工程建设项目,必须进行招标的是( )。

A. 大型基础设施、公用事业等关系社会公共利益、公共安全的项目

B. 技术复杂、专业性强或有其他特殊要求的项目

C. 勘察、设计、监理等服务的采购,单项合同估算价在50万元人民币以上

D. 施工主要技术采用特定的专利或者专有技术的

E. 使用国有资金投资或国家融资的项目

【答案】 ACE

【知识要点】 本题考查的是建设工程招标的范围。

【正确解析】 我国在《招标投标法》颁布执行后,又相继发布了《工程建设项目招标范围和规模标准规定》、《工程建设项目施工招标投标办法》等规定,对工程建设项目招标范围和规模标准又做了具体规定。

《工程建设项目招标范围和规模标准规定》的规定:

1. 大型基础设施、公用事业等关系社会公共利益、公共安全的项目。

(1)关系社会公共利益、公众安全的基础设施项目的范围包括:

①煤炭、石油、天然气、电力、新能源等能源项目;

②铁路、公路、管道、水运、航空以及其他交通运输业等交通运输项目;

③邮政、电信枢纽、通信、信息网络等邮电通讯项目;

④防洪、灌溉、排涝、引(供)水、滩涂治理、水土保持、水利枢纽等水利项目;

⑤道路、桥梁、地铁和轻轨交通、污水排放及处理、垃圾处理、地下管道、公共停车场城市设施项目;

⑥生态环境保护项目;

⑦其他基础设施项目。

(2)关系社会公共利益、公众安全的公用事业项目的范围包括:

①供水、供电、供气、供热等市政工程项目;

②科技、教育、文化等项目;

③体育、旅游等项目;

④卫生、社会、福利等项目;

⑤商品住宅,包括经济适用住房;

⑥其他公用事业项目。

2. 全部或者部分使用国有资金投资或者国家融资的项目。

(1)使用国有资金投资项目的范围包括:

①使用各级财政预算资金的项目;

②使用纳入财政管理的各种政府专项建设基金的项目;

③使用国有企业事业单位自有资金、并且国有资产投资者实际拥有控制权的项目。

(2)国家融资项目的范围包括：

①使用国家发行债券所筹资金的项目；

②使用国家对外借款或者担保所筹资金的项目；

③使用国家政策性贷款的项目；

④国家授权投资主体融资的项目；

⑤国家特许的融资项目。

3. 使用国际组织或者外国政府贷款、援助资金的项目。

说明：使用国际组织或者外国政府资金的项目的范围包括：

①使用世界银行、亚洲开发银行等国际组织贷款资金的项目；

②使用外国政府及其机构贷款资金的项目；

③使用国际组织或者外国政府援助资金的项目。

以上规定范围内的各类工程建设项目，包括项目的勘察、设计、施工、监理以及与工程有关的重要设备、材料等的采购，达到下列标准之一的，必须进行招标：

①施工单项合同估算价在200万元人民币以上的；

②重要设备、材料等货物的采购，单项合同估算价在100万元人民币以上的；

③勘察、设计、监理等服务的采购，单项合同估算价在50万元人民币以上的；

④单项合同估算价低于第①②③项规定的标准，但项目总投资额在3000万元人民币以上的。

4. 其他有关规定：

(1)建设项目的勘察、设计、采用特定专利或者专有技术的，或者其建筑艺术造型有特殊要求的，经项目主管部门批准，可以不进行招标。

(2)依法必须进行招标的项目，全部使用国有资金投资或者国有资金投资占控股或者主导地位的，应当公开招标。

《工程建设项目施工招标投标办法》的规定：

需要审批的工程建设项目，有下列情形之一的，经有关部门批准，可以不进行施工招标：

(1)涉及国家安全、国家秘密或者抢险救灾而不适宜招标的；

(2)属于利用扶贫资金实行以工代赈需要使用农民工的；

(3)施工主要技术采用特定的专利或者专有技术的；

(4)施工企业自建自用的工程，且该施工企业资质等级符合工程要求的；

(5)在建工程追加的附属小型工程或者主体加层工程，原中标人仍具备承包能力的；

(6)法律、行政法规规定的其他情形。

【例3】 在建设工程招标投标中，对投标人的资格审查，以下说法错误的是（　　）。

A. 资格审查分为资格预审和资格后审

B. 资格后审，是指在开标后对投标人进行的资格审查

C. 经资格后审不合格的投标人的投标应作废标处理

D. 经资格后审不合格的潜在投标人不得参加投标

【答案】 D

【知识要点】 本题考查的是对投标人资格审查的有关规定。

【正确解析】 资格审查分为资格预审和资格后审。资格预审是指在投标前对潜在投标人进行的资格审查，资格预审不合格的潜在投标人不得参加投标。资格后审是指在开标后对投标人进行的资格审查。进行资格预审的，一般不再进行资格后审。经资格后审不合格的投标人的投标应作废标处理。

【例4】 根据《标准施工招标文件》的规定，以下(　　)是建设工程施工招标文件的组成内容。

A. 工程量清单　B. 评标办法　C. 图纸　D. 招标文件格式　E. 投标须知

【答案】 A B C E

【知识要点】 本题考查的是施工招标文件的组成内容。

【正确解析】《标准施工招标文件》规定的组成内容有：①招标公告；②投标人须知；③评标办法；④合同条款及格式；⑤工程量清单；⑥图纸；⑦技术标准和要求；⑧投标文件格式；⑨规定的其他材料。

【例5】 招标文件有下列(　　)情形的，由评标委员会初审后按废标处理。

A. 未按规定的格式填写　　B. 未提交投标保证金

C. 报价大小写填写不一致　　D. 关键字迹无法辨认

E. 联合体投标未按规定附共同体投标协议

【答案】 A B D E

【知识要点】 本题考查的是评标的初步评审中对投标报价有算数错误的修正、经初步评审后作废标处理的情况。

【正确解析】 初步评审包括初步评审标准、投标文件的澄清和说明、投标报价有算数错误的修正和经初步评审后作废标处理的情况。

投标报价有算数错误的，评标委员会按以下原则对报价进行修正，投标人不接受修正价格的，其投标作废标处理。

①投标文件中的大写金额与小写金额不一致的，以大写金额为准；

②总价金额与依据单价计算出的结果不一致的，以单价金额为准修正总价，但单价金额小数点有明显错误的除外；

经初步评审后作废标处理的情况包括：

①不符合招标文件规定"投标人资格要求"中的任何一种情形的；

②投标人以他人名义投标、串通投标、弄虚作假或有其他违法行为的；

③不按评标委员会的要求澄清、说明或补正的；

④评标委员会发现投标人的报价明显低于其他投标报价或者在设有标底时明显低于标底，投标人不能合理说明的，其投标应作废标处理；

⑤投标文件无单位盖章并无法定代表人或法定代表人授权的代理人签字或盖章的；

⑥投标文件未按规定的格式填写，内容不全或关键字迹模糊、无法辨认的；

⑦投标人递交两份或多份内容不同的投标文件，或在一份投标文件中对同一招标项目报有两个或多个报价、且未声明哪一个有效；

⑧投标人名称或组织机构与资格预审时不一致；

⑨未按招标文件要求提交投标保证金的；

⑩联合体投标未附联合体各方共同投标协议的。

○工程量清单的编制

一、主要知识点

(一)工程量清单相关知识(见表7-2)

表7-2　工程量清单相关知识一览表

工程量清单	概念	工程量清单是指建设工程的分部分项工程项目、措施项目、其他项目、规费项目和税金项目的名称和相应数量等的明细清单
	编制人	工程量清单应由具有编制能力的招标人或受其委托、具有相应资质的工程造价咨询人编制
	招标规定	采用工程量清单方式招标时，工程量清单必须作为招标文件的组成部分，其准确性和完整性由招标人负责
	作用	工程量清单是工程量清单计价的基础，应作为编制招标控制价、投标报价、计算工程量、支付工程款、调整合同价款、办理竣工结算以及工程索赔等的依据之一
	组成	工程量清单应由分部分项工程量清单、措施项目清单、其他项目清单、规费项目清单、税金项目清单组成
	编制依据	1)《建设工程工程量清单计价规范》(GB 50500—2008)； 2)国家或省级、行业建设主管部门颁发的计价依据和办法； 3)建设工程设计文件； 4)与建设工程项目有关的标准、规范、技术资料； 5)招标文件及其补充通知、答疑纪要； 6)施工现场情况、工程特点及常规施工方案； 7)其他相关资料

(二)工程量清单的编制内容

招标文件中工程量清单的编制内容如图7-4所示。

工程量清单的编制内容：
- 封面：应按规定的内容填写、签字、盖章，造价员编制的工程量清单应有负责审核的造价工程师签字、盖章
- 总说明：填写内容
  - 工程概况：建设规模、工程特征、计划工期、施工现场实际情况、自然地理条件、环境保护要求等
  - 工程招标和分包范围
  - 工程量清单编制依据
  - 工程质量、材料、施工等的特殊要求
  - 其他需要说明的问题
- 分部分项工程量清单与计价表
- 措施项目清单与计价表
- 其他项目清单
- 规费、税金项目清单与计价表

图7-4　工程量清单的编制内容

(三)分部分项工程量清单的编制(见表 7-3)

表 7-3　分部分项工程量清单的编制

分部分项工程量清单	包括	项目编码	分部分项工程量清单的项目应采用十二位阿拉伯数字编码。一至九位应按附录的规定设置，十至十二位应根据拟建工程的工程量清单项目名称设置。同一招标工程的项目编码不得有重码(见例 1)
		项目名称	分部分项工程量清单的项目名称应按附录的项目名称结合拟建工程的实际确定
		项目特征	分部分项工程量清单项目特征应按附录中规定的项目特征，结合技术规范、标准图集、施工图纸、按照工程结构、使用材料及规格或安装位置等，予以详细而准确地表述和说明
		计量单位	分部分项工程量清单的计量单位应按附录中规定的计量单位确定
		工程量	分部分项工程量清单中所列工程量应按附录中规定的工程量计算规则计算 工程量的有效位数遵守下列规定： ①以“吨”为计量单位的应保留小数点三位，第四位小数四舍五入 ②以“立方米”、“平方米”、“米”、“千克”为计量单位的应保留小数点二位，第三位小数四舍五入 ③以“项”、“个”为计量单位的应取整数
	编制规定		分部分项工程量清单应根据附录规定的项目编码、项目名称、项目特征、计量单位和工程量计算规则进行编制
	补充项目		编制工程量清单出现附录中未包括的项目，编制人应作补充 补充项目的编码由附录的顺序码与 B 和三位阿拉伯数字组成，并应从×B001 起顺序编制，同一招标工程的项目不得重码
	项目特征	术语	构成分部分项工程量清单项目、措施项目自身价值的本质特征
		描述意义	是区分清单项目的依据；是确定一个清单项目综合单价的前提；是履行合同义务的基础
		必须描述的内容	①涉及正确计量计价的必须描述，如门窗洞口尺寸或框外围尺寸 ②涉及结构要求的必须描述，如混凝土强度等级(C20 或 C30) ③涉及施工难易程度的必须描述，如抹灰的墙体类型(砖墙或混凝土墙) ④涉及材质要求的必须描述，如油漆品种、管材的材质(碳钢管、无缝钢管)
		可不描述的内容	对计量计价没有实质影响的内容；应由投标人根据施工方案确定的；应由投标人根据当地材料确定的；应由施工措施解决的可不描述
		可不详细描述的内容	无法准确描述的；施工图、标准图标注明确的；清单编制人在项目特征描述中应注明由投标人自定的项目可不详细描述

【例】 独立基础的项目编码(010401002001 见表 7-4)

表 7-4　独立基础的项目编码(五级十二位)

0	1	0	4	0	1	0	0	2	0	0	1
第一级		第二级		第三级		第四级			第五级		
工程分类顺序码		专业工程顺序码		分部工程顺序码		分项工程项目名称顺序码			工程量清单项目名称顺序码		
附录 A		A.4 混凝土工程		A.4.1 现浇混凝土基础		独立基础			独立基础 DJ1		

注：工程分类顺序码如图 7-5 所示：

第一级：工程分类顺序码
- 附录 A——01 建筑工程
- 附录 B——02 装饰装修工程
- 附录 C——03 安装工程
- 附录 D——04 市政工程
- 附录 E——05 园林绿化工程
- 附录 F——06 矿山工程(08 清单新增)

图 7-5　工程分类顺序码

(四)措施项目清单的编制(见图 7-6)

措施项目清单的编制
- 概念:指为完成工程项目施工、发生于该工程施工准备和施工过程中的技术、生活、安全、环境保护等方面的非工程实体项目的清单
- 类别
  - ①可以计算工程量的措施项目,宜采用分部分项工程量清单的方式编制,列出项目编码、项目名称、项目特征、计量单位和工程量计算规则(采用综合单价计价)
  - ②不能计算工程量的措施项目,以"项"为计量单位进行编制
- 说明:若出现本规范未列的项目,可以根据工程实际情况由清单编制人自行补充,投标时,承包商可以自行补充填报
- 列项
  - 通用措施项目
    - 安全文明施工(含环境保护、文明施工、安全施工、临时设施)
    - 夜间施工
    - 二次搬运
    - 冬雨季施工
    - 大型机械设备进出场及安拆
    - 施工排水
    - 施工降水
    - 地上、地下设施、建筑物的临时保护设施
    - 已完工程及设备保护
  - 专用措施项目
    - 建筑工程:垂直运输;混凝土、钢筋混凝土模板及支架;脚手架
    - 装饰装修工程:垂直运输;室内空气污染测试;脚手架
    - 安装工程 (见附录 C)
    - 市政工程 (见附录 D)
    - 矿山工程 (见附录 F)

图 7-6　措施项目清单的编制

(五)其他项目清单的编制(见表 7-5)

表 7-5　其他项目清单的编制

其他项目清单	暂列金额	是业主(招标人)在工程量清单中暂定并包括在合同价款中的一笔款项,用于施工合同签订时尚未确定或者不可预见的所需材料、设备、服务的采购,工程量清单漏项、有误引起的工程量的增加,施工中可能发生的工程变更、合同约定调整因素出现时的工程价款调整以及发生的索赔、现场签证确认等的费用		
		暂列金额的数额大小与承包商没关系,虽然计入合同总价,但不能视为归承包商所有。竣工结算时,扣除实际发生金额后的暂列金额余额仍属于招标人所有		
	暂估价	是指由业主(招标人)在工程量清单中提供的用于支付必然发生但暂时不能确定价格的材料的单价以及专业工程的金额		
		种类	材料暂估单价	招标人填写,业主确定为暂估价的材料,应在工程量清单中详细列出材料名称、规格、数量、单价等 投标人应将材料暂估价计入工程量清单综合单价报价中
			专业工程暂估价	一般应是综合暂估价,应当包括除规费和税金以外的管理费、利润等取费,确定为专业工程的应详细列出专业工程的范围
	计日工	是指在施工过程中,完成发包人提出的施工图纸以外的零星项目或工作所需的费用,按合同中约定的综合单价计价		
		计日工以完成零星工作所消耗的人工工时、材料数量、机械台班进行计算,并按照计日工表中填报的适用项目单价进行计价支付		
		清单编制人应在计日工表中填写具体的暂估工程量		
		与暂列金额一样,计日工的数额大小与承包商没关系,不能视为归承包商所有,竣工结算时,应该根据实际完成的零星项目或工作结算		
	总承包服务费	总承包人为配合协调发包人进行的工程分包自行采购的设备、材料等进行管理、服务以及施工现场管理、竣工资料汇总整理等服务所需的费用		

注:如出现《计价规范》未列出的项目,编制人可作补充,并在总说明中予以说明。

（六）规费与税金项目清单与计价表（见表7-6）

表7-6 规费与税金项目清单与计价表

工程名称： 标段： 第 页 共 页

序号	项目名称	计算基础	费率(%)	金额(元)
1	规费			
1.1	工程排污费			
1.2	社会保障费			
(1)	养老保险			
(2)	失业保险			
(3)	医疗保险			
1.3	住房公积金			
1.4	危险作业意外伤害保险			
1.5	工程定额测定费			
2	税金	分部分项工程费＋措施项目费＋其他项目费＋规费		
		合 计		

注：根据建设部、财政部发布的《建筑安装工程费用组成》（建标[2003]206号）的规定，“计算基础”可为“直接费”、“人工费”、或“人工费＋机械费”。

说明：(1)规费清单项目出现计价规范未列出的项目时，编制人应根据工程所在地政府和有关权力部门的规定列项。

(2)税金清单项目出现未包括上述规范中的项目，应根据税务部门的规定列项。

二、例题

【例1】 根据《建设工程工程量清单计价规范》(GB 50500—2008)的规定，工程量清单应由以下(　)组成。

A. 分部分项工程量清单　　B. 措施项目清单

C. 分项工程量清单　　D. 规费项目清单和税金项目清单

E. 其他费用项目清单

【答案】 A B D

【知识要点】 本题考查的是工程量清单的组成内容。

【正确解析】 工程量清单应由分部分项工程量清单、措施项目清单、其他项目清单、规费项目清单和税金项目清单组成。本题C和E选项用词不准确。

【例2】 工程量清单是工程量清单计价的基础，应作为(　　)的依据。

A. 进行工程索赔　　B. 编制项目投资估算

C. 编制招标控制价　　D. 支付工程进度款

E. 办理竣工结算

【答案】 A C D E

【知识要点】 本题考查的是工程量清单的作用。

【正确解析】 工程量清单是整个工程量清单计价活动的重要依据之一，贯穿于整个施工过程中。工程量清单是工程量清单计价的基础，应作为编制招标控制价、投标报价、计算工程量、支付工程款、调整合同价款、办理竣工结算以及工程索赔等的依据之一。

【例3】 分部分项工程量清单的组成部分是(　　)。

A. 项目编码　B. 项目名称　C. 项目特征　D. 工程内容　E. 计量单位

【答案】 A B C E

【知识要点】 本题考查的是分部分项工程量清单应包括的五个要件。

【正确解析】 分部分项工程量清单应包括项目编码、项目名称、项目特征、计量单位和工程量。这五个要件在分部分项工程量清单的组成中缺一不可。清单中不包括工程内容。工程内容是指完成清单项目可能发生的具体工作和操作程序。在计价规范中，工程量清单项目与工程量计算规则、工程内容有一一对应关系，当采用计价规范这一标准时，工程内容均有规定，无需描述在清单中。因此，工程内容不是分部分项工程量清单的组成部分。

【例4】 在根据《建设工程工程量清单计价规范》(GB 50500—2008)所编制的工程量清单中，某分部分项工程的项目编码是010302004005，其中的“01”含义是(　　)。

A. 分项工程顺序码　B. 分部工程顺序码

C. 专业工程顺序码　D. 工程分类顺序码

【答案】 D

【知识要点】 本题考查的是分部分项工程量清单的项目编码。

【正确解析】 分部分项工程量清单的项目编码应按五级设置，用十二位阿拉伯数字表示，一、二、三、四级编码即一至九位应按计价规范附录的规定设置；第五级编码即十至十二位应根据拟建工程的工程量清单项目名称由其编制人设置。同一招标工程的项目编码不得有重码。010302004005项目编码依次分级为：

01——第一级，一、二位为：工程分类顺序码，01表示附录A建筑工程；

03——第二级，三、四位为：专业工程顺序码，03表示A.3砌筑工程，相当于第三章；

02——第三级，五、六位为：分部工程顺序码，02表示A.3.2砖砌体，相当于第三章中的第二节；

004——第四级，七、八、九位为：分项工程项目名称顺序码，在第二节的分项工程排序中，004代表填充墙，排在第四位；

005——第五级，十至十二位为：工程量清单项目名称顺序码，表示前9位相同的情况下，区分同一个清单项目不同的项目特征，如砖的品种、规格、强度等级、墙体厚度、填充材料种类等不同。005表示排在第5位。

【例5】 在招标方提供的工程量清单中，投标人可以根据拟建项目的施工方案进行调整的是(　　)。

A. 分部分项工程量清单　B. 措施项目清单　C. 规费清单　D. 税金清单

【答案】 B

【知识要点】 本题考查关于工程量清单的编制要求及措施项目清单的列项要求。

【正确解析】 工程量清单作为招标文件的组成部分，其完整性和准确性应由招标人负责。工程量清单是招标人提供的作为投标人投标报价的共同平台，投标人依据工程量清单进行投标报价。

计价规范 4.3.2 条作为强制性条文规定：投标人应按招标人提供的工程量清单填报价格，填写的项目编码、项目名称、项目特征、计量单位、工程量必须与招标人提供的一致；

计价规范 4.3.5 条规定：投标人可根据工程实际情况结合施工组织设计，对招标人所列的措施项目进行增补。

根据以上两条可知，投标人除措施项目清单可以进行补充外，其他项目清单一律不准修改和调整，严格按照招标人提供的工程量清单填报综合单价。

【例 6】 根据《建设工程工程量清单计价规范》(GB 50500—2008)的规定，招标时用于合同约定调整因素出现时的工程材料价款调整的费用应计入(　　)中。

A. 分部分项综合单价　B. 暂列金额　C. 材料暂估价　D. 总承包服务费

【答案】 B

【知识要点】 本题考查的是其他项目清单包括的内容及每一项费用的用途。

【正确解析】 其他项目清单包括暂列金额、暂估价、计日工、总承包服务费。

暂列金额：是业主(招标人)在工程量清单中暂定并包括在合同价款中的一笔款项，用于施工合同签订时尚未确定或者不可预见的所需材料、设备、服务的采购，工程量清单漏项、有误引起的工程量的增加，施工中可能发生的工程变更、合同约定调整因素出现时的工程价款调整以及发生的索赔、现场签证确认等的费用。

暂估价：包括材料暂估单价、专业工程暂估价。

暂估价是指由业主(招标人)在工程量清单中提供的用于支付必然发生但暂时不能确定价格的材料的单价以及专业工程的金额。投标人应将材料暂估价计入工程量清单综合单价报价中，专业工程暂估价填写在其他项目清单中。

总承包服务费：总承包人为配合协调发包人进行的工程分包自行采购的设备、材料等进行管理、服务以及施工现场管理、竣工资料汇总整理等服务所需的费用。

计日工：是指在施工过程中，完成发包人提出的施工图纸以外的零星项目或工作所需的费用，按合同中约定的综合单价计价。

【例 7】 根据《建设工程工程量清单计价规范》(GB 50500—2008)的规定，分部分项工程量清单中所列工程量以形成工程实体为准，按(　　)计算。

A. 施工方案计算出来的数值　B. 实际完成的全部工程量

C. 工程完成后的净值　D. 工程实体与耗损量之和

【答案】 C

【知识要点】 本题考查的是清单中的工程量计算方法。

【正确解析】 工程数量主要通过工程量计算规则计算得到。工程量计算规则是指对清单项目工程量的计算规定。除另有说明外，所有清单项目的工程量应以实体工程量为准，并以完成后的净值计算。投标人投标报价时，应在单价中考虑施工中的各种损耗和需要增加的工程量。

【例 8】 在工程量清单的编制中，分部分项工程量清单项目的特征必须描述的内容有(　　)。

A. 涉及正确计量计价的　B. 涉及材质要求的

C. 管道的连接方式　D. 现浇混凝土柱采用模板类型

E. 现浇混凝土板、梁的标高

【答案】 A B C

【知识要点】 本题考查的是项目特征必须描述的内容和可不描述的内容。

【正确解析】 项目特征是用来表述项目名称的实质内容，用于区分同一清单条目下各个具体的清单项目。由于项目特征直接影响工程实体的自身价值，关系到综合单价的准确确定，因此，项目特征的描述应按“计价规范”附录中规定的项目特征，结合技术规范、标准图集、施工图纸、按照工程结构、使用材质及规格或安装位置等，予以详细而准确的表述和说明。内容的描述可按以下要求把握：

(1)必须描述的内容：

①涉及正确计量的内容必须描述，如门窗洞口尺寸或框外围尺寸；

②涉及结构要求的内容必须描述，如混凝土构件的混凝土强度等级(C20 或 C30)；

③涉及材质要求的内容必须描述，如油漆品种、管材的材质(碳钢管、无缝钢管)；

④涉及安装方式的内容必须描述，如管道工程中的钢管的连接方式是螺纹连接还是焊接。

(2)可不描述的内容：

①对计量计价没有实质影响的内容，如现浇混凝土柱的高度、断面尺寸大小；

②应由投标人根据施工方案确定的，如对石方的预裂爆破的单孔深度及装药量特征规定；

③应由投标人根据当地材料确定的，如对混凝土构件中的混凝土拌合料使用的石子种类及粒径、砂的种类特征规定可以不描述；

④应由施工措施解决的可不描述，如对现浇混凝土板、梁的标高的特征规定可以不描述。

(3)可不详细描述的内容：

①无法准确描述的可不详细描述，如土壤类别；

②施工图、标准图集标注明确的，可不再详细描述；

③清单编制人在项目特征描述中应注明由投标人自定的项目可不详细描述，如土方工程中的“取土运距”、“弃土运距”等。

(4)计价规范规定多个计量单位的描述：特征描述要与所选择的其中之一的计量单位相对应。

○招标控制价

一、主要知识点

(一)招标控制价的编制(见表 7-7)

表 7-7 招标控制价的编制知识一览表

招标控制价	概念	招标控制价是指由业主(招标人)根据国家或省级、行业建设主管部门颁发的有关计价依据和办法，按设计施工图纸计算的、对招标工程限定的最高工程造价
	编制人	招标控制价应由具有编制能力的招标人或受其委托具有相应资质的工程造价咨询人编制
	注意问题	①国有资金投资的工程建设项目应实行工程量清单招标，并应编制招标控制价 ②招标控制价超过批准的概算时，招标人应将其报原概算审批部门审核 ③投标人的投标报价高于招标控制价的，其投标应予以拒绝 ④招标控制价应在招标时公布，不应上调或下浮 ⑤招标人应将招标控制价及有关资料报送工程所在地工程造价管理机构备查 ⑥投标人经复核认为招标人公布的招标控制价未按照本规范的规定进行编制的，应在开标前 5 天向招投标监督机构或(和)工程造价管理机构投诉

续表 7-7

招标控制价	编制原则	①招标控制价应具有权威性 ②招标控制价应具有完整性 ③招标控制价与招标文件的一致性 ④招标控制价的合理性 ⑤一个工程只能编制一个招标控制价
	编制依据	①《建设工程工程量清单计价规范》 ②国家或省级、行业建设主管部门颁发的计价定额和计价办法 ③建设工程设计文件及相关资料 ④招标文件中的工程量清单及有关要求 ⑤与建设项目相关的标准、规范、技术资料 ⑥工程造价管理机构发布的工程造价信息;工程造价信息没有发布的参照市场价 ⑦其他的相关资料
	编制方法	如采用施工图预算模式招标,招标控制价应按照施工图预算的计算方法来编制
		如采用工程量清单模式招标,招标控制价应按照工程量清单报价的方法来编制
	编制内容	分部分项工程费、措施项目费、其他项目费、规费和税金

(二)招标控制价的编制

1. 分部分项工程费计价

分部分项工程量清单应采用综合单价计价,计价原则如图 7-7 所示。

分部分项工程费的计价原则
- ①应根据招标文件中的分部分项工程量清单项目的特征描述及有关要求,按计价规范有关规定确定综合单价计算
- ②采用的分部分项工程量应是招标文件中工程量清单提供的工程量
- ③招标文件提供了暂估单价的材料,按暂估的单价计入综合单价
- ④综合单价中应包括招标文件中要求投标人所承担的风险内容及其范围(幅度)产生的风险费用。

图 7-7 分部分项工程费的计价原则

注意:①在编制分部分项工程量清单计价表时,项目编码、项目名称、项目特征、计量单位、工程数量应与招标文件中的分部分项工程量清单的内容完全一致,特别是不得增加项目、不得减少项目、不得改变工程数量的大小。

②认真填写每一项的综合单价→计算合价→汇总出分部分项工程量清单的合计金额。

③综合单价:是指完成一个规定计量单位的分部分项工程量清单项目或措施清单项目所需的人工费、材料费、施工机械使用费和企业管理费与利润,以及一定范围内的风险费用。

④招标文件中的工程量清单标明的工程量是投标人投标报价的共同基础,竣工结算的工程量按发、承包双方在合同中约定应予计量且实际完成的工程量确定。

2. 措施项目费计价(见图 7-8)

措施项目费计价原则
- ①措施项目费中的安全文明施工费应按国家或省级、行业建设主管部门的规定标准计价,不得作为竞争性费用
- ②措施项目应按招标文件中提供的措施项目清单确定
- ③采用综合单价形式进行计价的,应按措施项目清单中的工程量,并按与分部分项工程量清单单价相同的方式确定综合单价(用综合单价形式组价)
- ④以"项"为单位的方式计价的,依有关规定按综合价格计算,包括除规费、税金以外的全部费用(用费率形式组价)
- ⑤编制人可根据编制的具体施工方案或施工组织设计,认为不发生费用的可填为零,认为需要增加的可以自行增加

图 7-8 措施项目费计价原则

3. 其他项目费计价(见表 7-8)

表 7-8　其他项目费计价原则

<table>
<tr><td rowspan="5">其他项目费计价</td><td>暂列金额</td><td colspan="2">①根据工程复杂程度、设计深度、工程环境条件进行估算
②一般可按分部分项工程费的 10%～15%作为参考</td></tr>
<tr><td rowspan="2">暂估价</td><td>材料暂估单价</td><td>应按工程造价管理机构发布的工程造价信息中的材料单价计算,未发布的材料单价,其单价参考市场价格估算,并计入综合单价</td></tr>
<tr><td>专业工程暂估价</td><td>应分不同专业,按有关计价规定进行估算</td></tr>
<tr><td>计日工</td><td colspan="2">①人工单价和施工机械台班单价应按省级、行业建设主管部门或其授权的工程造价管理机构公布的单价计算
②材料应按工程造价管理机构发布的工程造价信息中的材料单价计算,未发布材料单价的材料,其价格应按市场调查确定的单价计算</td></tr>
<tr><td>总承包服务费</td><td colspan="2">①招标人仅要求对分包的专业工程进行总承包管理和协调时,按分包的专业工程估算造价的 1.5%计算
②招标人要求对分包的专业工程进行总承包管理和协调、并同时要求提供配合服务时,根据招标文件列出的配合服务内容和提出的要求,按分包的专业工程估算造价的 3%～5%计算
③招标人自行供应材料的,按招标人供应材料价值的 1%计算</td></tr>
</table>

4. 规费和税金

规费和税金应按国家或省级、行业建设主管部门规定的标准计算。

二、例题

【例 1】 关于招标控制价及其编制的说法正确的是(　　)。

A. 综合单价中包括应由招标人承担的风险费用

B. 招标人供应的材料、总承包服务费应按材料价值的 1.5%计算

C. 措施项目费应按招标文件中提供的措施项目清单确定

D. 招标文件提供暂估价的主要材料,其主材费用应计入其他项目清单费用

【答案】 C

【知识要点】 本题考查的是招标控制价的计算方法及相关规定。

【正确解析】 采用工程量清单计价模式招标的,招标控制价由分部分项工程费、措施项目费、其他项目费、规费和税金构成,需逐项计算费用,然后汇总成招标控制价。

分部分项工程费计价:计价规范明确规定,分部分项工程量清单应采用综合单价计价。综合单价是指完成一个规定计量单位的分部分项工程量清单项目或措施清单项目所需的人工费、材料费、施工机械使用费和企业管理费与利润,以及一定范围内的风险费用。编制招标控制价时,综合单价中应包括招标文件中要求投标人所承担的风险内容及其范围(幅度)产生的风险费用。

措施项目费计价:措施项目应按招标文件中提供的措施项目清单确定;措施项目费中的安全文明施工费应按照国家或省级、行业建设主管部门的规定标准计价,不得作为竞争性费用;

其他项目费计价:其他项目费由暂列金额、暂估价、总承包服务费、计日工费组成。其中,暂估价又由材料暂估单价和专业工程暂估价两项组成。编制招标控制价时,招标文件已经提供了暂估单价的材料,按暂估的单价计入相应清单项目中的综合单价。计价表中暂估价只有专业工程暂估价一项费用。

总承包服务费:编制招标控制价时,应按省级或行业建设主管部门的规定计算,下列标准

仅供参考：

①招标人仅要求对分包的专业工程进行总承包管理和协调时，按分包的专业工程估算造价的1.5%计算

②招标人要求对分包的专业工程进行总承包管理和协调，并同时要求提供配合服务时，根据招标文件列出的配合服务内容和提出的要求，按分包的专业工程估算造价3%～5%计算。

③招标人自行供应材料的，总承包服务费按招标人供应材料价值的1%计算。

【例2】 在下列措施项目中，适宜采用综合单价方式计价的是（　　）。

A. 已完工程及设备保护　　B. 大型机械设备进出场及安拆

C. 混凝土、钢筋混凝土模板　　D. 安全文明施工

【答案】 C

【知识要点】 本题考查的是措施项目计价的方式。

【正确解析】 08清单4.1.4条规定，措施项目清单计价应根据拟建工程的施工组织设计，可以计算工程量的措施项目应按分部分项工程量清单的方式采用综合单价计价，其余的措施项目可以"项"为单位方式计价，应包括除规费、税金外的全部费用。

本题能准确计算出工程量的只有混凝土、钢筋混凝土模板，因此应选C。

【例3】 根据08清单的规定，（　　）应按国家或省级、行业建设主管部门的规定计算，不得作为竞争性费用。

A. 总承包服务费　　B. 安全文明施工费

C. 规费　　D. 税金

E. 室内空气污染测试费

【答案】 B C D

【知识要点】 本题考查的是08清单计价中安全文明施工费、规费、税金的计价原则。

【正确解析】 08工程量清单中采用的是强制性条款，4.1.5和4.1.8条规定如下：

4.1.5　措施项目清单中的安全文明施工费应按国家或省级、行业建设主管部门的规定计价，不得作为竞争性费用。

根据国家相关规定，安全文明施工费纳入国家强制性管理范围，规定"投标方安全防护、文明施工措施的报价"不得低于依据工程所在地工程造价管理机构测定费率计算所需费用总额的90%。建筑施工企业提取的安全费用列入工程造价，在竞标时，不得删减。因此，08计价规范规定措施项目清单中的安全文明施工费应按国家或省级建设行政主管部门或行业建设主管部门的规定费用标准计价，招标人不得要求投标人对该项费用进行优惠，投标人也不得将该项费用参与市场竞争。

4.1.8　规费和税金应按国家或省级、行业建设主管部门的规定计算，不得作为竞争性费用。

规费是政府和有关权利部门规定必须缴纳的费用。税金是国家按照税法预先规定的标准，强制地、无偿地要求纳税人缴纳的费用。它们都是工程造价的组成部分，但其费用内容和计取标准都不由发、承包人自主确定，更不由市场竞争决定。因此，08清单规定了在工程造价

计价时，规费和税金应按国家或省级、行业建设主管部门的有关规定计算，并不得作为竞争性费用。

【例 4】 某采用工程量清单计价招标的工程，工程量清单中挖土方的工程量为 2600m³，投标人甲根据其施工方案估算的挖土方工程量为 4400m³，直接工程费为 76000 元，管理费为 18000 元，利润为 8000 元，不考虑其他因素，则投标人甲填报的综合单价为（　　）。

A. 36.15　　B. 29.23　　C. 39.23　　D. 23.18

【答案】 C

【知识要点】 本题考查的是综合单价的计算方法。

【正确解析】 招标文件中的工程量清单标明的工程量是投标人投标报价的共同基础，竣工结算的工程量按发、承包双方在合同中约定应予计量且实际完成的工程量确定。这里所说的实际完成的工程量也必须是按清单计价规范中的工程量计算规则计算出的工程量，而非投标人根据施工方案计算出的工程量。这一点必须明确。

在编制分部分项工程量清单计价表时，项目编码、项目名称、项目特征、计量单位、工程数量应与招标文件中的分部分项工程量清单的内容完全一致，特别是不得增加项目，不得减少项目，不得改变工程数量的大小。

计算综合单价时，必须清楚工程量清单中挖土方工程量的计算方法是按实体就位尺寸计算的，即垫层底面积×挖土深度，而实际施工中要在垫层四周加工作面、还要考虑放坡所增加的土方量，这些都与施工方案有关，由施工企业自己确定。所以，本题中的工程量清单挖土方的工程量是 2600m³，而投标人计算出的土方量是 4400m³。

根据计价规范相关规定，投标人不能改变招标文件中提供的工程量，必须按 2600m³ 来计算工程量清单土方量的综合单价。综合单价＝(76000＋18000＋8000)/2600＝39.23(元/m³)

【例 5】 根据《建设工程工程量清单计价规范》(GB 50500—2008)的规定，关于承发包双方施工阶段风险分摊原则的表述正确的是（　　）。

A. 各类原因所致人工费变化的风险由承包人承担

B. 10%以内的材料价格风险由承包人承担

C. 10%以内的施工机械使用费风险由承包人承担

D. 5%以内的人工费风险由承包人承担

【答案】 C

【知识要点】 本题考查的是采用工程量清单计价的工程风险分摊的原则。

【正确解析】 根据国际惯例并结合我国社会主义市场经济条件下工程建设的特点，发、承包双方对工程施工阶段的风险宜采用如下分摊原则：

1. 对于主要由市场价格波动导致的价格风险，如工程造价中的建筑材料、燃料等价格风险，发、承包双方应当在招标文件中或在合同中对此类风险的范围和幅度予以明确约定，进行合理分摊。

根据工程特点和工期要求，计价规范在 4.1.9 条文说明中提出承包人可承担 5%以内的材料价格风险，10%的施工机械使用费的风险。

2. 对于法律、法规、规章或有关政策出台导致工程税金、规费、人工费发生变化，并由省级、行业建设行政主管部门或其授权的工程造价管理机构根据上述变化发布的政策性调整，承包人不应承担此类风险，应按照有关调整规定执行。

3. 对于承包人根据自身技术水平、管理、经营状况能够自主控制的风险，如承包人的管理费、利润的风险，承包人应结合市场情况，根据企业自身实际合理确定、自主报价，该部分风险由承包人全部承担。

○投标报价的编制

一、主要知识点

（一）施工投标文件的内容（见图 7-9）

施工投标文件的内容
- 投标函
- 投标书附录
- 投标保证金
- 法定代表人资格证明书
- 授权委托书
- 具有标价的工程量清单与报价表
- 辅助资料表
- 资格审查表（资格预审的不采用）
- 对招标文件中的合同协议条款内容的确认和响应
- 招标文件规定提交的其他资料

图 7-9　施工投标文件的内容

（二）施工投标的程序（见图 7-10）

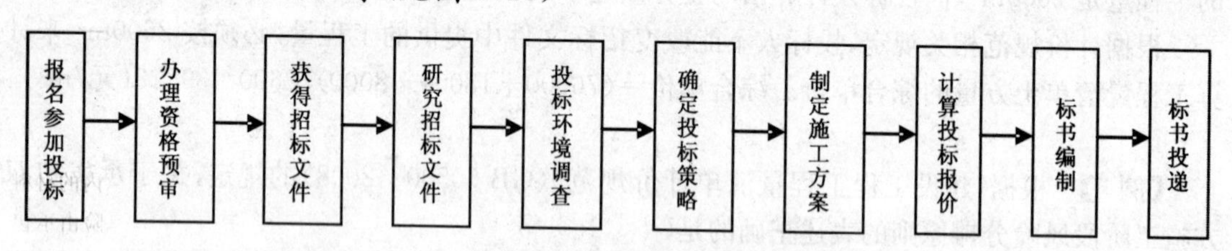

图 7-10　施工投标的程序

（三）施工投标的准备

研究招标文件→调查投标环境→确定投标策略→制定施工方案

（四）施工投标报价的编制

1. 投标报价的编制依据（见图 7-11）

投标报价的编制依据
- ①《建设工程工程量清单计价规范》
- ②国家或省级、国务院有关部门建设主管部门颁发的计价办法
- ③企业定额，国家或省级、国务院有关部门建设主管部门颁发的计价定额
- ④招标文件、工程量清单及其补充通知、答疑纪要
- ⑤建设工程设计文件及相关资料
- ⑥施工现场情况、工程特点及拟定的施工组织设计或施工方案
- ⑦与建设项目相关的标准、规范等技术资料
- ⑧市场价格信息或工程造价管理机构发布的工程造价信息
- ⑨其他相关资料

图 7-11　投标报价的编制依据

2. 投标报价的编制方法和内容(见图 7-12 和表 7-9)

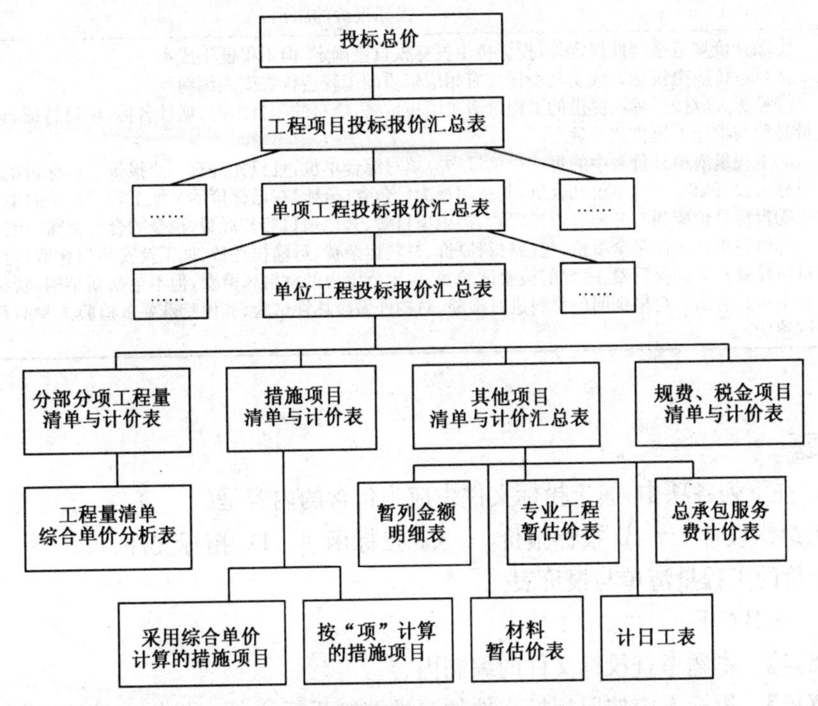

图 7-12　建设项目施工投标工程量清单报价流程简图

表 7-9　投标报价的编制方法和内容

项目	投标报价的原则
分部分项工程量清单计价	①投标人应以分部分项工程量清单的项目特征描述为准,确定投标报价的综合单价 ②招标文件中提供了暂估单价的材料,按暂估的单价计入综合单价 ③综合单价应包括承包人承担的合理风险:主要由市场价格波动导致的风险,承包人承担5%以内的材料价格波动导致的风险,10%以内的施工机械使用费风险;承包人不应承担政策风险;技术和管理风险由承包人全部承担 ④分部分项工程综合单价＝人工费＋材料费＋机械使用费＋管理费＋利润(并考虑风险费用的分摊)
措施项目清单计价	①投标人可根据工程实际情况结合施工组织设计,对招标人所列的措施项目进行增补 ②措施项目费的计价方式应根据招标文件的规定,可以计算工程量的措施清单项目采用综合单价方式报价,其余的措施清单项目采用以"项"为计量单位的方式报价 ③措施项目清单中的安全文明施工费应按国家或省级、行业建设主管部门的规定计价,不得作为竞争性费用
其他项目清单计价	①暂列金额应按招标人在其他项目清单中列出的金额填写,不得变动 ②暂估价不得变动和更改。材料暂估价必须按招标人在其他项目清单中列出的单价计入分部分项工程费中的综合单价;专业工程暂估价必须按招标人提供的其他项目清单中列出的金额填写 ③计日工应按其他项目清单列出的项目和估算的数量,自主确定各项综合单价并计算计日工费用 ④总承包服务费应依据招标人在招标文件中列出的分包专业工程内容和供应材料、设备情况,按照招标人提出的协调、配合与服务要求和施工现场管理需要自主确定
规费和税金	规费和税金应按国家或省级、行业建设主管部门的规定计算,不得作为竞争性费用

续表 7-9

项目	投标报价的原则
注意事项	①除计价规范强制性规定外，投标价由投标人自主确定，但不得低于成本 ②投标价应由投标人或受其委托具有相应资质的工程造价咨询人编制 ③投标人应按招标人提供的工程量清单填报价格，填写的项目编码、项目名称、项目特征、计量单位、工程量必须与招标人提供的一致 ④工程量清单计价表中的每一个项目均应填写综合单价，且只允许有一个报价。已标价的工程量清单中投标人没有填写综合单价和合价，其费用视为已包含(分摊)在已标价的其他工程量清单的单价和合价中 ⑤投标总价应当与分部分项工程费、措施项目费、其他项目费和规费、税金的合计金额一致 ⑥材料单价应该是全单价，包括材料原价、材料运杂费、运输损耗费、加工及安装损耗费(定额计价在消耗量中反映)、采购保管费、一般的检验试验费、一定范围内的材料风险费，但不包括新结构、新材料的试验费。业主对具有出厂合格证明的材料进行检验、对构件做破坏性试验、其他特殊要求检验试验的费用(计入研究试验费)

二、例题

【例 1】 在下列各项中，属于投标文件中应当包含的内容是(　　)。

A. 施工组织设计　B. 投标报价　C. 投标函　D. 招标文件

E. 已标价的工程量清单与报价表

【答案】 A B C E

【知识要点】 本题考查投标文件的编制内容。

【正确解析】 投标人应按照招标文件的要求编制投标文件。投标文件应对招标文件提出的实质性要求作出响应。投标文件的内容见图 7-9。

【例 2】 根据《建设工程工程量清单计价规范》(GB 50500—2008)的规定，关于投标人投标报价编制的说法，正确的是(　　)。

A. 投标报价应以投标人的企业定额为依据编制

B. 投标报价应根据投标人的投标战略确定，必要时可以低于成本

C. 投标中若发现清单中的项目特征与设计图纸不符，应以项目特征为准

D. 招标文件中要求投标人承担的风险费用，投标人应在综合单价中予以考虑

E. 投标人可以根据项目的复杂程度调整招标人清单中的暂列金额大小

【答案】 A C D

【知识要点】 本题考查的是投标报价编制的原则。

【正确解析】 投标报价时注意以下几点：

①除计价规范强制性规定外，投标价由投标人自主确定，但不得低于成本；

②投标人应以分部分项工程量清单的项目特征描述为准，确定投标报价的综合单价；

③综合单价应包括承包人承担的合理风险；

④暂列金额应按招标人在其他项目清单中列出的金额填写，不得变动。

【例 3】 某工程采用工程量清单招标，评标时发现甲投标人的分部分项工程量清单计价表中有一项未填报综合单价和合价，则视为(　　)。

A. 投标人漏项，招标人应要求甲投标人予以补充

B. 此分部分项工程在施工中不需要做

C. 此项费用已包含在工程量清单的其他单价和合价中

D. 甲投标人的投标为废标

【答案】 C

【知识要点】 本题考查的是编制投标报价时应注意的问题。

【正确解析】 根据计价规范规定，投标人应按招标人提供的工程量清单填报价格，填写的项目编码、项目名称、项目特征、计量单位、工程量必须与招标人提供的一致。

工程量清单计价表中的每一个项目均应填写综合单价，且只允许有一个报价。已标价的工程量清单中投标人没有填写综合单价和合价，其费用视为已包含(分摊)在已标价的其他工程量清单的单价和合价中。

【例 4】 编制投标报价时，投标人可以根据实际情况进行补充的项目是(　　)。

A. 分部分项工程量清单项目

B. 措施项目

C. 其他项目

D. 规费和税金项目

【答案】 B

【知识要点】 本题考查的是投标人编制投标报价时可以进行补充的项目。

【正确解析】 根据计价规范规定，投标人在编制分部分项工程量清单计价表时，项目编码、项目名称、项目特征、计量单位、工程量必须与招标文件中分部分项工程量清单的内容完全一致，不得增加项目，不得减少项目，不得改变工程数量的大小。

措施项目清单计价时，投标人可根据工程实际情况结合施工组织设计，对招标人所列的措施项目进行增补。其他项目、规费和税金项目不允许增补。

○工程合同价款的约定

一、主要知识点(见表 7-10)

表 7-10 工程合同价款的约定

工程合同价款的约定	计价规范规定	①实行招标的工程合同价款应在中标通知书发出之日起 30 天内，由发、承包双方依据招标文件和中标人的投标文件在书面合同中约定 不实行招标的工程合同价款，在发、承包双方认可的工程价款基础上，由发、承包双方在合同中约定 ②实行招标的工程，合同约定不得违背招、投标文件中关于工期、造价、质量等方面的实质性内容。招标文件与中标人投标文件不一致的地方，以投标文件为准 ③实行工程量清单计价的工程宜采用单价合同
	约定方式	①通过招标，选定中标人决定合同价： 《招标投标法》规定，经过招标、评标、决标后，自中标通知书发出之日起 30 日内，招标人与中标人应根据招标文件订立书面合同，其中，标价就是合同价
		②以施工图预算为基础，发包方与承包方通过协商谈判决定合同价 适用于抢险工程、保密工程、不宜进行招标的工程以及依法可以不进行招标的工程项目
	约定内容	①预付工程款的数额、支付时间及抵扣方式 ②工程计量与支付工程进度款的方式、数额及时间 ③工程价款的调整因素、方法、程序、支付及时间 ④索赔与现场签证的程序、金额确认与支付时间 ⑤发生工程价款争议的解决方法及时间 ⑥承担风险的内容、范围以及超出约定内容、范围的调整办法 ⑦工程竣工价款结算编制与核对、支付及时间 ⑧工程质量保证(保修)金的数额、预扣方式及时间 ⑨与履行合同、支付价款有关的其他事项等

二、例题

【例】 通过招标选定中标人，表述不正确的是(　　)。

A. 中标价就是合同价

B. 自中标通知书发出之日起30日内，招标人与中标人应根据招标文件订立书面合同

C. 招标工程合同约定的内容不得违背招标文件的实质性内容

D. 招标文件与中标人投标文件不一致的地方，签订合同时，以招标文件为准

【答案】 D

【知识要点】 本题考查的是工程合同价款约定的一般规定。

【正确解析】 计价规范4.4工程合同价款的约定：

4.4.1　实行招标的工程合同价款应在中标通知书发出之日起30天内，由发、承包双方依据招标文件和中标人的投标文件在书面合同中约定。

不实行招标的工程合同价款，在发、承包双方认可的工程价款基础上，由发、承包双方在合同中约定。

4.4.2　实行招标的工程，合同约定不得违背招、投标文件中关于工期、造价、质量等方面的实质性内容。招标文件与中标人投标文件不一致的地方，以投标文件为准。

4.4.3　实行工程量清单计价的工程宜采用单价合同。

☆强化训练

一、单项选择题

1. 建设项目招标投标制是在市场经济条件下产生的，因而必然受竞争机制、供求机制、价格机制的制约。下列关于招标投标的说法正确的是(　　)。

A. 鼓励竞争，防止垄断　　B. 限制竞争，鼓励共同发展

C. 公开招标亦称为有限竞争性招标　　D. 邀请招标亦称为无限竞争性招标

2.《招标投标法》规定，以下工程建设项目必须进行招标的是(　　)。

A. 抢险救灾工程　　B. 建筑艺术造型有特殊要求的项目

C. 特定专利项目　　D. 大型基础设施项目

3.《招标投标法》规定，以下可以不进行招标的项目是(　　)。

A. 国家融资项目　　B. 采用专有技术的项目

C. 使用外国援助资金项目　　D. 公共安全的项目

4. 在国外称之为“交钥匙工程”招标的是(　　)，又叫建设项目全过程招标。

A. 建设工程勘察招标　　B. 建设工程总承包招标

C. 建设工程施工招标　　D. 建设工程监理招标

5. 有助于承包人公平竞争、提高工程质量、缩短工期和降低建设成本的招标方式是(　　)。

A. 邀请招标　　B. 有限竞争招标

C. 公开招标　　D. 邀请议标

6. 业主具有编制招标文件和组织评标能力的，可自行办理招标事宜；不具备的，应当委托(　　)办理招标事宜。

A. 监理单位　　B. 建设行政主管部门

C. 中介机构　　D. 招标代理机构

7. 招标人采用邀请招标方式招标时，应当向（　　）个以上具备承担招标项目的能力、资信良好的特定法人或者其他组织发出投标邀请书。

A. 3　　B. 4　　C. 5　　D. 6

8. 下列关于招标代理的叙述中，错误的是（　　）。

A. 招标人有权自行选择招标代理机构，委托其办理招标事宜

B. 招标人具有编制招标文件和组织评标能力的，可以自行办理招标事宜

C. 任何单位和个人不得以任何方式为招标人指定招标代理机构

D. 建设行政主管部门可以为招标人指定招标代理机构

9. 关于建设工程施工招标投标程序，在发布招标公告之前，按照程序需要完成的工作依次为（　　）。

A. 建设工程项目报建→提出招标申请→招标文件编制与备案

B. 建设工程项目报建→资格预审文件的编制→提出招标申请

C. 提出招标申请→建设工程项目报建→招标文件编制和备案

D. 提出招标申请→资格预审文件编制→建设工程项目报建

10. 在建设工程招标投标中，投标人的资格审查分为资格预审和资格后审，经资格后审不合格的投标人（　　）。

A. 不得参加投标　　B. 需重新提交审查资料

C. 酌情扣除该项评标得分　　D. 编制的投标书作废标处理

11. 关于建设工程施工招标投标程序，在发布招标公告后和接受投标书前，招标投标程序依次为（　　）。

A. 招标文件发放→投标人资格预审→勘察现场→投标答疑会

B. 投标人资格预审→招标文件发放→勘察现场→投标答疑会

C. 勘察现场→投标答疑会→招标文件发放→投标人资格预审

D. 投标人资格预审→投标答疑会→招标文件发放→勘察现场

12. 招标人对已发出的招标文件进行必要的澄清或者修改的，应当在招标文件要求提交投标文件截止时间至少（　　）日前，以书面形式通知所有招标文件收受人。

A. 7　　B. 10　　C. 15　　D. 20

13. 投标单位收到招标文件后，如有疑问或不清楚的问题需澄清解释时，应在收到招标文件后（　　）日内以书面形式向招标单位提出。

A. 7　　B. 10　　C. 15　　D. 20

14. 投标人在招标文件要求提交投标文件的截止时间前，（　　）。

A. 可修改补充，但不能撤回已提交的投标文

B. 不可以修改补充，不可以撤回已提交的文件

C. 可以修改补充，可以撤回已提交的文件

D. 可以撤回已提交的文件，但不再有资格投标

15. 投标人少于（　　）个的，招标人应当依照《招标投标法》重新招标。

A. 2　　B. 3　　C. 5　　D. 7

16. 关于建设工程招标投标，以下说法正确的是（　　）。

A. 招标单位对已经发出的招标文件可以随时进行修改或补充

B. 招标单位对招标文件所做的任何修改或补充，须在投标截止时间至少 15 日前，发给所有获得招标文件的投标单位

C. 投标单位收到招标文件后，若有疑问或不清的问题需澄清解释，等到投标答疑会上提出

D. 投标单位收到招标文件后，若有疑问或不清的问题需澄清解释，应在收到招标文件后 14 日内以书面形式向招标单位提出

17. 按照 2012 年 2 月 1 日起实施的《招标投标法实施条例》的规定，要求投标人提交投标保证金的，其投标总价为 5000 万元，则其投标保证金数额最高为（ ）万元。

A. 50　　B. 80　　C. 100　　D. 150

18. 开标由（ ）主持，邀请所有投标人参加。开标应当在招标文件确定的提交投标文件截止时间的同一时间公开进行

A. 招标人　　B. 甲方代表　　C. 投标人　　D. 总监理工程师

19. 依法必须进行招标的项目，其评标委员会由招标人的代表和有关技术、经济等方面的专家组成，成员人数为（ ）人以上单数。

A. 3　　B. 5　　C. 7　　D. 9

20. 建设工程货物招标投标时，在刊登招标公告后和接受投标前，招标投标程序依次为（ ）。

A. 招标文件发放→投标人资格预审→投标答疑会

B. 投标人资格预审→招标文件发放→投标答疑会

C. 投标答疑会→招标文件发放→投标人资格预审

D. 投标人资格预审→投标答疑会→招标文件发放

21. 在建设工程施工招标文件中，对投标文件的组成、投标报价、投标保证金、投标文件的递交、修改、撤回等有关内容提出要求的部分是招标文件中的（ ）。

A. 投标文件格式　　B. 技术标准要求

C. 合同条款及格式　　D. 投标人须知

22. 根据《标准施工招标文件》对工程质量、工期、变更、计量与支付、索赔、竣工验收、协议书格式、履约担保格式等规定，属于招标文件的以下（ ）部分内容。

A. 技术标准和要求　　B. 投标文件格式

C. 合同条款及格式　　D. 投标人须知

23. 下列不属于招标文件组成内容的是（ ）。

A. 施工方案　　B. 招标公告

C. 履约担保格式　　D. 投标文件格式

24. 下列不属于工程建设项目货物招标文件组成内容的是（ ）。

A. 投标须知　　B. 投标文件格式

C. 设计图纸　　D. 评标标准和方法清单编制

25. 工程量清单应由具有编制招标文件能力的（ ）进行编制。

A. 招标人

B. 招标人或受其委托、具有相应资质的工程造价咨询人

C. 建设行政主管部门　　D. 具有相应资质的中介机构

26. 工程量清单作为招标文件的组成部分，其完整性和准确性应由(　　)负责。

A. 招标人　　B. 监理人

C. 招投标管理部门　　D. 投标人

27 根据《建设工程工程量清单计价规范》(GB 50500—2008)在规定，工程量清单应由(　　)编制。

A. 招投标管理部门认可的代理机构　　B. 具有相应资质的工程造价咨询人

C. 具有招标代理资质的中介机构　　D. 项目管理公司合同管理机构

28. 采用工程量清单计价方式招标时，对工程量清单的完整性和准确性负责的是(　　)。

A. 编制招标文件的招标代理人　　B. 编制清单的工程造价咨询人

C. 发布招标文件的招标人　　D. 确定中标的投标人

29. 根据《建设工程工程量清单计价规范》(GB 50500—2008)的规定，下列不属于分部分项工程量清单应包括的部分是(　　)。

A. 项目名称　　B. 项目特征　　C. 计量单位　　D. 工程内容

30. 某分部分项工程的清单编码为 010302006004，则该分部分项工程的清单项目顺序编码为(　　)。

A. 03　　B. 02　　C. 006　　D. 004

31.《建设工程工程量清单计价规范》(GB 50500—2008)规定，分部分项工程量清单项目编码的第三级为表示(　　)的顺序码。

A. 分项工程　　B. 扩大分项工程　　C. 分部工程　　D. 专业工程

32. 某分部分项工程的清单编码为 020401005001，则该专业工程的顺序编码为(　　)。

A. 02　　B. 04　　C. 01　　D. 005

33. 分部分项工程量清单项目的工程量应以实体工程量为准，对于施工中的各种损耗和需要增加的工程量，投标人投标报价时，应在(　　)中考虑。

A. 措施项目　　B. 暂估价　　C. 暂列金额　　D. 清单项目单价

34. 根据《建设工程工程量清单计价规范》(GB 50500—2008)的规定，在分部分项工程量清单项目特征的描述中，现浇构件的混凝土强度等级属于(　　)。

A. 必须描述的内容　　B. 可不详细描述的内容

C. 不必描述的内容　　D. 简要描述的内容

35. 下列措施项目中，应参照施工技术方案进行列项的是(　　)。

A. 文明安全施工　　B. 施工排水、降水

C. 环境保护　　D. 临时设施

36. 根据《建设工程工程量清单计价规范》(GB 50500—2008)措施项目一览表的规定，装饰装修工程可能发生的专业措施项目是(　　)。

A. 室内污染空气测试　　B. 混凝土模板与支架

C. 二次搬运　　D. 已完工程及设备保护

37. 措施项目中可以计算出工程量的措施项目清单宜采用(　　)的方式编制，列出项目编码、项目名称、项目特征、计量单位和工程量计算规则。

A. 以“项”为计量单位　　B. 以计算基础乘费率

C. 分部分项工程量清单　　D. 其他项目清单与计价

38. 招标人在工程量清单中提供的用于支付必然发生但暂时不能确定价格的材料的单价应计入( )。

A. 暂列金额　　B. 专业工程暂估价

C. 计日工　　D. 暂估价

39. 在工程量清单计价模式下，在招投标阶段尚未确定的某分部分项工程费应列于( )中。

A. 暂列金额　　B. 基本预备费

C. 暂估价　　D. 工程建设其他费

40. 根据《建设工程工程量清单计价规范》(GB 50500—2008)的规定，在合同约定之外的或者因变更而产生的、工程量清单中没有的且难以事先商定价格的额外工作，应计入( )之中。

A. 暂列金额　　B. 暂估价

C. 计日工　　D. 措施项目费

41. 其他项目清单中，无须由招标人根据拟建工程实际情况提出估算额度的费用项目是( )。

A. 暂列金额　　B. 材料暂估价

C. 专业工程暂估价　　D. 计日工费用

42. 其他项目清单中，( )是总承包商为配合协调业主进行的工程分包和自行采购的材料、设备等进行管理服务以及施工现场管理、竣工资料汇总整理等服务所需的费用。

A. 暂列金额　　B. 材料暂估价

C. 总承包服务费　　D. 专业工程暂估价

43. 在工程量清单计价模式下，分部分项工程量的确定方法是( )。

A. 按施工图图示尺寸计算工程净量　　B. 按施工方案加允许误差计算工程量

C. 按施工方案计算工程总量　　D. 按施工图图示尺寸加允许误差计算工程量

44. 编制工程量清单出现附录未包括的项目时，编制人应作补充，补充项目的编码由附录的顺序码与B和三位阿拉伯数字组成，并应从( )起顺序编制。

A. 01B001　　B. XB001　　C. BB001　　D. AB001

45. 暂列金额是业主在工程量清单中暂定并包括在合同价款中的一笔款项。以下说法不正确的是( )。

A. 暂列金额的数额大小与承包商没关系，虽然计入合同总价，但不能视为归承包商所有。竣工结算时，扣除实际发生金额后的暂列金额余额仍属招标人所有

B. 暂列金额已经计入合同价，属于投标人所有

C. 暂列金额用于支付工程量清单漏项、有误引起的工程量的增加所需的费用

D. 暂列金额用于支付施工中可能发生的工程变更、索赔、现场签证确认等费用控制价

46. 建设工程项目招标控制价的编制主体是( )。

A. 项目监理机构　　B. 项目建设主管部门

C. 招标人或受其委托的工程造价咨询人　　D. 工程所在地政府造价管理机构

47. 下列关于招标控制价的说法中，正确的是( )。

A. 招标控制价必须由招标人编制　　B. 招标控制价只需公布总价

C. 招标人不得对招标控制价提出异议　　D. 招标控制价不应上调或下浮

48. 分部分项工程量清单应采用(　　)计价。

A. 直接费单价　　B. 工料单价

C. 综合单价　　D. 全费用单价

49. 投标人经复核认为招标人公布的招标控制价未按照本规范的规定进行编制的，应在开标前(　　)天向招投标监督机构或(和)工程造价管理机构投诉

A. 5　　B. 7　　C. 14　　D. 15

50. 根据《建设工程工程量清单计价规范》(GB 50500—2008)的规定，在分部分项工程量清单中，确定综合单价的依据是(　　)。

A. 计量单位　　B. 项目特征　　C. 项目编码　　D. 项目名称

51. 根据《建设工程工程量清单计价规范》(GB 50500—2008)的规定，关于招标控制价的表述符合规定的是(　　)。

A. 招标控制价不能超过批准的概算

B. 投标报价与招标控制价的误差超过±3%时，应予拒绝

C. 招标控制价不应在招标文件中公布，应予保密

D. 工程造价咨询人不得同时编制同一工程的招标控制价和投标报价

52. 根据《建设工程工程量清单计价规范》(GB 50500—2008)的规定，关于材料和专业工程暂估价的说法中，正确的是(　　)。

A. 材料暂估价表中只填写原材料、燃料、构配件的暂估价

B. 材料暂估价应纳入分部分项工程量清单项目综合单价

C. 专业工程暂估价指完成专业工程的建筑安装工程费

D. 专业工程暂估价由专业工程承包人填写

53. 在编制招标控制价时，对分部分项工程量清单计价，以下说法不正确的是(　　)。

A. 编制人填写清单项目的综合单价，计算合价并汇总出分部分项工程量清单的合计金额

B. 项目编码、项目名称、项目特征、计量单位、工程数量应与招标文件中的分部分项工程量清单的内容完全一致

C. 编制人不得增加项目、不得减少项目、不得改变工程数量的大小

D. 编制人认为工程量清单有漏项的，可以进行补充并计价，编码由 B001 起顺序编制

54. 在编制招标控制价时，可以增列的项目有(　　)。

A. 分部分项工程量清单项目　　B. 措施清单项目

C. 其他清单项目　　D. 规费和税金清单项目

55. 在编制招标控制价时，对措施项目费计价，以下说法不正确的是(　　)。

A. 编制人根据具体方案，认为不发生的费用可以填为零，认为需要增加的可以自行增加

B. 编制人不得增加措施项目、不得减少措施项目、不得改变工程数量的大小

C. 措施项目组价方法包括用综合单价形式的组价和用费率形式组价两种

D. 安全文明施工费按照国家或省级、行业主管部门的标准计取，不得作为竞争性费用

56. 在编制招标控制价时，对其他项目费组价，下列说法不正确的是(　　)。

A. 暂列金额根据工程结构、工期等估算

B. 材料暂估单价应根据工程造价信息或参照市场价格估算，并计入综合单价

C. 计日工应根据工程特点和有关计价依据计算

D. 总承包服务费应根据投标文件列出的内容和要求按有关计价规定估算投标报价

57. 以下不属于建设工程施工投标文件的是(　　)。

A. 投标函　　B. 商务标

C. 技术标　　D. 评标办法

58. 在建设工程施工投标程序中,获得招标文件后要做的工作有:①计算投标报价;②编制投标书;③制定施工方案;④确定投标策略;⑤研究招标文件;⑥调查投标环境,其正确的顺序是(　　)。

A. ①②③④⑤⑥　　B. ⑥⑤④③②①

C. ⑤⑥④③①②　　D. ③⑥⑤①②④

59. 对投标人而言,下列可适当降低报价的情形是(　　)。

A. 总价低的小工程　　B. 施工条件好的工程

C. 投标人专业声望较高的工程　　D. 不愿承揽又不方便不投标的工程

60. 投标价应由(　　)或受其委托具有相应资质的工程造价咨询人编制。

A. 招标人　　B. 投标人

C. 招标代理机构　　D. 中介机构

61. 下列各项中,只能用于投标报价编制、而通常不用于招标控制价编制依据的是(　　)。

A.《建设工程工程量清单计价规范》　　B. 建设工程设计文件及相关资料

C. 与建设项目有关的标准、规范、技术资料

D. 施工现场情况、工程特点及拟定的施工组织设计或施工方案

62. 招标文件中要求投标人承担的风险费用,投标人应在(　　)中予以考虑。

A. 综合单价　　B. 措施项目费

C. 暂估价　　D. 专业工程暂估价

63. 投标人应以分部分项工程量清单的(　　)为准,确定投标报价的综合单价。

A. 工程内容　　B. 项目名称

C. 项目特征描述　　D. 工程量计算规则

64. 编制投标报价时,材料暂估价必须按照招标人在其他项目清单中列出的单价计入(　　)。

A. 措施项目费中的综合单价　　B. 分部分项工程费中的综合单价

C. 暂列金额　　D. 暂估价

65. 根据《建设工程工程量清单计价规范》的规定,编制投标文件时,招标文件中已提供暂估价的材料价格应根据(　　)填报。

A. 投标人自主确定价格　　B. 投标时当地的市场价格

C. 招标文件提供的价格　　D. 政府主管部门公布的价格

66. 根据《建设工程工程量清单计价规范》(GB 50500—2008)的规定,采用工程量清单招标的工程时,投标人在投标报价时不得作为竞争性费用的是(　　)。

A. 二次搬运费　　B. 安全文明施工费

C. 夜间施工费　　D. 总承包服务费

67. 投标人针对工程量清单中工程量的遗漏或错误可以采取的正确做法是(　　)。

A. 即向招标人提出异议,要求招标人修改

B. 不向招标人提出异议,风险自留

C. 是否向招标人提出修改意见取决于投标策略

D. 等中标后,要求招标人按实调整

68. 投标报价时,分部分项工程费的计价实质就是( )问题。

A. 综合单价的组价　　B. 项目特征描述

C. 确定规费费率　　D. 确定工程量

69. 采用工程量清单计价时,材料的加工及安装损耗费在( )中反映。

A. 材料定额消耗量　　B. 材料的单价

C. 材料的消耗量　　D. 材料运杂费合同价款的约定

70. 我国《招标投标法》的规定,经过招标、评标、决标后,自中标通知书发出之日起( )日内,招标人与中标人应根据招标文件订立书面合同。

A. 20　　B. 30　　C. 14　　D. 28

71. 通过招标方式选定中标人的,其( )就是合同价。

A. 标底价　　B. 评标价　　C. 招标控制价　　D. 中标价

72. 我国《招标投标法》规定,经过招标、评标、决标后,在规定的时间内,招标人与中标人应根据( )订立书面合同。

A. 招标文件　　B. 投标文件　　C. 招标公告　　D. 评标文件

73. 我国《招标投标法》规定,经过招标、评标、决标后,招标人与中标人应根据招标文件订立书面合同,合同内容不包括的是( )。

A. 双方的权利和义务　　B. 竣工与决算

C. 合同价款与支付　　D. 工程保险

74. 实行招标的工程,合同约定不得违背招、投标文件中关于工期、造价、质量等方面的实质性内容。招标文件与中标人投标文件不一致的地方,以( )为准。

A. 招标文件　　B. 评标文件　　C. 投标文件　　D. 中标文件

二、多项选择题

1. 我国《招标投标法》规定的招标方式是( )。

A. 公开招标　　B. 行业内招标　　C. 代理招标

D. 邀请招标　　E. 议标

2. 关于招标方式,下列说法正确的是( )。

A. 公开招标是一种无限制的竞争方式

B. 公开招标有较大的选择范围,有助于打破垄断,实现公平竞争

C. 在我国建设市场中应大力推行邀请招标

D. 邀请招标可能会失去技术上和报价上有竞争力的投标者

E. 涉及国家安全的工程适宜采用议标的方式

3.《招标投标法》规定,以下工程建设项目必须进行招标的是( )。

A. 施工主要技术采用特定的专利或者专有技术的

B. 技术复杂、专业性强或其他特殊要求的项目

C. 使用国有资金投资或国家融资的项目

D. 使用外国政府援助资金建设的项目

E. 公用事业的项目

4. 建设工程招标的分类为(　　)。

A. 建设项目总承包招标　　B. 工程勘察设计招标

C. 工程施工招标　　D. 工程分包招标

E. 建设监理招标

5. 工程施工招标可根据工程施工范围的大小及专业不同,分为(　　)。

A. 建设监理招标　　B. 全部工程招标

C. 单项工程招标　　D. 货物招标

E. 专业工程招标

6. 招标工作的组织方式有(　　)。

A. 监理单位组织　　B. 建设行政主管部门组织

C. 业主自行组织　　D. 招标代理机构组织

E. 施工单位组织

7. 关于建设工程施工招标程序,在接受投标书之后,需要完成的工作有(　　)。

A. 制定评标办法　　B. 开标、评标、定标

C. 宣布中标单位　　D. 协商合同主要条款

E. 签订合同

8. 招标单位在发放招标文件、投标单位勘察现场之后,招标单位对投标单位提出的疑问问题的解答方式有(　　)。

A. 口头形式　　B. 个别问题个别解答形式

C. 网络形式　　D. 书面形式

E. 投标答疑会形式

9. 根据《标准施工招标文件》的规定,以下(　　)是建设工程施工招标文件的组成内容。

A. 投标文件格式　　B. 技术标准和要求

C. 招标文件格式　　D. 工程量清单

E. 评标办法

10. 根据《标准施工招标文件》的规定,投标须知的内容主要包括(　　)。

A. 项目概况、资金来源　　B. 招标范围、计划工期、质量要求

C. 招标文件的组成、澄清、修改　　D. 投标文件的组成、报价、投标保证金

E. 投标、开标、评标、合同授予

11. 根据《标准施工招标文件》的规定,合同条款及格式中包括以下(　　)内容。

A. 工程量清单　　B. 发包人和承包人义务、监理人职责和权利

C. 进度计划、开工竣工、工程质量　　D. 保险、不可抗力、索赔

E. 变更、价款调整、计量与支付、竣工验收

12. 根据《标准施工招标文件》的规定,在按宣布的开标顺序当众开标时,应公布的内容包括(　　)。

A. 投标人名称　　B. 唱标人名称

C. 标段名称　　D. 投标报价

E. 履约保证金的递交情况

13. 根据《标准施工招标文件》的规定，评标办法有（ ）。

A. 经评审的最低投标价法 B. 综合评估法
C. 加权平均分法 D. 专家评审法
E. 不平衡报价法

14. 工程建设项目货物招标文件的组成包括（ ）。

A. 投标须知 B. 投标文件格式
C. 工程量清单 D. 技术规格、参数及其他要求
E. 合同主要条款清单编制

15. 工程量清单是招标文件的组成部分，其组成包括（ ）。

A. 零星工作项目清单 B. 措施项目清单
C. 分部分项工程量清单 D. 其他项目清单
E. 规费和税金项目清单

16. 根据《建设工程工程量清单计价规范》(GB 50500—2008)的规定，下列说法正确的是（ ）。

A. 项目特征是构成分部分项工程量清单项目、措施项目自身价值的本质特征
B. 分部分项工程量清单的项目名称必须按附录的项目名称填写
C. 项目编码是分部分项工程量清单项目名称的数字标识
D. 分部分项工程量清单的计量单位应按附录中规定的计量单位确定
E. 分部分项工程量清单中所列工程量应按预算定额中规定的工程量计算规则计算

17. 编制工程量清单应依据（ ）。

A.《建设工程工程量清单计价规范》 B. 招标文件
C. 常规施工方案 D. 投标文件
E. 施工图纸

18. 在招标文件中，工程量清单的组成内容有（ ）。

A. 封面、总说明 B. 分部分项工程量清单与计价表
C. 措施项目清单与计价表 D. 工程建设其他费用清单与计价表
E. 规费、税金项目清单与计价表

19. 根据《建设工程工程量清单计价规范》(GB 50500—2008)的规定，其他项目清单中的暂列金额部分包括（ ）。

A. 施工合同签订时不可预见的所需材料采购费用
B. 总承包服务费
C. 尚未确定的所需服务的采购费用
D. 材料的暂估价
E. 合同约定的可能发生的工程价款调整费用

20. 下列属于通用措施项目的有（ ）。

A. 工程排污费 B. 安全文明施工
C. 混凝土模板及支架 D. 冬雨季施工
E. 夜间施工

21. 下列属于其他项目清单包括的内容有（ ）。

A. 暂列金额 B. 暂估价 C. 预留金 D. 计日工 E. 总承包工程费

22. 在编制措施项目清单时,以下说法正确的是( )。
A. 必须按照计价规范“措施项目表”中的措施项目列项,不允许补充
B. 若出现计价规范未列的项目,可以根据工程实际情况由清单编制人自行补充
C. 可以计算工程量的措施项目,宜采用分部分项工程量清单的方式编制
D. 不能计算工程量的措施项目,以“项”为计量单位进行编制
E. 专业措施项目列在相应专业的分部分项工程量清单中
23. 暂列金额是业主在工程量清单中暂定并包括在合同价款中的一笔款项,用于( )。
A. 物价上涨
B. 工程量清单漏项引起的工程量的增加
C. 施工中发生的索赔
D. 工程变更引起标准提高
E. 必然发生但暂时不能确定的材料价格招标控制价
24. 采用工程量清单计价时,建设工程造价由( )组成。
A. 分部分项工程费
B. 措施项目费
C. 其他项目费
D. 直接工程费
E. 规费和税金
25. 根据《建设工程工程量清单计价规范》(GB 50500—2008)的规定,关于全额政府投资项目招标控制价的说法,正确的有( )。
A. 招标控制价是对招标工程限定的最高限价
B. 招标控制价的作用于标底完全相同
C. 招标控制价超过批准的概算时,招标人应将其报原概算审批部门审核
D. 投标人的投标报价高于招标控制价的,其投标予以拒绝
E. 招标控制价可以在公布后上调或下浮
26. 根据《建设工程工程量清单计价规范》(GB 50500—2008)的规定,分部分项工程综合单价包括完成规定计量单位清单项目所需的人工费、材料费、机械使用费以及( )。
A. 管理费
B. 利润
C. 规费
D. 税金
E. 一定范围内的风险费
27. 根据《建设工程工程量清单计价规范》(GB 50500—2008)的规定,税金的计算基础包括( )。
A. 分部分项工程费
B. 措施项目费
C. 其他项目费
D. 社会保障费
E. 规费
28. 招标控制价的编制原则是( )。
A. 一个工程可以编制二个招标控制价
B. 招标控制价应具有权威性
C. 招标控制价应具有完整性
D. 招标控制价具有合法性
E. 招标控制价与招标文件的一致性
29. 招标控制价应根据下列( )依据编制。
A. 投标文件中的工程量清单
B.《建设工程工程量清单计价规范》
C. 工程造价管理机构发布的工程造价信息
D. 现行的计价定额和计价办法
E. 建设工程设计文件、标准、规范、技术资料
30. 招标控制价复核的主要内容为( )。

A. 招标文件规定的计价方法
B. 招标文件提供的标底价
C. 工程量清单组价单价分析
D. 计日工数量
E. 规费和税金的计取

31. 采用工程量清单计价时，税金包括(　　)。
A. 城镇土地使用税
B. 营业税
C. 土地增值税
D. 城市维护建设税
E. 教育费附加

32. 在编制招标控制价时，措施项目费组价的方法有(　　)。
A. 用定额单价法的组价
B. 用综合单价形式的组价
C. 用概算指标法的组价
D. 用费率形式的组价
E. 用实物单价法的组价

33. 编制一个合理、可靠的招标控制价需要考虑的因素包括(　　)。
A. 目标工期的要求
B. 质量要求
C. 工程的自然地理条件
D. 材料差价
E. 不同的施工方案投标报价

34. 在采用工程量清单计价方式招标的工程中，投标总价应与(　　)的合计金额一致。
A. 分部分项工程费
B. 措施项目费
C. 其他项目费
D. 直接工程费
E. 规费和税金

35. 投标人应按招标人提供的工程量清单填报价格，填写的(　　)和工程量必须与招标人提供的一致。
A. 工程内容
B. 项目编码
C. 项目名称
D. 项目特征
E. 计量单位

36. 在其他项目清单计价时，投标人只能按照招标文件提供的金额填写，不允许变动的是(　　)。
A. 暂列金额
B. 暂估价
C. 计日工费用
D. 总承包服务费
E. 综合单价

37. 在其他项目清单计价中，由投标人自主确定金额的是(　　)。
A. 暂列金额
B. 暂估价
C. 计日工费用
D. 总承包服务费
E. 综合单价

38. 在工程量清单计价实践中，分部分项工程量清单综合单价的组价方法主要有(　　)。
A. 根据定额计算
B. 根据概算指标计算
C. 根据投资估算
D. 根据实际费用估算
E. 根据实际完成的工程量计算

39. 采用工程量确定计价时，材料单价应是全单价，包括材料原价、材料运杂费、运输损耗费、加工及安装损耗费和(　　)。
A. 新结构、新材料的试验费
B. 采购保管费
C. 一般的检验试验费
D. 一定范围内的材料风险费

E. 业主对具有出厂合格证明的材料进行检验

40. 编制投标报价时，对措施项目工程量清单计价，以下说法正确的是（ ）。

A. 承包商在措施项目工程量清单计价时，认为不发生的，其费用可以填写为“零”

B. 对于实际需要发生、而工程量清单项目中没有的，可以自行填写增加，并报价

C. 措施项目工程量清单计价表以“项”为单位，填写相应的综合单价

D. 可以计算工程量的措施清单项目采用综合单价方式报价

E. 措施项目清单中的安全文明施工费不得作为竞争性费用计价合同价款的约定

41. 工程合同价的确定是以施工图预算为基础，发包方与承包方通过协商谈判决定合同价，这一方式主要适用于（ ）。

A. 基础设施项目　　B. 抢险工程

C. 依法可以不进行招标的工程项目　　D. 保密工程

E. 国际组织贷款项目

☆参考答案

一、单项选择题

1. A　2. D　3. B　4. B　5. C　6. D　7. A　8. D　9. A　10. D
11. B　12. C　13. A　14. C　15. B　16. B　17. C　18. A　19. B　20. B
21. D　22. C　23. A　24. C　25. B　26. A　27. B　28. C　29. D　30. D
31. C　32. B　33. D　34. A　35. B　36. A　37. C　38. D　39. A　40. C
41. D　42. C　43. A　44. B　45. B　46. C　47. D　48. C　49. A　50. B
51. D　52. B　53. D　54. B　55. B　56. D　57. D　58. C　59. B　60. B
61. D　62. A　63. C　64. B　65. C　66. B　67. C　68. A　69. B　70. B
71. D　72. A　73. B　74. C

二、多项选择题

1. A、D　2. A、B、D　3. C、D、E
4. A、B、C、E　5. B、C、E　6. C、D
7. B、C、E　8. D、E　9. A、B、D、E
10. A、B、C、D、E　11. B、C、D、E　12. A、C、D
13. A、B　14. A、B、D、E　15. B、C、D、E
16. A、C、D　17. A、B、C、E　18. A、B、C、E
19. A、C、E　20. B、D、E　21. A、B、D
22. B、C、D　23. B、C、D　24. A、B、C、E
25. A、C、D　26. A、B、E　27. A、B、C、E
28. B、C、E　29. B、C、D、E　30. A、C、E
31. B、D、E　32. B、D　33. A、B、C、D
34. A、B、C、E　35. B、C、D、E　36. A、B
37. C、D、E　38. A、D　39. B、C、D
40. A、B、D、E　41. B、C、D

第八章　施工阶段工程造价的控制与调整

☆考 纲 要 求

1. 了解施工预算的概念与成本控制；
2. 熟悉合同预付款的确定和支付、抵扣方式；
3. 掌握工程计量和进度款的支付方法；
4. 熟悉工程变更的处理原则、合同价款的调整方法；
5. 了解工程索赔的概念、处理原则与依据；
6. 掌握工程结算的编制与审查。

☆复 习 提 示

○重点概念

根据考试大纲和历年试题分析，本章应重点掌握的概念有施工预算、工程变更、工程变更产生的原因、工程变更处理程序、工程变更价款的计算方法、工程变更的价款调整、综合单价的调整、材料价调整、措施费调整、工程索赔、索赔的条件、索赔的分类、工程索赔的处理原则、工程预付款结算、预付款的数额、预付款的拨付、预付款的扣回、工程进度款结算方式、工程量计算、工程进度款支付、竣工结算的方式、竣工结算的编审、竣工结算报告的审查、竣工结算价款的支付、竣工结算编制的依据、竣工结算的编制、工程竣工结算的审核、工程质量保修金。

○学习方法

本章内容包括施工预算与工程成本控制、工程变更与合同价的调整、工程索赔、工程价款结算、工程造价争议的解决共五节内容。根据大纲可知，第二节中的工程变更概念、包括的内容、产生原因及处理程序、合同价款的调整是重要考点。第三节工程索赔大纲确定为了解内容，但每次考核都会涉及一部分知识点，特别是索赔的概念和分类需要掌握。第四节工程价款结算是本章的重点，预付款的数额和拨付时间、工程量计算、工程进度款支付、竣工结算的方式、编审、竣工结算报告的审查时限等知识点要全面掌握。

在本章所增加的《建设工程工程量清单计价规范》中有关工程计量与价款支付、索赔与现场签证、工程价款调整、竣工结算、工程计价争议处理等知识点，均在例题和习题中有所体现。

☆主要知识点

○施工预算与工程成本控制

一、主要知识点(见图8-1)

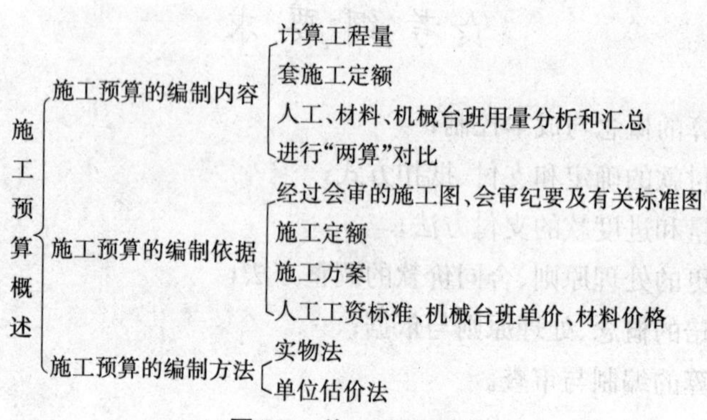

图8-1 施工预算概述

二、例题

【例】 以下(　　)不是施工预算的编制内容。

A. 计算工程量　　B. 套预算定额

C. 人工、材料、机械台班用量分析和汇总　　D. 进行“两算”对比

【答案】 B

【知识要点】 本题考查是施工预算的编制内容。

【正确解析】 施工预算是施工企业根据施工图纸、施工定额、施工组织设计编制的技术经济文件。施工预算规定了单位分部分项工程的人工、材料、机械台班消耗量,是施工企业加强经济核算、控制工程成本的重要手段。

施工预算的编制内容:①计算工程量;②套施工定额;③人工、材料、机械台班用量分析和汇总;④进行“两算”对比。

○工程变更与合同价的调整

一、主要知识点

(一)工程变更(见表8-1)

表8-1 工程变更知识一览表

工程变更	概念	在工程项目的实施过程中,由于种种原因,常常会出现设计、工程量、计划进度、使用材料等方面的变化,这些变化统称工程变更
	包括内容	①设计变更 ②进度计划变更 ③施工条件变更 ④原招标文件和工程量清单中未包括的“新增工程”

续表 8-1

工程变更	产生原因	①业主方对项目提出新的要求 ②由于现场施工环境发生了变化 ③由于设计上的错误，必须对图纸做出修改 ④由于使用新技术有必要改变原设计 ⑤由于招标文件和工程量清单不准确引起工程量增减 ⑥发生不可预见的事件，引起停工和工期拖延
	确认	无论哪一方提出工程变更，均需由工程师确认并签发工程变更指令
	控制	工程变更按发生时间划分： ①工程尚未开始：这时的变更只需对工程设计进行修改和补充 ②工程正在施工：变更时间通常很紧迫，甚至可能发生现场停工 ③工程已完工：这时进行变更，就必须做返工处理
	工程变更处理程序	(1)建设单位需对原工程设计进行变更： ①发包方应不迟于变更前 14 天以书面形式向承包方发出变更通知 ②变更超过原设计标准或批准的建设规模时，发包人报原规划管理部门和其他有关部门审查批准，并由原设计单位提供变更的相应图纸和说明 ③因变更导致合同价款的增减及造成的承包方损失，由发包方承担，延误的工期相应顺延 (2)承包商(乙方)提出的变更： ①施工中承包人不得擅自对原工程设计进行变更。因承包人擅自变更设计发生的费用和由此导致发包人的直接损失，由承包人承担，延误的工期不予顺延 ②承包人在施工提出合理化建议涉及设计图纸或施工组织设计的更改及对原材料、设备的换用，需经工程师同意。未经同意擅自更改或换用时，承包人承担由此发生的费用，并赔偿发包人的有关损失，延误的工期不予顺延 ③工程师同意采用乙方的合理化建议所发生的费用或获得的收益，甲乙双方另行约定分担或分享
	工程变更价款的计算方法	工程变更价款的确定应在双方协商的时间内，由承包商提出变更价格，报工程师批准后方可调整合同价或顺延工期 (1)乙方在工程变更确定后 14 天内，提出变更工程价款的报告，经工程师确认后，调整合同价款。变更合同价款按下列方法进行： ①合同中已有适用于变更的价格，按合同已有的价格计算变更合同价款 ②合同中只有类似于变更的价格，可以参照类似价格变更合同价款 ③合同中没有适用或类似于变更的价格，由乙方提出适当的变更价格，经工程师确认后执行 (2)乙方在双方确定变更后 14 天内不和工程师提出变更工程价款报告时，可视为该项变更不涉及合同价款的变更 (3)工程师收到变更工程价款报告之日起 14 天内，应予以确认。无正当理由不确认时，自变更价款报告送达之日起 14 天后变更工程价款报告自行生效 (4)工程师不同意乙方提出的变更价款，可以和解或要求有关部门调解。和解或调解不成，双方可以采用仲裁或向法院起诉的方式解决 (5)工程师确认增加的工程变更价款作为追加合同价款，与工程款同期支付 (6)因乙方自身原因导致的工程变更，乙方无权追加合同价款
	注意的问题	1. 工程师的认可权应合理限制 2. 工程变更不能超过合同规定的工程范围 3. 变更程序的对策 4. 承包商不能擅自做主进行工程变更 5. 承包商在签订变更协议过程中必须提出补偿问题

(二)合同价款的调整(见表8-2)

表8-2 合同价款的调整

合同价款的调整	工程变更价款调整	变更合同价款的方法:(1)合同专用条款中有约定的按约定计算。 (2)无约定的按《价款结算办法》的方法进行计算: ①合同中已有适用于变更的价格,按合同已有的价格计算变更合同价款 ②合同中只有类似于变更的价格,可以参照类似价格变更合同价款 ③合同中没有适用或类似于变更的价格,由乙方提出适当的变更价格,经工程师确认后执行
	综合单价调整	当工程量清单中工程量有误或工程变更引起实际完成的工程量增减超过工程量清单中相应工程量的10%或合同中约定的幅度时,工程量清单项目的综合单价应予调整
	材料价格调整	由承包人采购的材料、材料价格以承包人在投标报价书中的价格进行控制。如果承包人未报经发包人审核即自行采购,再报发包人调整材料价格,如发包人不同意,不作调整
	措施费用调整	施工期内,措施费用按承包人在投标报价书中的措施费用进行控制,有下列情况之一者,措施费用应予调整: (1)发包人更改承包人的施工组织设计(修正错误除外),造成措施费用增加的应予调整 (2)单价合同中,实际完成的工程量超过发包人所提出工程量清单的工作量,造成措施费用增加的应予调整 (3)因发包人原因并经承包人同意顺延工期,造成措施费用增加的应予调整 (4)施工期间因国家法律、行政法规以及有关政策变化导致措施费中工程税金、规费等变化的,应予调整

二、例题

【例1】 工程变更是建筑施工生产的特点之一,产生变更的主要原因是(　　)。

A. 设计方对项目提出新的要求

B. 由于招标文件和工程量清单不准确引起工程量增减

C. 发生不可预见的事件,引起停工和工期拖延

D. 材料价格上涨

E. 由于现场施工环境发生了变化

【答案】 BCE

【知识要点】 本题考查的是产生工程变更的原因。注意与工程变更包括的范围区别。

【正确解析】 在工程项目实施过程中,常常会出现设计、工程量、进度计划、使用材料等方面的变化,这些变化统称为工程变更,包括设计变更、进度计划变更、施工条件变更、原招标文件和工程量清单中未包括的"新增工程"。

工程变更产生的主要原因是:①业主方对项目提出新的要求;
②由于现场施工环境发生了变化;
③由于设计上的错误,必须对图纸做出修改;
④由于使用新技术有必要改变原设计;
⑤由于招标文件和工程量清单不准确引起工程量增减;
⑥发生不可预见的事件,引起停工和工期拖延。

【例2】 关于工程变更，下列说法错误的是(　　)。

A. 施工中发包人如果需要对原工程进行设计变更，应不迟于变更前14天以书面形式通知承包人

B. 承包人对于发包人的变更要求，有拒绝执行的权利

C. 承包人未经工程师的同意不得擅自更改图纸、换用图纸，否则，承包人承担由此发生的费用，赔偿发包人的损失，延误的工期不予顺延

D. 增减合同中约定的工程量不属于工程变更

E. 更改有关部分的基线、标高、位置或尺寸属于工程变更

【答案】 BD

【知识要点】 本题考查的是工程变更处理程序和工程变更包括的范围。

【正确解析】 承包人对于发包人的变更通知没有拒绝的权利，这是合同赋予发包人的一项权利。增减合同中约定的工程量属于工程变更，因此B和D是错误的。

(1)建设单位需对原工程设计进行变更，根据《建设工程施工合同文本》的规定，发包方应不迟于变更前14天以书面形式向承包方发出变更通知。变更超过原设计标准或批准的建设规模时，发包人报原规划管理部门和其他有关部门审查批准，并由原设计单位提供变更的相应图纸和说明。因变更导致合同价款的增减及造成的承包方损失，由发包方承担，延误的工期相应顺延。合同履行中发包方要求变更工程质量标准及发生其他实质性变更，由双方协商解决。

(2)承包商(乙方)提出的变更：

①施工中承包人不得擅自对原工程设计进行变更。因承包人擅自变更设计发生的费用和由此导致发包人的直接损失，由承包人承担，延误的工期不予顺延。

②承包人在施工提出合理化建议涉及设计图纸或施工组织设计的更改及对原材料、设备的换用，需经工程师同意。未经同意擅自更改或换用时，承包人承担由此发生的费用，并赔偿发包人的有关损失，延误的工期不予顺延。

③工程师同意采用乙方的合理化建议所发生的费用或获得的收益，甲乙双方另行约定分担或分享。

【例3】 因分部分项工程量清单漏项或非承包人原因的工程变更，造成增加新的工程量清单项目，其对应的综合单价按下列(　　)方法确定。

A. 合同中已有适用的综合单价，按合同中已有的综合单价确定

B. 合同中有类似的综合单价，参照类似的综合单价确定

C. 合同中没有适用或类似的综合单价，由发包人提出综合单价，经工程师确认后执行

D. 合同中没有适用或类似的综合单价，由承包人提出综合单价，经工程师确认后执行

E. 合同中没有适用或类似的综合单价，由承包人提出综合单价，经发包人确认后执行

【答案】 ABE

【知识要点】 本题考查的是《建设工程工程量清单计价规范》GB 50500—2008中，4.7.3条相关规定。本条规定了分部分项工程量清单漏项或非承包人原因引起的工程变更，造成增加新的工程量清单项目时，新增项目综合单价的确定原则。这一原则是以已标价工程量清单

为依据。

【正确解析】 清单计价规范中还有以下条款规定需要熟悉的：

4.7.4 因分部分项工程量清单漏项或非承包人原因的工程变更，引起措施项目发生变化，造成施工组织设计或施工方案变更，原措施费中已有的措施项目，按原措施费的组价方法调整；原措施费中没有的措施项目，由承包人根据措施项目变更情况，提出适当的措施费变更，经发包人确认后调整。

4.7.5 因非承包人原因引起的工程量增减，该项工程量变化在合同约定幅度以内的，应执行原有的综合单价；该项工程量变化在合同约定幅度以外的，其综合单价及措施项目费应予以调整。

4.7.6 若施工期内市场价格波动超出一定幅度时，应按合同约定调整工程价款；合同没有约定或约定不明确的，应按省级或行业建设主管部门或其授权的工程造价管理机构的规定调整。

4.7.7 因不可抗力事件导致的费用，发、承包双方应按以下原则分别承担并调整工程价款：

1. 工程本身的损害、因工程损害导致第三方人员伤亡和财产损失以及运至施工场地用于施工的材料和待安装的设备的损害，由发包人承担；

2. 发包人、承包人人员伤亡由其所在单位负责，并承担相应费用；

3. 承包人的施工机械设备损坏及停工损失，由承包人承担；

4. 停工期间，承包人应发包人要求留在施工场地的必要的管理人员及保卫人员的费用由发包人承担；

5. 工程所需清理、修复费用由发包人承担。

◯工程索赔

一、主要知识点

（一）工程索赔（见表 8-3）

表 8-3 工程索赔

工程索赔	索赔概念	工程索赔是在合同履行过程中，对于并非自己的过错，而是应由对方承担责任的情况造成的实际损失向对方提出经济补偿和时间补偿的要求
	索赔性质	属于经济补偿行为而不是惩罚称为“索补”，工程实际中一般称为“签证申请”
	索赔的起因	①由现代承包工程的特点引起 ②合同内容的有限性 ③业主要求 ④各承包商之间的相互影响 ⑤对合同理解的差异
	索赔的条件	①客观性 ②合法性 ③合理性

(二)索赔的分类(见图 8-2)

- 索赔的分类
  - 按发生索赔的原因分类
    - 增加(或减少)工程量索赔
    - 地基变化索赔
    - 工期延长索赔
    - 加速施工索赔
    - 不利自然条件及人为障碍索赔
    - 工程范围变更索赔
    - 合同文件错误索赔
    - 工程拖期索赔
    - 暂停施工索赔
    - 终止合同索赔
    - 设计图纸拖延交付索赔
    - 拖延付款索赔
    - 物价上涨索赔
    - 业主风险索赔
    - 特殊风险索赔
    - 不可抗拒因素索赔
    - 业主违约索赔
    - 法令变更索赔
  - 按索赔的目的分类
    - 工期索赔
    - 经济索赔
  - 按索赔的合同依据分类
    - 合同规定的索赔
    - 非合同规定的索赔
    - 道义索赔
  - 按索赔的有关当事人分类
    - 工程承包商同业主之间的索赔
    - 总承包商同分包商之间的索赔
    - 承包商同供货商之间的索赔
  - 按索赔的处理方式分类
    - 单项索赔
    - 综合索赔
  - 按索赔的对象分类
    - 索赔
    - 返索赔

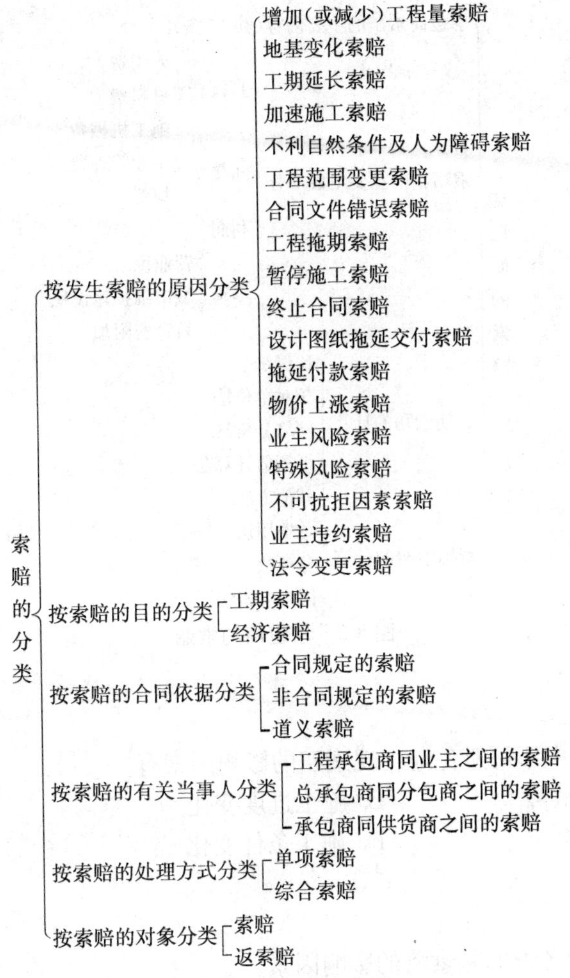

图 8-2　索赔的分类

(三)工程索赔的处理原则与依据

1. 索赔证据(见图 8-3)

- 索赔证据
  - 对索赔证据的要求
    - 真实性
    - 全面性
    - 关联性
    - 及时性
    - 具有法律证明效力
  - 索赔证据的种类(共 17 类,见 P223-224)

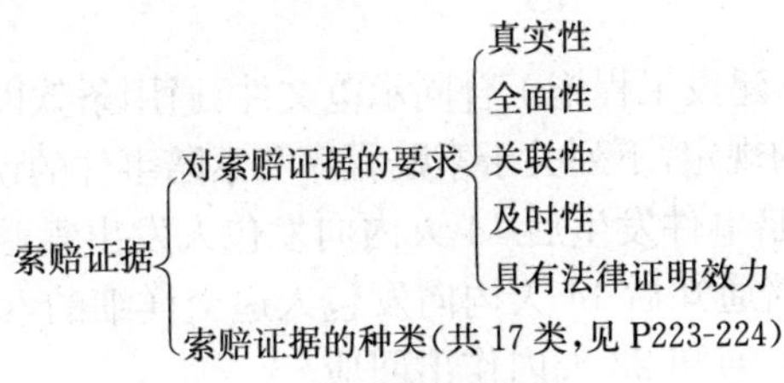

图 8-3　索赔证据

2. 索赔文件(见图 8-4)

- 索赔文件包括
  - 索赔信
  - 索赔报告
  - 附件

图 8-4　索赔文件

3. 承包商的索赔(见图 8-5)

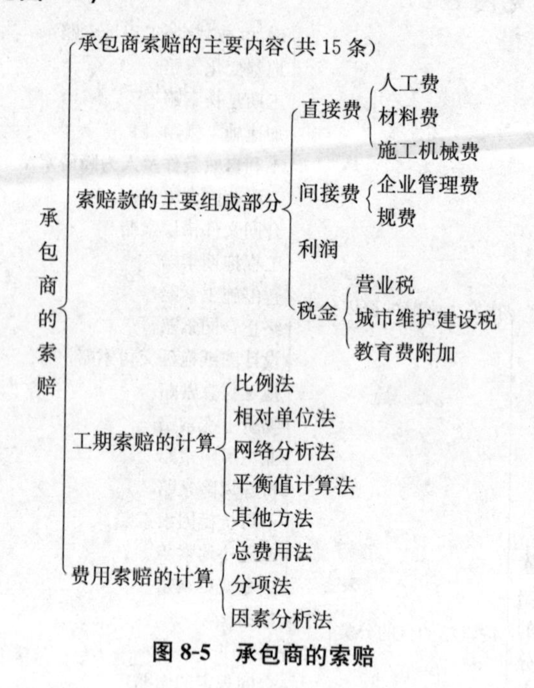

图 8-5　承包商的索赔

二、例题

【例 1】 工程承包中不可避免地出现索赔的影响因素有(　　)。

A. 施工机械发生故障　　B. 施工进度变化

C. 施工图纸的变更　　D. 施工条件变化

E. 人民币升值

【答案】 B C D

【知识要点】 本题考查的是索赔的影响因素。

【正确解析】 索赔是工程承包中经常发生的正常现象。由于施工条件、气候条件的变化，施工进度、物价的变化，以及合同条款、规范、标准文件和施工图纸的变更、差异、延误等因素的影响，使工程承包中不可避免地出现索赔。

【例 2】 根据我国现行《建设工程施工合同示范文件》通用条款以及《建设工程工程量清单计价规范》(GB 50500—2008)的规定，下列关于索赔程序和索赔事件的说法中，正确的是(　　)。

A. 承包人应在确认索赔事件发生后 14 天内向发包人发出索赔通知

B. 承包人应在发出索赔通知后 14 天内向发包人递交详细的索赔报告

C. 发包人应在收到索赔通知 28 天内作出回应

D. 发包人应在收到索赔报告后 28 天内作出答复

【答案】 D

【知识要点】 本题考查的是索赔时限的规定。

【正确解析】 业主未能按合同约定履行自己的各项义务或发生错误以及应由业主承担责任的其他情况，造成工期延误和(或)承包商不能及时得到合同价款及其他经济损失，承包商可按下列程序以书面形式向业主索赔：

①索赔事件发生后28天内,向业主方发出索赔意向通知;

②发出索赔意向通知后28天内,向业主方提出补偿经济损失和(或)延长工期的索赔报告及有关资料;

③业主方在收到承包商送交的索赔报告和有关资料后,于28天内给予答复,或要求承包商进一步补充索赔理由和证据;

④业主方在收到承包商送交的索赔报告和有关资料后28天内未予答复或未对承包商作进一步要求,视为该项索赔已经认可;

⑤当该索赔事件持续进行时,承包商应当阶段性地向业主发出索赔意向,在索赔事件终了后28天内,向业主方送交索赔的有关资料和最终索赔报告,答复程序同③④。

【例3】 某施工合同约定,现场主导施工机械一台,由承包人租得,台班单价为200元/台班,租赁费100元/天,人工工资为50元/工日,窝工补贴20元/工日,以人工费和机械费为基数的综合费率为30%。在施工过程中,发生了如下事件:①遇异常恶劣天气导致停2天,人员窝工30工日,机械窝工2天;②发包人增加合同工作,用工20工日,使用机械1台班;③场外大范围停电致停工1天,人员窝工20工日,机械窝工1天。据此,下列选项正确的有(　　)。

A. 因异常恶劣天气停工可得的费用索赔额为800元

B. 因异常恶劣天气停工可得的费用索赔额为1040元

C. 因发包人增加合同工作,承包人可得的费用索赔额为1560元

D. 因停电所致停工,承包人可得的费用索赔额为500元

E. 承包人可得的总索赔费用为2500元

【答案】 CD

【知识要点】 本题考查的是索赔的计算方法,本题是2009年造价师《计价与控制》考试题。

【正确解析】 本题一定要分清哪些事件引起的工程延误是可以索赔费用的,哪些只能索赔工期,不能索赔费用。通用条款第39.3款规定如下:

39.3　因不可抗力事件导致的费用及延误的工期由双方按以下方法分别承担:

(1)工程本身的损害、因工程损害导致第三人人员伤亡和财产损失以及运至施工场地用于施工的材料和待安装的设备的损害,由发包人承担;

(2)发包人承包人人员伤亡由其所在单位负责,并承担相应费用;

(3)承包人机械设备损坏及停工损失,由承包人承担;

(4)停工期间,承包人应工程师要求留在施工场地的必要的管理人员及保卫人员的费用由发包人承担;

(5)工程所需清理、修复费用,由发包人承担;

(6)延误的工期相应顺延。

由上可知①遇异常恶劣天气导致停工2天,人员窝工、机械窝工,不能得到费用索赔。"异常恶劣天气"属于不可抗力,只能顺延工期2天。所以,A、B选项是错误的。

②发包人增加合同工作,用工20工日,使用机械1台班。可以索赔费用和工期。

计算方法:索赔费用=(50元/工日×20工日+200元/台班1台班)×1.3=1560(元)

③场外大范围停电致停工1天,人员窝工20工日,机械窝工1天,属于客观原因,并非发包人原因,所以,只能得到窝工的直接费补偿和工期顺延,不再取费。另外需要注意的是机械

窝工时台班单价计算方法：自有机械按折旧费计算，租赁机械按租赁费计算。

计算方法：索赔费用＝20元/工日×20工日＋100元/台班×1台班＝500(元)

【例4】 某土方工程业主与施工单位签订了土方施工合同，合同约定的土方量为8000m^3，合同期为16天。合同约定，工程量增加20%以内为施工方应承担的工期风险。施工过程中，因出现了较深的软弱下卧层，致使土方量增加了10200m^3，则施工方可提出的工期索赔为(　　)天。

A. 10　　B. 14　　C. 17　　D. 20

【答案】 B

【知识要点】 本题考查的是索赔工期的计算方法。

【正确解析】 解题步骤如下：

首先计算不需要索赔的土方量为：8000＋8000×20%＝9600(m^3)

其次计算需要索赔的土方量为：8000＋10200－9600＝8600(m^3)

计算承担风险以内的日完成土方工程量：9600/16＝600(m^3/天)

需要索赔的工期为：8600/600＝14.3(天)≈14(天)

【例5】 某建设工程项目业主与甲施工单位签订了施工总承包合同，合同中保函手续费为20万元，合同工期为200天。合同履行过程中，因不可抗力事件发生致使开工日期推迟30天，因异常恶劣气候停工10天，因季节性大雨停工5天，因设计分包单位延期交图停工7天，上述事件均未发生在同一时间，则甲施工总承包单位可索赔的保函手续费为(　　)万元。

A. 0.7　　B. 3.7　　C. 4.7　　D. 5.2

【答案】 B

【知识要点】 本题考查的是索赔工期的计算方法。

【正确解析】 首先应该判断哪些事件引起的工期延误是可以索赔的。不可抗力事件、异常恶劣气候条件、设计分包单位延期交图，共计47天，原工期200天，保函手续费为20万元，每一天手续费为：20/200＝0.1(万元/天)。

则甲施工总承包单位可索赔的保函手续费为：47×0.1＝4.7(万元)

注意：因季节性大雨停工5天，不能索赔，属于施工单位承担的风险范围。

○工程价款结算

一、主要知识点

工程价款结算见表8-4。

表8-4　工程价款结算

概念	工程价款结算是指承包商在工程施工过程中，依据承包合同中关于付款的规定和已经完成的工程量，以预付备料款和工程进度款的形式，按照规定的程序向业主收取工程价款的一项经济活动	
工程预付款结算	工程预付款数额	包工包料工程的预付款按合同约定拨付，原则上预付比例不低于合同金额的10%，不高于合同金额的30%(扣除暂列金额)，重大工程项目按年度工程计划逐年预付
	工程预付款拨付时间	在具备施工条件的前提下，业主应在双方签订合同后一个月内或不迟于约定的开工日期前的7天内预付工程款
	工程预付款扣回	预付的工程款必须在合同中约定抵扣方式，并在工程进度款中进行抵扣

续表 8-4

工程进度款结算与支付	工程进度款结算方式	①按月结算与支付：实行按月支付进度款，竣工后清算的办法 ②分段结算与支付：当年开工、当年不能竣工的工程按照工程实际进度，划分不同阶段支付工程进度款
	工程量计算	承包商应按合同约定的方法和时间，向业主提交已完工程量的报告。业主接到报告后 14 天内核实已完工程量
	工程进度款支付	①承包商向业主提出支付工程进度款申请，在 14 天内，业主应按不低于工程价款的 60%、不高于工程价款的 90%向承包商支付工程进度款 ②确认增(减)的工程变更价款作为追加(减)合同价款与工程进度款同期支付 ③业主不按合同约定支付工程进度款、导致施工无法进行，承包商可以停止施工，由业主承担违约责任
竣工结算	竣工结算方式	①单位工程竣工结算 ②单项工程竣工结算 ③建设项目竣工总结算
	竣工结算编审	①单位工程竣工结算由承包商编制，业主审核 ②单项工程竣工结算或建设项目竣工总结算由总承包商编制，业主可直接审核，也可以委托具有相应资质的工程造价咨询机构进行审核
	竣工结算报告的递交时限	合同专用条款有约定的从其约定，无约定的按价款结算办法的规定：单项工程竣工后，承包商应在提交竣工验收报告的同时，向业主递交竣工结算报告及完整的结算资料
	竣工结算报告的审查时限	合同专用条款有约定的从其约定，无约定的按价款结算办法的规定执行： 报告金额 500 万元以下，20 天；500 万元～2000 万元，30 天；2000 万元～5000 万元，45 天；5000 万元以上，60 天
	竣工价款的支付	业主应在收到承包商支付工程竣工结算款申请后 15 天内支付结算款
	竣工结算的编制依据	①工程合同的有关条款 ②全套竣工图纸及相关资料 ③设计变更通知书 ④承包商提出、由业主和设计单位会签的施工技术问题核定单 ⑤工程现场签证单 ⑥材料代用核定单 ⑦材料价格变更文件 ⑧合同双方确认的工程量 ⑨经双方协商同意并办理了签证的索赔 ⑩投标文件、招标文件及其他依据
	竣工结算的审核	①②核对合同条款 ②落实设计变更签证 ③按图核实工程数量 ④严格按合同约定计价 ⑤注意各项费用计取 ⑥防止各种计算误差
	工程质量保证(保修)金的预留	按照有关合同约定预留质量保证(保修)金，待工程项目保修期满后拨付

二、例题

【例1】 根据《建设工程价款结算暂行办法》(财建[2004]369号)的规定,包工包料的工程原则上预付款比例上限为(　　)。

A. 合同金额(扣除暂列金额)的20%　　B. 合同金额(扣除暂列金额)的30%
C. 合同金额(不扣除暂列金额)的20%　　D. 合同金额(不扣除暂列金额)的30%

【答案】 B

【知识要点】 本题考查的是工程预付款拨付数额。

【正确解析】 按照《建设工程价款结算暂行办法》第十二条第(一)款及《建设工程工程量清单计价规范》GB 50500—2008第4.5.1款的规定,包工包料工程的预付款按合同约定拨付,原则上预付比例不低于合同金额的10%,不高于合同金额的30%(扣除暂列金额),对重大工程项目,按年度工程计划逐年预付。实行工程量清单计价的工程,实体性消耗和非实体性部分应在合同中分别约定预付款比例(或金额)。

【例2】 依据《清单计价规范》有关条款的规定,承包人应按照合同约定,向发包人递交已完工程量报告。发包人应在接到报告后按合同约定进行核对。以下(　　)发包人不予计量。

A. 因业主提出的设计变更而增加的工程量　　B. 因发包人的原因造成返工的工程量
C. 因承包人的原因造成返工的工程量　　D. 因不利施工条件造成返工的工程量
E. 因承包人超出施工图纸范围的工程量

【答案】 C E

【知识要点】 本题考查的是承包人与发包人进行计量的相关规定。

【正确解析】 清单计价规范第4.5.4条款说明:当发承包双方在合同中未对工程量的计量时间、程序、方法和要求作约定时,按以下规定办理:

1. 承包人应在每个月末或合同约定的工程段完成后向发包人递交上月或上一工程段已完工程量报告。

2. 发包人应在接到报告后7天内按施工图纸(含设计变更)核对已完工程量,并应在计量前24小时通知承包人,承包人应提供条件并按时参加。

3. 计量结果:

(1)如发、承包双方均同意计量结果,则双方应签字确认;

(2)如承包人收到通知后不参加计量核对,则由发包人核实的计量应认为是对工程量的正确计量;

(3)如发包人未在规定的核对时间内进行计量核对,承包人提交的工程计量视为发包人已经认可;

(4)如发包人未在规定的核对时间内通知承包人,致使承包人未能参加计量核对的,则由发包人所作的计量核实结果无效;

(5)对于承包人超出施工图纸范围或因承包人原因造成返工的工程量,发包人不予计量;

(6)如承包人不同意发包人核实的计量结果,承包人应在收到上述结果后7天内向发包人提出,申明承包人认为不正确的详细情况。发包人收到后,应在2天内重新核对有关工程量的计量,或予以确认,或将其修改。

发、承包双方认可的核对后的计量结果应作为支付工程进度款的依据。

【例3】 已知某工程承包合同价款总额为6000万元，主要材料及构件所占比重为60%，预付款总金额为工程价款总额的20%，则预付款起扣点是(　　)万元。

A. 2000　　B. 2400　　C. 3600　　D. 4000

【答案】 D

【知识要点】 本题考查的是工程预付款起扣点的计算方法。

【正确解析】 发包单位拨付给承包单位的工程预付款属于预支性质，工程实施后，随工程所需主要材料储备的逐步减少，应以抵充工程价款的方式陆续扣回，抵扣方式必须在合同中约定。可以从未施工工程尚需的主要材料及构件的价值相当于工程预付款数额时起扣，从每次结算工程价款中，按材料比重抵扣工程价款，竣工前全部扣清。其基本表达公式是：

$$T = P - M/N$$

式中：T—起扣点，即工程预付款开始扣回时累计完成工作量金额；

P—承包工程价款总额；

M—工程预付款限额；

N—主要材料及构件所占的比重；

$$M = 6000 \times 20\% = 1200(万元)$$

$$T = 6000 - 1200/60\% = 4000(万元)$$

【例4】 某独立土方工程的招标文件中土方清单工程量为100万m^3。双方合同约定，工程款按月支付并在每月支付的工程款中扣留5%，作为抵扣工程预付款。土方为全费用单价，每立方米20元，当实际工程量超过清单工程量的10%时，超过部分调整单价为每立方米18元。某月施工单位完成土方25万m^3，截止该月累计完成的土方工程量为125万m^3，则该月应结工程款为(　　)万元。

A. 600　　B. 540　　C. 470　　D. 446.5

【答案】 D

【知识要点】 本题考查的是工程进度款支付数额的计算。

【正确解析】 首先要认真审题，分析每一个条件的含义。很显然，至本月累计完成土方量125万m^3，已经超过合同约定的100万m^3的10%，超过量=125－110=15(万m^3)，因此，本月完成的25万m^3需要分段计价，其中，超过量15万m^3的土方单价按每立方米18元计价，其余的10万m^3的土方单价按每立方米20元计价。

本月应结土方款为：10×20＋15×18＝470(万元)

扣留5%：470×5%＝23.5(万元)

本月应结工程款：470－23.5＝446.5(万元)

☆强化训练

一、单项选择题

1. 施工预算是依据(　　)编制的。

A. 施工定额　　B. 预算定额　　C. 时间定额　　D. 产量定额

2. 下列关于施工预算说法正确的是(　　)。

A. 施工预算是投标文件的组成部分

B. 施工预算的编制人是建设单位

C. 施工预算是施工企业加强经济核算、控制工程成本的重要手段

D. 施工预算是进行工程结算的依据

3. 在编制施工预算时，不包括以下（　　）。

A. 熟悉施工预算编制资料　　B. 取费计算工程造价

C. 计算工程量　　D. 套施工定额

4. 在施工过程中，人工费的控制可以从控制支出和（　　）两个方面来解决。

A. 节省用工　　B. 开源节流　　C. 提高效率　　D. 按实签证

5. 由于工程变更会带来工程造价和工期的变化，为有效控制造价，无论哪一方提出工程变更，均需由（　　）。

A. 工程师确认并签发工程变更指令　　B. 发包方确认，工程师签发工程变更指令

C. 发包方确认并签发工程变更指令　　D. 工程师确认，发包方签发工程变更指令

6. 工程变更确认的一般过程是：①分析影响②提出工程变更③确认工程变更④分析合同条款⑤确定所需费用、时间，正确的顺序是（　　）。

A. ①②③④⑤　　B. ⑤①③②④　　C. ②⑤①④③　　D. ②①④⑤③

7. 关于工程变更的控制，以下说法不正确的是（　　）。

A. 工程尚未开始，这时变更的时间通常很紧迫，甚至可能发生现场停工，等待变更通知

B. 工程变更容易引起停工、返工现象，会延迟项目的完工时间，对进度不利

C. 频繁变更还会增加工程师的组织协调工作量

D 施工条件变更往往较复杂，需要特别重视，尽量避免索赔的发生

8. 施工中发包人如需要对原工程进行设计变更，应不迟于变更前（　　）天以书面形式通知承包人。

A. 7　　B. 14　　C. 21　　D. 28

9. 在某市地铁施工中，隧洞开挖时发现新的断层破碎带，这种情况下的工程变更属于（　　）。

A. 设计变更　　B. 工程量变更　　C. 进度计划变更　　D. 施工条件变更

10. 变更超过原设计标准或批准的建设规模时，（　　）报原规划管理部门和其他有关部门审查批准，并由原设计单位提供变更的相应图纸和说明。

A. 承包人　　B. 监理工程师　　C. 发包人　　D. 设计单位

11. 承包人在施工提出合理化建议涉及设计图纸或施工组织设计的更改及对原材料、设备的换用，需经（　　）同意。

A. 承包人　　B. 工程师　　C. 发包人　　D. 设计单位

12. 关于工程变更的说法中，正确的是（　　）。

A. 除受自然条件的影响外，一般不得发生变更

B. 尽管变更的原因有多种，但必须一事一变更

C. 如果出现了必须变更的情况，则应抢在变更指令发出前尽快落实变更

D. 若承包人不能全面落实变更指令，则扩大的损失应由承包人承担

13. 工程变更价款的确定应在双方协商的时间内，由（　　）提出变更价格，报工程师批准后方可调整合同价款或顺延工期。

A. 建设单位　　B. 承包商　　C. 发包人　　D. 设计单位

14. 乙方在工程变更确定后(　　)天内,提出变更工程价款的报告,经工程师确认后,调整合同价款。

A. 7　　B. 14　　C. 28　　D. 30

15. 工程师无正当理由不确认承包商提出的变更工程价款报告时,自变更价款报告送达之日起(　　)变更工程价款报告自行生效。

A. 7 天内　　B. 14 天内　　C. 7 天后　　D. 14 天后

16. 根据我国现行合同条款的规定,在合同履行过程中,承包人发现有变更情况的,可向监理人提出(　　)。

A. 变更指示　　B. 变更意向书　　C. 变更建议书　　D. 变更报价书

17.《建设工程价款结算暂行办法》规定,合同中没有适用于变更工程的价格,计算变更合同价款按(　　)。

A. 承包商提出适当的变更价格,工程师确认后执行

B. 当地权威部门指导价格执行

C. 发包人提出适当的变更价格,工程师确认后执行

D. 合同中类似的价格执行

18.《建设工程价款结算暂行办法》规定,合同中只有类似于变更工程的价格,计算变更合同价款按(　　)。

A. 合同中类似的价格执行　　B. 按建设行政主管部门指导价格执行

C. 合同中已有的价格执行　　D. 工程师指定的价格执行

19. 当工程量清单有误或工程变更引起实际完成的工程量增减超过工程量清单中相应工程量的(　　)或合同约定的幅度时,工程量清单综合单价应予调整。

A. 5%　　B. 10%　　C. 15%　　D. 20%

20. 因非承包人原因的工程变更,造成施工方案变更,导致增加原措施费中没有的措施项目时,下列对措施费变更的处理程序正确的是(　　)。

A. 由发包人提出适当的措施费变更后调整

B. 由监理人提出适当的措施费变更,经发包人确认后调整

C. 由承包人提出适当的措施费变更,经监理人确认后调整

D. 由承包人提出适当的措施费变更,经发包人确认后调整

21. 施工期内,当材料价格发生波动并超过合同约定的涨幅时,承包人采购材料前应由(　　)。

A. 工程师确认数量和价格且发包人签字同意

B. 发包人确认数量和价格并签字同意

C. 发包人确认数量和价格且工程师签证

D. 工程师确认数量和价格并签字同意

22. 分析工程索赔产生的原因时,下列事件不属于合同变更的是(　　)。

A. 施工方法变更　　B. 设计变更

C. 合同中的遗漏　　D. 追加某些工作

23. 索赔的性质属于(　　)行为。

A. 经济惩罚　　　　B. 经济补偿
C. 责任追究　　　　D. 经济纠纷

24. 工程索赔是当事人一方向另一方提出索赔要求的行为，相对来说(　　)的索赔更加困难一些。

A. 承包人向发包人　　　　B. 发包人向供应商
C. 承包人向供应商　　　　D. 发包人向承包人

25. 要想取得索赔的成功，提出索赔要求必须符合基本条件，以下(　　)不是索赔的条件。

A. 客观性　　B. 合法性　　C. 方向性　　D. 合理性

26. (　　)是指通情达理的业主目睹承包商为完成某项困难的施工，承受了额外费用损失，因而出于善良意愿，同意给承包商以适当的经济补偿。

A. 道义索赔　　　　B. 合同规定的索赔
C. 单项索赔　　　　D. 非合同规定的索赔

27. 对整个工程实际发生的合理成本与原成本之差额提出的索赔属于(　　)。

A. 补偿索赔　　B. 道义索赔　　C. 单项索赔　　D. 综合索赔

28. 下列关于索赔和反索赔的说法正确的是(　　)。

A. 索赔实际上是一种经济惩罚行为
B. 反索赔的目的是维护业主方面的经济利益
C. 索赔和反索赔具有同时性
D. 索赔可以给承包人带来额外的报酬

29. 索赔事件发生后(　　)天内，承包商向业主方发出索赔意向通知

A. 7　　B. 14　　C. 21　　D. 28

30. 业主方在收到承包商送交的索赔报告和有关资料后(　　)天内未予答复或未对承包商作进一步要求，视为该项索赔已经认可

A. 7　　B. 14　　C. 21　　D. 28

31. 承包商可根据合同约定向业主提出延期开工的申请，申请被批准则承包商可以进行工期索赔。业主的确认时间为(　　)小时。

A. 8　　B. 12　　C. 24　　D. 48

32. 因非承包商原因一周之内停水、停电、停气造成停工累计超过(　　)小时时，承包商可根据合同通用条款的约定要求进行工期索赔。

A. 8　　B. 12　　C. 24　　D. 48

33. 因工程量增加造成的工期延长，承包商可根据合同约定要求进行工期索赔。工期确认时间根据合同通用条款约定为(　　)天。

A. 7　　B. 14　　C. 21　　D. 28

34. 在工程索赔实践中，以下(　　)费用允许索赔。

A. 不可抗力导致的工程所需清理、修复费用
B. 承包商对索赔事项的发生原因负有责任的有关费用
C. 承包商对索赔事项未采取减轻措施因而扩大的损失费用
D. 承包商进行索赔工作的准备费用

35. 根据我国现行合同条件的规定，关于工程索赔的说法中，正确的是(　　)。

A. 监理人未能及时发出指令不能视为发包人违约

B. 因政策法令的变化不能提出索赔

C. 机械停工按照机械台班单价计算索赔

D. 监理人指令承包商加速施工有时也会产生索赔

36. 根据我国现行合同条件的规定，关于索赔计算的说法中，正确的是(　　)。

A. 人工费索赔包括新增加工作内容的人工费，不包括停工损失费

B. 发包人要求承包人提前竣工时，可以补偿承包人利润

C. 工程延期时，保函手续费不应增加

D. 发包人未按约定时间进行付款的，应按银行同期贷款利率支付迟付款的利息

37. 根据《标准施工招标文件》中合同条款的规定，承包人可以索赔工期的时间是(　　)。

A. 发包人原因导致的工程缺陷和损失

B. 发包人要求向承包人提前交付工程设备

C. 施工过程发现文物

D. 政策变化引起的价格调整

38. 根据《建设工程工程量清单计价规范》(GB 50500—2008)的规定，索赔时限错误的说法是(　　)。

A. 承包人应在确认引起索赔事件发生后 28 天内向发包人发出索赔通知

B. 承包人应在确认引起索赔事件发生后 42 天内向发包人递交一份详细的索赔报告

C. 对于具有连续影响的索赔事件，承包人应在该事件产生的影响结束后 42 天内，递交一份最终索赔报告

D. 发包人在收到最终索赔报告的 28 天内未作答复即视为该索赔报告已经认可

39. 在出现"共同延误"的情况下，承担拖期责任的是(　　)。

A. 造成拖期最长者　　B. 最先发生者

C. 最后发生者　　D. 按造成拖期的长短，在各共同延误者之间分担

40. 某工程项目总价值 2000 万元，合同工期 18 个月，现承包人因建设条件发生变化需增加额外工程费用 100 万元，则承包方可提出工期索赔为(　　)个月。

A. 0.9　　B. 1.2　　C. 1.5　　D. 3.6

41. 在某工程施工中，由于工程师指令错误，使承包商的工人窝工 50 工日，增加配合用工 10 工日，机械一个台班，合同约定人工单价为 60 元/工日，机械台班为 360 元/台班，人工窝工补贴费为 20 元/工日，含税的综合费率为 17%，承包商可得该项索赔为(　　)元

A. 1960　　B. 2293.2　　C. 2123.2　　D. 1372.2

42. 某建设项目业主与施工单位签订了可调价格合同。合同中约定，主导施工机械一台为施工单位自有设备，台班单价为 900 元/台班，折旧费 150 元/台班，人工日工资单价为 40 元/工日，窝工工费 10 元/工日。合同履行中，因场外停电全场停工 2 天，造成人员窝工 20 个工日，因业主指令增加一项新工作，完成该项工作需要 5 天时间，机械 5 台班，人工 20 个工日，材料费 5500 元，则施工单位可向业主提出直接费补偿额为(　　)元。

A. 5800　　B. 11300　　C. 34000　　D. 49500

43. 根据《建设工程价款结算暂行办法》(财建[2004]369 号)的规定，包工包料工程的预付款按合同约定拨付，原则上按合同金额(扣除暂列金额)的(　　)比例区间内预付。

A. 5%～10%　　B. 10%～15%　　C. 10%～20%　　D. 10%～30%

44. 某包工包料工程合同金额 9000 万元，则预付款最低金额为(　　)万元。

A. 90　　B. 450　　C. 900　　D. 1350

45. 根据《建设工程价款结算暂行办法》的规定，在具备施工条件的前提下，发包人应在双方签订合同后的一个月内或不迟于约定的开工日期前的(　　)天内预付工程款。

A. 7　　B. 14　　C. 28　　D. 30

46. 工程预付款的性质是一种提前支付的(　　)。

A. 工程款　　B. 工程进度款　　C. 材料备料款　　D. 结算款

47. 根据《建设工程价款结算暂行办法》的规定，若发包人未按合同约定预付工程款，承包人应在预付时间到期后(　　)天内向发包人发出要求预付的通知。

A. 7　　B. 10　　C. 14　　D. 15

48. 根据《建设工程价款结算暂行办法》的规定，发包人应在一定时间内预付工程款，否则，承包人应在预付时间到期后的一定时间内发出要求预付工程款的通知，若发包人仍不预付，则承包人可在发出通知的(　　)天后停止施工。

A. 7　　B. 10　　C. 14　　D. 28

49. 根据《建设工程工程量清单计价规范》(GB 50500—2008)及住建部《招标文件示范文本》的相关规定，关于工程预付款的说法中，正确的是(　　)。

A. 包工不包料工程预付款比例可适当降低

B. 国有资金投资项目应对实体性消耗和非实体性消耗部分分别约定预付款比例

C. 工期短的工程预付款比例可适当降低

D. 跨年度工程按年度完成工程价值占合同额的比例分年扣回预付款

50. 按照《建设工程价款结算暂行办法》规定的程序，发包人不按约定预付工程款的，承包人可采取的行为是(　　)。

A. 在超过约定预付时间 14 天后停止施工

B. 在约定开工日期后 7 天内向发包人发出要求预付的通知

C. 在约定预付时间到期后 10 天内向发包人发出要求预付的通知

D. 在约定预付时间到期后 14 天内停止施工

51. 当年开工、当年不能竣工的工程按照工程进度划分不同阶段支付工程进度款。这种工程进度款的结算方式是(　　)。

A. 按月结算与支付　　B. 分段结算与支付

C. 年度结算与支付　　D. 按季度结算与支付

52. 根据《建设工程工程量清单计价规范》(GB 50500—2008)的规定，发包人应在接到承包人提交的已完工程量报告后(　　)天内按施工图纸(含设计变更)核对已完工程量，并应在计量前 24 小时通知承包人。

A. 1　　B. 7　　C. 10　　D. 14

53. 按照现行规定，发包人接到承包人已完工程量报告后 7 内未进行计量核对的，下列中说法正确的是(　　)。

A. 视发包人已经认可承包人报告的已完工程量

B. 承包人应发催促核对通知书

C. 收到催促通知后 7 天内仍未核对的，视为发包人已认可承包人报告的工程量

D. 视发包人不认可承包人报告的已完工程量

54. 根据确定的工程计量结果，发包人应在批准工程进度款支付申请的（　　）天内，向承包人支付工程进度款。

A. 5　　B. 7　　C. 10　　D. 14

55. 根据确定的工程计量结果及批准的支付工程进度款申请，发包人应按不低于工程价款的（　　），不高于工程价款的（　　）向承包人支付工程进度款。

A. 30%；90%　　B. 60%；90%　　C. 60%；95%　　D. 70%；95%

56. 某工程承包人向发包人递交了 200 万元的进度款支付申请。按照《建设工程价款结算暂行办法》的规定，下列关于工程进度款支付的说法中，正确的是（　　）。

A. 发包人应在收到该申请的 15 天内，向承包人支付不少于 180 万元的进度款

B. 发包人应在批准该申请的 14 天内，向承包人支付不少于 120 万元的进度款

C. 发包人应在收到该申请的 14 天内，向承包人支付不少于 120 万元的进度款

D. 发包人应在批准该申请的 15 天内，向承包人支付不少于 180 万元的进度款

57. 业主不按合同约定支付工程进度款，双方又未达成延期付款协议，导致施工无法进行，下列说法正确的是（　　）。

A. 承包商可以停止施工，由业主承担违约责任

B. 承包商不可以停止施工，由业主承担违约责任

C. 承包商继续施工，业主不承担违约责任

D. 承包商可以停止施工，由承包商承担违约责任

58. 根据《建设工程价款结算暂行办法》的规定，在编审竣工结算过程中，单位工程竣工结算的编制人是（　　）。

A. 发包人　　B. 承包人　　C. 业主　　D. 工程师

59. 关于竣工结算的编制与审查的说法中，错误的是（　　）。

A. 单位工程竣工结算由承包人编制

B. 建设项目竣工总结算经发、承包人签字盖章后有效

C. 竣工结算的编制依据包括经批准的开、竣工报告或停、复工报告

D. 结算中的暂列金额应减去工程价款调整与索赔、现场签证金额，若有余款归承包人

60. 单项工程竣工后，承包人应在提交竣工验收报告的同时，向发包人递交（　　）及完整的结算资料。

A. 竣工验收资料　　B. 造价对比资料

C. 工程竣工图　　D. 竣工结算报告

61. 若从接到竣工结算报告和完整的竣工结算资料之日起审查时限为 45 天，则工程竣工结算报告的金额应该为（　　）。

A. 500 万元以下　　B. 500 万元～2000 万元

C. 2000 万元～5000 万元　　D. 5000 万元以上

62. 建设项目竣工总结算在最后一个单项工程竣工结算确认后 15 天内汇总，送业主后（　　）天内审查完成。

A. 20　　B. 30　　C. 45　　D. 60

63. 已知计算工程预付款起扣点的公式为 T=P−M/N，其中 N 的含义是（　　）。

A. 工程预付款额　　B. 承包工程价款总额

C. 主要材料及构件所占比重　　D. 开始扣回预付款时累计完成工作量

64. 以下（　　）不是竣工结算编制的依据。

A. 材料代用核定单　　B. 合同双方确认的工程量

C. 材料价格变更文件　　D. 设计概算中的工程量

65. 工程竣工结算审核是竣工结算阶段的一项重要工作，除核对合同条款、严格按合同约定计价、注意各项取费、防止各种计算误差外，还包括（　　）。

A. 落实设计变更签证和按图核实工程数量

B. 落实工程价款签证

C. 落实合同价款调整数额

D. 落实工程索赔价款和按图计算工程造价

66. 某分项工程发包方提供的估计工程量为 1500m³，合同中规定单价为 25 元/m³，实际工程量超过估计工程量 10%时，超过工程量调整单价为 20 元/m³，实际经过业主计量确认的工程量为 1800m³，则该分项工程结算款为（　　）元。

A. 37500　　B. 36000　　C. 45000　　D. 44250

67. 某包工包料工程合同总金额为 1000 万元，工程预付款的比例为 20%，主要材料、构件所占比重为 50%，按起扣点基本计算公式计算，则工程累计完成至（　　）万元时应开始扣回工程预付款。

A. 200　　B. 400　　C. 600　　D. 800

二、多项选择题

1. 施工预算的编制依据有（　　）。

A. 招标文件　　B. 经过会审的施工图

C. 施工合同　　D. 人工工资标准、机械台班单价、材料价格

E. 施工方案

2. 施工预算的编制内容有（　　）。

A. 计算工程量　　B. 套预算定额

C. 计取各项费用和税金　　D. 人工、材料、机械台班用量分析和汇总

E. 进行“两算”对比

3. 编制施工预算的方法是（　　）。

A. 工料单价法　　B. 实物法

C. 综合单价法　　D. 单位估价法

E. 工程量清单计价法

4. 施工预算费用计算与施工图预算不同。施工图预算要计算建筑安装工程造价所有费用，而施工预算的费用不包括（　　）。

A. 直接费　　B. 间接费

C. 利润　　D. 税金

E. 规费

5. 工程变更包括的范围是(　　)。

A. 设计变更

B. 工程量清单中未包括的“新增工程”

C. 进度计划变更

D. 材料单价变更

E. 施工条件变更

6. 工程变更是建筑施工生产的特点之一，主要原因是(　　)。

A. 承包方对项目提出新的要求

B. 由于施工现场环境发生了变化

C. 由于施工现场施工机械损坏，引起停工和工期拖延

D. 由于招标文件和工程量清单不准确引起工程量增减

E. 发生不可预见的事件，引起停工和工期拖延

7. 以下属于施工条件变更的是(　　)。

A. 暗挖中发现新的断层

B. 设计对基础加厚

C. 基础施工中发现流沙

D. 基础开挖中发现淤泥层

E. 材料单价变更

8. 以下关于工程变更处理程序正确的是(　　)。

A. 无论何种情况确认的变更，变更指示只能由监理人发出

B. 工程师同意采用乙方的合理化建议，所发生的费用和获得的收益由乙方分担或分享

C. 因变更导致合同价款的增减及造成的承包方损失，由发包方承担，延误的工期相应顺延

D. 承包人可根据施工实际情况，更换材料、设备，延误的工期相应顺延

E. 施工中的乙方不得擅自对原工程设计进行变更，因乙方擅自变更设计，发生的费用和由此导致甲方的直接损失，由乙方承担，延误的工期不予顺延

9. 变更合同价款按下列(　　)方法进行。

A. 按照合同签订地的市场价格进行调整

B. 合同中已有适用于变更的价格，按合同已有的价格计算变更合同价款

C. 合同中只有类似于变更的价格，可以参照类似价格变更合同价款

D. 合同中没有适用或类似于变更的价格，由发包人提出适当的变更价格，经承包人确认后执行

E. 合同中没有适用或类似于变更的价格，由承包人提出适当的变更价格，经工程师确认后执行

10. 根据我国现行合同条件的规定，关于工程变更的说法中，正确的是(　　)。

A. 乙方在双方确定变更后 14 天内不向工程师提出变更工程价款报告时，可视为该项变更不涉及合同价款的变更

B. 工程师收到变更工程价款报告之日起 7 天内，应予以确认。

C. 工程师不同意乙方提出的变更价款，只能采用仲裁或向法院起诉的方式解决。

D. 工程师确认增加的工程变更价款作为追加合同价款，与工程款同期支付

E. 因乙方自身原因导致的工程变更，乙方无权追加合同价款

11. 在国际承包工程中，经常出现变更已成事实后再进行价格谈判，这对承包商很不利。当遇到这种情况时，可采取以下(　　)对策。

A. 控制施工进度,等待变更谈判结果

B. 争取以计时工或按承包商的实际费用支出计算费用补偿

C. 采用单价合同方式,避免谈判中的价格争执

D. 承包商自作主进行工程变更,采用成本加酬金计算变更价款

E. 收集完整的变更实施的记录和照片,并由工程师签字,为索赔作准备

12. 施工期内,措施费用按承包人在投标报价书中的措施费用进行控制,有下列情况造成措施费用增加的应予调整的是( )。

A. 现场施工机械损坏而延误工期

B. 发包人更改承包人的施工组织设计

C. 总价合同中,实际完成的工程量超出合同规定的工程量

D. 施工期内因国家法律、法规及有关政策变化

E. 因发包人原因并经承包人同意顺延工期

13. 因分部分项工程量清单漏项或非承包人原因的工程变更,引起措施项目发生变化,造成施工组织设计或施工方案变更,措施费发生变化的调整原则是( )。

A. 原措施费中已有的措施项目,按原措施费的组价方法调整

B. 原措施费中没有的措施项目,由承包人提出适当的措施费变更,经发包人确认后调整

C. 由承包人提出适当的措施费变更,经监理人确认后调整

D. 由发包人提出适当的措施费变更后调整

E. 由监理人提出适当的措施费变更,经发包人确认后调整

14. 在合同履行过程中,因非承包人原因引起的工程量增减,导致综合单价的调整,下列说法正确的有( )。

A. 当工程量清单项目工程量的变化幅度在10%以内时,其综合单价不作调整,执行原有综合单价

B. 当工程量清单项目工程量的变化幅度在10%以外时,且其影响分部分项工程费超过0.1%时,其综合单价应作调整

C. 调整综合单价的方法是由承包人提出新的综合单价,经发包人确认后调整

D. 人工、材料、机械台班单价涨幅过大且超过报价时的10%的,应调综合单价

E. 工程量清单中工程量有误,不应调整综合单价

15. 发、承包双方应按以下( )原则分别承担因不可抗力事件导致的费用,并调整工程价款。

A. 工程本身的损害、因工程损害导致第三方人员伤亡和财产损失以及运至施工场地用于施工的材料和待安装的设备的损害,由承包人承担

B. 发包人、承包人人员伤亡由其所在单位负责,并承担相应费用

C. 承包人的施工机械设备损坏及停工损失,由承包人承担

D. 停工期间,承包人应发包人要求留在施工场地的必要的管理人员及保卫人员的费用由发包人承担

E. 工程所需清理、修复费用,由发包人承担

16. 要想取得索赔的成功,提出索赔要求必须符合以下( )基本条件。

A. 真实性 B. 全面性

C. 客观性　D. 合法性
E. 合理性

17. 按索赔事件的性质(发生原因)分类,工程索赔的种类有(　　)。
A. 工程变更索赔　B. 合同被迫终止索赔
C. 合同中明示的索赔　D. 工期索赔
E. 不可遇见因素索赔

18. 发生索赔的原因很多,根据工程施工实践,通常有(　　)。
A. 业主违约索赔　B. 工期延长索赔
C. 暂停施工索赔　D. 经济补偿索赔
E. 地基变化索赔

19. 按索赔的目的分类,施工索赔有以下(　　)。
A. 道义索赔　B. 单项索赔
C. 工期索赔　D. 综合索赔
E. 经济索赔

20. 按照索赔的有关当事人分类,索赔可分为(　　)。
A. 工程承包商同业主之间的索赔　B. 总承包商同分包商之间的索赔
C. 承包商同供货方之间的索赔　D. 分包商同业主之间的索赔
E. 供货商同业主之间的索赔

21. 按照索赔的处理方式分类,索赔可分为(　　)。
A. 反索赔　B. 单项索赔
C. 工期索赔　D. 综合索赔
E. 经济索赔

22. 在工程索赔实践中,允许索赔的内容有(　　)。
A. 延期开工造成的损失　B. 地质条件发生变化
C. 不可抗力　D. 因业主原因造成暂停施工
E. 因承包商原因一周之内停水、停电、停气造成停工累计超过 8 小时

23. 采取综合索赔时,承包商必须事前征得工程师的同意,并提出以下(　　)证明。
A. 承包商的投标报价低于成本价　B. 综合索赔优于总成本索赔
C. 承包商对成本增加没有任何责任　D. 实际发生的总成本是合理的
E. 不可能采用其他方法准确计算出实际发生的损失数额

24. 在工程索赔实践中,以下(　　)费用允许索赔。
A. 重新检验并合格　B. 工程变更和工程量增加
C. 业主及时支付工程进度款　D. 承包商未能按合同约定完成该做的工作
E. 业主指令错误

25. 当合同一方向另一方提出索赔时,要有正当的索赔理由,多索赔证据要求是(　　)。
A. 真实性　B. 全面性
C. 关联性　D. 准时性
E. 及时性

26. 在工程索赔实践中,以下(　　)费用不允许索赔。

A. 因非承包商原因一周之内停水、停电、停气造成停工累计超过8小时
B. 承包商对索赔事项的发生原因负有责任的有关费用
C. 承包商对索赔事项未采取减轻措施因而扩大的损失费用
D. 索赔款在索赔处理期间的利息
E. 建筑工程一切险、施工人员意外伤害保险

27. 工期索赔的计算方法有(　　)。
A. 综合单价法
B. 比例法
C. 相对单位法
D. 成本分析法
E. 平均值计算法

28. 根据《建设工程价款结算暂行办法》的规定,下列关于工程预付款的说法错误的是(　　)。
A. 对于重大工程项目,按年度工程计划逐年预付
B. 包工包料的工程原则上预付款比例不低于合同金额的30%
C. 包工包料的工程原则上预付款比例不高于合同金额的60%
D. 预付的工程款必须在合同中约定抵扣方式,并在工程进度款中进行抵扣
E. 实行工程量清单计价的工程,实体性消耗和非实体性消耗部分应在合同中分别约定预付款比例

29. 工程进度款结算方式有(　　)。
A. 按月结算与支付
B. 分段结算与支付
C. 按年结算与支付
D. 按季度结算与支付
E. 按形象进度结算与支付

30. 竣工结算的方式有(　　)。
A. 分部工程竣工结算
B. 分项工程竣工结算
C. 单位工程竣工结算
D. 单项工程竣工结算
E. 建设项目竣工总结算

31. 竣工结算编制的依据有(　　)。
A. 全套竣工图纸
B. 办理了签证的索赔
C. 设计变更通知单
D. 投资估算
E. 工程现场签证单

32. 工程竣工结算审核是竣工结算阶段的一项重要工作,一般从以下(　　)方面入手。
A. 按图计算工程造价
B. 按图核实工程数量
C. 严格按合同约定计价
D. 落实合同价款调整数额
E. 落实设计变更签证

☆参考答案

一、单项选择题

1. A　2. C　3. B　4. D　5. A　6. D　7. A　8. B　9. D　10. C
11. B　12. D　13. B　14. B　15. D　16. C　17. A　18. A　19. B　20. D
21. B　22. C　23. B　24. A　25. C　26. A　27. D　28. B　29. D　30. D

31. D　32. A　33. B　34. A　35. D　36. D　37. C　38. C　39. B　40. A
41. C　42. B　43. D　44. C　45. A　46. C　47. B　48. C　49. B　50. C
51. B　52. B　53. A　54. D　55. B　56. B　57. A　58. B　59. D　60. D
61. C　62. B　63. C　64. D　65. A　66. D　67. C

二、多项选择题

1. B、D、E　2. A、D、E　3. B、D
4. B、C、D、E　5. A、B、C、E　6. B、D、E
7. A、C、D　8. A、C、E　9. B、C、E
10. A、D、E　11. A、B、E　12. B、D、E
13. A、B　14. A、B、C　15. B、C、D、E
16. C、D、E　17. A、B、E　18. A、B、C、E
19. C、E　20. A、B、C　21. B、D
22. A、B、C、D　23. C、D、E　24. A、B、E
25. A、B、C、E　26. B、C、D、E　27. B、C、E
28. B、C　29. A、B　30. C、D、E
31. A、B、C、E　32. B、C、E

第九章　竣工决算的编制与保修费用的处理

☆考 纲 要 求

1. 了解竣工验收报告的组成；
2. 了解竣工决算的内容和编制方法；
3. 了解新增资产价值的确定方法。

☆复 习 提 示

○重点概念

根据考试大纲和历年试题分析，本章应重点掌握的概念有竣工验收、竣工验收的条件、竣工验收的依据、竣工决算、竣工决算的内容、工程造价对比分析、竣工决算的编制、新增资产价值、新增固定资产价值的确定、新增流动资产价值的确定、新增无形资产价值的确定、工程质量保(保修)证金、工程质量保修范围和内容、工程质量保证(保修)金的预留。

○学习方法

本章内容包括竣工验收、竣工决算、保修费用的处理共三节内容。考试大纲只对前两节做了要求，但在考核中也会涉及保修费用的内容，因此，要全面了解本章的知识点。

☆主要知识点

○竣工验收

一、主要知识点

建设项目竣工验收，按被验收的对象划分，可分为单位工程验收、单项工程验收及工程整体验收(称为“动用验收”)。通常所说的建设项目竣工验收，指的是“动用验收”，由建设项目主管部门主持、建设单位(发包人)组织竣工验收。

(一)竣工验收条件(见图 9-1)

竣工验收条件
- 完成建设工程设计和合同约定的各项内容，并满足使用要求
- 有完整的技术档案和施工管理资料
- 有工程使用的主要建筑材料、建筑构配件和设备的进场实验报告
- 有勘察、设计、施工、工程监理等单位分别签署的质量合格文件
- 发包人已按合同约定支付工程款
- 有承包人签署的工程质量保修书
- 在建设行政主管及工程质量监督等有关部门的历次抽查中，责令整改的问题全部整改完毕
- 工程项目前期审批手续齐全，主体工程、辅助工程和公用设施已按批准的设计文件要求建成
- 国外引进项目或设备应按合同要求完成负荷调试考核，并达到规定的各项技术经济指标
- 建设项目基本符合竣工验收标准，剩余工程应按实际留足投资

图 9-1　竣工验收条件

(二)竣工验收依据(见图 9-2)

竣工验收依据：
- 施工技术验收标准及技术规范、质量标准等有关规定
- 可行性研究报告、初步设计、实施方案、施工图纸和设备技术说明书
- 施工图设计文件及设计变更洽商记录
- 工程承包合同文件
- 技术设备说明书
- 建筑安装工程统计规定及主管部门关于工程竣工规定
- 引进新技术和成套设备项目，签订的合同和进口国提供的设计文件等资料
- 利用世界银行等国际金融组织机构贷款的建设项目，按时编制《项目完成报告》

图 9-2　竣工验收依据

(三)竣工验收报告的内容(见表 9-1)

表 9-1　竣工验收报告的内容

编制人		竣工验收报告一般由省级、施工、监理等单位提供单项总结或素材，由建设单位汇总和编制
竣工验收报告的内容	工程建设概况	建设项目工程概况、建设依据、工程自然条件、建设规划、建设管理情况
	设计	设计概况、设计进度、设计特点、采用的新工艺、新技术、设计效益分析、对设计的评价
	施工	施工单位及其分工、施工工期及主要实物工程量、采用主要施工方案和施工技术、施工质量和工程质量评定、中间交接验收情况和竣工资料汇编、对施工的评价
	试运行和生产考核	试运行组织、方案和试运行情况
	生产准备	生产准备概况、生产组织机构及人员配备、生产培训制度及规章制度的建立、生产物资准备
	环境保护	污染源及其治理措施、环境保护组织及其规章制度的建立
	劳动生产安全卫生	劳动生产安全卫生的概况、劳动生产安全卫生组织及其规章制度的建立
	消防	消防设施的概况、消防组织及其规章制度的建立
	节能降耗	节能降耗设施及采取的措施的概况、节能降耗规章制度的建立
	投资执行情况	概预算执行情况、竣工决算、经济效益分析和评价
	未完工程、遗留问题及其处理和安排意见	
	引进建设项目还应包括合同执行情况及外事工作方面的内容	
	工程总评语	

二、例题

【例 1】 在建设项目竣工验收方式中，又称为“动用验收”的是(　　)

A. 分部工程验收　　B. 单位工程验收

C. 单项工程验收　　D. 工程整体验收

【答案】 D

【知识要点】 本题考查的是建设项目竣工验收方式。

【正确解析】 建设项目竣工验收时，按被验收的对象划分，可分为单位工程验收、单项工程验收及工程整体验收(称为“动用验收”)。通常所说的建设项目竣工验收指的是“动用验收”，是指发包人在建设项目按批准的设计文件所规定的内容全部建成后，向使用单位交工的

过程。单项工程验收又称为交工验收,即验收合格后发包人方可投入使用。单位工程竣工验收又称为中间验收。

其验收程序是:整个建设项目按设计要求全部建成后,经过第一阶段的交工验收,符合设计要求,并具备竣工图、竣工结算、竣工决算等必要的文件资料后,由建设项目主管部门或发包人及时向负责验收的单位提出竣工验收申请报告,接受由银行、物资、环保、劳动、统计、消防及其他有关部门组成的验收委员会或验收组的验收,办理固定资产移交手续。

建设单位组织竣工验收。

【例 2】 以下关于竣工验收的概念不正确的是( )。

A. 工业生产性项目建成后,对工程项目的总体进行检验和认证、综合评价和的鉴定活动

B. 是全面检验建设项目是否符合设计要求和工程质量检验标准

C. 是审查投资使用是否合理的重要环节

D. 是投资成果转入生产或使用的标志

【答案】 A

【知识要点】 本题考查的是竣工验收的基本概念。

【正确解析】 建设项目竣工验收是指由发包人、承包人和项目验收委员会,以项目批准的设计任务书和设计文件,以及国家或有关部门颁发的施工验收规范和质量标准为依据,按照一定的程序和手续,在项目建成并试生产合格后(工业生产性项目),对工程项目的总体进行检验和认证、综合评价和的鉴定活动。按照我国建设程序的规定,竣工验收是建设工程的最后阶段,是全面检验建设项目是否符合设计要求和工程质量检验标准的重要环节,审查投资使用是否合理的重要环节,是投资成果转入生产或使用的标志。

工业生产项目须经试生产(投料试车)合格,形成生产能力,能正常生产出产品后,才能进行验收。非工业生产项目应能正常使用,才能进行验收。

【例 3】 建设项目竣工验收的主要依据是( )。

A. 招标文件、投标书　　B. 可行性研究报告

C. 施工图设计文件及设计变更洽商记录　　D. 工程承包合同

E. 技术设备说明书

【答案】 BCDE

【知识要点】 本题考查的是建设项目竣工验收的依据。

【正确解析】 建设项目竣工验收的主要依据包括:①施工技术验收标准及技术规范、质量标准等有关规定;②可行性研究报告、初步设计、实施方案、施工图纸和设备技术说明书;③施工图设计文件及设计变更洽商记录;④工程承包合同文件;⑤技术设备说明书;⑥建筑安装工程统计规定及主管部门关于工程竣工的规定;⑦引进新技术和成套设备项目,签订的合同和进口国提供的设计文件等资料;⑧利用世界银行等国际金融组织机构贷款的建设项目,按时编制《项目完成报告》。

◎竣工决算

一、主要知识点

竣工决算是以实物量和货币指标为计量单位,综合反映竣工项目从筹建开始到项目竣工交付使

用为止的全部建设费用、投资效果和财务情况的总结性文件，是竣工验收报告的重要组成部分。

(一)竣工决算的内容(见图 9-3)

- 竣工决算的内容
  - 竣工财务决算说明书
    - 建设项目概况，对工程总的评价
    - 资金来源及运用等财务分析
    - 基本建设收入、投资包干结余、竣工结余资金的上交分配情况
    - 各项经济技术指标的分析
    - 工程建设的经验及项目管理和财务管理工作以及财务决算中有待解决的问题
    - 需要说明的其他事项
  - 竣工财务决算报表
    - 大、中型建设项目
      - 建设项目竣工财务决算审批表
      - 大、中型建设项目概况表
      - 大、中型建设项目竣工财务决算表
      - 大、中型建设项目交付使用资产总表
      - 建设项目交付使用资产明细表
    - 小型建设项目
      - 建设项目竣工财务决算审批表
      - 竣工财务决算总表：将工程概况与财务情况合并编制一张表
      - 建设项目交付使用资产明细表
  - 建设工程竣工图
  - 工程造价对比分析、主要实物工程量、材料消耗量和取费标准

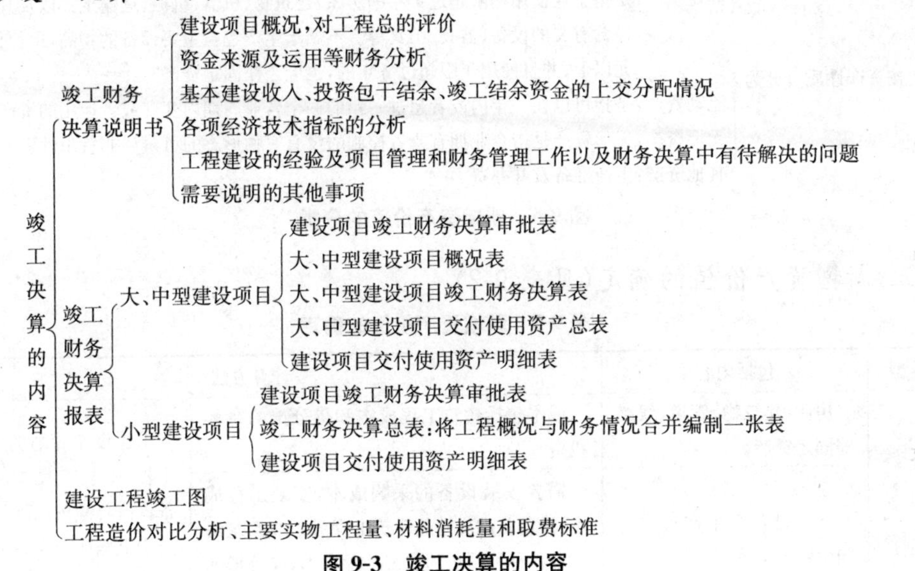

图 9-3　竣工决算的内容

(二)竣工决算的编制依据(见图 9-4)

- 竣工决算的编制依据
  - 经过批准的可行性研究报告、投资估算书、初步设计或扩大初步设计、修正概算及其批复文件
  - 经批准的施工图设计及其施工图预算书
  - 设计交底或图纸会审会议纪要
  - 设计变更记录、施工记录或施工签证单及其他施工发生的费用记录
  - 招标控制价，承包合同、工程结算等有关资料
  - 历年基建计划、历年财务决算及批复文件
  - 设备、材料调价文件和调价记录
  - 有关财务核算制度、办法和其他有关资料

图 9-4　竣工决算的编制依据

(三)竣工决算的编制步骤(见图 9-5)

收集、整理和分析有关依据资料
↓
清理各项财务、债务和结余物资
↓
核实工程变动情况
↓
编制建设工程竣工决算说明
↓
填写竣工决算报表
↓
做好工程造价对比分析
↓
清理、装订好竣工图
↓
上报主管部门审查存档

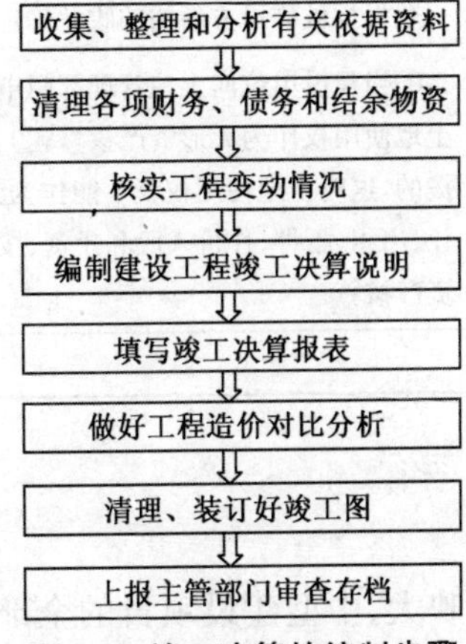

图 9-5　竣工决算的编制步骤

(四)新增资产价值的分类(见图9-6)

新增资产按资产性质可分为：

- 固定资产：是指企业使用期限超过1年的房屋、建筑物、机器、机械、运输工具以及其他与生产、经营有关的设备、器具、工具等。不属于生产经营主要设备的物品，单位价值在2000元以上、并且使用年限超过2年的，也应当作固定资产
- 流动资产：是指可以在一年内或者超过一年的一个营业周期内变现或者运用的资产
- 无形资产：无形资产是指企业拥有或者控制的没有实物形态的可辨认非货币性资产
- 其他资产：生产准备及开办费

图9-6　新增资产价值的分类

(五)新增资产价值的确定(见表9-2)

表9-2　新增资产价值的确定

<table>
<tr><th>资产类型</th><th>包括内容</th><th colspan="2">计算方法</th></tr>
<tr><td rowspan="3">固定资产</td><td>房屋、建筑物、管道、线路等固定资产</td><td>成本包括建筑工程成本和待分摊的待摊投资</td><td rowspan="3">①建设单位管理费按建筑工程、安装工程、需要安装设备价值总额按比例分摊
②土地征用费、勘察设计费等费用则按建筑工程造价比例分摊
③工艺设计费按安装工程造价比例分摊</td></tr>
<tr><td>动力设备和生产设备等固定资产</td><td>需要安装设备的采购成本，安装工程成本，设备基础支柱等建筑工程成本或砌筑锅炉及各种特殊炉的建筑工程成本，应分摊的待摊投资</td></tr>
<tr><td>运输设备及其他不需要安装的设备、工具、器具、家具等固定资产</td><td>仅计算采购成本，不计分摊的“待摊投资”</td></tr>
<tr><td rowspan="4">流动资产</td><td>货币性资金</td><td colspan="2">按际入账价值核定</td></tr>
<tr><td>应收及预付款项</td><td colspan="2">按企业销售商品、产品或提供劳务时的实际成交金额入账核算</td></tr>
<tr><td>短期投资包括股票、债券、基金</td><td colspan="2">采用市场法和收益法确定其价值</td></tr>
<tr><td>存货</td><td colspan="2">按取得时的实际成本计价</td></tr>
<tr><td rowspan="4">无形资产</td><td>专利权</td><td colspan="2">自创专利权的价值为开发过程中的实际支出</td></tr>
<tr><td>非专利权</td><td colspan="2">自创的非专利技术一般不作为无形资产入账，外购非专利技术有法定评定评估机构确认后再进行估价</td></tr>
<tr><td>商标权</td><td colspan="2">自创商标权一般不作为无形资产入账，购入或转让商标时，商标权的计价一般根据被许可方新增的收益确定</td></tr>
<tr><td>土地使用权</td><td colspan="2">①当建设单位向土地管理部门申请土地使用权并为之支付一笔出让金时，土地使用权作为无形资产核算；②当建设单位获得土地使用权是通过行政划拨的，这时土地使用权就不能作为无形资产核算；③在将土地使用权有偿转让、出租、抵押、作价入股和投资、按规定补交土地出让金价款时，才作为无形资产核算</td></tr>
<tr><td>其他资产</td><td></td><td colspan="2"></td></tr>
</table>

二、例题

【例1】 以下(　　)是用来反映大、中型建设项目的全部资金来源和资金占用情况，是考核和分析投资效果的依据。

A. 建设项目竣工财务决算审批表　　B. 竣工财务决算总表
C. 建设项目概况表　　D. 建设项目竣工财务决算表

【答案】 D

【知识要点】 本题考查的是竣工财务决算报表的分类和内容。

【正确解析】 大、中型建设项目竣工财务决算表是用来反映建设项目的全部资金来源和资金占用情况，是考核和分析投资效果的依据。该表反映竣工的大中型建设项目从开工到竣工为止全部资金来源和资金运用的情况。

建设项目竣工财务决算报表根据大、中型建设项目和小型建设项目分别制定。

大、中型建设项目竣工决算报表包括：①建设项目竣工财务决算审批表；②大、中型建设项目概况表；③大、中型建设项目竣工财务决算表；④大、中型建设项目交付使用资产总表；⑤建设项目交付使用资产明细表。

小型建设项目竣工财务决算表包括：①建设项目竣工财务决算审批表；②竣工财务决算总表；③建设项目交付使用资产明细表。

值得注意的是，建设项目竣工财务决算审批表和建设项目交付使用资产明细表是两者共有的表格。由于小型建设项目内容比较简单，因此，可将工程概况与财务情况合并编制一张“竣工财务决算总表”。该表主要反映小型建设项目的全部工程和财务情况。

【例 2】 某建设项目基建拨款为 2800 万元，项目资本金为 800 万元，项目资本公积金 100 万元，基建投资借款 1000 万元，企业债券 400 万元，待冲基建支出 300 万元，应收生产单位投资借款 1500 万元，基本建设支出 1200 万元，则基建结余资金为(　　)万元。

A. 1300　　B. 2700　　C. 3000　　D. 5100

【答案】 B

【知识要点】 本题考查的是竣工财务决算表的情况，基建结余资金的计算方法。

【正确解析】 基建结余资金＝基建拨款＋项目资本＋项目资本公积金＋基建投资借款＋企业债券基金＋待冲基建支出－基本建设支出－应收生产单位投资借款

＝2800＋800＋100＋1000＋400＋300－1500－1200

＝2700(万元)

【例 3】 某工业建设项目及其总装车间的建筑工程费、安装工程费，需安装设备费以及应摊入费用如下表所示，计算总装车间新增固定资产价值是(　　)万元。

分摊费用计算表

单位：万元

项目名称	建筑工程	安装工程	需安装设备	建设单位管理费	土地征用费	建筑设计费	工艺设计费
建设单位竣工决算	3000	600	900	70	80	40	20
总装车间竣工决算	600	300	450				

A. 1405　　B. 1450　　C. 1540　　D. 1504

【答案】 A

【知识要点】 本题考查的是共同费用的分摊方法。

【正确解析】 在新增固定资产的其他费用中，如果是属于整个建设项目或两个以上单项工程的，在计算新增固定资产价值时，应在各单项工程中按比例分摊。

一般情况下，①建设单位管理费按建筑工程、安装工程、需要安装设备价值总额按比例分摊；②土地征用费、勘察设计费等费用则按建筑工程造价比例分摊；③生产工艺流程设计费按安装工程造价比例分摊。

计算如下：

应分摊的建设单位管理费＝(600＋300＋450)/(3000＋600＋900)×70＝21(万元)

应分摊的土地征用费＝(600/3000)×80＝16(万元)

应分摊的建筑设计费＝(600/3000)×40＝8(万元)

应分摊的工艺设计费＝(300/600)×20＝10(万元)

总装车间新增固定资产价值＝(600＋300＋450)＋(21＋16＋8＋10)

＝1350＋55＝1405(万元)

【例 4】 下列关于新增无形资产价值确定的表述中，正确的有(　　)。

A. 自创专利权的价值主要包括其研制成本和交易成本

B. 如果非专利技术是自创的，一般不作为无形资产入账，自创过程中发生的费用按当期费用处理

C. 专利权的转让价格按成本估价

D. 自创的商标权一般不作为无形资产入账

E. 建设单位获得土地使用权是通过行政划拨的，这时土地使用权就不能作为无形资产核算

【答案】 A B D E

【知识要点】 本题考查的是新增无形资产的计价方法。

【正确解析】 无形资产是指企业拥有或者控制的没有实物形态的可辨认非货币性资产。无形资产的计价方法有以下几种：

①专利权的计价：专利权分为自创和外购两类。自创专利权的价值为开发过程中的实际支出，主要包括专利的研制成本和交易成本。由于专利权是具有独占性并能带来超额利润的生产要素，因此，专利权转让价格不按成本估价，而是按照其所能带来的超额收益计价；购入的专利权按实际支付的价值计价。

②非专利技术的计价：如果非专利技术是自创的，一般不作为无形资产入账，自创过程中发生的费用按当期费用处理；对于外购非专利技术应由法定评定评估机构确认后再进行估价。

③商标权的计价：商标权是自创的，一般不作为无形资产入账，购入或转让商标时，商标权的计价一般根据被许可方新增的收益确定。

④土地使用权的计价：当建设单位向土地管理部门申请土地使用权并为之支付一笔出让

金时，土地使用权作为无形资产核算；当建设单位获得土地使用权是通过行政划拨的，这时土地使用权就不能作为无形资产核算；在将土地使用权有偿转让、出租、抵押、作价入股和投资、按规定补交土地出让金价款时，才作为无形资产核算。

◯保修费用的处理

一、主要知识点

（一）工程保修范围和最低保修期限（见表9-3）

表9-3　工程保修范围和最低保修期限

保修范围	保修期限
地基基础工程和主体结构工程	设计文件规定的该工程的合理使用年限
屋面防水工程、有防水要求的卫生间、房间和外墙面的防渗漏	5年
供热与供冷系统	2个采暖期和供冷期
电气管线、给排水管道、设备安装和装修工程	2年
其他项目	由发包方与承包方约定

（二）工程质量保证（保修）金

1. 工程质量保证（保修）金的含义

工程质量保证（保修）金是指发包人与承包人在建设工程承包合同中约定，从应付的工程款中预留，用以保证承包人在缺陷责任期内对建设工程出现的缺陷进行维修的资金。

2. 缺陷责任期

缺陷责任期从工程通过竣（交）工验收之日起计算。

3. 保证（保修）金的预留

全部或者部分使用政府投资的建设项目按工程价款结算总额的5%左右的比例预留保证金。监理人应从第一个付款周期开始，在发包人的进度款付款中，按专用合同条款的约定扣留质量保证金，直至扣留的质量保证金总额达到专用合同条款约定的金额或比例为止。

二、例题

【例】 根据我国《建设工程质量管理条例》的规定，下列关于保修期限的表述错误的是（　　）。

A. 屋面防水工程的防渗漏为5年

B. 给排水管道工程为2年

C. 供热系统为2年

D. 电气管线工程为2年

【答案】 C

【知识要点】 本题考查的是建设项目的最低保修期限。

【正确解析】 建设工程的保修范围和最低保修期限应按保证建筑物合理寿命内正常使用、维护使用者合法权益的原则确定。国务院《建设工程质量管理条例》第四十条规定：

①地基基础工程和主体结构工程为设计文件规定的该工程的合理使用年限；

②屋面防水工程、有防水要求的卫生间、房间和外墙面的防渗漏为五年；

③供热与供冷系统为2个采暖期和供冷期；

④电气管线、给排水管道、设备安装和装修工程为二年。

其他项目的保修期限由承发包双方在合同中规定。建设工程的保修期自竣工验收合格之日起计算。

☆强化训练

一、单项选择题

1. 通常所说的建设项目竣工验收指的是(　　)。

A. 中间验收　　B. 交工验收

C. 动用验收　　D. 使用验收

2. (　　)是指发包人在建设项目按批准的设计文件所规定的内容全部建成后向使用单位交工的过程。

A. 单位工程竣工验收　　B. 动用验收

C. 单项工程验收　　D. 交工验收

3. 建设项目全部建成后，经过各第一阶段的交工验收，符合设计要求，并具备竣工图、竣工结算、竣工决算等必要的文件资料，由(　　)向负责验收的单位提出竣工验收申请报告。

A. 建设项目主管部门或总承包人　　B. 业主或发包人

C. 建设项目主管部门或发包人　　D. 建设项目主管部门或监理单位

4. (　　)负责建设项目竣工验收工作。

A. 建设单位　　B. 监理单位

C. 施工单位　　D. 验收委员会或验收组

5. 参加建设项目竣工验收时，对工程项目的总体进行检验和认证、综合评价和鉴定活动的责任主体单位不包括(　　)。

A. 施工单位　　B. 勘察设计单位

C. 造价咨询单位　　D. 监理单位

6. 国务院颁布的《民用建筑节能条例》规定，(　　)组织竣工验收。

A. 建设单位　　B. 施工单位

C. 建筑行业主管部门　　D. 验收委员会

7. 竣工验收报告的汇总与编制一般由(　　)完成。

A. 验收委员会　　B. 建设单位

C. 监理单位　　D. 施工单位

8. 建设项目竣工验收的程序是(　　)。

A. 承包人申请交工验收—发包人现场初步验收—监理人工程验收—全部工程的竣工验收

B. 承包人申请交工验收—工程师现场初步验收—发包人工程验收—全部工程的竣工验收

C. 承包人申请交工验收—监理人现场初步验收—单项工程验收—全部工程的竣工验收

D. 承包人申请交工验收—单项工程验收—单位工程验收—全部工程的竣工验收

9. 关于竣工验收的说法中，正确的是（　）。

A. 凡新建、扩建、改建项目，建成后都必须及时组织验收，但政府投资项目可不办理固定资产移交手续

B. 通常所说的“动用验收”是指单项工程验收

C. 能够发挥独立生产能力的单项工程可根据建成顺序，分期分批组织竣工验收

D. 竣工验收后若有剩余的零星工程和少数尾工应按保修项目处理

10. 根据《建设工程质量管理条例》的规定，承包人向业主出具质量保修书的时间应是（　）。

A. 投标时　　B. 签订施工合同时

C. 提交工程竣工报告时　　D. 办理工程移交时

11. 建设项目全部建成后，经过各单项工程的验收符合设计要求，并具备竣工图标、竣工决算、工程总结等必要文件资料，向负责验收的单位提出竣工验收申请报告的是（　）。

A. 设计单位　　B. 发包单位

C. 监理单位　　D. 施工单位

12.（　）是正确核定新增固定资产价值、反映建设项目实际造价和投资效果的文件。

A. 竣工验收报告　　B. 工程竣工造价对比分析

C. 竣工决算　　D. 竣工结算

13. 建设项目竣工决算应包括（　）全过程的全部实际费用。

A. 从开工到竣工　　B. 从筹建到竣工投产

C. 从立项到竣工投产　　D. 从设计到竣工投产

14. 在竣工决算的内容组成中，（　）又称建设项目竣工财务决算，是竣工决算的核心内容。

A. 竣工财务决算说明书和竣工财务决算报表两部分

B. 竣工财务决算总表

C. 工程概况和财务情况合并编制

D. 竣工财务决算报表

15. 大、中型项目竣工决算和小型项目竣工决算中均包括的报表是（　）。

A. 建设项目交付使用资产总表　　B. 建设概况表

C. 竣工财务决算总表　　D. 建设项目竣工财务决算审批表

16. 关于竣工财务决算的说法中，正确的是（　）。

A. 已具备竣工验收条件的项目，若一个月内不办理竣工验收的，视项目已正式投产，其费用不得从基本建设投资中支付

B. 建设项目竣工财务决算表中，待核销基建支出，列入资金来源，待冲基建支出，列入资金占用

C. 基建收入是指联合试运转的净收入和基建多余物资的变卖收入之和

D. 大、中型建设项目竣工财务决算表是用来反映建设项目的全部资金来源和资金占用情况的报表

17. 根据财政部《关于进一步加强中央基本建设项目竣工财务决算工作通知》（财办建[2008]91 号）的规定，对于先审核后审批的建设项目，建设单位应在项目竣工后（　）内完成

竣工财务决算编制工作。

A. 2个月　　B. 3个月　　C. 75天　　D. 100天

18. 在大、中型建设项目竣工财务决算表中，属于资金占用的是(　　)。

A. 企业债券资金　　B. 留成收入

C. 应收生产单位投资借款　　D. 待冲基建支出

19. 在大、中型建设项目竣工财务决算表中，属于资金来源的是(　　)。

A. 预付及应收款　　B. 有价证券

C. 基本建设支出　　D. 待冲基建支出

20. 某建设项目基建拨款为3500万元，项目资本金为1000万元，项目资本公积金160万元，基建投资借款900万元，待冲基建支出360万元，基本建设支出2500万元，应收生产单位投资借款500万元，则基建结余资金为(　　)万元。

A. 2560　　B. 2920　　C. 2200　　D. 2290

21. 建设工程竣工图是工程进行竣工验收、维护、改建和扩建的依据，是国家的重要技术档案，负责在施工图上加盖"竣工图"标志的是(　　)。

A. 发包人　　B. 设计单位　　C. 承包人　　D. 总监理工程师

22. 负责组织人员编写建设工程竣工决算文件的责任单位是(　　)。

A. 建设单位　　B. 施工单位　　C. 项目主管部门　　D. 监理单位

23. 编制竣工图的形式和深度，应根据不同情况区别对待，其具体要求包括(　　)。

A. 凡按图竣工没有变动的，由承包人在原施工图上加盖"竣工图"标志后，即作为竣工图

B. 凡在施工过程中，有一般性设计变更，能将原施工图加以修改补充作为竣工图的，也需重新绘制，加盖"竣工图"标志后，即作为竣工图

C. 凡结构形式改变、施工工艺改变等以及有其他重大改变，宜在原施工图上修改、补充作为竣工图

D. 由设计原因造成的结构形式改变，由建设单位自行绘制，承包人负责在新图上加盖"竣工图"标志后，即作为竣工图

24. 某建设项目基建拨款2000万元，项目资本金为2000万元，项目资本公积金为200万元，基建投资借款1000万元，待冲基建支出500万元，基本建设支出3300万元，应收生产单位投资借款1000万元，则该项目基建结余资金为(　　)万元。

A. 400　　B. 900　　C. 1400　　D. 1900

25. 关于建设工程竣工图的说法中，正确的是(　　)。

A. 工程竣工图是构成竣工结算的重要组成内容之一

B. 改、扩建项目涉及原有工程项目变更的，应在原项目施工图上注明修改部分，并加盖"竣工图"标志后作为竣工图

C. 凡按图竣工没有变动的，由承包人在原施工图加盖"竣工图"标志后，即作为竣工图

D. 当项目有重大改变需重新绘制时，不论何方原因造成，一律由承包人负责重绘新图

26. 以下不属于工程造价对比分析的主要内容是(　　)。

A. 主要实物工程量　　B. 竣工决算编制

C. 主要材料消耗量　　D. 考核建设单位管理费、措施费和间接费的取费标准

27. 新增固定资产价值的计算对象是(　　)。

A. 独立施工的专业工程　B. 独立发挥生产能力的单项工程
C. 独立设计的单位工程　D. 分部分项工程

28. 固定资产投资所形成的固定资产价值的内容包括(　　)。
A. 建筑、安装工程造价;设备、工器具的购置费用;工程建设其他费用
B. 建筑安装工程造价;设备、工器具的购置费用
C. 建筑安装工程造价;工程建设其他费用
D. 设备、工器具的购置费用和设备安装费

29. 在新增固定资产的其他费用分摊方法中,建设单位管理费按(　　)比例分摊。
A. 建筑工程、安装工程、需安装设备价值总额　B. 建筑工程造价
C. 安装工程造价　D. 需安装设备价值

30. 某建设项目由甲、乙两个单项工程组成,工程费用如下表所示。若项目建设单位管理费为200万元,则乙工程应分摊的建设单位管理费为(　　)万元。

单项工程	建筑工程费	安装工程费	需安装设备价值
甲	3500	500	2000
乙	2500	300	1200

A. 70　B. 80　C. 90　D. 100

31. 新增固定资产的土地征用费、勘察和建筑工程设计等费用按(　　)比例分摊。
A. 建筑工程、安装工程、需安装设备价值总额　B. 建筑工程造价
C. 安装工程造价　D. 需安装设备价值

32. 生产工艺流程系统设计费按(　　)比例分摊。
A. 工程总造价　B. 建筑工程造价
C. 安装工程造价　D. 需安装设备价值

33. 某建设项目及其主要生产车间的有关费用如下表所示,则该车间新增固定资产价值为(　　)万元。

项目	建筑工程费	安装工程费	需安装设备价值	土地征用费
建设项目竣工决算	1000	450	600	50
生产车间竣工决算	250	120	280	

A. 642.50　B. 662.50　C. 630　D. 650

34. 根据无形资产计价规定,下列内容中一般作为无形资产入账的是(　　)。
A. 自创专利权　B. 自创非专利技术
C. 自创商标　D. 行政划拨土地使用权

35. 关于计算新增固定资产的表述,正确的是(　　)。
A. 为保护环境而正在建设的附属工程随主体工程计入新增固定资产价值
B. 不构成生产系统但能独立发挥效益的非生产性项目,在交付使用后计入新增固定资产价值
C. 达到固定资产标准不需安装的设备,购买后计入新增固定资产价值
D. 分批交付生产的工程应待全部交付完毕后一次性计入新增固定资产价值

36. 在下列选项中，能以实际支出计入无形资产价值的是(　　)。

A. 接受捐赠的无形资产　　B. 自创专利权

C. 自创非专利技术　　D. 自创商标

37.《建设工程质量保证金管理暂行办法》规定，缺陷责任期从工程(　　)起计算。

A. 通过竣工验收后 30 天　　B. 在承包人提交竣工验收报告 90 天后

C. 通过竣工验收之日　　D. 工程完工之日

38. 由于发包人原因导致工程无法按规定期限竣工验收的，在承包人提交竣工验收报告(　　)天后，工程自动进入缺陷责任期。

A. 14　　B. 30　　C. 60　　D. 90

39. 根据国务院《建设工程质量管理条例》的规定，下列工程内容保修期限为 5 年的是(　　)。

A. 主体结构工程　　B. 供热与供冷系统

C. 外墙面的防渗漏　　D. 装修工程

40. 电气管线、给排水管道、设备安装和装修工程的保修期限为(　　)年。

A. 1　　B. 2　　C. 3　　D. 5

41. 以下不属于保修范围是(　　)。

A. 主体结构　　B. 自然灾害　　C. 屋面防水　　D. 设备安装

42. 工程竣工后，由于地震、洪水等不可抗力造成的损坏，承担保修费用的单位是(　　)。

A. 建设单位　　B. 施工单位　　C. 设计单位　　D. 监理单位

43. 下列关于最低保修期限的规定，正确的是(　　)。

A. 地基基础工程为 30 年　　B. 屋面防水工程的防渗漏为 3 年

C. 供热与供冷系统为 2 个采暖期和供热期　　D. 设备安装和装修工程为 1 年

44. 在保修期限内，下列缺陷或事故应由承包人承担保修费用的是(　　)。

A. 发包人指定的分包人造成的质量缺陷

B. 由承包人采购的建筑构配件不符合质量要求

C. 使用人使用不当造成的损坏

D. 不可抗力造成的质量缺陷

45. 因建筑材料、建筑构配件和设备质量不合格引起的质量缺陷，属于发包人采购的，承担经济责任的是(　　)。

A. 发包人　　B. 材料供应单位　　C. 验收单位　　D. 设计单位

46. 全部或者部分使用政府投资的建设项目应按工程价款结算总额(　　)左右的比例预留保证金。

A. 2%　　B. 3%　　C. 4%　　D. 5%

47. 某政府投资的建设项目工程价款结算总额为 9000 万元，则该工程的保修金一般为(　　)万元。

A. 18　　B. 27　　C. 36　　D. 45

48. 发包人在接到承包人退还保证金申请并核实后，应当在(　　)日内将保证金返还承包人。

A. 14　　B. 21　　C. 28　　D. 30

49. 按照国务院《建设工程质量管理条例》的规定，对于有防水要求的卫生间的防渗漏保修期限为(　　)年。

A. 2　　B. 3　　C. 5　　D. 10

50. 按照《标准施工招标文件》合同条件中通用条款的规定，监理人应从第一个付款周期开始，在发包人的(　　)中，按专用合同条款的约定扣留质量保证金，直至扣留的质量保证金总额达到专用条款约定的金额或比例为止。

A. 预付款　　B. 进度付款　　C. 预付备料款　　D. 竣工结算

二、多项选择题

1. 建设项目竣工验收，按被验收的对象划分，可分为(　　)。

A. 分部工程竣工验收　　B. 单位工程验收

C. 分项工程竣工验收　　D. 单项工程验收

E. 工程整体验收

2. 建设项目竣工验收的作用是(　　)。

A. 全面考核建设成果　　B. 通过竣工验收办理固定资产使用手续

C. 是建设成果转入生产或使用的标志　　D. 是反映工程进度的主要指标

E. 是审查投资使用是否合理的重要环节

3. 竣工验收的条件是(　　)

A. 有发包人签署的质量合格文件

B. 完成建设工程设计和合同约定的各项内容，并满足使用要求

C. 有完整的技术档案和施工管理资料

D. 发包人已按合同约定支付工程款

E. 有承包人签署的工程质量保修书

4. 建设项目基本符合竣工验收标准，但有部分零星工程和少数尾工程未按设计规定的内容全部建成，而且不影响正常生产和使用，下列说法正确的是(　　)。

A. 不能组织竣工验收　　B. 也应组织竣工验收

C. 责令整改　　D. 对剩余的工程应按设计留足投资

E. 追加赶工措施费

5. 竣工验收报告应包括以下(　　)内容。

A. 竣工决算　　B. 环境保护

C. 项目后评价　　D. 施工工期及主要实物工程量

E. 消防、节能降耗

6. 下列关于项目竣工验收的论述中，正确的有(　　)。

A. 是建设项目建设全过程的最后一个程序

B. 是项目决策的实施、建成投产发挥效益的关键环节

C. 投资成果转入生产或使用的标志

D. 是检验工程是否合乎设计要求和质量要求好坏的重要环节

E. 项目竣工验收与工程造价管理无关

7. 竣工决算是由(　　)和工程竣工造价对比分析等部分组成。

A. 竣工财务决算说明书　　B. 竣工验收报告

C. 竣工财务决算报表　　D. 工程竣工资料

E. 工程竣工图

8. 大、中型建设项目竣工决算报表包括（ ）。

A. 建设项目竣工财务决算审批表
B. 竣工财务决算总表
C. 建设项目概况表
D. 建设项目竣工财务决算表
E. 建设项目交付使用资产总表

9. 在大、中型建设项目竣工财务决算表中，属于资金来源的是（ ）。

A. 货币资金
B. 基建借款
C. 预付及应收款
D. 基建拨款
E. 项目资本金

10. 根据国家现行有关竣工结算的规定，小型建设项目财务决算报表包括（ ）。

A. 建设项目竣工财务决算审批表
B. 建设项目概况表
C. 竣工财务决算总表
D. 建设项目交付使用资产明细表
E. 建设项目交付使用资产总表

11. 在工程竣工决算的实际工作中，工程造价对比分析的主要内容有（ ）。

A. 固定资产投资
B. 流动资产投资
C. 主要实物工程量
D. 主要材料消耗量
E. 考核建设单位管理费、措施费和间接费的取费标准

12. 竣工决算的编制步骤（ ）。

A. 清理各项债务
B. 核实工程变动情况
C. 编制建设工程竣工决算说明
D. 填写竣工决算报表
E. 新增无形资产价值的确定

13. 新增资产按资产性质可分为（ ）和其他资产。

A. 固定资产
B. 流动资产
C. 无形资产
D. 有形资产
E. 负债资产

14. 下列关于共同费用分摊计入新增固定资产价值的表述，正确的是（ ）。

A. 建设单位管理费按建筑、安装工程造价总额作比例分摊
B. 土地征用费按建筑工程造价比例分摊
C. 建筑工程设计费按建筑工程造价比例分摊
D. 生产工艺流程系统设计费按需安装设备价值总额作比例分摊
E. 地址勘察费按建筑工程造价比例分摊

15. 流动资产是指可以在一年或者超过一年的一个营业周期内变现或者运用的资产，包括（ ）。

A. 待摊投资
B. 短期投资
C. 存货
D. 应收及预付款
E. 应付款

16. 新增流动资产属于短期投资的项目是（ ）。

A. 债券
B. 股票
C. 商标权
D. 专利技术

E. 基金

17. 无形资产是指企业拥有或者控制的没有实物形态的可辨认非货币性资产，以下属于无形资产的是(　　)。

A. 非专利技术　　B. 存货

C. 专利权　　D. 土地使用权

E. 商誉

18.《建设工程质量管理条例》规定建设工程在正常使用条件下的最低保修期限要求为(　　)。

A. 地基基础工程和主体结构工程为30年

B. 有防水要求的卫生间、房间和外墙面的防渗漏为5年

C. 供冷系统为2个供冷期

D. 电气管线、给排水管道为3年

E. 设备安装和装修为2年

☆参考答案

一、单项选择题

1. C	2. B	3. C	4. D	5. C	6. A	7. B	8. C	9. C	10. C
11. B	12. C	13. B	14. A	15. D	16. D	17. B	18. C	19. D	20. B
21. C	22. A	23. A	24. C	25. C	26. B	27. B	28. A	29. A	30. B
31. B	32. C	33. B	34. A	35. B	36. A	37. C	38. D	39. C	40. B
41. B	42. A	43. C	44. B	45. A	46. D	47. D	48. A	49. C	50. B

二、多项选择题

1. B、D、E	2. A、B、C、E	3. B、C、D、E
4. B、D	5. A、B、D、E	6. A、C、D
7. A、C、E	8. A、C、D、E	9. B、D、E
10. A、C、D	11. C、D、E	12. A、B、C、D
13. A、B、C	14. B、C、E	15. B、C、D
16. A、B、E	17. A、C、E	18. B、C、E

第二部分　实战模拟

全国建设工程造价员资格考试《建设工程造价管理基础知识》

模拟试题(一)

一、单项选择题(共60题,每题1分,共60分。每题的备选答案中,只有一个符合题意)

1. 根据《建筑法》的规定,建筑工程开工前,由(　　)申请领取施工许可证。

A. 建设行政主管部门　　B. 施工单位
C. 建设单位　　D. 监理单位

2. 根据《建筑法》的规定,下列表述中不正确的是(　　)。

A. 经建设单位认可,分包单位可将其承包的工程再分包
B. 施工现场的安全由建筑施工企业负责
C. 建筑施工企业必须为从事危险作业的职工办理意外伤害保险
D. 施工总承包时,建筑工程主体结构的施工由总承包单位自行完成

3. 建设工程合同的订立需要经过要约和承诺两个阶段,下列(　　)是要约。

A. 招标公告　　B. 投标行为　　C. 投标邀请书　　D. 中标通知书

4. 按照《合同法》的规定,下列情形中引起整个合同无效的是(　　)。

A. 因故意或者重大过失造成对方财产损失的
B. 因重大误解订立的合同
C. 一方以欺诈手段订立合同损害国家利益的
D. 在合同订立时显失公平的

5. 招标人对已发出的招标文件进行必要的澄清或者修改的,应当在招标文件要求提交投标文件截止时间至少(　　)日前,以书面形式通知所有招标文件收受人。

A. 10　　B. 15　　C. 20　　D. 30

6. 下列不属于甲级工程造价咨询企业资质标准的是(　　)。

A. 已取得乙级工程造价咨询企业资质证书满4年
B. 取得造价工程师注册证书的人员不少于10人
C. 企业出资人中注册造价工程师人数不低于出资人总数的60%
D. 企业注册资本不少于人民币100万元

7. 根据我国现行规定,下列属于造价工程师权利的是(　　)。

A. 发起设立工程造价咨询企业　　B. 签订工程施工合同
C. 依法裁定工程经济纠纷　　D. 审批工程变更文件

8. 按照2012年1月1日起施行的《全国建设工程造价员管理办法》中价协[2011]021号文的规定,"全国建设工程造价员资格证书"原则上每(　　)年验证一次。

A. 1　　B. 2　　C. 3　　D. 4

9. 在一个建设项目中,具有独立的设计文件、竣工后可以独立发挥生产能力或工程效益的

工程项目被称为(　　)

A. 分部工程　　B. 分项工程　　C. 单项工程　　D. 单位工程

10. 工程项目建设的正确顺序是(　　)。

A. 设计—决策—施工　　B. 决策—设计—施工

C. 设计—施工—决策　　D. 决策—施工—设计

11. 在建设工程项目管理中,造价控制、进度控制、质量控制之间是(　　)的关系。

A. 相互矛盾　　B. 相互统一　　C. 相互对立统一　　D. 相互独立

12. 成本管理的核心任务是(　　)。

A. 成本计划　　B. 成本控制　　C. 成本预测　　D. 成本估算

13. 成本分析、成本考核、成本核算是建设工程项目施工成本管理的重要环节,仅就此三项工作而言,其正确的工作流程是(　　)。

A. 成本核算—成本分析—成本考核　　B. 成本分析—成本考核—成本核算

C. 成本考核—成本核算—成本分析　　D. 成本分析—成本核算—成本考核

14. 工程承发包市场风险属于(　　)。

A. 自然风险　　B. 经济风险　　C. 社会风险　　D. 法律风险

15. 根据我国《合同法》的规定,建设工程合同是指承包人进行工程建设、发包人支付价款的合同。下列不属于建设工程合同的是(　　)。

A. 勘察合同　　B. 设计合同

C. 施工合同　　D. 建设项目贷款合同

16. 建设工程造价咨询合同标准条件作为通用性范本,适用于各类建设工程项目造价咨询合同,合同标准条件应(　　)。

A. 全文引用,不得删改

B. 只引用主要条款、其他双方在专用条件中约定

C. 全文引用,对于不适合本工程的条款进行修改

D. 参照咨询合同示范文本进行编制

17. 工程量相对较小且能精确计算、工期较短、技术要求相对简单、风险较小的建设项目,适宜选用下列(　　)。

A. 总价合同　　B. 单价合同　　C. 成本加酬金合同　　D. 综合单价合同

18.《建设工程施工合同(示范文本)》由三部分组成,下列选项中不属于其组成内容的是(　　)。

A. 施工合同书　　B. 协议书　　C. 通用条款　　D. 专用条款

19. 非招标工程的合同价款应由发包人和承包人在协议中约定。约定合同价款的依据是(　　)。

A. 投资估算书　　B. 工程概算书

C. 工程预算书　　D. 类似工程的合同价款

20. EPC 总承包是最典型和最全面的工程总承包方式。签订工程总承包合同的当事人双方是(　　)。

A. 建设单位和设计单位　　B. 设计单位和施工单位

C. 建设单位和总承包单位　　D. 施工单位和总承包单位

21. 非生产性建设项目的工程总造价就是建设项目(　　)的总和。

A. 固定资产和无形资产投资　B. 固定资产投资

C. 固定资产和流动资产投资　D. 铺地流动资金投资

22. 建设工程规模大、周期长、造价高，随着工程建设的进展需要在建设程序的各个阶段进行计价，这反映了工程造价的(　　)特点。

A. 单个性　B. 动态性　C. 层次性　D. 多次性

23. 建设项目工程造价是指(　　)。

A. 建设项目的建设投资、建设期贷款利息和流动资金的总和

B. 建设项目的建设投资、建设期贷款利息的总和

C. 建筑安装工程造价、设备及工器具购置费、预备费、建设期贷款利息

D. 建筑安装工程造价、工程建设其他费、建设期贷款利息

24. 根据《建筑安装工程费用项目组成》(建标[2003]206 号)的规定，建筑安装工程造价由(　　)组成。

A. 直接费、间接费、计划利润、规费和税金

B. 直接费、间接费、利润和税金

C. 分部分项工程费、措施项目费、其他项目费

D. 分部分项工程费、措施项目费、其他项目费、利润和税金

25. 直接工程费中的人工费是指(　　)。

A. 施工现场所有人员的工资性费用

B. 施工现场与建筑安装施工直接有关的人员的工资性费用

C. 从事建筑安装施工的生产工人及机械操作人员开支的各项费用

D. 直接从事建筑安装工程施工的生产工人开支的各项费用

26. 施工项目部对进场建筑材料进行一般鉴定检查所发生的费用属于(　　)。

A. 建筑安装工程材料费　B. 建筑安装工程措施费

C. 研究试验费　D. 工程建设其他费用

27. 根据我国现行建筑安装工程费组成的规定，施工现场项目部的办公费列入(　　)。

A. 人工费　B. 现场经费　C. 企业管理费　D. 直接费

28. 设备购置费的组成为(　　)。

A. 设备原价＋采购保管费　B. 设备原价＋运费＋装卸费

C. 设备原价＋运费＋采购保管费　D. 设备原价＋设备运杂费

29. 下列不属于工程建设其他费用内容的是(　　)。

A. 工程监理费　B. 工具器具及生产家具购置费

C. 建设用地费　D. 场地准备及临时设施费

30. 竣工验收时为鉴定工程质量，对隐蔽工程进行必要的挖掘和修复的费用应记入(　　)。

A. 企业管理费中的职工教育经费

B. 工程建设其他费中的建设管理费

C. 工程建设其他费中的特殊设备安全监督检验费

D. 预备费

31. 从工程费用计算角度分析，工程造价计价的顺序是（　）。

A. 分部分项工程单价—单位工程造价—单项工程造价—建设项目总造价

B. 分部分项工程单价—单项工程造价—单位工程造价—建设项目总造价

C. 单项工程造价—分部分项工程单价—单位工程造价—建设项目总造价

D. 建设项目总造价—单项工程造价—单位工程造价—分部分项工程单价

32. 采用工程量清单报价时，下列计算公式正确的是（　）。

A. 分部分项工程费＝∑分部分项工程量×分部分项工程项目综合单价

B. 单位工程报价＝分部分项工程费＋措施项目费＋其他项目费

C. 单项工程报价＝∑单位工程造价＋规费＋税金

D. 建设项目总造价＝∑单位工程造价

33. 编制工程预(结)算时，计算和确定一个规定计量单位的分项工程或结构构机的人工、材料、机械台班耗用量的数量标准是（　）。

A. 施工定额　B. 概算定额　C. 预算定额　D. 概算指标

34. 预算定额的编制应反映（　）。

A. 社会平均水平　B. 社会平均先进水平　C. 社会先进水平　D. 企业实际水平

35. 劳动定额的两种表现形式是（　）。

A. 施工定额和劳动定额　B. 时间定额和产量定额

C. 概算定额和概算指标　D. 台班定额和产量定额

36. 材料预算价格是指材料从其来源地到达（　）的价格。

A. 工地　B. 施工操作地点

C. 工地仓库　D. 工地仓库堆放场地后的出库

37. 某施工机械预计使用 8 年，一次大修理费为 4500 元，寿命周期大修理次数为 2 次，耐用总台班为 2000 台班，则台班大修理费为（　）。

A. 6.75　B. 4.50　C. 0.84　D. 0.56

38. 利润以人工费为计算基础的计算公式是：利润＝（　）×相应利润率。

A. 直接工程费中的人工费　B. 直接工程费和措施费中的人工费

C. 措施费中的人工费　D. 间接费中的人工费

39. 工程造价指数按不同基期分类，可分为（　）。

A. 定基指数和环比指数　B. 季指数和年指数

C. 时点造价指数和日造价指数　D. 单项价格指数和综合造价指数

40. 关系到项目的成败、决定项目投资水平的最主要因素是（　）。

A. 项目建设规模　B. 技术方案　C. 设备方案　D. 建设标准

41. 在我国，投资估算是指在（　）阶段对项目投资所作的预估额。

A. 施工准备　B. 项目决策　C. 初步设计　D. 施工图设计

42. 在可行性研究阶段，投资估算精度要求高，需采用相对详细的投资估算方法，即（　）。

A. 类似项目对比法　B. 系数估算法　C. 生产能力指数法　D. 指标估算法

43. 设计概算可分为（　）三级。

A. 建筑工程概算、安装工程概算、设备工器具费概算

B. 工程费用概算、工程建设其他费用概算、预备费概算

C. 单位工程概算、单项工程综合概算和建设项目总概算

D. 分部分项工程费概算、措施项目概算、其他项目概算

44. 先计算汇总单位工程直接工程费,再计算措施费、间接费、利润和税金,最后汇总单位工程预算造价的施工图预算编制方法是(　　)。

A. 综合单价法　B. 清单计价法　C. 工料单价法　D. 全费用综合单价

45. 与单价法相比,实物量法编制施工图预算的缺点是(　　)。

A. 工料消耗不清晰　B. 人、材、机价格不能体现市场价格

C. 分项工程单价不直观　D. 计算、统计的价格不准确

46. 某单位工程采用工料单价法计算工程造价,以直接费为计算基础。已知该工程直接工程费为100万,措施费为10万元,间接费费率为8%,利润率为3%,综合计税系数为3.41%,则该工程的含税造价为(　　)万元。

A. 122.36　B. 125.13　C. 126.26　D. 126.54

47.《中华人民共和国招标法》规定,在中华人民共和国境内,工程建设项目必须进行招标的是(　　)。

A. 大型基础设施项目　B. 非外国政府贷款项目

C. 特定专利项目　D. 私人投资项目

48. 工程量清单应由具有编制招标文件能力的(　　)进行编制。

A. 招标人

B. 招标人或受其委托、具有相应资质的工程造价咨询人

C. 建设行政主管部门

D. 具有相应资质的中介机构

49. 在招标方提供的工程量清单中,投标人可以根据拟建项目的施工方案进行调整的是(　　)。

A. 措施项目清单　B. 分部分项工程量清单

C. 规费清单　D. 税金清单

50. 在某采用工程量清单计价招标的工程中,工程量清单中挖土方的工程量为2600m³,投标人甲根据其施工方案估算的挖土方工程量为4400m³,直接工程费为76000元,管理费为18000元,利润为8000元,不考虑其他因素,则投标人甲填报的综合单价为(　　)。

A. 36.15　B. 29.23　C. 39.23　D. 23.18

51. 根据《建设工程工程量清单计价规范》(GB 50500—2008)的规定,关于招标控制价的表述符合规定的是(　　)。

A. 招标控制价不能超过批准的概算

B. 投标报价与招标控制价的误差超过±3%时,应予拒绝

C. 招标控制价不应在招标文件中公布,应予保密

D. 工程造价咨询人不得同时编制同一工程的招标控制价和投标报价

52. 编制投标报价时,材料暂估价必须按照招标人在其他项目清单中列出的单价计入(　　)。

A. 措施项目费中的综合单价　B. 分部分项工程费中的综合单价

C. 暂列金额　　D. 暂估价

53. 根据《建设工程工程量清单计价规范》(GB 50500—2008)的规定，在采用工程量清单招标的工程时，投标人在投标报价时不得作为竞争性费用的是(　　)。

A. 二次搬运费　　B. 总承包服务费　　C. 安全文明施工费　　D. 夜间施工费

54. 为有效控制造价，当承包方提出工程变更时，需由(　　)。

A. 工程师确认，发包方签发工程变更指令　　B. 发包方确认，工程师签发工程变更指令

C. 工程师确认并签发工程变更指令　　D. 发包方确认并签发工程变更指令

55.《建设工程价款结算暂行办法》(财建[2004]369 号)规定，合同中只有类似于变更工程的价格，计算变更合同价款按(　　)。

A. 合同中类似的价格执行　　B. 合同中已有的价格执行

C. 工程师指定的价格执行　　D. 当地权威部门发布的指导价执行

56. 索赔是工程承包中经常发生的正常现象。索赔的性质属于(　　)。

A. 经济补偿行为　　B. 经济惩罚行为

C. 维护索赔方形象　　D. 维护双方合法权益

57. 根据《建设工程价款结算暂行办法》(财建[2004]369 号)和《建设工程工程量清单计价规范》GB50500－2008 的规定，包工包料的工程原则上预付款比例上限为(　　)。

A. 合同金额(扣除暂列金额)的 10%　　B. 合同金额(扣除暂列金额)的 30%

C. 合同金额(不扣除暂列金额)的 10%　　D. 合同金额(不扣除暂列金额)的 30%

58. 当年开工、当年不能竣工的工程按照工程形象进度划分不同阶段支付工程进度款。这种工程进度款的结算方式是(　　)。

A. 按月结算与支付　　B. 分段结算与支付

C. 年度结算与支付　　D. 按季度结算与支付

59. 建设项目竣工决算应包括(　　)的全部实际费用。

A. 从设计到竣工投产　　B. 从筹建到竣工投产

C. 从立项到竣工验收　　D. 从开工到竣工验收

60. 某建设项目由甲、乙两个单项工程组成，其工程费用如下表所示。若项目总勘察设计费 100 万元，则乙工程应分摊的勘察设计费为(　　)万元。

单位工程	建筑工程费(万元)	安装工程费(万元)	需要装设备价值(万元)
甲	3500	500	2000
乙	1500	300	1200

A. 30.0　　B. 31.0　　C. 33.3　　D. 37.5

二、多项选择题(共 20 题，每题 2 分，共 40 分。每个题的备选答案中至少有 2 个或是 2 个以上是正确的，至少有 1 个是错误的。选错 1 个选项本题不得分；少选，每选对 1 个选项得 0.5 分)

1.《中华人民共和国建筑法》中关于工程发包与承包的相关规定，以下说法中正确的有(　　)。

A. 承包单位应在其资质等级许可的业务范围内承揽工程

B. 实行联合共同承包的，可按联合体中资质等级较高单位的业务许可范围承揽工程

C. 承包单位可将其承包的全部建筑工程转包给有相应资质等级的其他单位

D. 总承包单位和分包单位就分包工程对建设单位承担连带责任

E. 各类建筑必须依法实行招标发包

2. 根据《全国建设工程造价员管理办法》中价协[2011]021号文的规定，下列关于造价员资格考试中，正确的有(　　)。

A. 造价员资格考试实行全国统一考试大纲

B. 造价员资格考试由建设部和人事部共同组织

C. 工程造价专业大专生自毕业之日起两年内，可申请免试《工程造价管理基础知识》

D. 造价员报考应具备工程造价专业、工程或工程经济类专业中专及以上学历

E. 资格考试合格者颁发由中价协和人事部统一印制的资格证书及专用章

3. 建设工程项目可以划分为(　　)。

A. 单项工程　　B. 单位工程　　C. 分部工程

D. 分项工程　　E. 单体工程

4. 施工合同签订后，工程项目施工成本计划的常用编制方法有(　　)。

A. 专家意见法　　B. 功能指数法　　C. 目标利润法

D. 技术进步法　　E. 定率估算法

5.《建设工程造价咨询合同》中明确规定，下列(　　)文件均为建设工程造价咨询合同的组成部分。

A. 建设工程造价咨询合同　　B. 建设工程造价咨询合同标准条件

C. 建设工程造价咨询合同专用条件　　D. 建设工程造价咨询合同合同协议书

E. 咨询合同执行中共同签署的补充与修正文件

6. 在可调价格合同中，合同价款的调整因素包括(　　)。

A. 市场价格变化因素

B. 工程造价管理部门公布的价格调整

C. 一周内非承包人原因停水、停电、停气造成停工累计超过8小时

D. 法律、行政法规和国家有关政策变化影响合同价款

E. 工程变更导致工程量增加

7. 由于工程建设的特点，使工程造价具有以下(　　)特点。

A. 大额性　　B. 层次性　　C. 动态性

D. 单次性　　E. 阶段性

8. 根据我国现行建筑安装工程费用构成的规定，下列费用属于措施费的是(　　)。

A. 环境保护费　　B. 场地准备及临时设施费　　C. 二次搬运费

D. 环境影响评价费　　E. 已完工程及设备保护费

9. 某建筑安装工程以直接费为计算基础计算工程造价，其中，直接工程费为500万元，措施费率为5%，间接费率为8%，利润率为4%，则关于该建筑安装工程造价的说法，正确的有(　　)。

A. 该工程间接费为40.00万元　　B. 该工程措施费为25.00万元

C. 该工程利润为22.68万元　　D. 该工程利润的计算基数为540.00万元

E. 该工程直接费为525.00万元

10. 投资估算指标的内容一般可分为(   )。

A. 建设项目综合指标 B. 设备购置费用指标 C. 建筑安装工程费用指标

D. 单项工程指标 E. 单位工程指标

11. 施工机械台班单价组成的内容包括(   )。

A. 预算价格 B. 大修理费 C. 经常修理费

D. 安拆费及场外运输费 E. 燃料动力费

12. 下列属于项目建议书阶段编制投资估算的方法是(   )。

A. 比例估算法 B. 系数估算法 C. 生产能力指数法

D. 类似项目对比法 E. 指标估算法

13. 根据工程性质,下列工程预算属于建筑工程造价的是(   )。

A. 给排水工程 B. 采暖通风工程 C. 土建工程

D. 电气设备安装工程 E. 电气照明工程

14. 根据《建设工程工程量清单计价规范》(GB 50500－2008)的规定,工程量清单应由以下(   )组成。

A. 分部分项工程量清单 B. 措施项目清单 C. 分项工程量清单

D. 规费项目清单和税金项目清单 E. 其他费用项目清单

15. 招标控制价的编制原则是(   )。

A. 一个工程可以编制二个招标控制价 B. 招标控制价应具有权威性

C. 招标控制价应具有完整性 D. 招标控制价具有合法性

E. 招标控制价与招标文件的一致性

16. 投标人应按招标人提供的工程量清单填报价格,填写的(   )和工程量必须与招标人提供的一致。

A. 工程内容 B. 项目编码 C. 项目名称

D. 项目特征 E. 计量单位

17. 工程变更是建筑施工生产的特点之一,其变更形式包括(   )。

A. 设计变更 B. 施工条件变更 C. 进度计划变更

D. 材料单价变更 E. 合同条款变更

18. 按施工索赔的目的分类,索赔可分为(   )。

A. 地质变化索赔 B. 加速施工索赔 C. 经济索赔

D. 道义索赔 E. 工期索赔

19. 在下列各项资料中,属于竣工验收依据的是(   )。

A. 可行性研究报告 B. 施工图设计文件 C. 招标书及其附件

D. 施工承包合同文件 E. 技术设备说明书

20. 发、承包双方在工程质量保修书中约定的建设工程质量保修范围包括(   )。

A. 地基基础工程、主体结构工程 B. 屋面防水工程

C. 供热与供冷系统 D. 电气管线、设备安装和装修工程

E. 钢筋与混凝土模板工程

全国建设工程造价员资格考试《建设工程造价管理基础知识》模拟试题(一)参考答案

一、单项选择题

1. C　2. A　3. B　4. C　5. B　6. A　7. A　8. D　9. C　10. B
11. C　12. B　13. A　14. B　15. D　16. A　17. A　18. A　19. C　20. C
21. B　22. D　23. B　24. B　25. D　26. A　27. C　28. D　29. B　30. D
31. A　32. A　33. C　34. A　35. B　36. D　37. B　38. B　39. A　40. A
41. B　42. D　43. C　44. C　45. C　46. D　47. A　48. B　49. A　50. C
51. D　52. B　53. C　54. C　55. A　56. A　57. B　58. B　59. B　60. A

二、多项选择题

1. AD　2. ACD　3. ABCD　4. CDE　5. BCE
6. BCD　7. ABCE　8. ACE　9. BCE　10. ADE
11. BCDE　12. ABCE　13. ABCE　14. ABD　15. BCE
16. BCDE　17. ABC　18. CE　19. ABDE　20. ABCD

模拟试题(一)分值分布

章 \ 类型	单选题	多选题	合计分值
第一章	8	4	12
第二章	6	4	10
第三章	6	4	10
第四章	10	6	16
第五章	9	4	13
第六章	7	4	11
第七章	7	6	13
第八章	5	4	9
第九章	2	4	6
总计			100

全国建设工程造价员资格考试《建设工程造价管理基础知识》

模拟试题(二)

一、单项选择题(共60题,每题1分,共60分。每题的备选答案中,只有一个符合题意)

1. 根据《建筑法》的规定,建设单位应当自领取施工许可证之日起(　　)个月内开工。
A. 1　　B. 2　　C. 3　　D. 6

2. 根据《合同法》的规定,与限制民事行为能力人订立合同属于(　　)。
A. 无效合同　　B. 可变更合同　　C. 可撤销合同　　D. 效力待定合同

3. 合同履行的原则是(　　)。
A. 全面履行原则和诚实信用原则　　B. 公平、公正的原则
C. 客观、公开的原则　　D. 公平、合理的原则

4. 开标应当由(　　)主持,在招标文件中预先确定的地点公开进行。
A. 政府招标管理办公室负责人　　B. 招标人
C. 投标人推选的代表　　D. 公证人

5. 投标人在招标文件要求提交投标文件的截止时间前,(　　)。
A. 可以补充、修改或撤回已提交的投标文件
B. 不可以补充、修改已提交的投标文件
C. 可以补充、修改,但不能撤回已提交的投标文件
D. 可以撤回,但不再有资格投标

6. 政府在必要时可以对部分商品的服务价格实行政府指导价和政府定价。下列不属于政府指导价和政府定价的商品是(　　)。
A. 关系到国计民生的极少数商品　　B. 资源稀缺的少数商品
C. 自然垄断经营的商品　　D. 大面积开发的商品房

7. 以下关于工程造价咨询企业业务承接的说法中,正确的是(　　)。
A. 甲级企业可以在全国范围内承接业务
B. 乙级企业只能在本省范围内承接业务
C. 乙级企业可以从事工程造价3000万元人民币以下建设项目的造价咨询业务
D. 甲级企业可以从事工程造价5000万元人民币以上建设项目的造价咨询业务

8. 按照2012年1月1日起施行的《全国建设工程造价员管理办法》中价协[2011]021号文的规定,取得资格证书的人员可自资格证书签发之日起(　　)内申请登记。
A. 1个月　　B. 3个月　　C. 1年　　D. 6个月

9. 按照建设工程项目的划分,(　　)是计算工、料及资金消耗的最基本的构造要素。
A. 单项工程　　B. 单位工程　　C. 分部工程　　D. 分项工程

10. 根据《国务院关于投资体制改革的决定》,对于企业不使用政府资金投资建设的项目,

一律不再实行审批制,区分不同情况实行(　　)。

A. 核准制　B. 报告制　C. 登记备案制　D. 核准制或登记备案制

11. 建设工程项目的造价、质量和进度三大目标之间存在着矛盾和对立的一面,下列选项中能说明这一点的是(　　)。

A. 为提高质量,就需要增加投资、延长工期

B. 增加投资导致延长工期,最终质量下降

C. 适当提高质量标准,尽管会增加投资,但能使工期缩短

D. 科学地安排进度计划,可以大大缩短工期,提高质量,不会造成投资增加

12. 成本计划的编制基础是(　　)。

A. 成本控制　B. 成本核算　C. 成本分析　D. 成本预测

13. 总承包商将自己不擅长的某专业工程进行分包,属于(　　)的风险应对策略。

A. 风险转移　B. 风险自留　C. 风险控制　D. 风险回避

14. 业主将建设工程项目的设计、设备与材料采购、施工任务全部发包给一个承包商,这种工程承包模式对应的工程承包合同称为(　　)。

A. EPC 承包合同　B. 施工总承包合同

C. 单项工程承包合同　D. 特殊专业工程承包合同

15. 在一般情况下,签订建设工程造价咨询合同时预付(　　)的造价咨询报酬。

A. 5%　B. 10%　C. 20%　D. 30%

16. 紧急工程(如灾后恢复工程)要求尽快开工且工期较紧时,可能仅有实施方案,没有施工图纸,就承包商而言最宜选用(　　)。

A. 固定总价合同　B. 可调总价合同　C. 单价合同　D. 成本加酬金合同

17.《建设工程施工合同(示范文本)》的组成部分中,发包方和承包方不能进行修改和细化的部分是(　　)。

A. 通用条款　B. 协议书　C. 专用条款　D. 附件

18. 招标工程的合同价款应由发包人和承包人在协议中约定。约定合同价款的依据是(　　)。

A. 招标标底　B. 投标报价　C. 中标价格　D. 预算造价

19. 建设工程施工专业分包合同的当事人是(　　)。

A. 发包人和承包人　B. 承包人和分包人

C. 发包人和分包人　D. 承包人和设计人

20. 工程造价的第一种含义是从投资者或业主的角度定义的,工程造价是指(　　)。

A. 建设项目总投资　B. 建筑安装工程投资

C. 建设项目固定资产投资　D. 铺地流动资金投资

21. 在某建设项目投资构成中,设备及工器具购置费为 2000 万元,建筑安装工程费为 1000 万元,工程建设其他费为 500 万元,基本预备费为 120 万元,涨价预备费为 80 万元,建设期贷款为 1800 万元,应计利息为 80 万元,流动资金 400 万元,则该建设项目的建设投资为(　　)万元。

A. 3500　B. 3700　C. 3780　D. 4180

22. 根据《建筑安装工程费用项目组成》(建标[2003]206 号)的规定,下列属于直接工程费

中人工费的是生产工人(　　)。

A. 失业保险费　B. 职工教育经费　C. 劳动保险费　D. 劳动保护费

23. 施工企业为职工缴纳危险作业意外伤害保险发生的费用应计入(　　)。

A. 措施费　B. 规费　C. 企业管理费　D. 人工费

24. 下列不属于建筑安装工程直接费的是(　　)。

A. 安全施工费　B. 夜间施工费

C. 固定资产使用费　D. 大型机械设备进出场及安拆费

25. 不属于材料费的是(　　)。

A. 材料原价、采购及保管费　B. 材料二次搬运费

C. 材料运杂费及运输损耗费　D. 检验试验费

26. 根据《建设工程工程量清单计价规范》(GB 50500－2008)的有关规定,地上地下设施、建筑物的临时保护设施费应计入建筑安装工程造价的(　　)中。

A. 直接工程费　B. 间接费　C. 措施费　D. 规费

27. 装运港船上交货价(FOB)是我国进口设备采用最多的一种货价,习惯称(　　)。

A. 离岸价格　B. 到岸价格　C. 抵岸价格　D. 运费和保险在内价

28. 以下费用项目不属于固定资产其他费用的是(　　)。

A. 工程保险费　B. 劳动保险费

C. 特殊设备安全监督检验费　D. 劳动安全卫生评价费

29. 影响工程造价的两个主要因素是单位价格和(　　)。

A. 直接费单价　B. 综合单价　C. 建设投资　D. 实物工程数量

30. 我国现行的工程造价计价方法有(　　)。

A. 定额计价法和实物量法　B. 工料单价法和预算单价法

C. 直接费单价法和综合单价法　D. 工程量清单计价法和实物量法

31. 下列不属于预算定额编制依据的是(　　)。

A. 全国统一劳动定额　B. 现行的设计规范

C. 概算指标　D. 通用的标准图

32. 预算定额中的人工消耗指标包括(　　)。

A. 基本用工和人工幅度差

B. 基本用工、辅助用工和人工幅度差

C. 基本用工、材料超运距用工、辅助用工

D. 基本用工、材料超运距用工、辅助用工和人工幅度差

33. 已知某材料消耗净用量为100m²,损耗率为5%。则材料消耗定额为(　　)m²。

A. 90　B. 100　C. 105　D. 110

34. 定额基价亦称(　　),一般是指在一定使用期范围内建筑安装单位产品的不完全价格。

A. 分项工程单价　B. 单位工程单价　C. 分部工程单价　D. 单项工程单价

35. 建筑安装工程费用定额的编制应遵循(　　)原则。

A. 统一性和差别性相结合　B. 社会先进

C. 定性与定量相结合　D. 以专家为主

36. 下列不属于单位工程造价资料的是(　　)。

A. 主要工程量、主要材料的用量和单价　B. 建设标准、建设工期

C. 人工工日和人工费及相应的造价　D. 工程的内容

37. 在项目决策阶段影响工程造价的最主要因素是(　　)。

A. 项目建设规模　B. 技术方案

C. 设备方案　D. 建设标准

38. 在下列选项中,不属于设计方案比选原则的是(　　)。

A. 协调好技术先进性和经济合理性的关系

B. 考虑建设投资和运用费用的关系

C. 兼顾近期和远期的要求

D. 处理好建设规模与资源利用的关系

39. 根据已建成的类似项目生产能力和投资额来粗略估算拟建建设项目投资额的方法是(　　)。

A. 生产能力指数法　B. 类似工程预算法　C. 混合法　D. 类似项目对比法

40. 某工程已有详细的设计图纸,建筑结构非常明确,采用的技术很成熟,则编制该单位建筑工程概算精度最高的方法是(　　)。

A. 概算定额法　B. 概算指标法　C. 类似工程预算法　D. 修正的概算指标法

41. 已知某进口设备原价为3000万元,安装费率为10%,设备吨位重为300t,每吨设备安装费指标为6000元,则该进口设备安装工程费概算为(　　)万元。

A. 180　B. 210　C. 225　D. 300

42. 对于承包商而言,施工图预算的作用之一是(　　)。

A. 检验设计的经济合理性　B. 测算标底

C. 测算造价指数　D. 拟定降低成本措施

43. 实物量法和定额单价法在编制施工图预算的主要区别在于(　　)不同。

A. 依据的定额　B. 工程量的计算规则

C. 直接工程费计算过程　D. 确定利润的方法

44. 下列不属于审查施工图预算的方法是(　　)。

A. 全面审查法　B. 对比审查法　C. 重点抽查法　D. 联合审查法

45.《中华人民共和国招标投标法》规定,在我国境内可以不进行招标的项目是(　　)。

A. 公用事业的项目　B. 国家融资的项目

C. 使用国家资金的项目　D. 使用专有技术的项目

46. 关于建设工程施工招标投标程序,在发布招标公告后和接受投标书前,招标投标程序依次为(　　)。

A. 招标文件发放→投标人资格预审→勘察现场→投标答疑会

B. 投标人资格预审→招标文件发放→勘察现场→投标答疑会

C. 勘察现场→投标答疑会→招标文件发放→投标人资格预审

D. 投标人资格预审→投标答疑会→招标文件发放→勘察现场

47. 根据《中华人民共和国招标投标法》的规定,采用邀请招标的建设项目,邀请投标的单位必须在(　　)家以上。

A. 2　　B. 3　　C. 4　　D. 5

48. 下列不属于招标文件组成内容的是(　　)。

A. 施工方案　　B. 招标公告　　C. 履约担保格式　　D. 投标文件格式

49. 工程量清单作为招标文件的组成部分,其完整性和准确性应由(　　)负责。

A. 招标人　　B. 监理人　　C. 招投标管理部门　　D. 投标人

50.《建设工程工程量清单计价规范》(GB 50500—2008)规定,分部分项工程量清单项目编码的第三级为表示(　　)。

A. 分项工程顺序码　　B. 清单项目顺序码

C. 分部工程顺序码　　D. 专业工程顺序码

51. 在编制招标控制价时,可以增列的项目有(　　)。

A. 分部分项工程量清单项目　　B. 措施清单项目

C. 其他清单项目　　D. 规费和税金清单项目

52. 措施项目组价的方法一般有两种,其中,采用综合单价形式组价方式主要用于计算(　　)。

A. 临时设施费　　B. 二次搬运费

C. 安全施工费　　D. 钢筋混凝土模板及支架

53. 投标人应以分部分项工程量清单的(　　)为准,确定投标报价的综合单价。

A. 工程内容　　B. 项目名称　　C. 项目特征描述　　D. 工程量计算规则

54. 编制施工预算不包括以下(　　)内容。

A. 计算工程量　　B. 取费计算工程造价

C. 套施工定额　　D. 人工、材料、机械台班用量分析和汇总

55. 工程变更价款的确定应在双方协商的时间内,由(　　)提出变更价格,报工程师批准后方可调整合同价款或顺延工期。

A. 建设单位　　B. 承包商　　C. 设计单位　　D. 发包人

56. 在某市地铁施工中,隧洞开挖时发现新的断层破碎带,这种情况下的工程变更属于(　　)。

A. 设计变更　　B. 工程量变更　　C. 进度计划变更　　D. 施工条件变更

57. 根据《建设工程价款结算暂行办法》的规定,在具备施工条件的前提下,发包人应在双方签订合同后的一个月内或不迟于约定的开工日期前的(　　)天内预付工程款。

A. 7　　B. 14　　C. 28　　D. 30

58. 根据确定的工程计量结果及批准的支付工程进度款申请,发包人应按不低于工程价款的(　　),不高于工程价款的(　　)向承包人支付工程进度款。

A. 30%;90%　　B. 60%;90%　　C. 60%;95%　　D. 70%;95%

59. 竣工验收报告的汇总与编制一般由(　　)完成。

A. 建设单位　　B. 竣工验收委员会　　C. 施工单位　　D. 监理单位

60. 由于发包人原因导致工程无法按规定期限进行竣工验收的,在承包人提交竣工验收报告(　　)天后,自动进入缺陷责任期。

A. 30　　B. 60　　C. 90　　D. 120

二、多项选择题(共 20 题,每题 2 分,共 40 分。每个题的备选答案至少有 2 个或 2 个以上是正确的,至少有 1 个是错误的。选错 1 个选项本题不得分;少选,每选对 1 个选项得 0.5 分)

1. 根据《招标投标法》的规定,以下关于联合投标的论述中正确的有(　　)。

A. 联合体必须以一个投标人的身份共同投标

B. 联合体各方中至少有一家具备承担招标项目的相应能力

C. 同一专业的单位组成联合体的,按照资质等级较低的单位确定资质等级

D. 联合体各方应当共同与招标人签订合同

E. 联合体各方就中标项目向招标人承担赔偿责任

2. 根据《全国建设工程造价员管理办法》(中价协[2011]021 号)的规定,下列说法正确的是(　　)。

A. 造价员应在本人完成的工程造价成果文件上签字、加盖从业印章

B. 造价员可以同时在两个或两个以上单位从业

C. 应保守委托人的商业秘密

D. 允许他人以自己的名义执业

E. 造价员应从事与本人取得的资格证书专业相符合的工程造价活动

3. 建设工程项目按其投资作用可以划分为(　　)。

A. 生产性建设项目　B. 非生产性建设项目　C. 竞争性项目

D. 基础性项目　E. 公益性项目

4. 项目成本分析的基本方法包括(　　)。

A. 比较法　B. 因素分析法　C. 差额计算法

D. 网络计划法　E. 比率法

5. 建设工程造价咨询业务主要包括 A 类、B 类、C 类、D 类和 E 类,以下属于 C 类业务范围的是(　　)。

A. 建设项目可行性研究投资估算的编制、审核

B. 建设工程概算、预算、结算编制、审核

C. 建设工程招标标底的编制、审核

D. 工程洽商、变更及合同争议的鉴订与索赔

E. 投标报价的编制、审核

6.《建设工程施工合同(示范文本)的通用条款规定了确定合同价款的方式有(　　),发包人、承包人可在专用条款中约定采用其中的一种。

A. 总价合同　B. 单价合同　C. 成本加酬金合同

D. 固定价格合同　E. 可调价格合同

7. 建设投资由(　　)构成。

A. 流动资金　B. 工程建设其他费用　C. 预备费

D. 建设期贷款利息　E. 工程费用

8. 下列属于直接工程费中人工费的有(　　)。

A. 基本工资　B. 辅助工资　C. 差旅交通费

D. 劳动保险费　E. 职工福利费

9. 下列构成建设管理费的是(　　)。

A. 生产准备及开办费　B. 工程监理费　C. 工程质量监督费
D. 可行性研究费　E. 工程造价咨询费

10. 工程造价计价依据必须满足以下(　　)要求。

A. 准确可靠,符合实际　B. 社会平均水平的原则　C. 可信度高,具有权威
D. 定性描述清晰,便于正确利用　E. 数据化表达,便于计算

11. 工程建设定额按照所反映的生产要素消耗内容可分为(　　)。

A. 企业定额　B. 施工定额　C. 劳动定额
D. 材料消耗定额　E. 机械台班消耗定额

12. 采用指标估算法时,建筑工程费用估算一般采用(　　)。

A. 单位实物工程量投资估算法　B. 工料单价投资估算法
C. 单位建筑工程投资估算法　D. 概算指标投资估算法
E. 工程量估算法

13. 以下属于预算单价法编制施工图预算的基本步骤是(　　)。

A. 熟悉图纸和预算定额
B. 套单价计算直接工程费
C. 划分工程项目和计算工程量
D. 套用定额消耗量,计算人工、材料、机械台班消耗量
E. 计算并汇总单位工程的人工费、材料费、施工机械台班费

14. 在建设工程施工招标文件中,投标须知内容主要包括(　　)。

A. 招标范围及基本要求情况　B. 授于合同的有关程序和要求
C. 工期的确定及顺延要求　D. 竣工验收与结算的要求
E. 评标机构的组成和要求

15. 分部分项工程量清单由招标人根据《建设工程工程量清单计价规范》附录规定的(　　)进行编制。

A. 项目序号　B. 项目名称　C. 计量单位
D. 工程量计算规则　E. 项目取费标准

16. 下列属于其他项目清单包括的内容有(　　)。

A. 暂列金额　B. 暂估价　C. 预留金
D. 计日工　E. 总承包工程费

17. 工程变更是建筑施工生产的特点之一,主要原因是(　　)。

A. 承包方对项目提出新的要求
B. 由于现场施工环境发生了变化
C. 发生不可预见的事件,引起停工和工期拖延
D. 由于现场机械损坏,引起停工和工期拖延
E. 由于招标文件和工程清单不准确引起工程量增减

18. 要想取得索赔的成功,提出索赔要求必须符合以下(　　)基本条件。

A. 真实性　B. 全面性　C. 客观性
D. 合法性　E. 合理性

19. 竣工决算的内容由(　　)组成。

A. 竣工财务决算说明书　B. 工程竣工图　C. 竣工财务决算报表

D. 工程竣工合格证　E. 工程竣工造价对比分析

20. 新增资产按资产性质可分为(　　)和其他资产。

A. 固定资产　B. 流动资产　C. 无形资产

D. 有形资产　E. 负债资产

全国建设工程造价员资格考试《建设工程造价管理基础知识》模拟试题(二)参考答案

一、单项选择题

1. C　2. D　3. A　4. B　5. A　6. D　7. A　8. C　9. D　10. D
11. A　12. D　13. A　14. A　15. D　16. D　17. A　18. C　19. B　20. C
21. B　22. D　23. B　24. C　25. B　26. C　27. A　28. B　29. D　30. C
31. C　32. D　33. C　34. A　35. C　36. B　37. D　38. D　39. A　40. A
41. A　42. D　43. C　44. D　45. D　46. B　47. B　48. A　49. A　50. C
51. B　52. D　53. C　54. B　55. B　56. D　57. A　58. B　59. A　60. C

二、多项选择题

1. ACD　2. ACE　3. AB　4. ABCE　5. CE
6. CDE　7. BCE　8. ABE　9. BCE　10. ACDE
11. CDE　12. ACD　13. ABC　14. ABE　15. BCD
16. ABD　17. BCE　18. CDE　19. ABCE　20. ABC

模拟试题(二)分值分布

章＼类型	单选题	多选题	合计分值
第一章	8	4	12
第二章	5	4	9
第三章	6	4	10
第四章	9	6	15
第五章	8	4	12
第六章	8	4	12
第七章	9	6	15
第八章	5	4	9
第九章	2	4	6
总计			100

全国建设工程造价员资格考试
《建设工程造价管理基础知识》

模拟试题(三)

一、单项选择题(共60题,每题1分,共60分。在每题的备选答案中,只有一个符合题意)

1. 根据《建筑法》的规定,建筑许可包括(　　)两个方面。

A. 建筑工程施工许可和专业技术人员资格　　B. 建筑工程施工许可和从业资格
C. 单位资质和从业资格　　D. 单位资质和专业技术人员资格

2. 我国《合同法》中所列的平等主体有三类,即(　　)和其他组织。

A. 自然人、当事人　　B. 公民、法人　　C. 法人、当事人　　D. 自然人、法人

3. 当事人双方对格式条款的理解发生争议的,正确的处理方法是(　　)。

A. 有两种以上解释的,应作出不利于提供格式条款一方的解释
B. 按格式条款起草人的理解解释
C. 格式条款与非格式条款不一致时,应采用格式条款
D. 不能按照通常理解予以解释

4. 根据《合同法》的规定,下列属于可变更、可撤销合同的是(　　)。

A. 恶意串通而损害国家利益　　B. 造成对方人身伤害的
C. 以合法形式掩盖非法目的　　D. 订立合同时显失公平

5. 招标人和中标人应当自中标通知书发出之日起(　　)日内,按照招标文件和中标人的投标文件订立书面合同。

A. 15　　B. 20　　C. 30　　D. 60

6. 根据《土地管理法》的规定,临时使用土地期限一般不超过(　　)年。

A. 1　　B. 2　　C. 3　　D. 4

7. 在下列各项中,不属于注册造价工程师执业范围的是(　　)。

A. 可行性研究投资估算的编制和审核　　B. 投标报价的编制和审核
C. 工程造价分析与控制　　D. 工程经济纠纷的鉴定和仲裁

8. 按照《全国建设工程造价员管理办法》中价协[2011]021号文的规定,造价员应接受继续教育,每两年参加继续教育的时间累计不得少于(　　)学时。

A. 20　　B. 30　　C. 40　　D. 60

9. 具备独立施工条件、能形成独立使用功能但不能独立发挥生产能力或工程效益的工程项目被称为(　　)。

A. 分部工程　　B. 分项工程　　C. 单项工程　　D. 单位工程

10. 完成施工用水、电、路工程和征地、拆迁以及场地平整等工作应属于(　　)阶段的工作内容。

A. 施工图设计阶段　　B. 建设准备阶段　　C. 建设施工阶段　　D. 生产准备阶段

11. 下列关于项目管理概念的表述中,错误的是(　　)。

A. 项目三大目标包括规定的时间、费用和质量

B. 一定的约束条件是制定项目管理目标的依据

C. 项目管理具有重复性和多次性的特点

D. 项目管理具有针对性、系统性、程序性和科学性的特点

12. 成本预测的方法可以分为(　　)两大类。

A. 加权平均法和回归分析法　　B. 直接成本和间接成本

C. 目标利润法和差额计算法　　D. 定性预测和定量预测

13. 项目发生损失的概率并不大,但当风险事件发生后产生的损失是灾难性的、无法弥补的,应采取(　　)的风险应对策略。

A. 风险回避　　B. 风险自留　　C. 风险控制　　D. 风险转移

14. 由于委托人或第三人的原因使咨询人工作受阻碍或延误以致增加了工作量或持续时间,该增加的工作量视为(　　)。

A. 正常服务　　B. 附加服务　　C. 额外服务　　D. 增值服务

15. 对于工期长、技术复杂、实施过程中发生各种不可预见因素较多的大型土建工程,以及业主为缩短工程建设周期、初步设计完成后就进行施工招标的工程,宜选择的合同类型为(　　)。

A. 总价合同　　B. 单价合同　　C. 成本加酬金合同　D. 可调价格合同

16. 在建设工程施工合同中,当合同文件不能相互解释、相互说明时,下列合同优先解释顺序正确的是(　　)。

A. 合同协议书—专用条款—中标通知书—技术标准

B. 专用条款—中标通知书—技术标准—合同协议书

C. 中标通知书—合同协议书—通用条款—专用条款

D. 合同协议书—中标通知书—专用条款—通用条款

17.《建设工程施工合同(示范标本)》为合同当事人提供了合同内容编制指南,但具体内容需要承、发包方根据发包工程的实际情况进行细化的部分是(　　)。

A. 协议书　　B. 通用条款　　C. 专用条款　　D. 单价合同

18. EPC 总承包是最典型和最全面的工程总承包方式。但在下列工作中,不包括在 EPC 总承包范围之内的工作是(　　)。

A. 勘察工作　　B. 设计工作　　C. 采购工作　　D. 施工工作

19. 劳务分包人施工完毕后,由(　　)共同进行验收,不必等主合同工程全部竣工后再验收。

A. 承包人和劳务分包人　　B. 发包人和工程师

C. 承包人和工程师　　D. 劳务发包人和工程师

20. 建设项目是一个从抽象到具体的建设过程,工程造价也从投资估算阶段的投资预计到竣工决算的实际投资,形成最终的建设工程的实际造价。造价的表现形式有:①设计概算;②结算价;③合同价;④竣工决算;⑤施工图预算,正确的顺序是(　　)。

A. ①②③④⑤　　B. ①⑤③②④　　C. ⑤④①②③　　D. ③②①⑤④

21. 工程造价控制的关键在于(　　)阶段。

A. 施工　　B. 招投标　　C. 投资决策和设计　　D. 竣工结算

22. 建设期贷款利息应列入下列(　　)。

A. 建设投资　　B. 工程建设其他费

C. 预备费　　D. 建设项目工程造价

23. 固定资产投资所形成的固定资产价值的内容不包括(　　)。

A. 设备、工器具的购置费用　　B. 建筑安装工程造价

C. 工程建设其他费用　　D. 铺地流动资金投资

24. 在下列建筑安装工程费用中,应计入直接工程费的是(　　)。

A. 施工机械的安拆费及场外运输费　　B. 新材料试验费

C. 对构件做破坏性实验费　　D. 大型机械设备进出场及安拆费

25. 下列属于措施费的项目有(　　)。

A. 劳动安全卫生评价费　　B. 冬雨季施工费

C. 场地准备及临时设施费　　D. 工程排污费

26. 设备进口的关税计算公式是(　　)。

A. 关税=离岸价格×进口关税税率　　B. 关税=到岸价格×进口关税税率

C. 关税=原币货价×进口关税税率　　D. 关税=货价×进口关税税率

27. 按照我国的现行规定,建设单位所需的临时设施搭建费属于(　　)。

A. 直接工程费　　B. 措施费　　C. 企业管理费　　D. 工程建设其他费

28. 下列对于预备费的理解,错误的是(　　)。

A. 基本预备费是在投资估算或设计概算内难以预料的工程费用

B. 基本预备费以工程费用为计取基础,乘以基本预备费费率进行计算

C. 基本预备费用于设计变更、局部地基处理等增加的费用

D. 涨价预备费一般采用复利方法计算

29. 工程定额计价方法与工程量清单计价方法的相同之处在于(　　)的一致性。

A. 工程量计算规则　　B. 项目划分单元

C. 单价与报价构成　　D. 从下而上分部组合计价方法

30. 按定额的不同用途分类,定额可划分为(　　)。

A. 劳动定额、材料消耗定额、机械台班消耗定额

B. 施工定额、预算定额、概算定额、概算指标、投资估算指标

C. 全国统一定额、行业定额、企业定额

D. 建筑工程定额、设备安装工程定额

31. 某工程有 $450m^3$ 的一砖内墙的砌筑任务,每天有两个班组来作业,每个班组人数为10人,共用18天完成任务,其时间定额为(　　)工日/m^3。

A. 1.56　　B. 1.25　　C. 0.8　　D. 0.4

32. 已知材料原价为1000元/t,运杂费为80元/t,运输损耗费为50元/t,采购及保管费率为10%,材料采购及保管费为(　　)元/t。

A. 100　　B. 113　　C. 108　　D. 105

33. 下列关于定额计价基本方法的描述,不正确的是(　　)。

A. 定额基价亦称分项工程单价

B. 定额项目基价=人工费+材料费+施工机械使用费

C. 单位工程造价=单位工程直接费+间接费+利润+税金

D. 单项工程造价=∑(分项工程工程量×直接工程费单价)

34. 建筑安装工程费用定额的编制原则不包括( )。

A. 合理确定定额水平原则
B. 简明、适用性原则
C. 社会平均水平的原则
D. 定性与定量分析相结合的原则

35. 某房地产工程直接工程费5000万元,其中人工费300万元,机械使用费1000万元,措施费800万元,其中人工费200万元,机械使用费200万元,间接费费率40%,利润率为20%,则以直接费为计算基数时,该工程的利润为( )万元。

A. 1160
B. 1624
C. 1400
D. 1933

36. 工程造价资料积累内容应包括( )和"价"。

A. 建设项目工程造价资料
B. 单项工程造价资料
C. 单位工程造价资料
D. "量"如主要工程量、材料量、设备量等

37. 建设项目规模的合理选择关系到项目的成败,决定着项目工程造价的合理与否。项目规模合理化的制约因素主要包括( )。

A. 资金因素、技术因素和环境因素
B. 资金因素、技术因素和市场因素
C. 市场因素、技术因素和环境因素
D. 市场因素、环境因素和资金因素

38. 投资估算精度应满足控制( )的要求。

A. 初步设计概算
B. 施工图预算
C. 项目资金筹资计划
D. 项目投资计划

39. 某年产量10万t化工产品已建成项目的静态投资额为5000万元,现拟建年产20万t同产品的类似项目。若生产能力指数为0.6,综合调整系数为1.2,则采用生产能力指数法估算的拟建项目静态投资额为( )万元。

A. 7579
B. 6000
C. 9094
D. 9490

40. 利用技术条件与设计对象相类似的已完工程或在建工程的工程造价资料来编制拟建工程设计概算的方法称为( )。

A. 概算定额法
B. 类似工程预算法
C. 概算指标法
D. 预算单价法

41. ①确定各分部分项工程项目的概算定额单价;②列出分项工程的项目名称,计算工程量;③汇总计算单位工程直接费;④计算汇总单位工程直接工程费之和;⑤计算间接费和利税;⑥计算单位工程概算造价。按照概算定额法编制设计概算时,以上工作正确的先后顺序是( )。

A. ①②③④⑤⑥
B. ②⑤①④③⑥
C. ②①④③⑤⑥
D. ②①⑤③④⑥

42. 根据《建筑工程施工发包与承包计价管理办法》(建设部107号令)的规定,施工图预算编制可采用( )两种计价方法。

A. 预算单价法和实物法
B. 全费用综合单价和清单综合单价
C. 工料单价法和综合单价法
D. 直接费单价法和工料单价法

43. 施工图预算由( )三级逐级编制、综合汇总而成。

A. 单位工程预算、单项工程预算和建设项目总预算

B. 分项工程预算、分部工程预算和单位工程预算

C. 直接费预算、间接费预算和利润

D. 分部分项工程费、措施项目费和其他项目费

44. 施工图预算审查的主要内容不包括( )。

A. 审查工程量　B. 审查预算单价套用

C. 审查其他有关费用　D. 审查材料代用是否合理

45. 根据《中华人民共和国招标投标法》的规定，建设工程招标应在国家指定的报刊和信息网络上发布招标公告，该招标方式为( )。

A. 公开招标　B. 邀请招标　C. 联合招标　D. 议标

46. 在建设工程施工招标文件中，对投标文件的组成、投标报价、递交、修改、撤回等有关内容的要求，由招标文件提出的是( )。

A. 投标文件格式　B. 技术条款　C. 合同主要条款　D. 投标须知

47. 在建设工程招标投标开标时，招标文件有下列情形之一的，招标人不予受理的是( )。

A. 未按招标文件的要求密封的　B. 未按招标文件要求提交投标保证金的

C. 未按规定的格式填写并且内容不全的　D. 无单位盖章并且无法定代表人签字的

48. 根据《建设工程工程量清单计价规范》的规定，分部分项工程量清单的项目编码设置分为( )，用十二位阿拉伯数字表示。

A. 三级　B. 四级　C. 五级　D. 六级

49. 根据《建设工程工程量清单计价规范》(GB50500－2008)的规定，下列不属于分部分项工程量清单应包括的部分是( )。

A. 项目名称　B. 项目特征　C. 计量单位　D. 工程内容

50. 根据《建设工程工程量清单计价规范》的规定，在分部分项工程量清单项目特征描述中，混凝土柱的强度等级 C30 属于( )。

A. 必须描述的内容　B. 可不详细描述的内容

C. 简要描述的内容　D. 不必描述的内容

51. 在工程量清单计价模式下，在招投标阶段对尚未确定的某分部分项工程费应列于( )中。

A. 暂列金额　B. 基本预备费　C. 暂估价　D. 工程建设其他费

52. 下列关于招标控制价的说法中正确的是( )。

A. 招标控制价必须由招标人编制　B. 招标控制价只需公布总价

C. 招标人不得对招标控制价提出异议　D. 招标控制价不应上调或下浮

53. 在建设工程施工投标程序中，获得招标文件后要做的工作有：①计算投标报价；②编制投标书；③制定施工方案；④确定投标策略；⑤研究招标文件；⑥调查投标环境，正确的顺序是( )。

A. ①②③④⑤⑥　B. ⑥⑤④③②①　C. ⑤⑥④③①②　D. ③⑥⑤①②④

54. 建设单位对原工程设计进行变更时，要根据《建设工程施工合同(示范文本)》的规定，发包人以书面形式向承包方发出变更通知，应不迟于变更前( )天。

A. 7　B. 14　C. 20　D. 30

55. 当工程变更引起实际完成的工程量增减超过工程量清单中相应工程量的10%或合同中约定的幅度时,应予调整该工程量清单项目的(　　)。

A. 材料单价　　B. 市场单价　　C. 综合单价　　D. 部分费用单价

56. 承包商可根据合同约定向业主提出延期开工的申请,申请被批准则承包商可进行工期索赔。业主的确认时间为(　　)小时。

A. 48　　B. 36　　C. 24　　D. 12

57. 若从接到竣工结算报告和完整的竣工结算资料之日起审查时限为45天,则工程竣工结算报告的金额应为(　　)。

A. 500万元以下　　B. 500万元～2000万元

C. 2000万元～5000万元　　D. 5000万元以上

58. (　　)是正确核定新增固定资产价值、反映建设项目实际造价和投资效果的文件。

A. 竣工验收报告　　B. 工程竣工造价对比分析

C. 竣工决算　　D. 竣工结算

59. 新增固定资产价值的计算对象是(　　)。

A. 独立施工的专业工程　　B. 独立发挥生产能力的单项工程

C. 独立设计的单位工程　　D. 分部分项工程

60. 某一全部使用政府投资的建设项目的工程价款结算总额为5000万元,则该工程的质量保证金一般为(　　)万元。

A. 100　　B. 150　　C. 250　　D. 500

二、多项选择题(共20题,每题2分,共40分。每个题的备选答案中至少有2个或2个以上是正确的,至少有1个是错误的。选错1个选项本题不得分;少选,每选对1个选项得0.5分)

1. 按照《招标投标法》的规定,以下关于开标的说法中正确的有(　　)。

A. 开标地点为开标会前招标人通知的地点

B. 开标时间为招标文件确定的提交投标文件截止时间的同一时间

C. 开标时由投标人或其推选的代表检查投标文件的密封情况

D. 开标会应邀请所有中标人参加

E. 开标时由工作人员当众拆封,宣读投标人名称、投标价格

2. 根据《土地管理法》的相关规定,下列(　　)建设用地经县级以上人民政府依法批准,以划拨方式取得土地使用权。

A. 国家机关用地和军事用地　　B. 国外贷款项目用地

C. 规划新建的商品房项目用地　　D. 城市基础设施和公益事业用地

E. 国家重点扶持的能源、交通、水利等基础设施用地

3. 建设工程项目按其投资效益可以划分为(　　)。

A. 基础性项目　　B. 生产性建设项目　　C. 竞争性项目

D. 非生产性建设项目　　E. 公益性项目

4. 成本控制的环节有(　　)。

A. 全员控制　　B. 计划控制　　C. 过程控制

D. 纠偏控制　　E. 目标控制

5. 以下属于承包商主要合同关系的是(　　)。

A. 工程承包合同　　B. 监理合同　　C. 劳务分包合同

D. 租赁合同　　E. 工程分包合同

6. 下列关于建设工程施工专业分包合同订立的论述中,正确的有(　　)。

A. 专业分包合同的合同价款应在中标函和协议书中标明

B. 专业分包合同的合同价款等于总包合同相应部分的合同价款

C. 专业分包合同的合同价款与总包合同相应部分的合同价款无任何连带关系

D. 分包合同的计价方式应与主合同中对该部分工程的约定相一致

E. 专业分包合同与主包合同文件约定的工期一致

7. 国家税法规定的应计入建筑安装工程造价中税金的是(　　)。

A. 营业税　　B. 增值税　　C. 城市维护建设税

D. 所得税　　E. 教育费附加

8. 下列费用中应计入规费的是(　　)。

A. 劳动保险费　　B. 医疗保险费　　C. 失业保险费

D. 养老保险费　　E. 劳动保护费

9. 工程建设其他费用按照资产属性分别形成(　　)。

A. 固定资产　　B. 无形资产　　C. 流动资产

D. 有形资产　　E. 递延资产

10. 概算定额的编制依据有(　　)。

A. 现行的预算定额　　B. 推广的新技术、新结构、新材料、新工艺

C. 全国统一劳动定额　　D. 选择的典型工程施工图和其他有关资料

E. 人工工资标准、材料预算价格、机械台班预算价格

11. 劳动定额的编制方法有(　　)。

A. 经验估计法　　B. 统计计算法　　C. 技术测定法

D. 比较类推法　　E. 理论计算法

12. 对施工单位而言,施工图预算是(　　)的依据。

A. 确定投标报价　　B. 控制施工成本　　C. 拨付工程价款

D. 进行控制投资　　E. 进行施工准备和工程分包

13. 下列属于审查设计概算的方法有(　　)。

A. 全面审查法　　B. 联合会审法　　C. 查询核算法

D. 对比分析法　　E. 分解审查法

14. 属于建设工程施工招标文件的内容是(　　)。

A. 投标须知　　B. 招标文件格式　　C. 工程量清单

D. 设计图纸　　E. 评标标准和方法

15. 招标控制价复核的主要内容为(　　)。

A. 招标文件规定的计价方法　　B. 规费和税金的计取

C. 工程量清单组价单价分析　　D. 计日工数量

E. 招标文件提供的标底价

16. 在采用工程量清单计价方式招标的工程中,投标总价应与(　　)的合计金额一致。

A. 分部分项工程费　B. 措施项目费　C. 其他项目费

D. 直接工程费　E. 规费和税金

17. 工程承包中不可避免出现索赔的影响因素有(　　)。

A. 人民币升值　B. 施工进度变化　C. 施工图纸的变更

D. 施工机械发生故障　E. 施工现场条件变化

18. 竣工结算的方式有(　　)。

A. 分部工程竣工结算　B. 分项工程竣工结算　C. 单位工程竣工结算

D. 单项工程竣工结算　E. 建设项目竣工总结算

19. 在大、中型建设项目竣工财务决算表中,属于资金来源的是(　　)。

A. 货币资金　B. 待冲基建支出　C. 预付及应收款

D. 基建拨款　E. 项目资本金

20. 在下列关于共同费用分摊计入新增固定资产价值的表述中,正确的是(　　)。

A. 建设单位管理费按建筑、安装工程造价总额按比例分摊

B. 土地征用费按建筑工程造价比例分摊

C. 建筑工程设计费按建筑工程造价比例分摊

D. 地质勘察费按建筑工程造价比例分摊

E. 生产工艺流程系统设计费按需安装设备价值总额作比例分摊

全国建设工程造价员资格考试《建设工程造价管理基础知识》模拟试题(三)参考答案

一、单项选择题

1. B　2. D　3. A　4. D　5. C　6. B　7. D　8. A　9. D　10. B
11. C　12. D　13. A　14. C　15. B　16. D　17. C　18. A　19. A　20. B
21. C　22. D　23. D　24. A　25. B　26. B　27. D　28. B　29. D　30. B
31. C　32. B　33. D　34. C　35. B　36. D　37. C　38. A　39. C　40. B
41. C　42. C　43. A　44. D　45. A　46. D　47. A　48. C　49. D　50. A
51. A　52. D　53. C　54. B　55. C　56. A　57. C　58. C　59. B　60. C

二、多项选择题

1. BCE　2. ADE　3. ACE　4. BCD　5. CDE
6. ACD　7. ACE　8. BCD　9. ABE　10. ADE
11. ABCD　12. ABE　13. BCD　14. ACDE　15. ABC
16. ABCE　17. BCE　18. CDE　19. BDE　20. BCD

模拟试题(三)分值分布

章　　类型	单选题	多选题	合计分值
第一章	8	4	12
第二章	5	4	9
第三章	6	4	10
第四章	9	6	15
第五章	8	4	12
第六章	8	4	12
第七章	9	6	15
第八章	4	4	8
第九章	3	4	7
总计			100

全国建设工程造价员资格考试
《建设工程造价管理基础知识》

模拟试题(四)

一、单项选择题(共60题,每题1分,共60分。每题的备选答案中,只有一个最符合题意)

1. 我国《建筑法》规定的建筑工程发包方式有(　　)。
A. 招标发包和邀请发包　　B. 招标发包和直接发包
C. 公开招标和直接招标　　D. 公开招标和邀请招标

2. 根据《合同法》的规定,下列表述中错误的是(　　)。
A. 要约可以撤回　B. 要约可以撤销　C. 承诺可以撤回　D. 承诺可以撤销

3. 根据《合同法》的规定,下列情形中合同当事人不能选择诉讼方式解决合同争议的是(　　)。
A. 合同争议的当事人不愿和解、调解的
B. 经过和解、调解未能解决合同争议的
C. 当事人没有订立仲裁协议或者仲裁协议无效的
D. 同一工程纠纷仲裁裁决已经做出的

4. 根据《招标投标法》的规定,编制投标文件的时间自招标文件出售之日起到投标人提交投标文件截止之日止,最短不得少于(　　)日。
A. 10　B. 20　C. 15　D. 5

5. 根据《保险法》的规定,建筑工程一切险和安装工程一切险均属于(　　)。
A. 人身保险　　B. 第三者意外伤害保险
C. 财产保险　　D. 固定资产保险

6. 城镇土地使用税是国家按使用土地的等级和数量对城镇范围内的土地使用者征收的一种税,属于行为税,其税率为(　　)。
A. 比例税率　B. 定额税率　C. 累进税率　D. 差别税率

7. 在下列关于工程造价咨询企业管理的论述中,错误的有(　　)。
A. 工程造价咨询企业资质等级分为甲级、乙级
B. 工程造价咨询企业的业务承接不受行政区域的限制
C. 工程造价咨询企业的分支机构可以分支机构的名义承揽咨询业务
D. 乙级工程造价咨询企业可以从事工程造价5000万人民币以下的咨询业务

8. 造价工程师实行注册执业管理制度,初始注册和延续注册的有效期为(　　)。
A. 1年和2年　B. 2年和4年　C. 3年和4年　D. 4年和4年

9. 根据《全国建设工程造价员管理办法》(中价协[2011]021号文)的规定,下列不是造价

员享有的权利的是(　　)。

A. 使用造价员名称　　B. 与当事人有利益关系的,应当主动回避
C. 接受继续教育,提高从业水平　　D. 保管、使用本人的资格证书和从业印章

10. 按照建设工程项目的划分,某住宅楼工程中的土建工程属于(　　)。

A. 单项工程　　B. 分部工程　　C. 单位工程　　D. 分项工程

11. 下列(　　)是贯穿于项目实施全过程的全面管理,既包括项目的设计阶段,也包括项目施工安装阶段。

A. 业主方项目管理　　B. 工程总承包方项目管理
C. 设计方项目管理　　D. 施工方项目管理

12. 承包企业以货币形式编制项目在计划期内的生产费用、成本水平及为降低成本采取的主要措施和规划的具体方案,属于建设工程项目成本管理内容中的(　　)。

A. 成本分析　　B. 成本计划　　C. 成本核算　　D. 成本预测

13. 下列不属于承包商遇到的风险是(　　)。

A. 决策错误风险　　B. 人为风险　　C. 缔约和履约风险　　D. 责任风险

14. 当有些风险无法回避、必须直接面对、而以自身的承受能力又无法有效承担时,(　　)就是一种十分有效的选择。

A. 风险回避　　B. 风险自留　　C. 风险控制　　D. 风险转移

15. 在工程施工合同关于承包人的权利和义务论述中,错误的是(　　)。

A. 隐蔽工程隐蔽以前,承包人应当通知发包人检查
B. 发包人未按约定提供材料、设备的,承包人有权要求赔偿停工、窝工等损失
C. 发包人未按约定支付价款的,承包人可以催告发包人在合理期限内支付价款
D. 工程竣工后,承包人要求发包人支付全部工程款

16. 在建设工程造价咨询合同标准条件中,以下不属于委托人权利的是(　　)。

A. 委托人有权向咨询人询问工作进展情况
B. 委托人有权阐述对具体问题的意见和建议
C. 当委托人认定咨询专业人员未履行其职责的,有权要求更换
D. 到工程现场进行勘察

17. EPC 总承包是最典型和最全面的工程总承包方式,业主仅面对一家承包商,由该承包商负责一个完整工程的(　　)等工作。

A. 设计—采购—施工　　B. 设计—施工—采购
C. 勘察—设计—采购　　D. 施工—监理—咨询

18. 在实行 EPC 承包合同模式的过程中,(　　)作为合同招标文件的组成部分,是承包商报价和工程实施的重要依据。

A. 投标人须知　　B. 合同条件　　C."业主要求"　　D. 投标书格式

19. 劳务分包合同的发包方可以是施工合同的(　　)。

A. 业主或劳务合同分包人　　B. 承包人或承担专业工程施工的分包人
C. 承包人或转包人　　D. 承包人或劳务合同分包人

20. 任何一项建设工程从决策到交付使用,建设期较长,影响造价因素较多,直至竣工决算

后才能最终确定工程的实际造价,这体现了工程造价具有(　　)特点。

A. 大额性　　B. 动态性　　C. 层次性　　D. 多次性

21. 项目建设期间用于项目的建设投资、建设期贷款利息、固定资产投资方向调节税和流动资金的总和是(　　)。

A. 建设项目总投资　　B. 工程费用　　C. 安装工程费　　D. 预备费

22. 关于我国现行建设项目投资构成和工程造价的构成说法中,正确的是(　　)。

A. 生产性建设项目总投资为建设投资和建设期贷款利息之和

B. 工程造价为工程费用、工程建设其他费用和预备费之和

C. 固定资产投资为建设投资和建设期贷款利息之和

D. 工程费用为直接费、间接费、利润和税金之和

23. 按照《建筑安装工程费用项目组成》(建标[2003]206 号)的规定,对建筑材料、构件和建筑安装物进行一般鉴定和检查所发生的费用属于(　　)。

A. 其他直接费　　B. 现场经费　　C. 研究试验费　　D. 直接工程费

24. 按照《建筑安装工程费用项目组成》(建标[2003]206 号)的规定,建筑安装工程费用中的规费包括了(　　)费用。

A. 工程排污、社会保障、住房公积金、危险作业意外伤害保险

B. 住房公积金、工程排污、环境保护、住房公积金

C. 社会保障、安全施工、环境保护、住房公积金

D. 住房公积金、危险作业意外伤害保险、文明施工、工程排污

25. 某进口设备离岸价为 255 万元,国际运费为 25 万元,海上保险费率为 0.2%,关税税率为 20%,则该设备的关税完税价格为(　　)万元。

A. 280.56　　B. 281.12　　C. 336.67　　D. 337.35

26. 不属于工程建设其他费构成的是(　　)。

A. 固定资产其他费用　　B. 形成流动资产费用

C. 形成无形资产费用　　D. 形成递延资产费用

27. 下列费用中,不属于工程建设其他费用中工程保险费的是(　　)。

A. 建筑安装工程一切险保费　　B. 引进设备财产保险保费

C. 危险作业意外伤害险保费　　D. 人身意外伤害险保费

28. 在建设工程投资估算中,根据建设期资金用款计划,可按(　　)考虑。

A. 当年借款按全年计息,上年借款也按全年计息

B. 当年借款按半年计息,上年借款按全年计息

C. 当年借款按全年计息,上年借款按半年计息

D. 当年借款按半年计息,上年借款也按半年计息

29. 以下不属于计算分部分项工程人工、材料、机械台班消耗量及费用的依据的是(　　)。

A. 概算指标、概算定额、预算定额　　B. 工程造价信息

C. 人工单价、材料预算价、机械台班单价　　D. 费用定额

30. 以整个建筑物或构筑物为对象、以“平方米”、“立方米”或“座”等为计量单位、规定人工、材料和机械台班消耗指标的一种标准的是(　　)。

A. 概算定额　　B. 概算指标　　C. 地区统一定额　　D. 投资估算指标

31. 预算定额的编制原则包括( )。

A. 定性与定量分析相结合的原则
B. 合理确定定额水平原则
C. 社会平均水平和简明适用的原则
D. 平均先进水平和简明性原则

32. 概算定额的编制步骤不包括( )。

A. 审查定稿阶段 B. 准备工作阶段 C. 平衡调整阶段 D. 编制初稿阶段

33. 工人工作时间可以划分为定额时间和非定额时间两大类，以下属非定额时间的是( )。

A. 基本工作时间
B. 多余和偶然工作时间
C. 准备与结束工作时间
D. 不可避免的中断时间

34. 某瓦工班组 10 人，砌 1.5 厚砖基础，需 5 天完成，砌筑砖基础的定额为 1.25 工日/m^3，该班组完成的砌筑工程量是( )。

A. $50m^3$/工日 B. $40m^3$ C. $45m^3$/工日 D. $62.5m^3$

35. 以下不属于施工机械台班单价中第一类费用的是( )。

A. 折旧费
B. 大修理费
C. 燃料动力费
D. 安拆费及场外运输费

36. 某房间装修工程需用地砖规格为 600mm×600mm，灰缝 2mm，其损耗率为 1.5%，则铺 $100m^2$ 地砖地面消耗量为( )块。

A. 280 B. 282 C. 278 D. 276

37. 以下不属于可行性研究报告作用的是( )。

A. 作为申请建设执照的依据
B. 作为审查建设项目对环境影响的依据
C. 作为安排项目计划和实施方案的依据
D. 作为项目招标投标的依据

38. 不属于二级但属于三级概算编制形式的组成表格是( )。

A. 总概算表
B. 单项工程综合概算表
C. 其他费用计算表
D. 单位工程概算表

39. 某新建住宅工程的直接工程费为 800 万元，按照当地造价管理部门的规定，土建工程措施费费率为 8%，间接费费率为 15%，利润率为 7%，税率为 3.4%，则该住宅的单位工程概算为( )万元。

A. 1067.20 B. 1080.10 C. 1081.86 D. 1099.30

40. 在施工图预算编制时，先计算单位工程分部分项工程量，然后再乘以对应的定额基价，求出各分项工程直接工程费，再汇总成预算造价的这种方法是( )。

A. 综合单价法 B. 实物法 C. 预算单价法 D. 清单计价法

41. 根据《建筑工程施工发包与承包计价管理办法》(建设部 107 号令)的规定，施工图预算应由( )构成。

A. 成本、利润和税金
B. 直接费、间接费和利润
C. 利润、规费和风险费
D. 工程费、预备费、利润和税金

42. 采用工料单价法和综合单价法编制施工图预算的区别主要在于( )。

A. 预算造价的构成不同　　B. 预算所起的作用不同

C. 预算编制依据不同　　D. 单价包含的费用内容不同

43. 利用不同建筑标准下的工程量、造价、用工三个单方基本值表对施工预算进行审查的方法是(　)。

A. 标准预算审查法　　B. 筛选审查法

C. 利用手册审查法　　D. 分组对比审核法

44. 下列排序符合《招标投标法》规定的招标程序的是(　)。

①投标人资格审查　②发布招标公告　③开标，评标　④接受投标书

A. ②①④③　　B. ①②③④　　C. ①④②③　　D. ④①③②

45. 下列不属于工程建设项目货物招标文件组成内容的是(　　)。

A. 招标须知　　B. 设计图纸　　C. 招标文件的格式　　D. 评标标准和方法

46. 分部分项工程量清单应采用(　　)计价。

A. 直接费单价　　B. 工料单价　　C. 综合单价　　D. 全费用单价

47. 发包方在编制招标文件以及发承包双方签订施工合同时，不得将(　　)作为竞争性费用。

A. 规费和税金　　B. 税金　　C. 规费　　D. 措施费

48. 招标人在工程量清单中提供的用于支付必然发生但暂时不能确定价格的材料的单价应计入(　　)。

A. 暂列金额　　B. 专业工程暂估价　　C. 计日工　　D. 暂估价

49. 下列关于工程量清单计价表述有误的是(　　)。

A. 工程量清单项目套价的结果是计算该清单项目的直接工程费

B. 工程量按国家标准《建设工程工程量清单计价规范》规定的工程量计算规则计算

C. 暂列金额是用于合同约定调整因素出现时的工程材料价款调整的费用

D. 措施项目综合单价的构成和分部分项工程项目和综合单价构成类似

50. 招标文件中要求投标人承担的风险费用，投标人应在(　　)中予以考虑。

A. 暂估价　　B. 措施项目费

C. 综合单价　　D. 专业工程暂估价

51. 采用工程量清单计价法计算工程报价时，下列计算公式不正确的是(　)。

A. 分部分项工程费＝∑分部分项工程量×分部分项工程项目基本单价

B. 措施项目费＝∑措施项目工程量×措施项目综合单价

C. 单项工程报价＝∑单位工程报价

D. 建设项目总报价＝∑单项工程报价

52. 工程变更确认的一般过程是：①分析影响；②提出工程变更；③确认工程变更；④分析合同条款；⑤确定所需费用、时间，正确的顺序是(　　)。

A. ①②③④⑤　　B. ⑤①③②④　　C. ②⑤①④③　　D. ②①④⑤③

53.《建设工程价款结算暂行办法》规定，合同中没有适用或类似于变更工程的价格，计算变更合同价款按(　　)。

A. 发包人提出的价格执行　　B. 当地权威部门指定的价格执行

C. 监理工程师提出的价格执行

D. 承包商提出的价格，经工程师确认后执行

54. 对整个工程的实际总成本与原成本之差额提出的索赔属于（ ）。

A. 补偿索赔　　B. 综合索赔　　C. 单项索赔　　D. 道义索赔

55. 某分项工程发包方提供的估计工程量为 1500m^3，合同中规定单价为 25 元/m^3，实际工程量超过估计工程量 10%时，超过工程量调整单价为 20 元/m^3，实际经过业主计量确认的工程量为 1800m^3，则该分项工程结算款为（ ）元。

A. 37500　　B. 36000　　C. 45000　　D. 44250

56. 工程预付款的性质是一种提前支付的（ ）。

A. 工程款　　B. 工程进度款　　C. 备料款　　D. 结算款

57. 当工程竣工结算报告金额为 1500 万元时，审查时限应从接到竣工结算报告和完整的竣工结算资料之日起（ ）天。

A. 20　　B. 30　　C. 45　　D. 60

58. 建设项目竣工验收时，负责组织项目验收委员会的是（ ）。

A. 建设单位　　B. 监理单位　　C. 施工单位　　D. 项目主管部门

59. 根据无形资产计价的规定，下列内容中，一般作为无形资产入账的是（ ）。

A. 自创专利权　　B. 自创非专利技术

C. 自创商标　　D. 行政划拨土地使用权

60. 某建设项目基建拨款为 2000 万元，项目资本金为 2000 万元，项目资本公积金 200 万元，基建借款 1000 万元，待冲基建支出 500 万元，基本建设支出 3300 万元，应收生产单位投资借款 1000 万元，则该项目结余资金为（ ）万元。

A. 400　　B. 900　　C. 1400　　D. 1900

二、多项选择题（共 20 题，每题 2 分，共 40 分。每个题的备选答案中至少有 2 个或 2 个以上是正确的，至少有 1 个是错误的。选错 1 个选项本题不得分；少选，每选对 1 个选项得 0.5 分）

1. 按照《合同法 》的规定，执行政府定价或者政府指导价的合同应遵守的规定有（ ）。

A. 在合同约定的交付期限内政府价格调整时，按照交付时的价格计价

B. 逾期交付标的物的，遇价格上涨时，按照原价格执行

C. 逾期交付标的物的，遇价格下降时，按照现价格执行

D. 逾期提取标的物的，遇价格上涨时，按照新价格执行

E. 逾期付款的，遇价格下降时，按新价格执行

2. 根据《全国建设工程造价员管理办法》（中价协[2011]021 号文）的规定，下列关于造价员从业资格制度的论述中，正确的有（ ）。

A. 已取得注册造价工程师证书，且在有效期内的，不予登记

B. 四年内无工作业绩，且不能说明理由的，为验证不合格

C. 到期无故不参加验证的、四年内参加继续教育不满 60 学时的，为验证不合格

D. 验证不合格且限期整改未达到要求的，注销造价员资格证书及从业印章

E. 同时在两个或两个以上单位从业，注销造价员资格证书及从业印章

3. 基本建设项目按其建设性质可以划分为(　　)。

A. 新建项目　B. 扩建项目　C. 恢复项目

D. 环境保护项目　E. 回迁项目

4. 以下关于建设工程项目成本管理说法正确的是(　　)。

A. 成本控制是成本计划的基础

B. 成本预测是成本计划的编制基础

C. 成本计划是开展成本控制和核算的基础

D. 成本核算是对成本计划是否实现的最后检查

E. 成本考核是成本分析的依据

5. 按照计价方式的不同,建设工程施工合同可以划分为(　　)。

A. 总价合同　B. 清单综合单价合同　C. 单价合同

D. 全费用综合单价合同　E. 成本价酬金合同

6. 下列关于建设工程施工专业分包合同履行的论述中,正确的有(　　)。

A. 分包人应按协议书约定的日期开工

B. 如果分包人要求延期开工,应在约定开工日期前 3 天提出要求

C. 承包人接到分包人延期开工的请求,应在接到请求后的 24 小时内答复

D. 承包人接到分包人延期开工请求,超过规定时间未予答复的视为同意

E. 因非分包人原因不能按期开工,合同工期相应顺延

7. 在下列各项中,属于建设工程项目工程造价的有(　　)。

A. 建设期利息　B. 设备及工器具购置费　C. 预备费

D. 流动资产投资　E. 工程建设其他费

8. 按照建标[2003]206 号文的规定,下列各项中属于建筑安装工程企业管理费的有(　　)。

A. 劳动保护费　B. 职工教育经费　C. 劳动保险费

D. 财务费　E. 工会经费

9. 按照建标[2003]206 号文的规定,下列各项中属于建筑安装工程施工机械使用费的有(　　)。

A. 折旧费　B. 大修理费

C. 大型机械设备进出场及安拆费　D. 经常修理费

E. 机械操作人员的工资

10. 定额基价的编制依据是(　　)。

A. 现行的概算定额　B. 现行的地区材料预算价格　C. 现行的预算定额

D. 现行的施工机械台班价格　E. 现行的日工资标准

11. 下列关于材料价格中各项费用的计算公式,正确的有(　　)。

A. 采购保管费=(材料原价+材料运杂费)×运输损耗率

B. 运输损耗费=(材料原价+材料运杂费+运输损耗费)×采购及保管费率

C. 材料预算价格=[(材料原价+运杂费)×(1+运输损耗率)]×(1+采购及保管费率)

D. 检验试验费=∑(单位材料量检验试验费×材料消耗量)

E. 材料费＝$\sum$(材料消耗量×材料预算价格)＋检验试验费

12. 建设工程项目总概算是由(　　)等汇总编制而成。

A. 各单项工程综合概算　B. 工程建设其他费用概算　C. 预算费用

D. 建设期贷款利息　E. 预备费

13. 编制施工图预算的依据包括(　　)。

A. 现行预算定额　B. 施工定额　C. 工程量计算规则

D. 投标文件或工程施工合同　E. 施工方案

14. 根据《建设工程工程量清单计价规范》(GB 50500－2008)的规定，分部分项工程综合单价包括完成规定计量单位清单项目所需的人工费、材料费、机械使用费以及(　　)。

A. 管理费　B. 利润　C. 规费

D. 税金　E. 一定范围内的风险费

15. 根据《建设工程工程量清单计价规范》(GB 50500－2008)的规定，下列属于通用措施项目的是(　　)。

A. 垂直运输　B. 安全文明施工　C. 混凝土模板及支架

D. 冬雨季施工　E. 已完工程及设备保护

16. 采用工程量清单计价法计算建筑安装工程招标控制价时，税金的计算基础包括(　　)。

A. 分部分项工程费　B. 措施项目费　C. 其他项目费

D. 社会保障费　E. 规费

17. 施工期内，措施费用按承包人在投标报价书中的措施费用进行控制，造成措施费用增加的应予调整的是(　　)。

A. 现场施工机械损坏而延误工期

B. 发包人更改承包人的施工组织设计

C. 总价合同中，实际完成的工程量超出合同规定的工程量

D. 施工期内因国家法律、法规及有关政策变化

E. 因发包人原因并经承包人同意顺延工期

18. 在工程索赔实践中，以下费用允许索赔的是(　　)。

A. 重新检验并合格　B. 工程变更和工程量增加

C. 业主及时支付工程进度款　D. 承包商未能按合同约定完成该做的工作

E. 业主指令错误

19. 按被验收的对象划分，建设项目竣工验收可分为(　　)。

A. 分部工程竣工验收　B. 单位工程验收　C. 分项工程竣工验收

D. 单项工程验收　E. 工程整体验收

20. 竣工决算中，工程造价比较分析的主要分析内容有(　　)。

A. 主要实物工程量　B. 主要人工消耗　C. 主要设备材料价格

D. 主要材料消耗量　E. 考核建设单位管理费、措施费和间接费的取费标准

全国建设工程造价员资格考试《建设工程造价管理基础知识》模拟试题(四)参考答案

一、单项选择题

1. B 2. D 3. D 4. B 5. C 6. B 7. C 8. D 9. B 10. C
11. B 12. B 13. B 14. D 15. D 16. D 17. A 18. C 19. B 20. B
21. A 22. C 23. D 24. A 25. A 26. B 27. C 28. B 29. D 30. B
31. C 32. C 33. B 34. B 35. C 36. A 37. D 38. B 39. D 40. C
41. A 42. D 43. B 44. A 45. B 46. C 47. A 48. D 49. A 50. C
51. A 52. D 53. D 54. B 55. D 56. C 57. B 58. D 59. A 60. C

二、多项选择题

1. ABD 2. ABDE 3. ABC 4. BCD 5. ACE
6. ADE 7. ABCE 8. BCDE 9. ABDE 10. BCDE
11. CDE 12. ABDE 13. ACE 14. ABE 15. BDE
16. ABCE 17. BDE 18. ABE 19. BDE 20. ADE

模拟试题(四)分值分布

章 \ 类型	单选题	多选题	合计分值
第一章	9	4	13
第二章	5	4	9
第三章	5	4	9
第四章	9	6	15
第五章	8	4	12
第六章	7	4	11
第七章	8	6	14
第八章	6	4	10
第九章	3	4	7
总计			100

第三部分　历年真题汇编

北京市建筑业造价员岗位考核试题
《基础知识》2007.11

一、单项选择题（每题1分，共30分）将选择唯一正确答案的字母填入答题纸对应的（　）内。

1. 建设工程合同是指承包人进行工程的勘察、设计、施工等建设、由发包人支付相应价款的合同，建设工程合同的主体只能是（　）。

A. 公民个人　　B. 设计者　　C. 国家　　D. 法人

2. 实际工程量与预计的工程量可能有较大出入时，应优先选择（　）。

A. 总价合同　　B. 单价合同
C. 成本加酬金合同　　D. 以上合同类型均合适

3. 根据工程建设的不同阶段，建设工程合同可以分为（　）。

A. 固定总价合同和固定单价合同　　B. 建筑工程总包合同和分包合同
C. 勘察合同、设计合同和施工合同　　D. 供水供电合同和运输合同

4. 工程造价的特点是（　）。

A. 大额性 可调性 动态性和层次性　　B. 多样性 单体性 动态性、层次性和阶段性
C. 多样性 可调性 单体性和动态性　　D. 大额性 单个性 动态性、层次性和多次性

5. 工程造价的构成主要划分为设备及工、器具购置费用、（　）工程建设其他费用、预备费、建设期贷款利息、固定资产投资方向调节税。

A. 建筑安装工程费用　　B. 土地使用费
C. 固定资产使用费　　D. 生产准备费

6. 下列费用中不属于社会保障费的是（　）。

A. 养老保险费　　B. 失业保险费
C. 医疗保险费　　D. 住房公积金

7. 工程监理费是指（　）招标委托工程监理单位实施工程监理的费用。

A. 施工单位　　B. 建设单位
C. 质量监督单位　　D. 国家有关部门

8. 工程造价计价的主要方法有（　）。

A. 定额单价法一种　　B. 直接费单价法一种
C. 直接费单价和综合单价法两种　　D. 定额单价法和直接费单价法两种

9. 预算定额是由（　）组织编制、审批并颁发执行。

A. 国家主管部门或其授权机关　　B. 国家发展改革委员会
C. 国家技术管理局　　D. 以上均可

10. 劳动定额是建筑安装工人在正常的施工（生产）条件下、在一定的技术和生产组织条件下、在平均先进水平的基础上制定的，又称（　）。

A. 人工定额　　B. 概算定额　　C. 施工定额　　D. 预算定额

11. 劳动定额分为产量定额和时间定额两类。时间定额与产量定额的关系是（　）。

A. 相关关系　　B. 独立关系　　C. 正比关系　　D. 互为倒数

12. 下列费用中属于建筑安装工程费中企业管理费的是(　　)。

A. 营业税　B. 房产税　C. 城市维护建设税　D. 教育费附加

13. 工人在夜间施工导致的施工降效费用应属于(　　)。

A. 直接工程费　B. 措施费　C. 规费　D. 企业管理费

14. 设计概算可分为(　　)。

A. 单位工程概算、单项工程综合概算、建设项目总概算三级

B. 单项工程概算、单位工程概算两个层次

C. 单项工程概算、单位工程概算、分部工程概算三级

D. 建设项目总概算、单项工程综合概算两个层次

15. 预算定额是按照(　　)编制的。

A. 行业平均水平　B. 社会平均水平

C. 行业平均先进水平　D. 社会平均先进水平

16. 标底是依据国家统一的工程量计算规则、预算定额和费用定额计算出来的工程造价，是(　　)对建筑工程预算的期望值。

A. 投标人　B. 招标人　C. 工程师　D. 项目经理

17. 投标人在招标文件要求提交投标文件的截止日期前，(　　)。

A. 可修改补充，但不能撤回已提交的投标文件

B. 不可以修改补充，不可以撤回已提交的文件

C. 可以修改补充，可以撤回已提交的投标文件

D. 可以撤回已提交的文件，但不再有资格投标

18. 我国于(　　)起开始实施《建设工程工程量清单计价规范》。

A. 2002 年 4 月 1 日　B. 2003 年 4 月 1 日

C. 2003 年 7 月 1 日　D. 2005 年 7 月 1 日

19. 工程量清单应由具有编制招标文件能力的(　　)进行编制。

A. 招标人

B. 招标人或受其委托具有相应资质的工程造价咨询人

C. 具有相应资质的中介机构

D. 建设行政主管部门

20. 根据我国现行的工程量清单计价规范规定，单价采用的是(　　)。

A. 人工费单价　B. 工料单价　C. 全费用单价　D. 综合单价

21. 在我国现行的建设工程工程量清单计价规范中，门窗油漆工程量按(　　)计算。

A. 框外围平方米　B. 洞口平方米

C. 樘/m^2　D. 展开面积

22. 2001 预算定额基价中，已包括了施工过程中的(　　)，在编制工程量清单时，应列入分部分项工程量清单中。

A. 成品保护费　B. 特殊成品保护费

C. 材料保护费　D. 一般成品保护费

23. 工程预付款的性质是一种提前支付的(　　)。

A. 工程款　B. 进度款　C. 材料款　D. 结算款

24. 下列关于工程变更产生的原因，说法不正确的是（　　）。

A. 由于现场施工环境发生了变化　　B. 由于设计上的错误，必须对图纸作出修改

C. 由于承包方对项目提出新的要求　　D. 由于使用新技术有必要改变原计划

25.（　　）是建设工程经济效益的全面反映，是项目法人核定各类新增资产价值、办理其交付使用的依据。

A. 施工图预算　B. 设计概算　C. 竣工结算　D. 竣工决算

26. 在工程量清单的编制过程中，分部分项工程量清单的项目名称应按附录的项目名称结合（　　）确定。

A. 拟建工程的实际　　B. 工程内容

C. 计量单位　　D. 项目编码

27. 工程量较小且能精确计算、工期较短的工程宜选择（　　）。

A. 总价合同　　B. 单价合同

C. 成本加酬金合同　　D. 以上合同类型均合适

28. 具备独立施工条件并能形成独立使用功能的建筑物及构筑物的是（　　）。

A. 单项工程　B. 单位工程　C. 分部工程　D. 分项工程

29. 建设项目竣工决算包括的范围是（　　）。

A. 从施工到竣工投产全过程的全部实际支出费用

B. 从筹建到竣工投产全过程的全部实际支出费用

C. 建安工程费用和设备工器具购置费用

D. 建安工程费用和其他费用

30. 工程实际造价是在（　　）阶段确定的。

A. 招投标　B. 合同签订　C. 竣工验收　D. 施工图设计

二、多项选择题（每题2分，共40分）将选择正确答案的字母填入答题纸对应的（　　）内，多选、错选不得分；少选且选正确每个选项得0.5分。

1. 建设工程项目按项目性质划分，可以分为（　　）。

A. 新建项目　B. 扩建项目　C. 改建项目

D. 迁建项目　E. 复建项目

2. 建设工程合同根据付款方式划分，可以分为（　　）。

A. 固定合同　B. 总价合同　C. 单价合同

D. 成本加酬金合同　E. 可调合同

3. 在下列工程中，属于单位工程的是（　　）。

A. 设备安装工程　B. 玻璃幕墙工程　C. 智能工程

D. 土建工程　E. 电梯工程

4. 工程造价的计价特点是（　　）。

A. 单件性计价　B. 复杂性计价　C. 多次性计价

D. 按工程构成的分部组合计价　E. 均衡性计价

5. 直接工程费是指施工过程中耗费的构成工程实体的各项费用，包括（　　）。

A. 企业管理费　B. 人工费　C. 措施费

D. 材料费　　E. 施工机械使用费

6. 措施费是指为完成工程项目施工、发生于该工程施工前和施工过程中非工程实体项目的费用，以下费用属于措施费的有(　　)。

A. 临时设施费　　B. 二次搬运费　　C. 工具用具使用费

D. 文明施工费　　E. 财产保险费

7. 规费是指政府和有关权力部门规定必须交纳的费用，下面费用中(　　)属于规费的项目。

A. 税金　　B. 工会经费　　C. 危险作业意外伤害保险

D. 住房公积金　　E. 工程排污费

8. 工程量清单由(　　)组成。

A. 分部分项工程量清单　　B. 措施项目清单　　C. 其他项目清单

D. 建设单位配合项目清单　　E. 间接费项目清单

9. 设备购置费包括(　　)。

A. 设备原价　　B. 设备国内运输费用　　C. 设备安装调试费

D. 单台设备试运转费　　E. 设备采购保管费和装卸费

10. 建筑工程招标投标活动应当遵循(　　)的原则，择优选择承包单位。

A. 保密　　B. 公平　　C. 公正

D. 诚实信用　　E. 公开

11. 工程项目一般是指为某种特定的目的而进行投资建设并含有一定(　　)工程的建设项目。

A. 建筑　　B. 设备安装　　C. 建筑安装

D. 设备购置　　E. 设备运输

12. 按项目规模划分，基本建设项目可分为(　　)项目。

A. 限额以上　　B. 大型　　C. 限额以下

D. 中型　　E. 小型

13. 按定额反映的生产要素消耗内容分类，可以把工程建设定额划分为(　　)。

A. 劳动定额　　B. 材料消耗定额　　C. 机械台班消耗定额

D. 建筑工程定额　　E. 设备安装工程定额

14. 招标方式分为(　　)。

A. 直接招标　　B. 间接招标　　C. 议标

D. 公开招标　　E. 邀请招标

15. 标底的价格应由(　　)组成。

A. 成本　　B. 利润　　C. 税金

D. 规费　　E. 措施费

16. 2001 年《北京市建设工程预算定额》的计价原则是(　　)。

A. 清单量　　B. 定额量　　C. 市场价

D. 指导费　　E. 指定费

17. 建筑安装工程费由(　　)构成。

A. 直接费　　B. 间接费　　C. 利润

D. 规费　　E. 税金

18. 基本建设工程项目按照它的组成内容不同，可以划分为(　　)。

A. 分项工程　　B. 单项工程　　C. 专项工程

D. 单位工程　　E. 分部工程

19. 建筑、安装工程预算定额的作用(　　)。

A. 是编制施工图预算、确定工程造价的依据

B. 是编制概算指标的基础

C. 是编制招标控制价和投标报价的依据

D. 是对设计项目进行技术经济分析和比较的基础资料之一

E. 是建设单位拨付工程价款、编制竣工决算的依据

20. 建设工程招标的分类为(　　)。

A. 建设项目总承包招标　　B. 货物招标　　C. 工程施工招标

D. 建设监理招标　　E. 工程分包招标

三、判断题(每题1分，共15分)在答题纸对应的(　)内正确的(√)，错误的(×)

1. 全部使用国有资金投资或国有资金投资为主的工程建设项目必须采用工程量清单计价。

2. 招标文件与中标人投标文件不一致的地方，以招标文件为准。

3. 承包人在施工中可以对原工程设计进行变更，也可以在施工中提出合理化建议。

4. 由于工程量清单漏项或设计变更引起新的工程量清单项目，其相应综合单价由承包人提出，经发包人确认后作为结算的依据。

5. 单位工程是单项工程的组成部分，如土石方工程为一个单位工程。

6. 基本预备费是以建筑安装工程费与与工程建设其他费之和为计算基数乘以基本预备费率。

7. 根据北京市建设委员会(京建经[2002]115号)文件的规定，凡2002年4月1日以后执行2001年《北京市建设工程预算定额》的新开工程，不再计取劳保统筹基金。

8. 成本加酬金合同是指由业主向承包商支付建设工程的实际成本，并按事先约定的某一种方式支付酬金的合同类型。这类合同对承包商方面风险较大，而对业主方面则基本无风险。

9. 自2004年4月1日起，凡北京市行政区域内编制工程设计概算均按2004年《北京市建设工程概算定额》执行。

10. 合同签订后，因不可抗力因素、法律和法规变更导致合同不能履行或不能正确履行，可依法免除责任。

11. 评标就是投标人提交投标截止时间后，招标人依据招标文件规定的时间和地点，开启投标人提交的投标文件，公开宣布投标人的名称、投标价格及投标文件中的其他主要内容。

12. 发承包双方签订施工合同时，可以将规费作为让利的因素。

13. 标底的价格水平是市场平均水平。一个工程只能有一个标底。

14. 对工程招投标来说，投标是要约，中标通知书是承诺。

15. 施工机械台班费中的折旧费是指施工机械在规定的使用年限内，陆续收回其原值及购

置资金的时间价值。

四、计算题(15分)将答案写在答题纸的对应位置上。

根据施工图纸,某装饰工程按2001年预算定额计算出工程的定额直接费为896755元,其中,人工费138518元,材料费653989元,机械费104248元。按发承包双方约定,该工程的人工费调整为200851元,材料费调整为1093630元,机械费按定额执行。按下表所给费率并根据2001年预算定额的有关规定计算该工程的工程造价。(保留整数)

费用名称	临时设施费	现场经费	企业管理费	利润	税金
费率(%)	15	26	44.6	7	3.4

说明:1. 本试卷考试时间为120分钟。

2. 本套试题按照2007年11月北京市建筑业造价员岗位考核试题《基础知识》试卷,结合现行规定,对试题类型进行了调整,对部分试题内容进行了修改。

参考答案

一、单项选择题(每题1分,共30分)

1	2	3	4	5	6	7	8	9	10	11	12	13	14	15
D	B	C	D	A	D	B	C	A	A	D	B	B	A	B
16	17	18	19	20	21	22	23	24	25	26	27	28	29	30
B	C	C	B	D	C	D	C	C	D	A	A	B	B	C

二、多项选择题(每题2分,共40分)

1	2	3	4	5	6	7	8	9	10
ABCDE	BCD	AD	ACD	BDE	ABD	CDE	ABC	ABE	BCDE
11	12	13	14	15	16	17	18	19	20
AC	BDE	ABC	DE	ABC	BCD	ABCE	ABDE	ACE	ABCD

三、判断题(每题1分,共15分)

1	2	3	4	5	6	7	8	9	10	11	12	13	14	15
√	×	×	√	×	×	√	×	×	√	×	×	√	√	√

四、计算题(15 分)

装饰工程取费表

序号	项目名称	计算式	费率(%)	金额(元)	分值
1	定额直接费	(2)+(3)+(4)		1398729	1
2	其中:人工费	调整后的人工费		200851	1
3	材料费	调整后的材料费		1093630	1
4	机械费			104248	
5	临时设施费	(2)×临时设施费费率	15	30128	1
6	现场经费	(2)×现场经费费率	26	52221	1
7	直接费小计	(1)+(5)+(6)		1481078	2
8	企业管理费	(2)×企业管理费费率	44.6	89580	2
9	利润	[(7)+(8)]× 利润率	7	109946	2
10	税金	[(7)+(8)+(9)]× 税率	3.4	57141	2
11	工程造价	(7)+(8)+(9)+(10)		1737745	2

北京市建筑业造价员岗位考核试题

《基础知识》2008.6

一、单项选择题(每题1分,共40分)将选择唯一正确答案的字母填入答题纸对应的( )内。

1.《建设工程施工合同(示范文本)》的组成部分为合同当事人提供合同内容编制指南,但具体内容需要承、发包方根据发包工程的实际情况进行细化的部分是( )。

A. 协议书 B. 通用条款 C. 专用条款 D. 附件

2. 在合同争议的解决方式中,双方在第三方主持下,平息争端,达成协议,这种方法称为( )。

A. 和解 B. 调解 C. 仲裁 D. 诉讼

3. 设备进口的关税计算公式是( )。

A. 关税=离岸价格×进口关税税率 B. 关税=到岸价格×进口关税税率

C. 关税=原币货价×进口关税税率 D. 关税=货价×进口关税税率

4. 下列不属于建筑安装工程直接费的是( )。

A. 安全施工费 B. 夜间施工费

C. 二次搬运费 D. 固定资产使用费

5. 工程实际造价是在( )阶段确定的。

A. 招投标 B. 合同签订 C. 竣工验收 D. 施工图设计

6. 下列关于工程量清单计价法表述有误的是( )。

A. 工程量清单项目套价的结果是计算该清单项目的直接工程费

B. 工程量按国家标准《建设工程工程量清单计价规范》规定的工程量计算规则计算

C. 分部分项工程费考虑风险因素

D. 措施项目综合单价的构成和分部分项工程项目的综合单价构成类似

7. 施工机械台班单价按有关规定由七项费用组成。这些费用按其性质分为第一类费用和第二类费用,以下各项中,属于第二类费用的是( )。

A. 拆旧费 B. 大修理费 C. 人工费 D. 机械安拆费

8. 投资估算精度应满足控制( )的要求。

A. 初步设计概算 B. 施工图预算

C. 项目资金筹资计划 D. 项目投资计划

9. 在工程承发包过程中,承包单位的下列行为中,不属于禁止行为的是( )。

A. 将其承包的全部建筑工程转包给他人

B. 将其承包的全部工程肢解后以分包的名义转包给他人

C. 将工程分包给不具备资质条件的单位

D. 施工总承包的,建筑工程主体结构的施工由总承包单位自行完成

10. 政府在必要时可以对部分商品和服务价格实行政府指导价和政府定价。下列不属于政府指导价和政府定价的商品是( )。

A. 关系到国计民生的极少数商品　　B. 资源稀缺的少数商品

C. 自然垄断经营的商品　　D. 大面积开发的商品房

11. 根据我国现行规定，工程造价咨询企业出具的工程造价成果文件除由执行咨询业务的注册造价工程师签字、加盖执业印章外，还必须加盖(　　)。

A. 工程造价咨询企业执业印章　　B. 工程造价咨询企业法定代表人印章

C. 工程造价咨询企业技术负责人印章　　D. 工程造价咨询项目负责人印章

12. 在建设工程项目管理中，造价控制、进度控制、质量控制之间是(　　)关系。

A. 相互矛盾　　B. 相互统一

C. 相互对立统一　　D. 相互独立

13. 完成施工用水、电、路工程和征地、拆迁以及场地平整等工作应属于(　　)阶段的工作内容。

A. 施工图设计　　B. 建设准备　　C. 建设实施　　D. 生产准备

14. 下列工程中，不属于分部工程的是(　　)。

A. 土建工程　　B. 屋面工程　　C. 主体结构工程　　D. 地基与基础工程

15. 成本分析、成本考核、成本核算是建设工程项目施工成本管理的重要环节，仅就此三项工作而言，其正确的工作流程是(　　)。

A. 成本核算—成本分析—成本考核　　B. 成本分析—成本考核—成本核算

C. 成本考核—成本核算—成本分析　　D. 成本分析—成本核算—成本考核

16. 下列文件中，属于要约邀请文件的是(　　)。

A. 投标书　　B. 中标通知书　　C. 招标公告　　D. 承诺书

17.《建设工程造价咨询合同(示范文本)》由三部分组成。下列各项中不属于该示范文本组成内容的是(　　)。

A.《建设工程造价咨询合同》　　B.《建设工程造价咨询合同标准条件》

C.《建设工程造价咨询合同专用条件》　　D.《建设工程造价咨询合同补充条件》

18. 紧急工程(如灾后恢复工程)要求尽快开工且工期较紧时，可能仅有实施方案，没有施工图纸，则就承包商而言最宜选用(　　)。

A. 固定总价合同　　B. 可调总价合同

C. 单价合同　　D. 成本加酬金合同

19. 三级概算文件编制形式的组成内容有(　　)。

A. 建筑工程概算、安装工程概算、设备工器具费概算

B. 工程费用概算、工程建设其他费用概算、预备费概算

C. 建设项目总概算、单项工程综合概算、单位工程概算

D. 分部分项工程概算、措施项目概算、其他项目概算

20. 按照工程量清单计价规定，分部分项工程量清单应采用综合单价计价，该综合单价中没有包括的费用是(　　)。

A. 措施费　　B. 管理费　　C. 利润　　D. 风险费用

21.《中华人民共和国招标投标法》规定，在中华人民共和国境内，工程建设项目必须进行招标的是(　　)。

A. 大型基础设施项目　　B. 非外国政府贷款项目

C. 特定专利项目　　D. 私人投资项目

22. 在建设项目招标投标中，资格审查分为资格预审和资格后审，经资格后审不合格的投标人（　　）。

A. 不得参加投标　　B. 需重新提交审查资料

C. 编制的投标书作废标处理　　D. 需酌情扣除评标得分

23. 投标单位收到招标文件后，如有疑问或不清的问题，可以书面形式向招标单位提出，但应在收到招标文件后（　　）。

A. 7天内　　B. 10天内　　C. 14天内　　D. 28天内

24. 因工程量增加造成的工期延长，承包商可以根据合同约定要求进行工期索赔。工期确认时间根据合同通用条款13.2款约定为（　　）。

A. 7天　　B. 14天　　C. 21天　　D. 28天

25. 若从接到竣工结算报告和完整的竣工结算资料之日起审查时限为45天，则工程竣工结算报告的金额应为（　　）。

A. 500万元以下　　B. 500万元～2000万元

C. 2000万元～5000万元　　D. 5000万元以上

26. 竣工验收报告的汇总与编制一般由（　　）完成。

A. 建设单位　　B. 竣工验收委员会

C. 施工单位　　D. 监理单位

27. 根据《建设工程质量管理条例》的规定，下列有关建设工程的最低保修期限的规定，正确的是（　　）。

A. 地基基础工程为30年　　B. 屋面防水工程的防渗漏为3年

C. 供热与供冷系统为2个采暖期和供冷期　　D. 设备安装和装修工程为1年

28. 工程量清单计价费用中的分部分项工程费包括（　　）。

A. 人工费、材料费、机械使用费

B. 人工费、材料费、机械使用费、管理费

C. 人工费、材料费、机械使用费、管理费和利润

D. 人工费、材料费、机械使用费、管理费、利润以及风险费

29. 招标人采用邀请招标方式的，应当向（　　）以上具备承担招标项目的能力、资信良好的特定的法人或其他组织发出投标邀请书。

A. 二个　　B. 三个　　C. 五个　　D. 七个

30. 概算定额是在预算定额的基础上，根据有代表性的建筑工程通用图和标准图等资料，进行综合、扩大和合并而成。因此，建筑工程概算定额亦称为（　　）。

A. 概算指标　　B. 综合结构定额

C. 扩大结构定额　　D. 补充定额

31. 索赔按照目的划分，可分为（　　）。

A. 合同内索赔和合同外索赔　　B. 工期延长索赔和费用补偿索赔

C. 单项索赔和综合索赔　　D. 索赔和反索赔

32. 在2001预算定额基价中已包括了施工过程中的（　　）。在编制工程量清单时，应列入分部分项工程量清单中。

A. 成品保护费　　B. 特殊成品保护费
C. 材料保护费　　D. 一般成品保护费

33.(　　)适用于工程量相对较少且能够精确计算、工期较短、技术要求相对简单、风险较小的建设项目。

A. 总价合同　B. 单价合同　C. 总包合同　D. 分包合同

34.(　　)是指按一个总体设计文件进行施工建造、经济上实行独立核算。

A. 建设项目　B. 单项工程　C. 单位工程　D. 分部工程

35. 施工定额是按(　　)编制的。

A. 平均水平　B. 先进水平　C. 平均先进水平　D. 较高水平

36. 要约邀请是希望他人向自己发出要约的意思表示。下面属于要约邀请的是(　　)。

A. 建设工程合同　B. 投标书　C. 中标通知书　D. 招标公告

37.(　　)是指施工企业根据企业的施工技术和管理水平,以及有关工程造价资料制定的,并供本企业使用的人工、材料和机械台班消耗量。

A. 预算定额　B. 概算定额　C. 概算指标　D. 企业定额

38. 措施费是指为完成工程项目施工、发生于该工程(　　)非工程实体项目的费用。

A. 施工前和施工后　　B. 施工过程中和施工后
C. 施工前和施工过程中　　D. 施工过程中

39. 建筑工程招标的开标、评标、定标由(　　)依法组织实施,并接受有关行政主管部门的监督。

A. 国家授权机关　　B. 施工单位
C. 建设单位　　D. 以上均可

40. 按照建筑安装工程费的组成规定,大型机械设备进出场及安拆费应计入(　　)。

A. 直接工程费　　B. 间接费
C. 施工机械使用费　　D. 措施费

二、多项选择题(每题2分,共30分)将选择正确答案的字母填入答题纸对应的(　)内。多选、错选不得分;少选且选正确每个选项得0.5分。

1. 关于建设工程施工招标程序,在接受投标书之后,需要完成的工作有(　　)。

A. 制定评标办法　B. 开标、评标、定标　C. 宣布中标单位
D. 协商合同主要条款　E. 签订合同

2. 根据《建设工程工程量清单计价规范》的规定,暂列金额属于暂定金额,是业主为工程施工准备的一种备用金,主要考虑的因素有(　　)。

A. 物价上涨　B. 工程量清单漏项　C. 施工中发生的索赔
D. 工程变更引起标准提高　E. 清单计算有误增加的工程量

3. 下列方法中属于投资估算编制方法的有(　　)。

A. 系数估算法　B. 指标估算法　C. 实物法
D. 比例估算法　E. 工料单价法

4. 按照定额的不同用途分类,可把工程建设定额分为(　　)。

A. 施工定额　B. 预算定额　C. 概算定额
D. 工期定额　E. 投资估算指标

5. 2001 预算定额中属于指导费的费用有(　　)。

A. 税金　　B. 现场管理费　　C. 利润

D. 企业管理费　　E. 规费

6. 招标可分为工程勘察设计招标、建设工程总承包招标(　　)。

A. 设备招标　　B. 工程施工招标　　C. 项目风险管理招标

D. 监理招标　　E. 货物招标

7. 分部分项工程量清单应根据附录规定的(　　)进行编制。

A. 项目编码　　B. 项目名称　　C. 工程量计算规则

D. 计量单位　　E. 施工工艺流程

8. 工程造价的计价特征有(　　)。

A. 单件性　　B. 批量性　　C. 多次性

D. 一次性　　E. 组合性

9. 按照工程量清单报价的方法编制的标底,其标底审核的主要内容有(　　)。

A. 招标文件规定的计价方法　　B. 招标文件规定的评标方法

C. 招标文件的其他有关条款　　D. 工程量清单单价组成分析

E. 清单计价中计日工单价

10. 工程承包中不可避免地出现索赔的影响因素有(　　)。

A. 人民币升值　　B. 施工进度变化　　C. 施工图纸的变更

D. 施工机械发生故障　　E. 施工现场条件变化

11. 在建设项目竣工验收中,工程资料验收包括的内容有(　　)。

A. 土质试验报告　　B. 设备试车报告　　C. 施工单位资质

D. 设计概算资料　　E. 现行的施工质量验收规范

12. 税金是指国家税法规定的应计入建筑安装工程造价内的营业税、(　　)。

A. 印花税　　B. 城市维护建设税　　C. 教育费附加

D. 土地使用税　　E. 房产税

13. 以下费用中属于措施费的有(　　)。

A. 工具用具使用费　　B. 脚手架费　　C. 施工排水、降水费

D. 联合试运转费　　E. 环境保护费

14. 建设工程承包合同签订的原则有(　　)。

A. 依法原则　　B. 严肃性和强制性原则　　C. 等价有偿原则

D. 严密性原则　　E. 协作原则

15. 下列费用中属于材料费的有(　　)。

A. 材料二次搬运费　　B. 材料原价　　C. 材料运杂费

D. 供电贴费　　E. 检验试验费

三、判断题(每题 1 分,共 10 分)在答题纸对应的(　)内,正确的划(√),错误的划(×)。

1. 预算定额由政府或其授权机关组织编制、审批并颁发执行,因此,它是具有法令性的技术经济法规,不得任意修改。

2. 根据北京市建设委员会(京建经[2002]116 号)文件的规定,自 2002 年 4 月 1 日起,凡

在北京市行政区域内新开工的建筑、安装、市政工程，均按预算定额编制招标标底、投标报价、工程预算、工程结算。

3.《中华人民共和国建筑法》规定，工程监理单位可以转让工程监理业务。

4. 造价员应在本人承担的工程造价业务文件上签字、加盖专用章，并承担相应的岗位责任。

5. 标底价格一般应控制在批准的建设项目总概算及投资包干的限额内。

6. 索赔是在合同履行过程中，当事人一方由于另一方未履行合同所规定的义务而遭受损失时向另一方提出赔偿要求的行为。索赔的性质属于惩罚行为。

7. 工程量清单应作为招标文件的组成部分。

8.《中华人民共和国建筑法》规定，禁止总承包单位将工程分包给不具备相应资质条件的单位，分包单位可以将其承包的工程再分包。

9. 工程变更超过原设计标准或批准的建设规模时，承包人应报规划管理部门和其他有关部门重新审查批准。

10. 按照合同约定，建筑材料、建筑构配件和设备由工程承包单位采购的，发包单位可以指定承包单位购入用于工程的建筑材料、建筑构配件和设备或者指定生产厂、供应商。

四、简答题(每题 5 分，共 10 分)将答案写在答题纸对应的位置上。

1. 简述单位工程预算编制的步骤和方法。

2. 简述 2001 北京市建设工程预算定额中的材料消耗量主要包括哪些内容?

五、计算题(10 分)将答案写在答题纸对应的位置上。

根据施工图纸，某建筑工程，按照 2001 年预算定额计算出工程的定额直接费为 1657755 元，其中，人工费 198931，材料费 1160429 元，机械费 298395 元。按照发承包双方约定，该工程的人工费调整为 268559 元，材料费调整为 1750655 元，机械费按定额执行。按下表所给费率并根据 2001 年预算定额的有关规定计算该工程的工程造价。(保留整数)

费用名称	临时设施费	现场经费	企业管理费	利润	税金
费率(%)	4.0	4.8	5.65	7	3.4

说明：1. 本试卷考试时间为 120 分钟。

2. 依据 2008 年 6 月土建专业《基础知识》试卷编写。

北京市建筑业造价员岗位考核试题
《基础知识》2008.6
参考答案

一、单项选择题(每题1分,共40分)

1	2	3	4	5	6	7	8	9	10	11	12	13	14	15	16	17	18	19	20
C	B	B	D	C	A	C	A	D	D	A	C	B	A	A	C	D	D	C	A
21	22	23	24	25	26	27	28	29	30	31	32	33	34	35	36	37	38	39	40
A	C	A	B	C	A	C	D	B	C	B	D	A	A	C	D	D	C	C	D

二、多项选择题(每题2分,共30分)

1	2	3	4	5	6	7	8	9	10
BCE	BCDE	ABD	ABCE	BCD	BDE	ABCD	ACE	ACDE	BCE
11	12	13	14	15					
AB	BC	BCE	ABCDE	BCE					

三、判断题(每题1分,共10分)

1	2	3	4	5	6	7	8	9	10
√	√	×	√	√	×	√	×	×	×

四、简答题(每题5分,共10分)(略)

五、计算题(10分)

建筑工程取费表

序号	项目名称	计算式	费率(%)	金额(元)	分值
1	定额直接费	(2)+(3)+(4)		2317609	1
2	其中:人工费	调整后的人工费		268559	1
3	材料费	调整后的材料费		1750655	1
4	机械费			298395	
5	临时设施费	(1)×临时设施费费率	4.0	92704	1
6	现场经费	(1)×现场经费费率	4.8	111245	1
7	直接费小计	(1)+(5)+(6)		2521558	1
8	企业管理费	(7)×企业管理费费率	5.65	142468	1
9	利润	[(7)+(8)]× 利润率	7	186481	1
10	税金	[(7)+(8)+(9)]× 税率	3.4	96917	1
11	工程造价	(7)+(8)+(9)+(10)		2947424	1

北京市建筑业造价员岗位考核试题
《基础知识》2008.11

一、单项选择题(每题1.5分,共45分)将选择唯一正确答案的字母填入答题纸对应的(　)内。

1. 工程竣工验收报告经发包方认可后(　)内,承包方向发包方递交竣工结算报告及完整的结算资料,双方按照协议约定的合同价款及专用条款约定的合同价款调整内容,进行工程竣工结算。

A. 7天　B. 14天　C. 15天　D. 28天

2. 预备费是投资估算和设计概算编制时无法预计的实际需发生的费用,包括(　)。

A. 固定预备费和可变预备费　B. 基本预备费和价差预备费
C. 估算预备费和概算预备费　D. 建筑工程预备费和安装工程预备费

3. 如果采用格式条款签订合同,如在执行中对格式条款存在两种以上的解释,则以对提供格式条款一方(　)解释为准。

A. 不利的　B. 有利的　C. 适中的　D. 以上均可

4. 建设项目投资含(　)投资两部分。

A. 无形资产和有形资产　B. 新增资产和无形资产
C. 固定资产和流动资产　D. 无形资产和其他资产

5. 工程预付款的性质是一种提前支付的(　)。

A. 工程款　B. 进度款　C. 材料备料款　D. 结算款

6. 在项目立项阶段,建设单位将可行性研究、投资估算等涉及工程项目造价方面的工作委托给具有相关资质的咨询单位和科研单位,双方签订(　)。

A. 施工合同　B. 咨询合同　C. 监理合同　D. 审计合同

7. 分部分项工程量清单编码采用(　)位阿拉伯数字表示,其中最后三位为清单项目名称顺序码。

A. 三　B. 六　C. 九　D. 十二

8. 招标人和中标人应当自中标通知书发出之日起(　)内,按照招标文件和中标人的投标文件订立书面合同。

A. 7日　B. 14日　C. 30日　D. 28日

9. 下列费用中属于建筑安装工程费中企业管理费的是(　)。

A. 工会经费　B. 工程定额测定费
C. 住房公积金　D. 环境保护费

10. 人工定额的两种表现形式为(　)。

A. 时间定额和产量定额　B. 预算定额和概算定额
C. 概算定额和概算指标　D. 台班定额和材料定额

11. 下列费用中属于规费的是(　)。

A. 文明施工费　B. 临时设施费

C. 养老保险费　　D. 职工教育费

12. 具有独立设计文件、可以单独组织施工，但竣工后不能独立发挥生产能力或使用功能的工程，称为（　　）。

A. 单位工程　　B. 单项工程　　C. 分部工程　　D. 分项工程

13. 施工机械台班单价中的（　　）是指施工机械按规定的大修理间隔台班进行必要的大修理、以恢复其正常功能所需的费用。

A. 大修理费　　B. 修理费　　C. 经常修理费　　D. 维护费

14.（　　）就是依据招标文件的规定和要求、对投标文件所进行的审查、评审和比较。

A. 招标　　B. 投标　　C. 开标　　D. 评标

15.《合同法》中所列的平等主体有三类，即（　　）和其他组织。

A. 自然人、当事人　　B. 公民、法人

C. 自然人、法人　　D. 法人、当事人

16. 2001 预算定额经北京市建委颁发，于（　　）起正式执行。

A. 2001 年 1 月 1 日　　B. 2001 年 4 月 1 日

C. 2002 年 1 月 1 日　　D. 2002 年 4 月 1 日

17.（　　）是指由业主向承包商支付建设工程的实际成本，并按照事先约定的某一种方式支付酬金的合同类型。

A. 总包合同　　B. 分包合同

C. 总价合同　　D. 成本加酬金合同

18.（　　）是预算定额编制的依据。

A. 现行劳动定额和施工定额　　B. 现行概算定额和概算指标

C. 综合预算定额　　D. 补充定额

19. 人工费是指直接从事建筑安装工程施工的生产工人开支的各项费用。下列不属于人工费的是（　　）。

A. 职工福利费　　B. 职工教育经费

C. 工资性补贴　　D. 生产工人劳动保护费

20. 概算定额是在（　　）的基础上，根据有代表性的建筑工程通用图和标准图等资料，进行综合、扩大和合并而成。

A. 概算指标　　B. 投资估算指标

C. 预算定额　　D. 施工定额

21. 施工过程中，发包人需对原工程设计变更时，应提前（　　）以书面形式向承包人发出变更通知。

A. 7 天　　B. 14 天　　C. 15 天　　D. 28 天

22. 在工程承包合同条款中，一般要明文规定发包单位（甲方）在开工前拨付给承包单位（乙方）一定限额的工程（　　）。

A. 预付准备款　　B. 预付工程款　　C. 预付进度款　　D. 预付备料款

23. 下列属于业主索赔事件的是（　　）。

A. 由于意外原因（战争、暴乱等）使工程遭受损失而发生的费用

B. 拆除施工质量不合格的工程

C. 地质条件变化引起费用增加及工期延长

D. 国家法令和政策修改造成税率和取费率提高

24.《中华人民共和国建筑法》自(　　)起施行。

A. 1997年11月1日　　B. 1997年12月1日

C. 1998年1月1日　　D. 1998年3月1日

25. 根据(京造定[2005]3号)文件的规定,发承包双方签订合同时,不得将(　　)作为让利因素。

A. 规费　　B. 利润　　C. 企业管理费　　D. 现场经费

26. 标底价格应由成本、利润和税金组成,一般应控制在批准的建设项目(　　)及投资包干的限额内。

A. 总估算　　B. 总预算　　C. 总概算　　D. 总决算

27. 实际工程量与预计工程量有较大出入时,应优先选择(　　)。

A. 总价合同　　B. 单价合同

C. 成本加酬金合同　　D. 各类合同形式均可

28.(　　)是建设工程经济效益的全面反映,是项目法人核定各类新增资产价值、办理其交付使用的依据。

A. 施工图预算　　B. 设计概算　　C. 竣工结算　　D. 竣工决算

29. 合同的订立需经过要约和(　　)两个阶段。

A. 履约　　B. 承诺　　C. 要约邀请　　D. 违约

30. 根据北京市2001年预算定额的规定,在建筑安装工程费中,材料二次搬运费应计入(　　)。

A. 直接费　　B. 其他直接费　　C. 现场管理费　　D. 间接费

二、多项选择题(每题2分,共30分)将选择正确答案的字母填入答题纸对应的(　)内。多选、错选不得分;少选且选正确每个选项得0.5分。

1. 工程造价的特点是(　　)。

A. 单个性　　B. 层次性　　C. 多次性

D. 动态性　　E. 组合性

2. 建设工程工程量清单计价活动应遵循(　　)的原则。

A. 公开　　B. 客观　　C. 公正

D. 保密　　E. 公平

3. 确定预算定额消耗量指标的主要依据是(　　)。

A. 概算定额　　B. 劳动定额　　C. 材料消耗定额

D. 机械台班消耗定额　　E. 概算指标

4. 建设工程项目按用途分,可分为(　　)。

A. 新建项目　　B. 基础性项目　　C. 生产性项目

D. 扩建项目　　E. 非生产性项目

5. 以下属于劳动定额编制方法的有(　　)。

A. 系数估算法　　B. 统计计算法　　C. 设计定员法

D. 比较类推法　　E. 经验估计法

6. 建设工程合同争议的解决方式有(　　)。

A. 和解　　B. 索赔　　C. 调解

D. 变更　　E. 仲裁或诉讼

7. 规费中的社会保障费包括(　　)。

A. 医疗保险费　　B. 养老保险费　　C. 危险作业意外伤害保险费

D. 失业保险费　　E. 劳动保险费

8. 预算定额是规定消耗在合格质量的单位工程基本构造要素上的(　　)的数量标准，是计算建筑安装产品价格的基础。

A. 人工　　B. 材料　　C. 机械台班

D. 模板　　E. 脚手架

9. 下列工程建设项目必须进行招标的有(　　)。

A. 大型基础设施项目　　B. 国家融资的项目

C. 使用国际组织贷款的项目　　D. 涉及国家安全的项目

E. 建筑艺术造型有特殊要求的项目

10. 分部分项工程量清单应根据附录规定的(　　)进行编制。

A. 项目号码　　B. 项目名称　　C. 项目特征

D. 计量单位　　E. 工程量计算规则

11. 工程量清单计价模式的费用构成包括(　　)。

A. 分部分项工程费　　B. 措施项目费　　C. 其他项目费

D. 风险费　　E. 规费和税金

12. 下列费用中属于工程建设其他费用的是(　　)。

A. 劳动保险费　　B. 财产保险费　　C. 工程保险费

D. 财务费　　E. 建设单位管理费

13. 施工机械台班单价包括的费用有(　　)。

A. 印花税　　B. 养路费及车船使用费　　C. 机上人工费

D. 施工机械使用费　　E. 安拆费及场外运费

14. 工程索赔按处理方式划分为(　　)。

A. 工期索赔　　B. 单项索赔　　C. 索赔与反索赔

D. 费用索赔　　E. 综合索赔

15. 关于建设工程施工招标程序，在发布招标公告之后，需要完成的工作有(　　)。

A. 制定评标方法　　B. 投标人资格预审　　C. 招标文件发放

D. 协商合同主要条款　　E. 勘察现场

三、判断题(每题1分，共10分)，在答题纸对应的(　)内，正确的划(√)，错误的划(×)。

1. 规费是指政府规划部门规定必须缴纳的费用。

2. 招标文件不得要求或标明特定的生产供应者以及含有倾向或排斥潜在投标人的内容。

3. 材料费是指施工过程中耗费的构成工程实体及非实体的原材料、辅助材料、构配件、零件、半成品的费用。

4. 单项工程是建设项目的组成部分。如学校中的图书馆工程就是单项工程。

5. 建设工程合同是指发包人进行工程的勘察、设计、施工等建设，由发包人支付相应价款的合同。

6. 凡在本市的工程设计单位编制设计概算，仍然执行96概算定额，不执行预算定额。

7. 发包方采购供应的材料、设备并运至承包方指定地点，承包方按实际发生的材料预算价格的99%退还发包方材料、设备款。

8. 措施费是指为完成工程项目施工、发生于该工程施工前和施工过程中工程实体项目的费用。

9. 建设项目的投资突破总概算时，在未经批准追加前，对其超出部分不得拨款。

10. 在当事人一方违约、承担赔偿责任时，如果对方要求继续履行合同，则合同仍有法律约束力，双方必须继续履行合同责任。

四、简答题（共1题，5分）将答案写在答题纸对应的位置上。

1. 简述建设工程总承包合同履行的基本原则。

五、计算题（10分）将答案写在答题纸对应的位置上。

根据施工图纸，某建筑工程，按照2001年预算定额计算出工程的定额直接费为5486552元，其中，人工费658386元，材料费4005183元，机械费822983元。按照发承包双方约定，该工程的人工费调整为855902元，材料费调整为6408295元，机械费按定额执行。按下表所给费率并根据2001年预算定额的有关规定计算该工程的工程造价。（保留整数）

费用名称	临时设施费	现场经费	企业管理费	利润	税金
费率(%)	4.0	4.8	5.65	7	3.4

说明：1. 本试卷考试时间为120分钟。

2. 依据2008年11月土建专业《基础知识》试卷，对多选题中重复出现的几个试题进行了改编。

北京市建筑业造价员岗位考核试题
《基础知识》2008.11
参考答案

一、单项选择题(每题1.5分　共45分)

1	2	3	4	5	6	7	8	9	10	11	12	13	14	15
D	B	A	C	C	B	D	C	A	A	C	A	A	D	C
16	17	18	19	20	21	22	23	24	25	26	27	28	29	30
D	D	A	B	C	B	D	B	D	A	C	B	D	B	A

二、多项选择题(每题2分,共30分)

1	2	3	4	5	6	7	8	9	10	11	12	13	14	15
ABCD	BCE	BCD	CE	BDE	ACE	ABD	ABC	ABC	BCDE	ABCE	CE	BCE	BE	BCE

三、判断题(每题1分,共10分)

1	2	3	4	5	6	7	8	9	10
×	√	×	√	×	×	√	×	√	√

四、简答题(共1题,5分)(略)

五、计算题(10分)

建筑工程取费表

序号	项目名称	计算式	费率(%)	金额(元)	分值
1	定额直接费	(2)+(3)+(4)		8087180	1
2	其中:人工费	调整后的人工费		855902	1
3	材料费	调整后的材料费		6408295	1
4	机械费			822983	
5	临时设施费	(1)×临时设施费费率	4.0	323487	1
6	现场经费	(1)×现场经费费率	4.8	388185	1
7	直接费小计	(1)+(5)+(6)		8798852	1
8	企业管理费	(7)×企业管理费费率	5.65	497135	1
9	利润	[(7)+(8)]×利润率	7	650719	1
10	税金	[(7)+(8)+(9)]×税率	3.4	338188	1
11	工程造价	(7)+(8)+(9)+(10)		10284894	1

北京市建筑业造价员岗位考核试题
《基础知识》2009 汇编

说明：本汇编根据 2009 年土建和安装《基础知识》考试试题精选出来的真题，仅供复习参考。

一、判断题，在答题纸对应的（ ）内，正确的划（√），错误的划（×）。

1. 建筑安装工程费由直接费、间接费、利润、税金组成。

2. 投资前期是决定工程项目经济效果的关键时期，是研究和控制的重点。

3. 建筑工程的特殊成品保护增加费包括在定额的相应项目中，不能另行计算。

4. 建设单位使用国有土地遵循有偿使用原则，集体土地无偿使用。

5. 投标人不得相互串通投标报价，不得排挤其他投标人的公平竞争；投标人不得与招标人串通投标。

6. 招标人不得擅自提高履约保证金，允许强制要求中标人垫付中标项目建设资金。

7. 单位工程是单项工程的组成部分，如外墙装修工程就是一个单位工程。

8. 措施项目是指为完成工程项目施工、发生于该工程施工项目中技术、生活、安全等方面的非工程实体项目。

9. 对于已确定的材料、设备价格，在施工过程中，若发包方又单独指定，结算时的材料、设备价格按实际发生的价格调整。

10. 按有偿服务的原则，分包方应向总包方支付总包服务费。

11. 综合单价应包括完成工程量清单中一个规定计量单位项目所需的人工费、材料费、机械使用费、管理费、利润、规费和税金，并考虑风险因素的费用。

12. 单项工程是建设项目的组成部分，例如，学校中的教学楼工程就是单项工程。

13. 根据北京市建设工程造价管理处（京造定[2002]4 号）文件的规定，预算定额中"现场管理费"项目中的内容允许作补充。

14. 分包方在施工现场需使用总承包方提供的水电、道路、脚手架、垂直运输机械等，按有偿服务的原则，总包向分包收取总包服务费，其标准可按分包总造价（不含设备费）的 2%，由总分包双方协商议定

15. 企业定额是指施工企业根据企业的施工技术和管理水平，以及有关工程造价资料制定的，并供本企业使用的人工、材料和机械台班消耗量。

16. 由于工程量清单的工程数量有误或设计变更引起工程量增减，属于合同约定以内的，其增减工程量的综合单价由承包人提出，经发包人确认后作为结算的依据。

17. 预算定额中的"企业管理费"、"现场经费"项目中的内容不允许作补充。

18. 分包工程管理费中包括了分包单位的现场经费和临时设施费。

19. 北京市建设工程定额体系由估算指标、概算定额、施工预算定额和工期定额四部分组成。

20. 建筑工程定额是指在正常施工条件下、完成单位合格产品所必须消耗的劳动力、材料和机械台班的数量标准。

21. 招标人不可以授权评标委员会直接确定中标人。

22. 工程量清单报价方法要求施工排水和降水工程费用在措施费项目中列出。

二、单项选择题，将选择唯一正确答案的字母填入答题纸对应的( )内。

1. 业主方项目管理的目标不包括项目的( )目标。

A. 投资 B. 进度 C. 质量 D. 安全

2. 影响一个工程项目目标实现的主要因素不包括( )。

A. 技术因素 B. 人的因素 C. 组织因素 D. 生产的方法

3. 在可行性研究报告阶段需要进行的工程预算工作是( )。

A. 设计概算 B. 投资估算 C. 工程结算 D. 施工图预算

4. 在建筑安装工程施工中，生产工人的流动施工津贴属于( )。

A. 生产工人辅助工资 B. 工资补贴

C. 职工福利费 D. 生产工人劳动保护费

5. 建筑安装工程费中的规费属于( )。

A. 直接费 B. 直接工程费 C. 间接费 D. 现场管理费

6. 建筑安装工程施工中的工程排污费属于( )。

A. 其他直接费 B. 现场管理费 C. 规费 D. 直接费

7. 建筑安装工程中的税金是指( )。

A. 营业税、增值税和教育费附加

B. 营业税、财产税和资源税

C. 营业税、城乡维护建设税和教育费附加

D. 城镇土地使用税、增值税和消费税

8. 组成分部工程的元素是( )。

A. 单项工程 B. 建设项目 C. 单位工程 D. 分项工程

9. 工程项目建设的正确程序是( )。

A. 设计、决策、施工 B. 决策、施工、设计

C. 决策、设计、施工 D. 设计、施工、决策

10. 建设工程造价是指建设某项工程预期开支或实际开支的( )。

A. 人工费＋材料费＋机械费 B. 直接费＋间接费＋利润＋税金

C. 全部固定资产投资和流动资产投资 D. 建筑安装工程造价

11. 基本预备费主要用于( )。

A. 难以预料的工程费用 B. 肯定会发生的费用

C. 材料价格波动 D. 防止地震、战争、动乱等不可抗力

12. 加快进度虽然一般需要增加投资，但却可以提早发挥投资效益，这表明进度目标与投资目标之间存在( )的关系。

A. 既对立又统一 B. 对立 C. 统一 D. 既不对立又不统一

13. 对全国的建筑活动实施统一监督管理的是( )。

A. 国务院有关部门 B. 国务院建设行政主管部门

C. 人事部 D. 国务院

14. 竣工验收时为鉴定工程质量，对隐蔽工程进行必要的挖掘和修复的费用应计入(　　)。

A. 企业管理费中的职工教育经费

B. 工程建设其他费中的建设管理费

C. 工程建设其他费中的特殊设备安全监督检验费

D. 预备费

三、多项选择题，将选择正确答案的字母填入答题纸对应的(　)内。

1. 工程变更是建筑施工生产的特点之一，主要原因是(　　)。

A. 业主方对项目提出的新的要求

B. 由于现场施工环境发生了变化

C. 由于使用新技术有必要改变原设计

D. 由于招标文件和工程量清单不准确引起工程量增减

E. 物价上涨和法规调整

2.《合同法》规定，(　　)为无效合同。

A. 一方以欺诈，胁迫手段订立合同　　B. 因重大误解而订立的

C. 在订立合同时显失公平的　　D. 违反法律、行政法规的强制性规定

E. 恶意串通、损害国家、集体或个人利益的合同

3. 投标文件有(　　)情形的，由评标委员会初审后按废标处理。

A. 未按规定的格式填写　　B. 未提交投标保证金

C. 报价大小写填写不一致　　D. 关键字迹无法辨认

E. 联合体投标未按规定附共同体投标协议

4. 变更合同价款按下列(　　)方法进行。

A. 合同中已有适用于变更工程的价格，按合同已有的价格计算变更合同价款

B. 直接套用与间接套用相结合

C. 合同中没有适用或类似于变更工程的价格，由乙方提出适当的变更价格，经工程师确认后执行

D. 依据工程量清单取其价格的一部分使用

E. 合同中只有类似于变更工程的价格，可以参照类似的价格变更合同价款

5.《中华人民共和国招标投标法》规定，工程建设项目的(　　)及与工程建设有关的重要设备、材料等的采购，必须进行招标。

A. 设计　　B. 勘察　　C. 施工

D. 选择业主、开发商　　E. 监理

6. 招标分为(　　)两种方式。

A. 公开招标　　B. 议标

C. 邀请招标　　D. 指定承包人

四、简答题，将答案写在答题纸对应的位置上。

1. 预算定额编制的原则是什么？(09.11 土建)

2. 根据2001北京市预算定额及管理办法，简述什么是总包服务费？什么是分包工程管理费？如何计取？（09.11安装）

3. 简述2001北京市预算定额的适用范围，以及哪些工程不适用2001预算定额（09.11安装）

五、计算题，将答案写在答题纸对应的位置上。（09.6安装）

根据施工图纸，某电气工程（不包括电梯），按照2001年预算定额计算出该工程的定额直接费为3596008元，其中，人工费575360元，材料、设备费2552006元，机械费468642元。按照发承包双方合同约定，该工程的材料、设备费调整为2853000元。按下表所给费率并根据2001年预算定额的有关规定计算该工程的工程造价。（保留整数）

费用名称	脚手架使用费	其中：人工费	临时设施费	现场经费	企业管理费	利润	规费	税金
费率(%)	2	30	18	25	48	6	24.09	3.4

《基础知识》2009 汇编

参考答案

一、判断题

1	2	3	4	5	6	7	8	9	10	11
√	√	×	×	√	×	×	×	√	√	×
12	13	14	15	16	17	18	19	20	21	22
√	×	√	√	√	√	√	×	√	√	√

二、单项选择题

1	2	3	4	5	6	7	8	9	10	11	12	13	14
D	A	B	B	C	C	C	D	C	C	A	A	B	D

三、多项选择题

1	2	3	4	5	6
ABCD	ADE	ABDE	ACE	ABCE	AC

四、简答题(略)

五、计算题

安装工程取费表

序号	项目名称	计算式	费率(%)	金额(元)
一	定额直接费	575360+2853000+468642		3897002
	其中:人工费			575360
二	脚手架使用费	575360×2%	2	11507
	其中:人工费	11507×30%	30	3452
三	临时设施费	(575360+3452)×18%	18	104186
四	现场经费	(575360+3452)×25%	25	144703
五	工程直接费	3897002+11507+104186+144703		4157398
六	企业管理费	(575360+3452)×48%	48	277830
七	利润	(4157398+277830)×6%	6	266114
八	规费	(575360+3452)×24.09%	24.09	139436
九	税金	(4157398+277830+266114+139436)×3.4%	3.4	164586
十	工程造价	4157398+277830+266114+139436+164586		5005364

北京市造价员岗位考核试题〈土建专业〉

《岗位基础知识》2010.11

一、单项选择题(每题1.5分，共45分)将唯一正确答案的字母填入答题纸对应的(　　)内。

1. 下列关于定额材料价格，表述正确的是(　　)。

A. 材料价格是材料的出厂价格、进口材料抵岸价

B. 材料价格是材料来源地(或交货地)的出库价格

C. 材料价格是指材料由其来源地(或交货地)运至工地仓库堆放场地后的出库价格

D. 材料价格是销售部门的批发价和市场采购价(或信息价)

2. 建筑工程项目风险的应对策略包括(　　)。

A. 风险评估、风险回避、风险控制、风险转移

B. 风险回避、风险自留、风险控制、风险转移

C. 风险评估、风险回避、风险自留、风险转移

D. 风险识别、风险评估、风险回避、风险控制

3. 造价、质量和进度是建设工程项目的三大目标，三大目标的关系为(　　)。

A. 是相互矛盾　　B. 是统一的

C. 是没有关系的　　D. 是一个既有矛盾又存在统一、相互关联的整体

4. 按计价方式不同，建设工程施工合同可以划分为(　　)。

A. 固定总价合同、固定单价合同和固定费率合同

B. 固定总价合同、单价合同和成本加酬金合同

C. 总价合同、单价合同和成本加酬金合同

D. 总价合同和单价合同

5. 工程合同期较短，一般为(　　)之内，双方可以不必考虑市场价格浮动可能对承包价格的影响，签订总价合同。

A. 1年　　B. 1年半　　C. 2年　　D. 2年半

6. 建设投资由(　　)组成。

A. 建筑安装工程费、工程建设其他费用和预备费组成

B. 工程费用、工程建设其他费用和预备费组成

C. 工程费用、建设期贷款利息和工程建设其他费用

D. 建筑安装工程费、建设期贷款利息和工程建设其他费用

7. 现行的《建设工程量清单计价规范》规定，建筑安装工程造价由(　　)组成。

A. 直接费、措施项目费、规费、税金　　B. 直接费、间接费、利润和税金

C. 分部分项工程费、措施项目费、其他项目费、规费和税金

D. 以上均不对

8. 关于现行《建设工程工程量清单计价规范》，表述不正确的是(　　)。

A. 2008年12月1日起实施

B. 工程量清单计价活动应遵循客观、公正、公平的原则

C. 全部使用国有资金投资或国有资金投资为主的工程建设项目，必须采用工程量清单计价

D. 国有资金投资不足50%的工程建设项目，不采用工程量清单计价

9. 分部分项工程费中的人工费包括（ ）。

A. 基本工资、工资性补贴、生产工人辅助工资、职工福利、生产工人劳动保护费

B. 基本工资、工资性补贴、养老保险、职工福利、生产工人劳动保护费

C. 基本工资、工资性补贴、住房公积金、各种保险

D. 基本工资、各种补贴、住房公积金、各种保险

10. 关税等于（ ）。

A. 到岸价格×进口关税税率　　B. 离岸价格×进口关税税率

C. 货价×进口关税税率　　D.（货价＋国外运费）×进口关税税率

11. 根据中华人民共和国《招标投标法》的有关规定，自招标文件开始发出之日起至投标人递交投标文件截止之日止，最短不得少于（ ）。

A. 7天　　B. 15天　　C. 20天　　D. 21天

12. 根据（ ）确定预算定额消耗量指标。

A. 劳动定额、材料消耗定额、机械台班定额

B. 国家统一劳动定额、国家统一基础定额

C. 现行施工规范、施工工艺

D. 施工企业实际投入的人材机数量

13. 材料消耗量定额不包括（ ）。

A. 直接用于建筑安装工程上的材料　　B. 不可避免施工操作废料

C. 不可避免产生的施工废料　　D. 生产过程中不可避免产生的废料

14. 关于定额人工单价，表述不正确的是（ ）。

A. 包括生产工人基本工资　　B. 不包括生产工人住房公积金

C. 包括生产工人辅助工资　　D. 不包括生产工人劳动保护费

15. 在可行性研究阶段，投资估算精度要求高，需采用相对详细的投资估算方法，即（ ）。

A. 生产能力估算法　　B. 系数估算法

C. 指标估算法　　D. 比例估算法

16. 投标人投标报价时，（ ）。

A. 材料暂估价可以不按招标人其他项目清单中列出的单价计入综合单价

B. 措施项目中的安全文明施工费必须依据国家、行业建设主管部门的规定计价，不得作为竞争性费用

C. 计日工单价必须按当地造价管理部门发布的人工单价计入综合单价

D. 如果招标人编制的分部分项工程量清单项目特征描述有明显错误，投标人可以根据招标图纸修改分部分项工程量清单

17. 预算定额的编制应反映（ ）。

A. 社会平均水平　　B. 社会平均先进水平

C. 社会先进水平　　D. 企业实际水平

18. 通过招标选定中标人,表述不正确的是( )。

A. 中标价就是合同价

B. 自中标通知书发出之日起30内,招标人与中标人应根据招标文件订立书面合同

C. 招标工程合同约定的内容不得违背招标文件的实质性内容

D. 招标文件与中标人投标文件不一致的地方,签订合同时,以招标文件为准

19. 下述( ),不属于施工合同价款调整。

A. 工程变更的价款调整　　B. 建设期贷款利息调整

C. 综合单价的调整　　D. 材料价格调整

20. 竣工结算报告的审查时限( )。

A. 合同专用条款中有约定的从其约定,无约定的按《建设工程价款结算暂行办法》的规定执行

B. 必须严格按《建设工程价款结算暂行办法》的规定执行

C. 接到竣工结算报告和完整的竣工结算资料之日起30天

D. 接到竣工结算报告和完整的竣工结算资料之日起60天

21. 竣工决算由( )组成。

A. 单位工程竣工结算、单项工程竣工结算、建设项目竣工总结算

B. 决算说明书、竣工财务决算报表、工程竣工图和工程竣工造价对比分析表

C. 决算说明书、竣工财务决算报表和工程竣工造价对比分析表

D. 决算说明书、竣工财务决算报表、工程结算书和工程竣工造价对比分析表

22.《关于加强建设工程施工合同中人工、材料等市场价格风险防范与控制的指导意见》(京造定[2008]4号)中风险幅度建议范围为( )。

A. ±1%~±4%　　B. ±2%~±5%

C. ±3%~±6%　　D. ±4%~±7%

23. 开标应当由( )主持,在招标文件中预先确定的地点公开进行。

A. 政府招投标管理办公室负责人　　B. 招标人

C. 投标人推选的代表　　D. 公证人

24. 具备独立施工条件、能形成独立使用功能但不能独立发挥生产能力或工程效益的工程项目被称为( )。

A. 分部工程　　B. 分项工程

C. 单项工程　　D. 单位工程

25. 对承包商而言,能最大限度降低风险的合同形式是( )。

A. 成本加酬金合同　　B. 固定总价合同

C. 可调总价合同　　D. 单价合同

26. 工程造价的第一种含义是从投资者或业主的角度定义的,按照该定义,工程造价是指( )。

A. 建设项目总投资　　B. 建设项目固定资产投资

C. 建设工程投资　　D. 建设安装工程投资

27. 基本预备费的概念阐述正确的是( )。

A. 在投资估算内难以预料的工程费用

B. 在设计概算内难以预料的工程费用

C. 在投资估算或设计概算内难以预料的工程费用

D. 在投资估算或设计概算内难以预料的工程费用和由于价格等变化引起的工程造价变更

28. 项目决策阶段影响工程造价的最主要因素是(　　)。

A. 项目建设规模　　B. 技术方案

C. 设备方案　　D. 建设标准

29. 以下不属于招标控制价编制原则的是(　　)。

A. 招标控制价应具有权威性　　B. 招标控制价应具有完整性和一致性

C. 招标控制价应具有合理性　　D. 一个工程可编制不同的招标控制价

30. 某施工机械预计使用10年，一次大修理费为5000元，寿命周期大修理次数为2次，耐用总台班为2000台班，则台班大修理费为(　　)元。

A. 6.75　　B. 5.0　　C. 5.5　　D. 0.5

二、判断题(每题1分，共20分)在答题纸对应的(　)内正确的划(√)，错误的划(×)。

1. 按我国现行相关规定，招标文件必须载明评标标准和方法。

2. 现行《建设工程工程量清单计价规范》中，失业保险费不属于企业管理费。

3. 施工机械台班费是指单位工作台班中为使机械正常运转所分摊和支出的各项费用，但不包括折旧费、安拆费及场外运输费。

4. 投标人在投标文件中充分阐明原因，投标人的投标工期可以长于招标人招标工期。

5. 招标人和中标人应当在自中标通知书发出之日起30日内订立合同。

6. 国有土地和农民集体所有的土地可以依法确定给单位或者个人使用。

7. 对于企业不使用政府资金投资的建设项目，一律不再实行核准制，区别不同情况实行审批制或登记备案制。

8. EPC总承包是最典型和最全面的工程承包方式，EPC合同工作范围包括勘察、设计、施工。

9. 建设投资由建安工程费、工程建设其他费、预备费、建设期贷款利息、固定资产投资方向调节税等五部分组成。

10. 设备购置费＝设备原价＋设备运杂费。

11. 建设工程管理费不包括劳动保护费。

12. 因不可抗力事件导致承包人的施工机械设备的损坏及停工损失，由发包人承担。

13. 建设期贷款利息的估算，可按当年借款按全年计息，上年借款按半年计息。

14. 根据《建设工程工程量清单计价规范》GB 50500－2008的规定，综合单价是完成工程量清单中一个规定计量单位项目所需的人工费、材料费、机械使用费、管理费和利润，以及一定范围的风险费用组成。

15. 建设项目决策阶段影响工程造价的主要因素有建设地区及建设地点(厂址)、技术方案、设备方案、工程方案和环境保护措施等。

16. 在《建设工程工程量清单计价规范》GB 50500—2008中，建筑工程基础挖土方的工程量按设计图示尺寸基础垫层宽度加工作面宽度加放坡折算厚度的底面积乘以挖土深度计算。

17. 初步设计阶段按照有关规定编制的初步设计总概算，经有关机构批准，即为控制拟建项目工程造价的最高限额。

18. 当事人双方签订合同后，要遵照执行，任何情况下不得撤销。

19. 在合同履行过程中，固定总价合同，如果没有变更原定的承包内容，承包商在完成承包任务后，无论其实际成本如何，均应按合同价获得工程款的支付。

20. 国产标准设备是指按照主管部门颁布的标准图纸和技术要求、由我国设备生产厂批量生产的、符合国家质量检测标准的设备，国产标准设备原价只有一种。

三、多项选择题（每题2分，共20分）将正确答案的字母填入答题纸对应的（ ）内。多选、错选不得分；少选且选正确每个选项得0.5分。

1. 施工机械台班单价组成的内容包括（ ）。

A. 预算价格　B. 大修理费　C. 经常修理费
D. 折旧费　E. 燃料动力费

2. 下列属于审查设计概算的方法有（ ）。

A. 全面审查法　B. 联合会审法　C. 查询核算法
D. 对比分析法　E. 分解审查法

3. 竣工决算的内容由（ ）组成。

A. 竣工财务决算说明书　B. 工程竣工图　C. 竣工财务决算报表
D. 工程竣工合格证　E. 工程竣工造价对比分析

4. 工程造价的特点主要有（ ）。

A. 大额性　B. 单个性　C. 静态性
D. 层次性　E. 多次性

5. 在《中华人民共和国建筑法》中关于工程发包和承包的相关规定中，以下说法正确的有（ ）。

A. 承包单位应在其资质等级许可的业务范围承揽工程
B. 实行联合共同承包的，可按联合体中资质等级较高单位的业务许可范围承揽工程
C. 承包单位可将其承包的全部建筑工程转包给有相应资质等级的其他单位
D. 总承包单位和分包单位就分包工程对建设单位承担连带责任
E. 各类建筑工程必须依法实行招标发包

6. 劳务分包合同的发包方可以是施工合同的（ ）。

A. 业主　B. 承包人　C. 承担专业工程施工的分包人
D. 劳务合同分包人　E. 转包人

7. 按照《中华人民共和国合同法》的规定，效力待定的合同包括（ ）。

A. 未成年人订立的合同
B. 不能完全辨认自己行为的精神病人订立的合同
C. 无权代理人代订的合同
D. 因发生不可抗力导致无法履行的合同
E. 经法定代理人追认的无代理权人以被代理人名义订立的合同

8. 下列关于建设工程施工专业分包合同订立的论述中，正确的有（ ）。

A. 专业分包合同的当事人是发包人和分包人

B. 专业分包合同的当事人是承包人和分包人

C. 专业分包合同与主合同的区别在于计价方式的不同

D. 专业分包合同与主合同文件约定的工期一致

E. 分包人有权充分了解其在分包合同中应履行的义务

9. 下属费用中，（　　）属于工程建设其他费。

A. 土地征用及补偿费　　B. 工具器具购置费　　C. 建设期贷款利息

D. 施工图设计费　　E. 基本预备费

10.《建筑工程施工发包与承包计价管理办法》规定，施工图预算由成本、利润和税金构成，其编制可以采用（　　）两种计价方法。

A. 工料单价法　　B. 预算单价法　　C. 综合单价法

D. 清单综合单价　　E. 成本加酬金

四、简答题(每题5分，共10分)将答案写在答题纸对应的位置上。

1. 简述单项工程与单位工程的主要区别有哪些？

2. 简述GB 50500—2008《建设工程工程量清单计价规范》中，规费包含哪些内容？

五、计算题(5分)将答案写在答题纸对应的位置上。

某装饰工程根据施工图纸、按照2001预算定额计算出工程的定额直接费为1243562元，其中，人工费183465元，材料费987678元，机械费72419元。按照发承包双方的约定，该工程人工费调增了57876元，材料费调增了487653元，机械费按定额执行。按下表所给费率并根据2001年预算定额的有关规定计算该工程的工程造价。(保留整数)

项目名称	临时设施费	现场经费	企业管理费	利润	规费	税金
费率(%)	18.7	24.71	35.1	7	24.09	3.4

说明：本试卷考试时间为120分钟。

北京市造价员岗位考核试题〈土建专业〉
《岗位基础知识》2010.11
参考答案

一、单项选择题(每题1.5分,共45分)

1	2	3	4	5	6	7	8	9	10	11	12	13	14	15
C	B	D	C	A	B	C	D	A	A	C	A	D	D	C
16	17	18	19	20	21	22	23	24	25	26	27	28	29	30
B	A	D	B	A	B	C	B	D	A	B	C	D	D	B

二、判断题(每题1分,共20分)

1	2	3	4	5	6	7	8	9	10
√	√	×	√	×	√	×	×	×	√
11	12	13	14	15	16	17	18	19	20
×	×	×	√	×	×	√	×	√	×

三、多项选择题(每题2分,共20分)

1	2	3	4	5	6	7	8	9	10
BCDE	BCD	ABCE	ABDE	AD	BC	ABC	BE	AD	AC

四、简答题(每题5分,共10分)(略)

五、计算题(5分)

装饰工程取费表

序号	项目名称	计算式	费率(%)	金额(元)
1	定额直接费	(2)+(3)+(4)		1789091
2	其中:人工费	183465+57876		241341
3	材料费	987678+487653		1475331
4	机械费			72419
5	临时设施费	(2)×临时设施费费率	18.7	45131
6	现场经费	(2)×现场经费费率	24.71	59635
7	直接费小计	(1)+(5)+(6)		1893857
8	企业管理费	(2)×企业管理费费率	35.1	84711
9	利润	[(7)+(8)]× 利润率	7	138500
10	规费	(2)× 规费费率	24.09	58139
11	税金	[(7)+(8)+(9)+(10)]× 税率	3.4	73957
12	工程造价	(7)+(8)+(9)+(10)+(11)		2249164

北京市造价员岗位考核考试〈土建专业〉

《岗位基础知识》2011.11

答题说明：

1. 本考试为闭卷考试，满分100分，考试时间90分钟。

2. 用2B铅笔在答题卡上作答。

一、单项选择题(每题1分，共35分)请在答题卡相应位置将唯一正确的选项用2B铅笔涂黑。

1. 具有独立施工条件、能形成独立使用功能但不能独立发挥生产能力或工程效益的工程项目被称为(　　)。

A. 分部工程　B. 分项工程　C. 单项工程　D. 单位工程

2. 采用工料单价法和综合单价法编制施工图预算，区别主要在于(　　)。

A. 预算造价的构成不同　B. 预算所起的作用不同

C. 单价包含的费用内容不同　D. 预算编制依据不同

3. 对非生产性建设项目来说，其工程造价就是建设项目的(　　)总和。

A. 总投资　B. 固定资产投资

C. 流动资产投资　D. 递延资产投资

4. 下列关于项目管理概念的表述中，错误的是(　　)。

A. 项目管理的三大目标包括规定的时间、费用和质量

B. 项目管理具有重复性和多次性的特点

C. 一定的约束条件是制定项目管理目标的依据

D. 项目管理具有针对性、系统性、程序性和科学性的特点

5. 总承包商将自己不擅长施工的某分部工程进行分包属于(　　)的风险应对策略。

A. 风险控制　B. 风险回避　C. 风险自留　D. 风险转移

6. 合同价款是按有关规定和协议条款约定的各种取费标准计算用以支付承包人按照合同要求完成工程内容时的价款，招标工程的合同价款由发包人、承包人依据(　　)在协议书中约定。

A. 中标通知书中的中标价　B. 所有投标人有效报价的平均值

C. 招标文件中的标底价格　D. 工程预算书中的预算价格

7. 下列不属于甲级工程造价咨询企业资质标准的是(　　)。

A. 已获得乙级工程造价咨询企业资质证书满四年

B. 取得造价工程师注册证书的人员不少于10人

C. 企业出资人中注册造价工程师人数不低于出资人总数的60%

D. 企业注册资本不少于人民币100万元

8. 对于工期长、技术复杂、实施过程中发生各种不可预见因素较多的大型土建工程，以及业主为缩短工程建设周期初步设计完成后就进行施工招标的工程，应选择最适用的合同类型

为(　　)。

A. 总价合同　　B. 单价合同　　C. 成本加酬金合同　　D. 任意合同

9. 在大、中型建设项目竣工财务决算报表中,属于资金来源的是(　　)。

A. 预付及应收款　　B. 待冲基建支出

C. 应收生产单位投资借款　　D. 拨付所属投资借款

10. 某施工机械预计使用8年,一次大修理费为4500元,寿命周期大修理次数为2次,耐用总台班为2000台班,则台班大修理费为(　　)元。

A. 0.56　　B. 6.75　　C. 4.50　　D. 0.84

11. 建设项目工程造价是指(　　)。

A. 建设项目的建设投资、建设期贷款利息、固定资产投资方向调节税和流动资金的总和

B. 建设项目的建设投资、建设期贷款利息、固定资产投资方向调节税的总和

C. 建设项目的建设投资、建设期贷款利息和流动资金的总和

D. 建设项目的建设投资、固定资产投资方向调节税和流动资金的总和

12. 按照《建筑安装工程费用项目组成》(建标[2003]206号)的规定,建筑安装工程费用中的规费包括(　　)费用。

A. 工程排污、工程定额测定、社会保障、住房公积金、危险作业意外伤害保险

B. 住房公积金、工程排污、环境保护、安全施工、危险作业意外伤害保险

C. 社会保障、安全施工、环境保护、住房公积金、危险作业意外伤害保险

D. 住房公积金、危险作业意外伤害保险、安全施工、工程排污、工程定额测定

13. 施工总承包单位与分包单位依法签订了"幕墙工程分包协议",在建设单位组织竣工验收时发现幕墙工程质量不合格。下列表述正确的是(　　)。

A. 分包单位可以不承担法律责任

B. 分包单位就全部工程对建设单位承担法律责任

C. 总包单位就分包工程对建设单位承担法律责任

D. 总包单位和分包单位就分包工程对建设单位承担连带责任

14. ①审议、审查竣工资料;②对审议、审查和检查中发现的问题提出要求并限期整改完成;③召开竣工验收委员会会议,听取和审议有关汇报与报告;④实地查验工程质量和建设情况;⑤全面评价工程,签署和颁发竣工验收鉴定书。以上有关竣工验收的主要工作内容中,正确的排序是(　　)。

A. ①④③②⑤　　B. ③①④②⑤

C. ①③④②⑤　　D. ③④①⑤②

15. 投标人少于(　　)时,招标人应当依据《招标投标法》重新招标。

A. 1个　　B. 3个　　C. 5个　　D. 7个

16. EPC总承包是最典型和最全面的工程总承包方式,签订工程总承包合同的当事人双方是(　　)。

A. 建设单位和设计单位　　B. 设计单位和施工单位

C. 建设单位和总承包单位　　D. 施工单位和总承包单位

17. 进口设备关税的计算公式(　　)。

A. 关税＝离岸价格×进口关税税率　　B. 关税＝到岸价格×进口关税税率

C. 关税＝原货币价×进口关税税率　　D. 关税＝货价×进口关税税率

18. 建设项目竣工验收时，负责组织项目竣工验收委员会的是(　　)。

A. 建设单位　　B. 监理单位　　C. 施工单位　　D. 项目主管部门

19. 利用国外贷款的利息计算中，计算年利率时不需要综合考虑的因素是(　　)。

A. 手续费　　B. 管理费　　C. 承诺费　　D. 汇率变动

20. 某建设项目由甲、乙两个单项工程组成，工程费用如下表所示。若项目建设单位管理费为 300 万元，则甲工程应分摊的建设单位管理费为(　　)万元。

单项工程	建筑工程费(万元)	安装工程费(万元)	需安装设备价值(万元)
甲	1650	450	1600
乙	3300	600	2400

A. 100.0　　B. 128.6　　C. 105.0　　D. 111.0

21. ①确定各分部分项工程项目的概算定额单价；②列出分项工程的项目名称，计算工程量；③汇总计算单位工程直接费；④计算汇总单位工程直接工程费之和；⑤计算间接费和利税；⑥计算单位工程概算造价。按照概算定额法编制设计概算时，以上工作正确的先后顺序是(　　)。

A. ①②③④⑤⑥　　B. ②⑤①④③⑥

C. ②①④③⑤⑥　　D. ②①⑤③④⑥

22. 按照《建筑安装工程费用项目组成》(建标[2003]206 号)的规定，建筑材料、构件和建筑安装物一般鉴定和检查所发生的费用属于(　　)。

A. 直接工程费　　B. 其他直接费

C. 研究试验费　　D. 现场经费

23. 单台设备安装后的调试费属于(　　)。

A. 建筑工程费　　B. 安装工程费　　C. 设备购置费　　D. 工程建设其他费

24. 限额设计的全过程实际就是项目投资目标管理的控制过程，下面不属于该控制过程的是(　　)。

A. 目标分解与计划　　B. 目标实施

C. 目标实施检查　　D. 目标修改

25. 设备购置费的组成为(　　)。

A. 设备原价＋运费＋装卸费　　B. 设备原价＋采购保管费

C. 设备原价＋设备运杂费　　D. 设备原价＋运费＋采购保管费

26. 下列选项中，不属于设计方案比选原则的是(　　)。

A. 协调好技术先进性和经济合理性的关系　　B. 考虑建设投资和运用费用的关系

C. 兼顾近期和远期的要求　　D. 处理好建设规模与资源利用的关系

27. 在建设工程招投标开标时，投标文件有下列情形之一的，招标人不予受理的是(　　)。

A. 未按招标文件的要求提交投标保证金的

B. 未按招标文件的要求密封的

C. 未按规定的格式填写并且内容不全的

D. 无单位盖章并且无法定代表人签字的

28. 概算定额的编制步骤不包括(　　)。

A. 审查定额阶段　B. 编制初稿阶段　C. 平衡调整阶段　D. 准备工作阶段

29. 根据《中华人民共和国招标投标法》的规定，评标委员会由招标人的代表和有关技术、经济等方面的专家组成，成员人数为(　　)。

A. 4人以上双数　B. 5人以上单数　C. 6人以上双数　D. 7人以上单数

30.《建设工程价款结算暂行办法》规定，合同中没有适用于变更工程的价格时，计算变更合同价款按(　　)。

A. 合同中类似的价格执行

B. 监理工程师提出的价格执行

C. 当地权威部门指导的价格执行

D. 承包商提出的价格，监理工程师确认后执行

31. 拟建项目单位向国家提出要求建设某一工程项目目的的建议文件是(　　)。

A. 立项报告　B. 可行性研究报告

C. 设计任务书　D. 项目建议书

32. 建设项目竣工决算应包括(　　)的全部实际费用。

A. 从开工到竣工验收　B. 从筹建到竣工投产

C. 从立项到竣工投产　D. 从设计到竣工投产

33. 固定资产投资所形成的固定资产价值的内容包括(　　)。

A. 建筑安装工程造价，设备、工器具的购置费用和工程建设其他费用

B. 建筑安装工程造价，设备、工器具的购置费用

C. 建筑安装工程造价、工程建设其他费用

D. 设备、工器具的购置费用和设备安装费

34. 施工完成用水、电、路工程和征地、拆迁以及场地平整等工作应属于(　　)的工作内容。

A. 施工图设计阶段　B. 建设准备阶段

C. 建设实施阶段　D. 生产准备阶段

35. 某分项工程发包方提供的估计工程量为1800m³，合同单价为18元/m³，实际工程量超过估计工程量10%时，调整单价，单价调为16元/m³，实际完成工程量2100m³，该分项工程款是(　　)元。

A. 33600　B. 37560　C. 37200　D. 37800

二、多项选择题(每题2分，共50分)请在答题卡上相应位置将正确的选项用2B铅笔涂黑。选错或多选均不得分，少选且选项正确每项0.5分。

36. 关于建设工程项目风险的分类，下列是按照风险来源进行分类的是(　　)。

A. 自然风险　B. 社会风险　C. 经济风险　D. 总体风险

37.《合同法》中所列的平等主体有(　　)。

A. 自然人　B. 法人　C. 其他组织　D. 企事业单位

38. 属于建设工程施工招标文件内容的有(　　)。

A. 投标须知　　B. 招标文件格式　　C. 工程量清单　　D. 设计图纸

39. 下列关于建筑工程分包的说法，符合我国法律规定的是(　　)。

A. 主体结构的施工任务由分包单位完成

B. 建筑工程总承包单位按照承包合同的约定对建设单位负责

C. 分包单位按照分包合同的约定对总承包单位负责

D. 总承包单位和分包单位就分包工程对建设单位承担连带责任

40. 在《建设工程工程量清单计价规范》中，其他项目清单一般包括(　　)。

A. 暂列金额　　B. 暂估价　　C. 总承包服务费　　D. 计日工

41. 下列关于建设工程施工专业分包合同履行的论述中，正确的有(　　)。

A. 分包人应当按照协议约定的日期开工

B. 如果分包人要求延期开工，应在约定开工日期前3天提出要求

C. 承包人接到分包人延期开工的请求，应在接到请求后24小时内答复

D. 承包人接到分包人延期开工请求，超过规定时间未予答复的视为同意

42. 根据我国《建设工程造价员管理暂行办法》的规定，下列关于造价员资格证书管理的论述中，正确的有(　　)。

A. 资格证书原则上每2年检验一次

B. 在建设工程造价活动中有不良记录的，验证不合格

C. 无工作业绩的，验证不合格

D. 未按规定参加继续教育的，验证不合格

43. 设备及工器具费由(　　)组成。

A. 设备购置费　　B. 工器具购置费　　C. 管理费　　D. 间接费

44. 不可竞争费用有(　　)。

A. 现场安全文明施工费　　B. 企业管理费

C. 税金　　D. 规费

45. 以下关于建设工程项目成本管理说法正确的是(　　)。

A. 成本计划是开展成本控制和核算的基础

B. 成本核算是对成本计划是否实现的最后检查

C. 成本分析是成本考核的依据

D. 成本预测是成本计划的编制基础

46. 在可行性研究阶段，建筑工程费用估算一般采用(　　)。

A. 单位实物工程量投资估算法　　B. 工料单价投资估算法

C. 单位建筑工程投资估算法　　D. 概算投标投资估算法

47. 工程建设其他费用按照资产属性分别形成(　　)。

A. 固定资产　　B. 流动资产　　C. 无形资产　　D. 有形资产

48. 按建设工程投资用途分为生产性建设项目的有(　　)。

A. 运输工程项目　　B. 能源工程项目

C. 物质文化生活需要的项目　　D. 工业工程项目

49. 按照建标[2003]206号文的规定，下列各项中属于建筑安装工程施工机械使用费的有(　　)。

A. 折旧费　　B. 大修理费

C. 机械操作人员的工资　　D. 经常维修费

50. 按照《中华人民共和国招标投标法》的规定，以下关于联合投标的论述中正确的有(　　)。

A. 联合体必须以一个投标人的身份共同投标

B. 联合体各方中至少有一家具备承担招标项目的相应能力

C. 同一专业的单位组成联合体的，按照资质等级较低的单位确定资质等级

D. 联合体各方应当共同与招标人签订合同

51. 工程量清单作为招标文件的组成部分，主要包括(　　)。

A. 其他项目工程量清单　　B. 间接项目工程量清单

C. 分部分项工程量清单　　D. 措施项目工程量清单

52. 工程变更是建筑施工生产的特点之一，主要原因是(　　)。

A. 业主方对项目提出新的要求

B. 由于现场施工环境发生了变化

C. 发生不可预见的事件，引起停工和工期拖延

D. 由于现场施工机械损坏，引起停工和工期拖延

53. 编制分部分项工程量清单时，应根据《建设工程工程量清单计价规范》附录规定的要求确定(　　)。

A. 项目序号　　B. 项目名称　　C. 计量单位　　D. 工程量计算规则

54.《合同法》规定，执行政府定价或者政府指导价的合同应遵守的规定有(　　)。

A. 在合同约定的交付期限内政府价格调整时，按照交付时的价格计价

B. 逾期交付标的物的，遇价格上涨时，按照原价格执行

C. 逾期交付标的物的，遇价格下降时，按照现价格执行

D. 逾期提取标的物的，遇价格上涨时，按照新价格执行

55. 由于业主原因设计变更、导致工程停工一个月，则承包商可索赔费用(　　)。

A. 利润　　B. 人工窝工费

C. 机械闲置费　　D. 增加的现场管理费

56. 工程承包中不可避免的出现索赔的影响因素有(　　)。

A. 人民币升值　　B. 施工进度变化

C. 施工图纸的变更　　D. 施工机械发生故障

57. 竣工结算中，工程造价比较分析的主要内容有(　　)。

A. 主要实物工程量　　B. 主要人工消耗量

C. 主要材料消耗量　　D. 考核措施费和间接费的取费标准

58. 下列各项资料中，属于竣工验收依据的是(　　)。

A. 可行性研究报告　　B. 施工图设计文件

C. 技术设备说明书　　D. 工程承包合同文件

59. 采用工程量清单报价，下列计算公式正确的是(　　)。

A. 分部分项工程费＝∑分部分项工程量×分部分项工程项目基本单价

B. 措施项目费＝∑措施项目工程量×措施项目综合单价

C. 单位工程报价＝∑分部分项工程费

D. 单项工程报价＝∑单位工程报价

60. 根据北京市关于执行《建设工程工程量清单计价规范》(GB 50500—2008)若干意见的通知规定，以下对于总承包服务费的计取原则及标准描述错误的是(　　)。

A. 总承包服务费须自主确定

B. 竣工结算时，总承包服务费不可调整

C. 招标人仅要求投标人对分包工程进行总承包管理和协调时，投标人可按分包专业工程估算造价(不含设备费)的1.5％～2％计算

D. 招标人要求投标人对分包工程进行总承包管理和协调时，并同时要求提供配合服务时，根据招标文件中列出的配合内容，投标人可按分包专业工程估算造价(不含设备费)的2.5％～5％计算

三、判断题(每题1分，共15分)正确的选择“A”，错误的选择“B”，请在答题卡上相应位置将正确的选项用2B铅笔涂黑。

61. 劳动定额的主要表现形式为时间定额或产量定额，时间定额与产量定额互为倒数。(　　)

62. 材料损耗率的计算公式可以表示为损耗量/总用量×100％。(　　)

63. 按照我国现行《建筑安装工程费用项目组成》(建标[2003]206号)的规定，建筑安装工程费用的组成为直接工程费、间接费、利润、税金。(　　)

64. 在违约责任的承担方式中，当事人既约定违约金，又约定定金的，一方违约时，对方可以选择适用违约金和定金条款。(　　)

65. 规费与税金应按国家的政策、法律、法规及各省、自治区、直辖市工程造价管理机构规定的费率计取。(　　)

66. 编制投标文件的时间自招标文件出售之日起到投标人提交投标文件截止之日止，最短不得少于15日。(　　)

67. 大中型建设工程项目立项批准后，开工前施工单位应当按照有关规定申请领取施工许可证。(　　)

68. 竣工验收时为鉴定工程质量，隐蔽工程进行必要的挖掘和修复的费用应计入预备费(　　)

69. 材料预算价格是指材料从其来源地到达工地的价格。(　　)

70.《中华人民共和国招标投标法》规定，在中华人民共和国境内，大型基础设施项目必须进行招标。(　　)

71. 为有效控制造价，当承包方提出工程变更时，需由工程师确认，发包方签发工程变更指令。(　　)

72. 业主将建设工程项目的设计、设备与材料采购、施工任务全部发包给一个承包商，这种工程承发包模式对应的工程承包合同称为EPC承包合同。(　　)

73. 施工项目成本管理的工作内容包括成本预测、成本计划、成本控制、成本核算、成本分析和成本考核。(　　)

74. 投资估算指标的编制一般分为三个阶段进行。将整理后的数据资料按项目划分栏目

加以归类，按照编制年度的现行定额、费用标准和价格，调整成编制年度的造价水平及相互比例，属于测算审查阶段的操作。（ ）

75．工程造价资料按照其不同发展阶段，一般分为项目可行性研究、投资估算、初步设计概算、施工图预算、竣工结算、工程决算等。（ ）

北京市造价员岗位考核考试〈土建专业〉

《岗位基础知识》2011．11

参考答案

一、单项选择题（每题1分，共35分）

1．D 2．C 3．B 4．B 5．D 6．A 7．A 8．B 9．B 10．C
11．B 12．A 13．D 14．B 15．B 16．C 17．B 18．D 19．D 20．D
21．C 22．A 23．B 24．D 25．C 26．D 27．B 28．C 29．B 30．D
31．D 32．B 33．A 34．B 35．B

二、多项选择题（每题2分，共50分，错选或多选不得分，少选且选正确每项得0.5分）

36．ABC 37．ABC 38．ACD 39．BCD 40．ABCD 41．AD
42．BCD 43．AB 44．ACD 45．ABCD 46．ACD 47．AC
48．ABD 49．ABCD 50．ACD 51．ACD 52．ABC 53．BCD
54．ABD 55．BCD 56．BC 57．ACD 58．ABCD 59．BD
60．BD

三、判断题（每题1分，共15分）

61．A 62．B 63．B 64．B 65．A 66．B 67．B 68．A 69．B 70．A 71．B 72．A
73．A 74．B 75．A

北京市造价员岗位考核考试〈安装专业〉

《岗位基础知识》2011.11

答题说明：

1. 本考试为闭卷考试，满分 100 分，考试时间 90 分钟。

2. 用 2B 铅笔在答题卡上作答。

一、单项选择题：（每题 1 分，共 35 分）请在答题卡相应位置将唯一正确的选项用 2B 铅笔涂黑。

1. 建设单位应当自领取施工许可证之日起（　　）内开工。

A. 3 个月　　B. 6 个月　　C. 9 个月　　D. 12 个月

2. 甲级资质工程造价咨询企业注册资本不少于人民币（　　）万元。

A. 30　　B. 50　　C. 100　　D. 150

3. 项目在开工建设之前要切实做好各项工作，其主要内容包括征地、拆迁和场地平整；完成施工用水、电、通信、道路等接通工作；（　　）；准备必要的施工图纸。

A. 施工许可证办理　　B. 招收和培训生产人员

C. 组织工装、器具、备品、备件等的制造或订货

D. 组织招标选择工程监理单位、承包单位及设备、材料供应商

4. 成本预测的方法可分为（　　）两大类。

A. 定性预测 精确预测　　B. 定性预测 定量预测

C. 精确预测 定量预测　　D. 宏观预测 微观预测

5. 建设工程项目风险按影响范围划分的是（　　）。

A. 社会风险　　B. 局部风险

C. 决策错误风险　　D. 不可管理风险

6. 建设工程造价咨询合同专用条件中必须具体写明委托人所委托的咨询业务范围，以下不属于咨询业务范围的是（　　）。

A. 建设工程概算、预算、结算、竣工结（决）算的编制、审核

B. 建设工程招标标底、投标报价的编制、审核

C. 工程洽商、变更及合同争议的鉴定和索赔

D. 向承包人支付工程款（进度款）

7. 发包人、承包人在履行合同时发生争议，一般下列哪种情况下，双方应继续履行合同。（　　）

A. 单方违约停止施工　　B. 调停要求停止施工，且双方接受

C. 仲裁机构要求停止施工　　D. 法院要求停止施工

8. 建设工程施工合同中总价合同又分为固定总价合同和可调总价合同，下列符合可调总价合同条件的是（　　）。

A. 工程规模较小　　B. 合同期较短

C. 工程合同期较长　　　　D. 工程招标时设计深度已达到施工图设计的深度

9. 建筑安装工程费用项目中，间接费由规费和企业管理费组成，以下属于企业管理费的是（　　）。

A. 劳动保险费　　　　B. 养老保险费

C. 失业保险费　　　　D. 医疗保险费

10. 在设备购置费的构成中，以下表达正确的是（　　）。

A. 设备购置费＝设备原价＋设备包装费

B. 设备购置费＝设备原价＋设备供销部门手续费

C. 设备购置费＝设备原价＋设备运杂费

D. 设备购置费＝设备原价＋设备采购与仓库保管费

11. 以下不是建设期贷款利息的项目是（　　）。

A. 银行贷款利息　　　　B. 出口信贷利息

C. 融资费用　　　　D. 工程保险费

12. 预算定额的作用是（　　）。

A. 是对设计项目进行技术经济分析和比较的基础资料之一

B. 是施工企业实施经济核算制、考核工程成本的参考依据

C. 是编制建设项目主要材料计划的参考依据

D. 是编制固定资产长远规划投资额的参考

13. 工程造价指数按不同基期分类有（　　）。

A. 环比指数　　　　B. 年指数

C. 单项价格指数　　　　D. 综合造价指数

14. 以下属于投资估算的编制方法的是（　　）。

A. 综合吨位指标法　　　　B. 扩大单价法

C. 类似工程预算法　　　　D. 混合法

15. 以下不属于可行性研究报告内容的是（　　）。

A. 市场分析与预测　　　　B. 资源条件评价

C. 技术设计　　　　D. 融资方案

16. 施工图预算对施工企业的作用体现在（　　）。

A. 确定招标控制价　　　　B. 拟定降低成本措施

C. 进行优化设计　　　　D. 进行控制投资

17. 以施工图预算为基础，发包方与承包商通过协商谈判决定合同，这一方式不适用于（　　）。

A. 抢险工程　　　　B. 保密工程

C. 不宜进行招标工程　　　　D. 大型基础设施

18. 安全文明施工（含环境保护、文明施工、安全施工、临时设施）应包括在（　　）中。

A. 分部分项工程量清单　　　　B. 措施项目清单

C. 其他项目清单　　　　D. 规费税金项目清单

19. 分部分项工程量清单的项目编码按五级设置，下列描述表达正确的是（　　）。

A. 第一级表示节（分部工程）顺序码

B. 第二级表示章(专业工程)顺序码

C. 第三级表示清单项目(分项工程)名称码

D. 第四级表示拟建工程量清单项目顺序码

20. 当工程量清单中工程量有误或工程变更引起实际完成的工程量增减超过工程量清单中相应工程量的(　　)或合同约定的幅度时,工程量清单的(　　)应予调整。

A. 10%;综合单价　　B. 6%;综合单价

C. 10%;措施项目　　D. 6%;措施项目

21. 以下(　　)不是工程索赔的基本条件。

A. 客观性　　B. 合法性　　C. 合理性　　D. 关联性

22. 一般不允许索赔的费用是(　　)。

A. 措施费用　　B. 利润

C. 工程有关保险费用　　D. 税金

23. 竣工结算的方式有(　　)。

A. 主体工程竣工结算　　B. 分体工程竣工结算

C. 分项工程竣工结算　　D. 单项工程竣工结算

24. 以下不属于保修范围的是(　　)。

A. 主体结构　　B. 自然灾害

C. 屋面防水　　D. 设备安装

25. 新增流动资产属于短期投资的项目是(　　)。

A. 股票　　B. 存货　　C. 商标权　　D. 专利技术

26. 国有资金投资为主的工程建设项目是指国有资金占投资总额(　　)以上,或虽不足,但国有资产投资者实质上拥有控股权的工程建设项目。

A. 60%　　B. 50%　　C. 40%　　D. 30%

27. 2009年《北京市建设工程工期定额》规定招标人应当依据工期定额计算施工工期,并在文件中注明。招标人要求施工工期小于定额工期时,必须在招标文件中明示增加费用,压缩的工期天数不得超过定额工期的(　　)。

A. 50%　　B. 40%　　C. 30%　　D. 20%

28. 工程量清单中其他项目清单包括(　　)。

A. 已完工程及设备保护费　　B. 总承包服务费

C. 工程排污费　　D. 教育费附加

29. 北京市关于执行《建设工程工程量清单计价规范》若干意见的通知中规定,采用工程量清单计价的工程应在招标文件或合同中明确风险内容及其范围、幅度,主要材料以及人工和机械风险幅度在(　　)区间内考虑。

A. ±1%～±3%　B. ±1%～±5%　C. ±2%～±5%　D. ±3%～±6%

30. 北京市关于执行《建设工程工程量清单计价规范》若干意见的通知中规定,招标人仅要求投标人对分包工程进行总承包管理和协调时,投标人可按分包专业工程(　　)不含设备费的1.5%～2%计算总承包服务费。

A. 估算造价　　B. 预算造价　　C. 概算造价　　D. 中标造价

31. 2001年《北京市建设工程预算定额》第四册《电气工程》适用于(   )以下电气设备安装工程。

A. 35 KV　　B. 10KV　　C. 1KV　　D. 0.6KV

32. 2001年《北京市建设工程预算定额》规定,无缝钢管管径(   )的室外管道应执行第八册《市政管道工程》定额。

A. ≥159mm　　B. >159mm　　C. ≥150mm　　D. >150mm

33. 招标人在工程量清单中提供的用于支付必然发生但暂时不能确定价格的材料、工程设备的单价以及专业工程的金额是(   )。

A. 其他费　　B. 暂列金额　　C. 暂估价　　D. 风险费用

34. 施工招标时所依据的工程项目设计依据,经常是选择合同类型的重要因素。技术设计阶段宜选择的合同类型是(   )。

A. 总价合同　　B. 单价合同

C. 成本加酬金合同　　D. 成本加酬金合同或单价合同

35. 某给排水工程施工期间,工程师签发工程变更指令,承包商根据指令,按照2001年《北京市建设工程预算定额》做出该工程变更预算,定额直接费138280元,其中,人工费43000元,材料费87788元,机械费7492元,合同中约定工程变更费率同中标价费率,(临时设施费23.1%,现场经费21%、企业管理费30%、规费24.09%、利润3%、税金3.4%),根据《北京市建设工程预算定额》有关规定,计算该工程变更预算造价为(   )元。

A. 187621　　B. 187973　　C. 191917　　D. 192113

二、多项选择题(每题2分,共50分)请在答题卡上相应位置将正确的选项用2B铅笔涂黑。选错或多选均不得分,少选且选项正确每项0.5分。

36. 从事建筑活动的(   ),按照其拥有的注册资本、专业技术人员、技术装备、已完成的建筑工程业绩等资质条件,取得相应等级的资质证书后,方可在其资质等级许可的范围内从事建筑活动。

A. 建设单位　　B. 施工企业　　C. 设计单位　　D. 监理单位

37. 当事人在订立合同过程中有下列(   )情形之一、给对方造成损失的,应当承担损害赔偿责任。

A. 假借订立合同,恶意进行磋商

B. 一方以欺诈、胁迫的手段订立合同,损害国家利益

C. 故意隐瞒与订立合同有关的重要事实或者提供虚假情况

D. 有其他违背诚实信用原则的行为

38. 合同争议的调解有(   )。

A. 合同当事人自行调解　　B. 民间调解

C. 仲裁机构调解　　D. 法庭调解

39. 有下列情形之一的,合同当事人可以选择诉讼方式解决合同争议(   )。

A. 合同争议的当事人不愿和解、调解的

B. 经过和解、调解未能解决合同争议的

C. 当事人没有订立仲裁协议或者仲裁协议无效的

D. 仲裁裁决被人民法院依法裁定撤销或者不予执行的

40. 凡遵守国家法律、法规、恪守职业道德、具备下列条件之一者，均可申请参加造价员资格考试(　　)。

A. 工程造价专业中专及以上学历　　B. 其他专业中专及以上学历，工作满一年

C. 工程造价专业大专级以上学历　　D. 其他专业中专及以上学历，工作满三年

41. 建设工程项目可分为(　　)。

A. 单项工程　B. 单位工程　C. 扩建工程　D. 分项工程

42. 项目成本管理是指为确保项目在批准的预算范围内完成所需的各个过程。具体内容包括(　　)。

A. 项目核准　B. 资源规划　C. 成本估算　D. 成本控制

43. 项目成本控制的方法有(　　)。

A. 项目成本分析表法　　B. 因素分析法

C. 工期一成本同步分析法　　D. 挣值分析法

44. 企业的项目成本考核指标包括(　　)。

A. 施工责任目标成本实际降低额和降低率

B. 设计成本降低额和降低率

C. 施工成本降低额和降低率

D. 施工计划成本实际降低额和降低率

45. 承包人应在工程竣工验收之前，与发包人签订质量保修书，作为施工合同的条件。质量保修书的内容包括(　　)。

A. 质量保修项目内容及范围　　B. 质量保修期

C. 质量保修责任　　D. 质量保修金的支付方法

46. 在劳务分包合同中，支付劳务分包人报酬的方式有(　　)种之一，须在合同中明确约定。

A. 固定劳务报酬方式　　B. 成本加酬金劳务报酬方式

C. 按工时计算劳务报酬方式　　D. 按工程量计算劳务报酬方式

47. 国家建设部和国家工商管理局1999年12月印发的《建设工程施工合同(示范文本)》由(　　)组成。

A. 协议书　B. 通用条款　C. 专用条款　D. 补充条款

48. 工程造价具有以下特点(　)。

A. 单次性　B. 复杂性　C. 大额性　D. 动态性

49. 基本预备费是指在投资估算或设计概算内难以预料的工程费。费用内容包括(　　)。

A. 利率、汇率调整等增加费用

B. 竣工验收时为鉴定工程质量，对隐蔽工程进行必要的挖掘和修复工作

C. 超长、超宽、超重引起的运输增加费用

D. 一般自然灾害造成的损失和预防自然灾害所采取的措施费用

50. 工程造价计价依据必须满足以下要求(　　)。

A. 可信度高,具有权威　　B. 定量描述,可参考性
C. 数据化表达,便于计算　　D. 简明适用,以点代面

51. 工程建设定额按照投资的费用性质分类,可分为( )。
A. 建设工程定额　　B. 劳动定额
C. 建筑安装工程定额　　D. 工程建设其他费用定额

52. 定额基价的编制依据有( )。
A. 现行的预算定额　　B. 现行的日工资标准
C. 现行的地区材料预算价格　　D. 现行的施工机械台班价格

53. 项目规模的合理选择关系项目的成败,决定工程造价合理与否,其制约因素有( )。
A. 市场因素　B. 技术因素　C. 资金因素　D. 环境因素

54. 设计概算编制内容包括( )。
A. 单位工程概算　　B. 单项工程概算
C. 分部工程概算　　D. 分项工程概算

55. 在工程量清单的编制中,分部分项工程量清单项目的特征必须描述的内容有( )。
A. 涉及正确计量计价的　　B. 涉及施工难易程度的
C. 涉及施工措施解决的　　D. 涉及材质要求的

56. 投标报价的编制依据包括( )。
A. 批准的可行性研究文件
B. 招标文件、工程清单及其补充通知、答疑纪要
C. 与建设项目相关的标准、规范等技术资料
D. 初步设计文件

57. 在施工投标报价中,材料单价应该是全单价,包括( )。
A. 材料原价　B. 新材料试验费　C. 采购保管费　D. 运输损耗费

58. 按索赔的目的分类有( )。
A. 单项索赔　B. 工期索赔　C. 综合索赔　D. 经济索赔

59. 竣工验收应当具备以下条件( )。
A. 完成建设工程设计和合同约定的各项内容,并满足使用要求
B. 有完整的技术档案和施工管理资料
C. 发包人已按合同约定支付工程款
D. 有承包人签署的工程质量保证书

60. 流动资产是指可以在一年内或者超过一年的一个营业周期内变现或者运用的资产,包括( )。
A. 待摊投资　B. 短期投资　C. 存货　D. 应收及预付款项

三、判断题(每题 1 分,共 15 分)正确的选择"A",错误的选择"B",请在答题卡上相应位置将正确的选项用 2B 铅笔涂黑。

61. 建筑许可包括建筑工程施工许可和从业资格两个方面。 ( )
62. 当事人订立合同必须采用书面形式,否则合同无效。 ( )

63. 项目新开工时间是指工程项目设计文件中规定的任何一项永久性工程第一次正式破土开槽开始施工的日期。（　）

64. 分部工程是分项工程的组成部分，一般按主要工程、材料、施工工艺、设备类别等进行划分。（　）

65. 总价合同对于承包商风险小。（　）

66. 工程设计合同是指业主与工程设计单位签订的合同。当业主与多家设计单位签订工程设计合同时，需明确其中一家设计单位为总设计单位。（　）

67. 在直接工程费的人工费中，生产工人辅助工资是指按规定标准发放的物价补贴、煤、燃气补贴、交通补贴、住房补贴、流动施工津贴等。（　）

68. 在工程量清单计价规范中，分部分项工程项目综合单价由人工费、材料费、机械费、企业管理费和利润组成，并考虑一定范围内的风险因素。（　）

69. 预算定额的概念是规定了完成单位扩大分项工程或单位扩大结构构件所必需消耗的人工、材料和机械台班的数量标准。（　）

70. 包工包料工程的预付款按合同约定拨付，原则上预付款比例不低于合同价的10%，不高于合同价的30%。重大工程依据年度计划按此比例拨付。（　）

71. 一个工程只能编制一个招标控制价。（　）

72. 工程量清单计价中材料加工及安装损耗是在材料的消耗量中反映。（　）

73. 施工预算的实物法编制方法是根据施工图纸、施工定额计算出工程量后，再套用施工定额，逐项计算出人工费、材料费、机械台班费。（　）

74. 施工期内，措施费用按承包人在投标报价书中的措施费用进行控制，任何情况下不可以调整。（　）

75. 凡按图施工、竣工没有变动的，由发包人在原施工图上加盖“竣工图”标志后，即作为竣工图。（　）

北京市造价员岗位考核考试〈安装专业〉
《岗位基础知识》2011.11
参考答案

一、单项选择题（每题1分，共35分）

1. A　2. C　3. D　4. B　5. B　6. D　7. A　8. C　9. A　10. C
11. D　12. B　13. A　14. D　15. C　16. B　17. D　18. B　19. B　20. A
21. D　22. C　23. D　24. B　25. A　26. B　27. C　28. B　29. D　30. A
31. B　32. B　33. C　34. B　35. C

二、多项选择题（每题2分，共50分，错选或多选不得分，少选且选正确每项得0.5分）

36. BCD　37. ACD　38. BCD　39. ABCD　40. AB　41. ABD
42. BCD　43. ACD　44. BC　45. ABCD　46. ACD　47. ABC

48. CD　49. BCD　50. AC　51. ACD　52. ABCD　53. ABD
54. AB　55. ABD　56. BC　57. ACD　58. BD　59. ABCD
60. BCD

三、判断题(每题 1 分,共 15 分)

61. A　62. B　63. A　64. B　65. B　66. A　67. B　68. A
69. B　70. A　71. A　72. B　73. B　74. B　75. B

北京市造价员岗位考核试题

《岗位基础知识》2012.6

答题说明：

1. 本考试为闭卷考试，满分100分，考试时间90分钟。
2. 用2B铅笔在答题卡上作答。

一、单项选择题(每题1分，共35分)请在答题卡相应位置将唯一正确的选项用2B铅笔涂黑。

1. 乙级工程造价咨询企业可以从事工程造价(　　)万元人民币以下的各类建设项目的工程造价咨询业务。

A. 200　　B. 5000　　C. 1000　　D. 2000

2. 造价员每3年参加继续教育的时间原则上不得少于(　　)小时。

A. 15　　B. 30　　C. 45　　D. 60

3.(　　)是指具备独立施工条件并能形成独立使用功能的建筑物及构筑物。

A. 分部工程　　B. 分项工程　　C. 单项工程　　D. 单位工程

4. 按计价方式不同，建设工程施工合同可划分为总价合同、单价合同和(　　)。

A. 成本加酬金合同　　B. 固定总结合同

C. 任意合同　　D. 可调价合同

5.(　　)是最典型和最全面的工程总承包方式，业主仅面对一家承包商，由该承包商负责一个完整工程的设计、施工、设备供应等工作。

A. 整体承包　　B. EPC总承包　　C. 甲指分包　　D. 独联体承包

6. 工程造价本质上属于(　　)范畴。

A. 价值　　B. 价格　　C. 资金　　D. 货币

7. 设备购置费是由设备原价和(　　)构成。

A. 税金　　B. 附加费　　C. 设备运杂费　　D. 利润

8. 下列符合甲级工程造价咨询企业资质标准的是(　　)。

A. 已获得乙级工程造价咨询企业资质证书满三年

B. 9人已获取造价师注册证书

C. 企业出资人中注册造价工程师人数占出资人总数的50%

D. 专职专业人员自己保管自己的档案

9.(　　)是指建设单位发生的管理性质的开支。

A. 企业管理费　　B. 工程质量监督费

C. 建设管理费　　D. 印花税

10. 下列费用中属于建筑安装工程费中企业管理费的是(　　)。

A. 环境保护费　B. 二次搬运费　C. 职工教育经费　D. 人工费

11. 下列费用中属于建筑安装工程直接工程费的是(　　)。

A. 工程排污费　　B. 施工机械使用费

C. 住房公积金 D. 办公费

12. 执行2001年《北京市建设工程预算定额》时，发包方采购的材料、设备并运至承包指定地点，承包方按(　　)材料预算价格的99%退还给发包商。

A. 重新商定的 B. 当前市场的
C. 投标阶段的 D. 实际发生的

13. 投标人少于(　　)的，招标人应当依据《招标投标法》重新招标。

A. 4个 B. 3个 C. 2个 D. 1个

14.《北京工程造价信息》的市场信息价格包括运费，但不包括(　　)。

A. 加工费 B. 包装费 C. 采购保管费 D. 装卸费

15. 某专项项目工程的利润以直接费为计算基础，其中，直接工程费50000元，措施费2000元，规费1000元，企业管理费1000元，利润率是10%，请问该专项工程的利润是(　　)。

A. 5100元 B. 5200元 C. 5400元 D. 5000元

16. 不属于工程建设其他费用的是(　　)。

A. 建设管理费 B. 建设场地准备和临时设施费
C. 建设期贷款利息 D. 建设用地费

17. 在现行《建设工程工程量清单计价规范》及相关规定中，总承包服务费属于(　　)。

A. 其他项目费 B. 措施项目费
C. 现场管理费 D. 规费

18. (　　)负责建设项目竣工验收工作。

A. 建设单位 B. 监理单位
C. 施工单位 D. 验收委员会或验收组

19. (　　)是计算和确定一个规定计量单位的分项工程或结构构件的人工、材料和施工机械台班消耗的数量标准。

A. 概算定额 B. 工程量清单计价定额
C. 工程消耗量定额 D. 预算定额

20. 工程造价指数按不同基期分类分为环比指数和(　　)。

A. 综合指数 B. 定基指数 C. 单项指数 D. 随机指数

21. ①竣工结算；②合同价；③施工图预算；④修正概算；⑤设计概算；⑥投资估算。按照工程建设各阶段工程造价的关系，以上正确的先后顺序是(　　)。

A. ②③④⑤⑥① B. ⑥②⑤④③①
C. ⑥⑤④③②① D. ②⑤③④⑥①

22. 工程造价资料按照其(　　)，一般可以分为项目可行性研究投资估算、初步设计概算、施工图预算、竣工结算、工程结算等。

A. 不同内容 B. 不用范围 C. 不同阶段 D. 不同工程类型

23. 措施项目清单中的安全文明施工费(　　)竞争性费用。

A. 不得作为 B. 可以作为 C. 必须作为 D. 可以不作为

24. 限额设计的全过程实际上就是项目投资目标管理的控制过程，下面不属于该控制过程的是(　　)。

A. 目标分解与计划 B. 目标实施

C. 目标实施检查　　D. 目标修改

25. 开标过程应当(　　)。

A. 保密,而且信息不需存档　　B. 记录,并存档备查

C. 保密,并在宣布中标单位后销毁信息　　D. 记录,但开标结束后应销毁信息

26. 下列选项中,不属于设计方案比选原则的是(　　)。

A. 协调好技术先进性和经济合理性的关系

B. 考虑建设投资和运用费用的关系

C. 兼顾近期和远期的要求

D. 处理好建设规模与资源利用的关系

27. (　　)是整个工程造价确定与控制的龙头与关键。

A. 变更和洽商　　B. 决策和设计阶段

C. 结算和决算阶段　　D. 招投标和施工阶段

28. 漏项是指合同承包范围内的工作内容,(　　),但工程量清单中没有单独列项的项目。

A. 按计价规范要求应当单独列项　　B. 按预算定额要求应当单独列项

C. 按施工工艺要求应当单独列项　　D. 按设计规范要求应当单独列项

29. 根据《中华人民共和国招标投标法》的规定,评标委员会由招标人的代表和有关技术、经济等方面的专家组成,成员人数为(　　)。

A. 2人以上双数　　B. 3人以上单数

C. 4人以上双数　　D. 5人以上单数

30. 国有资金投资的工程建设项目(　　)工程量清单计价。

A. 允许采用　　B. 必须采用　　C. 不采用　　D. 建议采用

31. 拟建项目单位向国家提出要求建设某一工程项目目的的建议文件是(　　)。

A. 立项报告　　B. 可行性研究报告

C. 设计任务书　　D. 项目建议书

32. 建设项目竣工决算应包括(　　)的全部实际费用。

A. 从开工到竣工验收　　B. 从筹建到竣工投产

C. 从立项到竣工投产　　D. 从设计到竣工投产

33. 分部分项工程量清单的项目编码应采用(　　)位阿拉伯数字表示。

A. 十　　B. 十五　　C. 十二　　D. 九

34. 投标人和中标人应当自中标通知书发出之日起(　　)日内,按照招标文件和中标人的投标文件订立书面合同。

A. 30　　B. 15　　C. 7　　D. 20

35. 根据施工图纸,某建筑工程,按照2001年预算定额计算该工程的定额直接费为3500000元,其中,人工费520000元,材料费2275000元,机械费240000元。按双方约定,该工程的人工费调增了50000元,材料费调增了250000元。按下表所给费率并根据2001年预算定额的有关规定计算该工程的规费为(　　)(保留整数)。

费用名称	临时设施费	现场经费	企业管理费	利润	规费	税金
费率(%)	3.74	4.17	4.08	7	24.09	3.4

A. 116793 元　　B. 137313 元　　C. 843150 元　　D. 915420 元

二、多项选择题(每题 2 分,共 50 分)请在答题卡上相应位置将正确的选项用 2B 铅笔涂黑。错选或多选均不得分,少选且选项正确每项得 0.5 分。

36. 国家税法规定的应计入建筑安装工程造价中税金的是(　　)。

A. 所得税　　B. 教育费附加　　C. 营业税　　D. 城市维护建设税

37. 其他项目清单宜按照下列(　　)列项。

A. 暂列金额　　B. 暂估价　　C. 计日工　　D. 总承包服务费

38. 合同争议的解决方式有(　　)。

A. 履行合同　　B. 和解　　C. 调解　　D. 仲裁或诉讼

39. 通用措施项目包括(　　)。

A. 模板及脚手架费用　　B. 工程水电费

C. 安全文明施工　　D. 夜间及冬雨季施工

40. 安全文明施工包括(　　)。

A. 环境保护　　B. 文明施工　　C. 安全施工　　D. 临时施工

41. 社会保障费包括(　　)。

A. 养老保险费　　B. 失业保险费

C. 医疗保险费　　D. 危险作业意外伤害保险

42. 关于招标控制价的编制原则,下列说法正确的有(　　)。

A. 招标控制价的内容、编制依据可以与招标文件的规定稍微不一致

B. 招标控制价应具有权威性

C. 一个工程只能编制一个招标控制价

D. 招标控制价应具有完整性

43. 设备及工器具费由(　　)组成。

A. 设备购置费　　B. 工器具购置费

C. 管理费　　D. 间接费

44. 招标方式有(　　)。

A. 公开招标　　B. 邀请招标

C. 内部招标　　D. 随机招标

45. 施工图预算的编制可以采用的计价方法是(　　)。

A. 工料单价法　　B. 综合单价法

C. 单项计价法　　D. 综合计价法

46. 预备费包括(　　)。

A. 基本预备费　　B. 其他预备费

C. 量差预备费　　D. 价差预备费

47. 工程建设其他费用按照资产属性分别形成(　　)。

A. 固定资产　　B. 流动资产　　C. 无形资产　　D. 有形资产

48. 承包商的风险可以归纳为(　　)。

A. 决策错误风险　　B. 缔约和履约风险

C. 索赔 D. 责任风险

49. 按照建标[2003]206 号文的规定，下列各项中属于建筑安装工程施工机械使用费的有(　　)。

A. 折旧费 B. 大修理费

C. 机械操作人员的工资 D. 经常维修费

50. 按定额反映的生产要素消耗内容分类，工程建设定额可以分为(　　)。

A. 劳动定额 B. 材料消耗定额

C. 机械台班消耗定额 D. 综合定额

51. 工程量清单作为招标文件的组成部分，主要包括(　　)。

A. 其他项目工程量清单 B. 间接项目工程量清单

C. 分部分项工程量清单 D. 措施项目工程量清单

52. 按项目投资效益划分，建设工程项目可分为(　　)。

A. 竞争性项目 B. 基础性项目

C. 公益性项目 D. 经营性政府投资项目

53. 编制分部分项工程量清单时，应根据《建设工程工程量清单计价规范》附录规定的要求确定(　　)。

A. 项目序号 B. 项目名称 C. 计量单位 D. 工程量计算规则

54. 以下哪些是预算定额基价的编制依据(　　)。

A. 现行的概算定额 B. 现行的日工资标准

C. 现行的银行存贷款利息 D. 现行的地区材料预算价格

55. 工程价款结算是指承包商在工程施工过程中，依据承包合同中关于付款的规定和已经完成的工程量，按以下(　　)形式，按照规定的程序向业主收取工程价款的一项经济活动。

A. 准备金 B. 工程进度款 C. 预付备料款 D. 预留金

56. 工程承包中不可避免出现索赔的影响因素有(　　)。

A. 人民币升值 B. 施工进度变化

C. 施工图纸的变更 D. 施工机械发生故障

57. 当参加对比的设计方案功能项目和水平不同时，应对之进行可比性换算，以满足下列哪几方面的可比条件(　　)。

A. 需要可比 B. 费用消耗可比

C. 价格可比 D. 时间可比

58. 在下列各项资料中，属于竣工验收依据的是(　　)。

A. 可行性研究报告 B. 施工图设计文件

C. 技术设备说明书 D. 工程承包合同文件

59. 建筑工程费用估算一般采用的估算方法有(　　)。

A. 单位建筑工程投资估算法 B. 单位实物工程量投资估算法

C. 概算指标投资估算法 D. 类似工程参照估算法

60. 按造价资料限期长短分类，工程造价指数可分为(　　)。

A. 时点造价指数 B. 日指数

C. 月指数 D. 季指数及年指数

三、判断题(每题1分,共15分)正确的选择"A",错误的选择"B",请在答题卡相应位置将正确的选项用2B铅笔涂黑。

61. 建设项目竣工决算是办理交付使用资产的依据,也是竣工验收报告的重要组成部分。( )

62. 开标应当在监理的主持下进行,应邀请所有投标人参加开标。( )

63. 建设工程项目风险的应对策略包括风险回避、风险自留、风险控制、风险转移。( )

64. 根据《中华人民共和国仲裁法》的规定,对于合同争议的解决,实行"既裁又审制"。( )

65. 暂估价是招标人在工程量清单中提出的用于支付必然发生但暂时不能确定价格的材料的单价以及专业工程的金额。( )

66. 分部分项工程量清单可不采用综合单价计价。( )

67. 非生产性建设项目的工程总造价就是建设项目固定资产投资的总和。( )

68. 竣工验收时,为鉴定工程质量、对隐蔽工程进行必要的挖掘和修复的费用应计入预备费。( )

69. 材料运杂费是指材料自来源地运至工地仓库或指定堆放地点所发生的全部费用。( )

70. 在确定计量结果后28天,发包人应向承包人支付工程进度款。( )

71. 单项工程是单位工程的组成部分。( )

72. 即使总承包人或者勘察、设计、施工承包人经发包人同意,也不得将自己承包的部分工作交由第三方完成。( )

73. 部分使用国家资金投资的建设项目可以不进行招标。( )

74. 招标工程的合同价款由发包人、承包人依据中标通知书中的中标价格在协议书内约定。( )

75. 住房公积金、保险、人员工资、教育经费、税金等费用都是规费。( )

北京市造价员岗位考核试题
《岗位基础知识》2012.6
参考答案

一、单项选择题(每题 1 分,共 35 分)

1.B 2.B 3.D 4.A 5.B 6.B 7.C 8.A 9.C 10.C
11.B 12.D 13.B 14.A 15.C 16.C 17.A 18.D 19.D 20.B
21.C 22.C 23.A 24.D 25.B 26.D 27.B 28.A 29.D 30.B
31.D 32.B 33.C 34.A 35.B

二、多项选择题(每题 2 分,共 50 分,错选或多选不得分,少选且选正确每项得 0.5 分)

36.BCD 37.ABCD 38.BCD 39.CD 40.ABCD 41.ABC
42.BCD 43.AB 44.AB 45.AB 46.AD 47.AC
48.ABD 49.ABCD 50.ABC 51.ACD 52.ABC 53.BCD
54.BD 55.BC 56.BC 57.ABCD 58.ABCD 59.ABC
60.ACD

三、判断题(每题 1 分,共 15 分)

61.A 62.B 63.A 64.B 65.A 66.B 67.A 68.A 69.A 70.B 71.B 72.B
73.B 74.A 75.B

第四部分　附录

附录一：工程量清单计价示例

一、工程量清单

××住宅工程

工程量清单

招　标　人：××单位公章
（单位盖章）

工程造价咨询人：××工程造价咨询企业资质专用章
（单位资质专用章）

法定代表人或其授权人：××单位法定代表人
（签字或盖章）

法定代表人或其授权人：××工程造价咨询企业法定代表人
签字或盖章

编　制　人：×××签字盖造价工程师或造价员专用章
（造价人员签字盖专用章）

复　核　人：×××签字盖造价工程师专用章
（造价工程师签字盖专用章）

编制时间：××××年×月×日

复核时间：××××年×月×日

总 说 明

工程名称:××住宅工程　　　　　　　　　　　　　　　　　　　　第1页　共1页

1. 工程概况:本工程为砖混结构,采用混凝土灌注桩,建筑层数为六层,建筑面积为10940m²,计划工期为330日历天。施工现场距现有楼最近处为20m,施工中应注意采取相应的防噪措施。

2. 工程招标范围:本次招标范围为施工图范围内的建筑工程和安装工程。

3. 工程量清单编制依据:

(1)住宅楼施工图。

(2)《建设工程工程量清单计价规范》。

4. 其他需要说明的问题:

(1)招标人供应现浇构件的全部钢筋,单价暂定为5000元/t。

承包人应在施工现场对招标人供应的钢筋进行验收及保管和使用发放。

招标人供应钢筋的价款支付,由招标人按每次发生的金额支付给承包人,再由承包人支付给供应商。

(2)进户防盗门另进行专业发包。总承包人应配合专业工程承包人完成以下工作:

1)按专业工程承包人的要求提供施工工作面并对施工现场进行统一管理,对竣工资料进行统一整理汇总。

2)为专业工程承包人提供垂直运输机械和焊接电源接入点,并承担垂直运输费和电费。

3)为防盗门安装后进行补缝和找平并承担相应费用。

表-01

分部分项工程量清单与计价表

工程名称:××住宅工程　　标段:　　第1页　共6页

序号	项目编码	项目名称	项目特征描述	计量单位	工程量	金额(元)		
						综合单价	合价	其中:暂估价
			A.1　土(石)方工程					
1	010101001001	平整场地	Ⅱ、Ⅲ类土综合,土方就地挖填找平	m^2	1792			
2	010101003001	挖基础土方	Ⅲ类土,条形基础,垫层底宽2m,挖土深度4m以内,弃土运距为10km	m^3	1432			
			(其他略)					
			分部小计					
			A.2　桩与地基基础工程					
3	010201003001	混凝土灌注桩	人工挖孔,二级土,桩长10m,有护壁段长9m,共42根,桩直径1000mm,扩大头直径1100mm,桩混凝土为C25,护壁混凝土为C20	m	420			
			(其他略)					
			分部小计					
			本页小计					
			合　计					

注:根据建设部、财政部发布的《建筑安装工程费用组成》(建标[2003]206号)的规定,为计取规费等的使用,可在表中增设:"直接费"、"人工费"或"人工费+机械费"。

表-08

分部分项工程量清单与计价表

工程名称：××住宅工程　　标段：　　第2页　共6页

序号	项目编码	项目名称	项目特征描述	计量单位	工程量	金额(元)		
						综合单价	合价	其中：暂估价
			A.3　砌筑工程					
4	010301001001	砖基础	M10水泥砂浆砌条形基础，深度2.8～4m，MU15页岩砖240mm×115mm×53mm	m^3	239			
5	010302001001	实心砖墙	M7.5混合砂浆砌实心墙，MU15页岩砖240mm×115mm×53mm，墙体厚度240mm	m^3	2037			
			(其他略)					
			分部小计					
			A.4　混凝土及钢筋混凝土工程					
6	010403001001	基础梁	C30混凝土基础梁，梁底标高－1.55m，梁截面300mm×600mm，250mm×500mm	m^3	208			
7	010416001001	现浇混凝土钢筋	螺纹钢Q235，ϕ14	t	58			
			(其他略)					
			分部小计					
			本页小计					
			合　计					

注：根据建设部、财政部发布的《建筑安装工程费用组成》(建标[2003]206号)的规定，为计取规费等的使用，可在表中增设："直接费"、"人工费"或"人工费＋机械费"。

表-08

分部分项工程量清单与计价表

工程名称：××住宅工程　　标段：　　第3页　共6页

序号	项目编码	项目名称	项目特征描述	计量单位	工程量	金额(元)		
						综合单价	合价	其中：暂估价
			A.6　金属结构工程					
8	010606008001	钢爬梯	U型钢爬梯，型钢品种、规格详××图，油漆为红丹一遍，调和漆二遍	t	0.258			
			分部小计					
			A.7　屋面及防水工程					
9	010702003001	屋面刚性防水	C20细石混凝土，厚40mm，建筑油膏嵌缝	m^2	1853			
			(其他略)					
			分部小计					
			A.8　防腐、隔热、保温工程					
10	010803001001	保温隔热屋面	沥青珍珠岩块500mm×500mm×150mm，1∶3水泥砂浆护面，厚25mm	m^2	1853			
			(其他略)					
			分部小计					
			B.1　楼地面工程					
11	020101001001	水泥砂浆楼地面	1∶3水泥砂浆找平层，厚20mm，1∶2水泥砂浆面层，厚25mm	m^2	6500			
			(其他略)					
			分部小计					
			本页小计					
			合　计					

注：根据建设部、财政部发布的《建筑安装工程费用组成》(建标[2003]206号)的规定，为计取规费等的使用，可在表中增设："直接费"、"人工费"或"人工费＋机械费"。

表-08

分部分项工程量清单与计价表

工程名称:××住宅工程 标段: 第4页 共6页

序号	项目编码	项目名称	项目特征描述	计量单位	工程量	金额(元)		
						综合单价	合价	其中:暂估价
			B.2 墙、柱面工程					
12	020201001001	外墙面抹灰	页岩砖墙面,1:3水泥砂浆底层,厚15mm,1:2.5水泥砂浆面层,厚6mm	m^2	4050			
13	020202001001	柱面抹灰	混凝土柱面,1:3水泥砂浆底层,厚15mm,1:2.5水泥砂浆面层,厚6mm	m^2	850			
			(其他略)					
			分部小计					
			B.3 天棚工程					
13	020301001001	天棚抹灰	混凝土天棚,基层刷水泥浆一道加107胶,1:0.5:2.5水泥石灰砂浆底层,厚12mm,1:0.3:3水泥石灰砂浆面层厚4mm	m^2	7000			
			(其他略)					
			分部小计					
			本页小计					
			合 计					

注:根据建设部、财政部发布的《建筑安装工程费用组成》(建标[2003]206号)的规定,为计取规费等的使用,可在表中增设:"直接费"、"人工费"或"人工费+机械费"。

表-08

分部分项工程量清单与计价表

工程名称：××住宅工程　　　标段：　　　　　　　　　　第5页　共6页

序号	项目编码	项目名称	项目特征描述	计量单位	工程量	金额(元)		
						综合单价	合价	其中：暂估价
			B.4　门窗工程					
14	020406007001	塑钢窗	80系列LC0915塑钢平开窗带沙5mm白玻	m^2	900			
			(其他略)					
			分部小计					
			B.5　油漆、涂料、裱糊工程					
15	020506001001	外墙乳胶漆	基层抹灰面满刮成品耐水腻子三遍磨平，乳胶漆一底二面	m^2	4050			
			(其他略)					
			分部小计					
			C.2　电气设备安装工程					
16	030204031001	插座安装	单相三孔插座，250V/10A	个	1224			
17	030212001001	电气配管	砖墙暗配PC20阻燃PVC管	m	9858			
			(其他略)					
			分部小计					
			本页小计					
			合　计					

注：根据建设部、财政部发布的《建筑安装工程费用组成》(建标[2003]206号)的规定，为计取规费等的使用，可在表中增设："直接费"、"人工费"或"人工费＋机械费"。

表-08

分部分项工程量清单与计价表

工程名称：××住宅工程　　标段：　　第6页　共6页

序号	项目编码	项目名称	项目特征描述	计量单位	工程量	金额（元）		
						综合单价	合价	其中：暂估价
			C.8　给排水安装工程					
18	030801005001	塑料给水管安装	室内 DN20/PP－R 给水管，热熔连接	m	1569			
19	030801005001	塑料排水管安装	室内ϕ110UPVC排水管，承插胶粘接	m	849			
			（其他略）					
			分部小计					
			本页小计					
			合　计					

注：根据建设部、财政部发布的《建筑安装工程费用组成》（建标[2003]206号）的规定，为计取规费等的使用，可在表中增设："直接费"、"人工费"或"人工费＋机械费"。

表-08

措施项目清单与计价表(一)

工程名称：××住宅工程　　标段：　　第1页　共1页

序号	项目名称	计算基础	费率(%)	金额(元)
1	安全文明施工费			
2	夜间施工费			
3	二次搬运费			
4	冬雨季施工			
5	大型机械设备进出场及安拆费			
6	施工排水			
7	施工降水			
8	地上、地下设施、建筑物的临时保护设施			
9	已完工程及设备保护			
10	各专业工程的措施项目			
(1)	垂直运输机械			
(2)	脚手架			
合　计				

注：1. 本表适用于以“项”计价的措施项目。

2. 根据建设部、财政部发布的《建筑安装工程费用组成》(建标[2003]206号)的规定，“计算基础”可为“直接费”、“人工费”或“人工费＋机械费”。

表-10

措施项目清单与计价表(二)

工程名称:××住宅工程　　　标段:　　　　　　　　第1页　共1页

序号	项目编码	项目名称	项目特征描述	计量单位	工程量	金额(元)	
						综合单价	合价
1	AB001	现浇钢筋混凝土平板模板及支架	矩形板,支模高度3m	m^2	1200		
2	AB002	现浇钢筋混凝土有梁板及支架	矩形梁,断面200mm×400mm,梁底支模高度2.6m,板底支模高度3m	m^2	1500		
			(其他略)				
			本页小计				
			合　计				

注:本表适用于以综合单价形式计价的措施项目。

表-11

其他项目清单与计价汇总表

工程名称：××住宅工程　　　标段：　　　　　　　　　　第1页　共1页

序号	项目名称	计量单位	金额(元)	备　注
1	暂列金额	项	300000	明细详见表—12—1
2	暂估价		100000	
2.1	材料暂估价		—	明细详见表—12—2
2.2	专业工程暂估价	项	100000	明细详见表—12—3
3	计日工			明细详见表—12—4
4	总承包服务费			明细详见表—12—5
5				
合　计				—

注：材料暂估单价进入清单项目综合单价，此处不汇总。

表-12

暂列金额明细表

工程名称：××住宅工程　　　标段：　　　　　　　　　第1页　共1页

序号	项目名称	计量单位	暂定金额(元)	备　　注
1	工程量清单中工程量偏差和设计变更	项	100000	
2	政策性调整和材料价格风险	项	100000	
3	其他	项	100000	
4				
5				
6				
7				
8				
9				
10				
11				
合　计			300000	—

注：此表由招标人填写，如不能详列，也可只列暂定金额总额，投标人应将上述暂列金额计入投标总价中。

表-12-1

材料暂估单价表

工程名称：××住宅工程　　标段：　　第1页　共1页

序号	材料名称、规格、型号	计量单位	单价（元）	备　注
1	钢筋（规格、型号综合）	t	5000	用在所有现浇混凝土钢筋清单项目

注：1. 此表由招标人填写，并在备注栏说明暂估价的材料拟用在哪些清单项目上，投标人应将上述材料暂估单价计入工程量清单综合单价报价中。

2. 材料包括原材料、燃料、构配件以及按规定应计入建筑安装工程造价的设备。

表-12-2

专业工程暂估价表

工程名称：××住宅工程　　标段：　　第1页 共1页

序号	工程名称	工程内容	金额（元）	备注
1	入户防盗门	安装	100000	
合计			100000	—

注：此表由招标人填写，投标人应将上述专业工程暂估价计入投标总价中。

表-12-3

计 日 工 表

工程名称：××住宅工程　　标段：　　第1页　共1页

编号	项目名称	单位	暂定数量	综合单价	合价
一	人　工				
1	普工	工日	200		
2	技工(综合)	工日	50		
3					
4					
人工小计					
二	材　料				
1	钢筋(规格、型号综合)	t	1		
2	水泥42.5	t	2		
3	中砂	m^3	10		
4	砾石(5～40mm)	m^3	5		
5	页岩砖(240mm×115mm×53mm)	千匹	1		
6					
材料小计					
三	施工机械				
1	自升式塔式起重机(起重力矩1250kN·m)	台班	5		
2	灰浆搅拌机(400L)	台班	2		
3					
4					
施工机械小计					
总　计					

注：此表项目名称、数量由招标人填写，编制招标控制价时，单价由招标人按有关计价规定确定；投标时，单价由投标人自主报价，计入投标总价中。

表-12-4

总承包服务费计价表

工程名称：××住宅工程　　标段：　　第1页　共1页

序号	项目名称	项目价值（元）	服务内容	费率（%）	金额（元）
1	发包人发包专业工程	100000	1. 按专业工程承包人的要求提供施工工作面并对施工现场进行统一管理，对竣工资料进行统一整理汇总。 2. 为专业工程承包人提供垂直运输机械和焊接电源接入点，并承担垂直运输费和电费。 3. 为防盗门安装后进行补缝和找平并承担相应费用		
2	发包人供应材料	1000000	对发包人供应的材料进行验收及保管和使用发放		
合计					

表-12-5

规费、税金项目清单与计价表

工程名称：××住宅工程　　标段：　　第1页　共1页

序号	项目名称	计算基础	费率(%)	金额(元)
1	规费			
1.1	工程排污费	按工程所在地环保部门规定按实计算		
1.2	社会保障费	(1)+(2)+(3)		
(1)	养老保险费	定额人工费		
(2)	失业保险费	定额人工费		
(3)	医疗保险费	定额人工费		
1.3	住房公积金	定额人工费		
1.4	危险作业意外伤害保险	定额人工费		
1.5	工程定额测定费	税前工程造价		
2	税金	分部分项工程费+措施项目费+其他项目费+规费		
合　计				

注：根据建设部、财政部发布的《建筑安装工程费用组成》(建标[2003]206号)的规定，“计算基础”可为“直接费”、“人工费”或“人工费+机械费”。

表-13

补充工程量清单项目及计算规则

项目编码	项目名称	项目特征	计量单位	工程量计算规则	工程内容
AB001	现浇钢筋混凝土平板模板及支架	1. 构件形状 2. 支模高度	m^2	按与混凝土的接触面积计算，不扣除面积≤0.1m^2孔洞所占面积	1. 模板安装、拆除 2. 清理模板粘接物及模内杂物、刷隔离剂 3. 整理堆放及场内、外运输
AB002	现浇钢筋混凝土有梁模板及支架	1. 构件形状、断面 2. 支模高度	m^2	按与混凝土的接触面积计算，不扣除面积≤0.1m^2孔洞所占面积	1. 模板安装、拆除 2. 清除模板粘接物及模内杂物、刷隔离剂 3. 整理堆放及场内、外运输
(其他略)					

二、招标控制价

××住宅工程

招标控制价

招标控制价(小写)：8413949

(大写)：捌佰肆拾壹万叁仟玖佰肆拾玖元

招 标 人：××单位公章
(单位盖章)

工程造价咨询人：××工程造价咨询企业资质专用章
(单位资质专用章)

法定代表人或其授权人：××单位法定代表人
(签字或盖章)

法定代表人或其授权人：××工程造价咨询企业法定代表人
(签字或盖章)

编 制 人：×××签字盖造价工程师或造价员专用章
(造价人员签字盖专用章)

复 核 人：×××签字盖造价工程师专用章
(造价工程师签字盖专用章)

编制时间：××××年×月×日

复核时间：××××年×月×日

总 说 明

工程名称:××住宅工程

第1页 共1页

1. 工程概况:本工程为砖混结构,采用混凝土灌注桩,建筑层数为六层,建筑面积为10940m^2,计划工期为330日历天。

2. 招标控制价包括范围:为本次招标的住宅工程施工图范围内的建筑工程和安装工程。

3. 招标控制价编制依据:

(1)招标文件提供的工程量清单。

(2)招标文件中有关计价的要求。

(3)住宅楼施工图。

(4)省建设主管部门颁发的计价定额和计价管理办法及有关计价文件。

(5)材料价格采用工程所在地工程造价管理机构××××年×月工程造价信息发布的价格信息,对于工程造价信息没有发布价格信息的材料,其价格参照市场价。

表-01

工程项目招标控制价汇总表

工程名称：××住宅工程　　　　第1页　共1页

序号	单项工程名称	金额(元)	其中		
			暂估价(元)	安全文明施工费(元)	规费(元)
1	××住宅楼工程	8413949	1100000	254662	253302
合计		8413949	1100000	254662	253302

注：本表适用于工程项目招标控制价或投标报价的汇总。

说明：本工程仅为一栋住宅楼，故单项工程即为工程项目。

表-02

单项工程招标控制价汇总表

工程名称：××住宅工程 第1页 共1页

序号	单项工程名称	金额(元)	其中		
			暂估价(元)	安全文明施工费(元)	规费(元)
1	××住宅楼工程	8413949	1100000	254662	253302
合计		8413949	1100000	254662	253302

注：本表适用于单项工程招标控制价或投标报价的汇总。暂估价包括分部分项工程中的暂估价和专业工程暂估价。

表-03

单位工程招标控制价汇总表

工程名称:××住宅工程　　标段:　　第1页　共1页

序号	汇 总 内 容	金额(元)	其中:暂估价(元)
1	分部分项工程	6618212	1000000
1.1	A.1土(石)方工程	108431	
1.2	A.2桩与地基基础工程	428292	
1.3	A.3砌筑工程	762650	
1.4	A.4混凝土及钢筋混凝土工程	2596270	1000000
1.5	A.6金属结构工程	1845	
1.6	A.7屋面及防水工程	264536	
1.7	A.8防腐、隔热、保温工程	138444	
1.8	B.1楼地面工程	308700	
1.9	B.2墙柱面工程	452155	
1.10	B.3天棚工程	241228	
1.11	B.4门窗工程	411757	
1.12	B.5油漆、涂料、裱糊工程	261942	
1.13	C.2电气设备安装工程	385177	
1.14	C.8给排水安装工程	256785	
2	措施项目	829480	—
2.1	安全文明施工费	254662	—
3	其他项目	435210	—
3.1	暂列金额	300000	—
3.2	专业工程暂估价	100000	—
3.3	计日工	20210	—
3.4	总承包服务费	15000	—
4	规费	253302	—
5	税金	277745	—
招标控制价合计=1+2+3+4+5		8413949	1000000

注:本表适用于单位工程招标控制价或投标报价的汇总,如无单位工程划分,单项工程也使用本表汇总。

表-04

分部分项工程量清单与计价表

工程名称：××住宅工程　　标段：　　第1页　共6页

序号	项目编码	项目名称	项目特征描述	计量单位	工程量	金额(元)		
						综合单价	合价	其中：暂估价
		A.1　土(石)方工程						
1	010101001001	平整场地	Ⅱ、Ⅲ类土综合，土方就地挖填找平	m^2	1792	0.91	1631	
2	010101003001	挖基础土方	Ⅲ类土，条形基础，垫层底宽2m，挖土深度4m以内，弃土运距为10km	m^3	1432	23.91	34239	
		(其他略)						
		分部小计					108431	
		A.2　桩与地基基础工程						
3	010201003001	混凝土灌注桩	人工挖孔，二级土，桩长10m，有护壁段长9m，共42根，桩直径1000mm，扩大头直径1100mm，桩混凝土为C25，护壁混凝土为C20	m	420	336.27	141233	
		(其他略)						
		分部小计					428292	
		本页小计					536723	
		合　计					536723	

注：根据建设部、财政部发布的《建筑安装工程费用组成》(建标[2003]206号)的规定，为计取规费等的使用，可在表中增设："直接费"、"人工费"或"人工费＋机械费"。

表-08

分部分项工程量清单与计价表

工程名称：××住宅工程　　标段：　　第2页　共6页

序号	项目编码	项目名称	项目特征描述	计量单位	工程量	金额(元)		
						综合单价	合价	其中：暂估价
		A.3　砌筑工程						
4	010301001001	砖基础	M10水泥砂浆砌条形基础，深度2.8～4m，MU15页岩砖240mm×115mm×53mm	m^3	239	308.18	73655	
5	010302001001	实心砖墙	M7.5混合砂浆砌实心墙，MU15页岩砖240mm×115mm×53mm，墙体厚度240mm	m^3	2037	323.64	659255	
		(其他略)						
		分部小计					762650	
		A.4　混凝土及钢筋混凝土工程						
6	010403001001	基础梁	C30混凝土基础梁，梁底标高−1.55m，梁截面300mm×600mm，250mm×500mm	m^3	208	367.05	76346	
7	010416001001	现浇混凝土钢筋	螺纹钢Q235，ϕ14	t	58	5891.35	341699	290000
		(其他略)						
		分部小计					2596270	1000000
		本页小计					3358920	1000000
		合　计					3895643	1000000

注：根据建设部、财政部发布的《建筑安装工程费用组成》(建标[2003]206号)的规定，为计取规费等的使用，可在表中增设："直接费"、"人工费"或"人工费＋机械费"。

表-08

分部分项工程量清单与计价表

工程名称：××住宅工程　　　标段：　　　　　　　　　　　　第3页　共6页

序号	项目编码	项目名称	项目特征描述	计量单位	工程量	金额(元)		
						综合单价	合价	其中：暂估价
			A.6　金属结构工程					
8	010606008001	钢爬梯	U型钢爬梯，型钢品种、规格详××图，油漆为红丹一遍，调和漆二遍	t	0.258	7152.74	1845	
			分部小计				1845	
			A.7　屋面及防水工程					
9	010702003001	屋面刚性防水	C20细石混凝土，厚40mm，建筑油膏嵌缝	m²	1853	22.41	41526	
			（其他略）					
			分部小计				264536	
			A.8　防腐、隔热、保温工程					
10	010803001001	保温隔热屋面	沥青珍珠岩块500mm×500mm×150mm，1∶3水泥砂浆护面，厚25mm	m²	1853	57.14	105880	
			（其他略）					
			分部小计				138444	
			B.1　楼地面工程					
11	020101001001	水泥砂浆楼地面	1∶3水泥砂浆找平层，厚20mm 1∶2水泥砂浆面层，厚25mm	m²	6500	35.60	231400	
			（其他略）					
			分部小计				308700	
			本页小计				713525	
			合　计				4609168	1000000

注：根据建设部、财政部发布的《建筑安装工程费用组成》（建标[2003]206号）的规定，为计取规费等的使用，可在表中增设："直接费"、"人工费"或"人工费＋机械费"。

表-08

分部分项工程量清单与计价表

工程名称：××住宅工程　　标段：　　第4页　共6页

序号	项目编码	项目名称	项目特征描述	计量单位	工程量	金额(元)		
						综合单价	合价	其中：暂估价
		B.2　墙、柱面工程						
12	020201001001	外墙面抹灰	页岩砖墙面，1∶3水泥砂浆底层，厚15mm，1∶2.5水泥砂浆面层，厚6mm	m^2	4050	18.84	76302	
13	020202001001	柱面抹灰	混凝土柱面，1∶3水泥砂浆底层，厚15mm，1∶2.5水泥砂浆面层，厚6mm	m^2	850	21.71	18454	
		(其他略)						
		分部小计					452155	
		B.3　天棚工程						
14	020301001001	天棚抹灰	混凝土天棚，基层刷水泥浆一道加107胶，1∶0.5∶2.5水泥石灰砂浆底层，厚12mm，1∶0.3∶3水泥石灰砂浆面层，厚4mm	m^2	7000	17.51	122570	
		(其他略)						
		分部小计					241228	
本页小计							693383	
合　计							5302551	1000000

注：根据建设部、财政部发布的《建筑安装工程费用组成》(建标[2003]206号)的规定，为计取规费等的使用，可在表中增设："直接费"、"人工费"或"人工费＋机械费"。

表-08

分部分项工程量清单与计价表

工程名称:××住宅工程　　标段:　　第5页　共6页

序号	项目编码	项目名称	项目特征描述	计量单位	工程量	金额(元)		
						综合单价	合价	其中:暂估价
			B.4　门窗工程					
15	020406007001	塑钢窗	80系列LC0915塑钢平开窗带沙5mm白玻	m^2	900	327.00	294300	
			(其他略)					
			分部小计				411757	
			B.5　油漆、涂料、裱糊工程					
16	020506001001	外墙乳胶漆	基层抹灰面满刮成品耐水腻子三遍磨平,乳胶漆一底二面	m^2	4050	49.72	201366	
			(其他略)					
			分部小计				261942	
			C.2　电气设备安装工程					
17	030204031001	插座安装	单相三孔插座,250V/10A	个	1224	11.37	13917	
18	030212001001	电气配管	砖墙暗配PC20阻燃PVC管	m	9858	8.97	88426	
			(其他略)					
			分部小计				385177	
			本页小计				1058876	
			合　　计				6361427	100000

注:根据建设部、财政部发布的《建筑安装工程费用组成》(建标[2003]206号)的规定,为计取规费等的使用,可在表中增设:"直接费"、"人工费"或"人工费+机械费"。

表-08

分部分项工程量清单与计价表

工程名称：××住宅工程　　标段：　　第6页　共6页

序号	项目编码	项目名称	项目特征描述	计量单位	工程量	金额(元)		
						综合单价	合价	其中：暂估价
		C.8　给排水安装工程						
19	030801005001	塑料给水管安装	室内DN20/PP-R给水管，热熔连接	m	1569	19.22	30156	
20	030801005001	塑料排水管安装	室内ϕ110UPVC排水管，承插胶粘接	m	849	50.82	43146	
		(其他略)						
		分部小计					256785	
本页小计							256785	
合　计							6618212	

注：根据建设部、财政部发布的《建筑安装工程费用组成》(建标[2003]206号)的规定，为计取规费等的使用，可在表中增设："直接费"、"人工费"或"人工费＋机械费"。

表-08

措施项目清单与计价表(一)

工程名称:××住宅工程　　标段:　　第1页 共1页

序号	项目名称	计算基础	费率(%)	金额(元)
1	安全文明施工费	人工费	30	254662
2	夜间施工费	人工费	3	25466
3	二次搬运费	人工费	2	16977
4	冬雨季施工	人工费	1	8489
5	大型机械设备进出场及安拆费			15000
6	施工排水			3000
7	施工降水			20000
8	地上、地下设施、建筑物的临时保护设施			3000
9	已完工程及设备保护			8000
10	各专业工程的措施项目			265000
(1)	垂直运输机械			110000
(2)	脚手架			155000
合计				619594

注:1. 本表适用于以“项”计价的措施项目。

2. 根据建设部、财政部发布的《建筑安装工程费用组成》(建标[2003]206号)的规定,“计算基础”可为“直接费”、“人工费”或“人工费+机械费”。

表-10

措施项目清单与计价表(二)

工程名称：××住宅工程　　标段：　　第1页　共1页

序号	项目编码	项目名称	项目特征描述	计量单位	工程量	金额(元)	
						综合单价	合价
1	AB001	现浇钢筋混凝土平板模板及支架	矩形板，支模高度3m	m^2	1200	20.07	24084
2	AB002	现浇钢筋混凝土有梁板及支架	矩形梁，断面200mm×400mm，梁底支模高度2.6m，板底支模高度3m	m^2	1500	25.63	38445
		(其他略)					
本页小计							209886
合　计							209886

注：本表适用于以综合单价形式计价的措施项目。

表-11

其他项目清单与计价汇总表

工程名称：××住宅工程　　标段：　　第1页　共1页

序号	项目名称	计量单位	金额（元）	备　注
1	暂列金额	项	300000	明细详见表-12-1
2	暂估价		100000	
2.1	材料暂估价			明细详见表-12-2
2.2	专业工程暂估价	项	100000	明细详见表-12-3
3	计日工		20210	明细详见表-12-4
4	总承包服务费		15000	明细详见表-12-5
5				
合　计			435210	—

注：材料暂估单价进入清单项目综合单价，此处不汇总。

表-12

暂列金额明细表

工程名称：××住宅工程　　标段：　　第1页　共1页

序号	项目名称	计量单位	暂定金额（元）	备　注
1	工程量清单中工程量偏差和设计变更	项	100000	
2	政策性调整和材料价格风险	项	100000	
3	其他	项	100000	
4				
5				
6				
7				
8				
9				
10				
11				
合　计			300000	—

注：此表由招标人填写，如不能详列，也可只列暂定金额总额，投标人应将上述暂列金额计入投标总价中。

表-12-1

材料暂估单价表

工程名称：××住宅工程　　　标段：　　　　　　第1页 共1页

序号	材料名称、规格、型号	计量单位	单价（元）	备　注
1	钢筋（规格、型号综合）	t	5000	用在所有现浇混凝土钢筋清单项目

注：1. 此表由招标人填写，并在备注栏说明暂估价的材料拟用在哪些清单项目上，投标人应将上述材料暂估单价计入工程量清单综合单价报价中。

2. 材料包括原材料、燃料、构配件以及按规定应计入建筑安装工程造价的设备。

表-12-2

专业工程暂估价表

工程名称：××住宅工程　　　标段：　　　　　　　　　第1页　共1页

序号	工程名称	工程内容	金额（元）	备注
1	入户防盗门	安装	100000	
合计			100000	—

注：此表由招标人填写，投标人应将上述专业工程暂估价计入投标总价中。

表-12-3

计 日 工 表

工程名称:××住宅工程 标段: 第1页 共1页

编号	项目名称	单位	暂定数量	综合单价	合价
一	人工				
1	普工	工日	200	35	7000
2	技工(综合)	工日	50	50	2500
3					
4					
	人工小计				9500
二	材料				
1	钢筋(规格、型号综合)	t	1	5500	5500
2	水泥 42.5	t	2	571	1142
3	中砂	m^3	10	83	830
4	砾石(5～40mm)	m^3	5	46	230
5	页岩砖(240mm×115mm×53mm)	千匹	1	340	340
6					
	材料小计				8042
三	施工机械				
1	自升式塔式起重机(起重力矩 1250kN·m)	台班	5	526.20	2631
2	灰浆搅拌机(400L)	台班	2	18.38	37
3					
4					
	施工机械小计				2668
	总计				20210

注:此表项目名称、数量由招标人填写,编制招标控制价时,单价由招标人按有关计价规定确定;投标时,单价由投标人自主报价,计入投标总价中。

表-12-4

总承包服务费计价表

工程名称：××住宅工程　　标段：　　第1页　共1页

序号	项目名称	项目价值（元）	服务内容	费率（%）	金额（元）
1	发包人发包专业工程	100000	1. 按专业工程承包人的要求提供施工工作面并对施工现场进行统一管理，对竣工资料进行统一整理汇总。 2. 为专业工程承包人提供垂直运输机械和焊接电源接入点，并承担垂直运输费和电费。 3. 为防盗门安装后进行补缝和找平并承担相应费用	5	5000
2	发包人供应材料	1000000	对发包人供应的材料进行验收及保管和使用发放	1	10000
合计					15000

表-12-5

规费、税金项目清单与计价表

工程名称：××住宅工程　　标段：　　第1页　共1页

序号	项目名称	计算基础	费率(%)	金额(元)
1	规费			253302
1.1	工程排污费	按工程所在地环保部门规定按实计算		
1.2	社会保障费	(1)+(2)+(3)		186751
(1)	养老保险费	人工费	14	118842
(2)	失业保险费	人工费	2	16977
(3)	医疗保险费	人工费	6	50932
1.3	住房公积金	人工费	6	50932
1.4	危险作业意外伤害保险	人工费	0.5	4244
1.5	工程定额测定费	税前工程造价	0.14	11375
2	税金	分部分项工程费+措施项目费+其他项目费+规费	3.41	277445
合计				530747

注：根据建设部、财政部发布的《建筑安装工程费用组成》(建标[2003]206号)的规定，“计算基础”可为“直接费”、“人工费”或“人工费+机械费”。

表-13

工程量清单综合单价分析表

工程名称：××住宅工程　　　标段：　　　　　　　　　　　　第1页　共5页

项目编码	010201003001		项目名称		混凝土灌注桩			计算单位		m	
清单综合单价组成明细											
定额编号	定额名称	定额单位	数量	单价				合价			
				人工费	材料费	机械费	管理费和利润	人工费	材料费	机械费	管理费和利润
AB0291	挖孔桩芯混凝土C25	10m³	0.0571	946.89	2893.72	83.50	292.73	54.07	165.24	4.77	16.72
AB0284	挖孔桩护壁混凝土C20	10m³	0.02295	963.17	2812.73	86.32	298.38	22.10	64.55	1.98	6.85
人工单价		小计						76.17	229.79	6.75	23.57
42元/工日		未计价材料费									
清单项目综合单价								336.27			

材料费明细	主要材料名称、规格、型号	单位	数量	单价（元）	合价（元）	暂估单价（元）	暂估合价（元）
	C25混凝土	m³	0.58	275.97	160.06		
	C20混凝土	m³	0.252	250.74	63.19		
	水泥42.5	kg	(276.09)	0.571	(157.65)		
	中砂	m³	(0.385)	83	(31.96)		
	砾石5～40mm	m³	(0.732)	46	(33.67)		
	其他材料费			—	6.54	—	
	材料费小计			—	229.79	—	

注：1. 如不使用省级或行业建设主管部门发布的计价依据，可不填定额项目、编号等。

2. 招标文件提供了暂估单价的材料，按暂估的单价填入表内“暂估单价”栏及“暂估合价”栏。

表-09

工程量清单综合单价分析表

工程名称：××住宅工程　　标段：　　第2页　共5页

项目编码	010416001001	项目名称	现浇构件钢筋	计算单位	t

清单综合单价组成明细											
定额编号	定额名称	定额单位	数量	单价				合价			
				人工费	材料费	机械费	管理费和利润	人工费	材料费	机械费	管理费和利润
AD0899	现浇螺纹钢筋制安	t	1.000	317.57	5397.70	62.42	113.66	317.57	5397.70	62.42	113.66
人工单价		小计						317.57	5397.70	62.42	113.66
42元/工日		未计价材料费									
清单项目综合单价								5891.35			

材料费明细	主要材料名称、规格、型号	单位	数量	单价（元）	合价（元）	暂估单位（元）	暂估合价（元）
	螺纹钢筋 Q235,ϕ14	t	1.07			5000.00	5350.00
	焊条	kg	8.64	4.00	34.56		
	其他材料费			—	13.14	—	
	材料费小计			—	47.70	—	5350.00

注：1. 如不使用省级或行业建设主管部门发布的计价依据，可不填定额项目、编号等。

2. 招标文件提供了暂估单价的材料，按暂估的单价填入表内“暂估单价”栏及“暂估合价”栏。

表-09

工程量清单综合单价分析表

工程名称：××住宅工程　　　标段：　　　　　　　　　　第3页　共5页

项目编码	020506001001		项目名称		外墙乳胶漆			计算单位			m^2
清单综合单价组成明细											
定额编号	定额名称	定额单位	数量	单价				合价			
				人工费	材料费	机械费	管理费和利润	人工费	材料费	机械费	管理费和利润
BE0267	抹灰面满刮耐水腻子	$100m^2$	0.010	363.73	3000		141.96	3.65	30.00		1.42
BE0276	外墙乳胶漆底漆一遍面漆二遍	$100m^2$	0.010	342.58	989.24		133.34	3.43	9.89		1.33
人工单价		小　计						7.08	39.89		2.75
42元/工日		未计价材料费									
清单项目综合单价								49.72			
材料费明细	主要材料名称、规格、型号					单位	数量	单价（元）	合价（元）	暂估单位（元）	暂估合价（元）
	耐水成品腻子					kg	2.50	12.00	30.00		
	××牌乳胶漆面漆					kg	0.353	21.00	7.41		
	××牌乳胶漆面漆					kg	0.136	18.00	2.45		
	其他材料费							—	0.03	—	
	材料费小计							—	39.89	—	

注：1. 如不使用省级或行业建设主管部门发布的计价依据，可不填定额项目、编号等。

2. 招标文件提供了暂估单价的材料，按暂估的单价填入表内“暂估单价”栏及“暂估合价”栏。

表-09

工程量清单综合单价分析表

工程名称：××住宅工程　　标段：　　第4页　共5页

<table>
<tr><td>项目编码</td><td colspan="2">030212001001</td><td colspan="2">项目名称</td><td colspan="3">电气配管</td><td colspan="2">计算单位</td><td>m</td></tr>
<tr><td colspan="11">清单综合单价组成明细</td></tr>
<tr><td rowspan="2">定额编号</td><td rowspan="2">定额名称</td><td rowspan="2">定额单位</td><td rowspan="2">数量</td><td colspan="4">单价</td><td colspan="4">合价</td></tr>
<tr><td>人工费</td><td>材料费</td><td>机械费</td><td>管理费和利润</td><td>人工费</td><td>材料费</td><td>机械费</td><td>管理费和利润</td></tr>
<tr><td>CB1528</td><td>砖墙暗配管</td><td>100m</td><td>0.01</td><td>344.85</td><td>64.22</td><td></td><td>136.34</td><td>3.44</td><td>0.64</td><td></td><td>1.36</td></tr>
<tr><td>CB1792</td><td>暗装接线盒</td><td>10个</td><td>0.001</td><td>18.56</td><td>9.76</td><td></td><td>7.31</td><td>0.02</td><td>0.01</td><td></td><td>0.01</td></tr>
<tr><td>CB1793</td><td>暗装开关盒</td><td>10个</td><td>0.023</td><td>19.80</td><td>4.52</td><td></td><td>7.80</td><td>0.46</td><td>0.10</td><td></td><td>0.18</td></tr>
<tr><td></td><td></td><td></td><td></td><td></td><td></td><td></td><td></td><td></td><td></td><td></td><td></td></tr>
<tr><td></td><td></td><td></td><td></td><td></td><td></td><td></td><td></td><td></td><td></td><td></td><td></td></tr>
<tr><td colspan="2">人工单价</td><td colspan="6">小计</td><td>3.92</td><td>0.75</td><td></td><td>1.55</td></tr>
<tr><td colspan="2">42元/工日</td><td colspan="6">未计价材料费</td><td colspan="4">2.75</td></tr>
<tr><td colspan="8">清单项目综合单价</td><td colspan="4">8.97</td></tr>
<tr><td rowspan="10">材料费明细</td><td colspan="3">主要材料名称、规格、型号</td><td>单位</td><td>数量</td><td>单价（元）</td><td>合价（元）</td><td>暂估单位（元）</td><td>暂估合价（元）</td></tr>
<tr><td colspan="3">刚性阻燃管DN20</td><td>m</td><td>1.10</td><td>2.20</td><td>2.42</td><td></td><td></td></tr>
<tr><td colspan="3">××牌接线盒</td><td>个</td><td>0.012</td><td>2.00</td><td>0.02</td><td></td><td></td></tr>
<tr><td colspan="3">××牌开关盒</td><td>个</td><td>0.236</td><td>1.30</td><td>0.31</td><td></td><td></td></tr>
<tr><td colspan="3"></td><td></td><td></td><td></td><td></td><td></td><td></td></tr>
<tr><td colspan="3"></td><td></td><td></td><td></td><td></td><td></td><td></td></tr>
<tr><td colspan="3"></td><td></td><td></td><td></td><td></td><td></td><td></td></tr>
<tr><td colspan="3"></td><td></td><td></td><td></td><td></td><td></td><td></td></tr>
<tr><td colspan="5">其他材料费</td><td>—</td><td></td><td>—</td><td></td></tr>
<tr><td colspan="5">材料费小计</td><td>—</td><td>2.75</td><td>—</td><td></td></tr>
</table>

注：1. 如不使用省级或行业建设主管部门发布的计价依据，可不填定额项目、编号等。

2. 招标文件提供了暂估单价的材料，按暂估的单价填入表内“暂估单价”栏及“暂估合价”栏。

表-09

工程量清单综合单价分析表

工程名称：××住宅工程　　　标段：　　　　　　　　　第5页　共5页

项目编码	030801005001			项目名称		塑料给水管安装		计算单位		m	
清单综合单价组成明细											
定额编号	定额名称	定额单位	数量	单价				合价			
				人工费	材料费	机械费	管理费和利润	人工费	材料费	机械费	管理费和利润
CH0240	塑料给水管安装	10m	0.1	51.15	23.94	0.45	20.50	5.12	2.39	0.05	2.05
CH0850	管道消毒、冲洗	100m	0.01	23.60	7.37		9.30	0.24	0.07		0.09
人工单价		小计						5.36	2.46	0.05	2.14
42元/工日		未计价材料费						9.21			
清单项目综合单价								19.22			

材料费明细	主要材料名称、规格、型号	单位	数量	单价（元）	合价（元）	暂估单位（元）	暂估合价（元）
	××牌PP-R管ND20	m	1.02	5.67	5.78		
	××牌PP-R管件	个	1.15	2.98	3.43		
	其他材料费			—		—	
	材料费小计			—	9.21	—	

注：1. 如不使用省级或行业建设主管部门发布的计价依据，可不填定额项目、编号等。

2. 招标文件提供了暂估单价的材料，按暂估的单价填入表内“暂估单价”栏及“暂估合价”栏。

表-09

附录二:相关法规通知

全国建设工程造价员资格考试大纲

前　　言

为统一全国建设工程造价员的资格标准、规范管理，2005年，原建设部发布了"关于由中国建设工程造价管理协会归口做好建设工程概预算人员行业自律工作的通知"(建标[2005]69号)，文件要求中国建设工程造价管理协会(简称中价协)对全国建设工程造价员实行统一的行业自律管理。2006年，中价协编制了《全国建设工程造价员资格考试大纲》(以下简称考试大纲)，同时编制了《建设工程造价管理基础知识》及其考试题库，使全国建设工程造价员资格考试逐步实现了统一和规范的管理。

考试大纲是建设工程造价员考前培训和考试命题的依据。《建设工程造价管理基础知识》、《工程计量与计价实务》是应考人员必备的指导用书。根据建设行业发展的需要和近年来考试大纲实施情况，我们对考试大纲进行了修订完善。现将造价员考试有关问题说明如下：

一、建设工程造价员考试分为《建设工程造价管理基础知识》和《工程计量与计价实务(××工程)》两个科目。其中，《建设工程造价管理基础知识》科目实行全国统一的水平要求，由中国建设工程造价管理协会组织编写统一的《建设工程造价管理基础知识》考试培训教材及考试题库，供各省、自治区、直辖市以及国务院各有关部门管理机构及应考人员使用。《工程计量与计价实务(××工程)》分若干专业，由各省、自治区、直辖市以及国务院各有关部门管理机构自行确定专业并制定考试大纲、培训教材。

二、《工程计量与计价实务(××工程)》考试大纲应由各省、自治区、直辖市、国务院各有关部门管理机构根据需要自行编制。为统一全国建设工程造价员其他专业的考试内容与水平，我们编写了《工程计量与计价实务(××工程)》考试大纲编写框架，供各省、自治区、直辖市以及国务院各有关部门管理机构参考。

三、建设工程造价员资格考试的两个科目应单独考试、单独计分。《建设工程造价管理基础知识》科目的考试时间为2小时，考试试题实行100分制，试题类型为单项选择题和多项选择题。《工程计量与计价实务(××工程)》科目的考试时间由各省、自治区、直辖市以及国务院各有关部门管理机构自行确定，试题类型建议以工程造价计价文件编制应用的实例为主。

四、考试大纲对基础知识和专业知识的要求分掌握、熟悉和了解三个层次。掌握即要求应考人员具备解决实际工作问题的能力；熟悉即要求应考人员对该知识具有较深刻的理解；了解即要求应考人员对该知识有正确的认知。

第一科目:《工程造价基础知识》

一、工程造价相关法规与制度

(一)了解工程造价管理相关法律、法规与制度;
(二)了解工程造价咨询企业管理制度;
(三)熟悉造价员管理制度和造价工程师执业资格制度。

二、建设工程项目管理

(一)了解建设工程项目的组成、分类和程序;
(二)了解建设工程项目管理的目标、类型和任务;
(三)熟悉建设工程项目的成本管理内容;
(四)了解建设工程项目风险管理的基本内容。

三、建设工程合同管理

(一)了解建设工程相关合同类型及其主要内容;
(二)了解建设工程施工合同的类型及其选择;
(三)熟悉建设工程施工合同工程造价相关的主要内容与条款;
(四)了解建设工程总承包合同及分包合同订立与履行的基本原则;
(五)掌握工程造价咨询合同的全部内容。

四、建设工程造价的构成

(一)熟悉工程造价的含义与特点;
(二)熟悉我国建设工程造价的构成;
(三)熟悉设备及工器具购置费的构成;
(四)熟悉建设工程费、安装工程费的构成;
(五)熟悉工程建设其他费用的构成;
(六)熟悉预备费的构成;
(七)熟悉建设期利息的计算。

五、建设工程造价计价方法和依据

(一)熟悉工程造价计价方法和特点;
(二)熟悉工程造价计价依据的分类与作用;
(三)了解建筑安装工程预算定额、概算定额和投资估算指标的编制原则和方法;
(四)了解人工、材料、机械台班定额消耗量的确定方法及其单价组成和编制方法;
(五)了解建筑安装工程费用定额的组成,熟悉建筑安装工程费用定额的使用;
(六)熟悉预算定额、概算定额项目单价的编制方法;
(七)了解工程造价资料积累的内容、方法及应用。

六、决策和设计阶段工程造价的确定与控制

(一)了解决策和设计阶段影响工程造价的主要因素;
(二)了解可行性研究报告主要内容和作用;
(三)熟悉投资估算的编制方法;
(四)熟悉设计概算的编制的方法;

(五)熟悉施工图预算的编制方法;
(六)了解方案比选、优化设计、限额设计的基本方法。

七、建设工程项目招投标与合同价款的确定

(一)了解建设项目招标投标程序;
(二)了解施工招标文件的组成与内容;
(三)熟悉建设工程量清单计价构成与计价方法;
(四)掌握建设工程招标工程量清单的编制;
(五)掌握建设工程招标控制价的编制;
(六)掌握建设工程投标报价的编制;
(七)了解建设工程施工合同价款的约定方法;
(八)了解设备、材料采购招投标及合同价款的约定方法。

八、施工阶段工程造价的控制与调整

(一)了解施工预算的概念与成本控制;
(二)熟悉合同预付款的确定和支付、抵扣方法;
(三)掌握工程计量和进度款的支付方法;
(四)熟悉工程变更的处理原则、合同价款的调整方法;
(五)了解工程索赔的概念、处理原则与依据;
(六)掌握工程结算的编制与审核。

九、竣工决算的编制与保修费用的处理

(一)了解竣工验收报告的组成;
(二)了解竣工决算内容和编制方法;
(三)了解新增资产价值的确定方法;

附录:(可选用各培训机构或中价协编制的文件汇编)

1. 工程造价相关法律、行政法规 ;
2. 工程造价相关综合性规章和规范性文件;
3. 中国建设工程造价管理协会有关文件 ;
4. 各省、自治区、直辖市或建设行政主管部门工程造价相关法规与规章。

第二科目:《工程计量与计价实务》(××工程)

专业编码:＊＊＊《工程计量与计价实务》(××工程)

一、专业基础知识

1. 了解××工程的分类、组成及构造;
2. 了解××工程常用材料的分类、基本性能及用途;
3. 了解××工程主要施工工艺与方法;
4. 了解××工程常用施工机械的分类与适用范围;
5. 了解××工程施工组织设计的编制原理与方法;
6. 了解××工程相关标准规范的基本内容。

二、工程计量

1. 熟悉××工程识图；
2. 熟悉××工程及常用材料图例；
3. 掌握××工程的工程量清单项目划分和工程计量；
4. 了解计算机辅助工程量计算方法。

三、工程量清单的编制

1. 熟悉××工程工程量清单的内容；
2. 掌握××工程分部分项工程工程量清单的编制；
3. 熟悉××工程措施项目清单的编制；
4. 熟悉××工程其他项目清单的编制；
5. 熟悉××工程规费清单的编制；
6. 熟悉××工程税金清单的编制。

四、工程计价

1. 掌握××分部分项工程量清单项目综合单价的确定方法；
2. 掌握××措施项目清单的计价方法；
3. 掌握××其他项目清单的计价方法；
4. 掌握××规费项目清单的计价方法；
5. 掌握××税金项目清单的计价方法；
6. 了解计算机在工程计价中的应用。

关于印发《全国建设工程造价员管理办法》的通知

中价协[2011]021号

各省、自治区、直辖市工程造价管理协会，中价协各专业委员会及各造价员归口管理机构：

根据原建设部《关于由中国建设工程造价管理协会归口做好建设工程概预算人员行业自律工作的通知》(建标[2005]69号)精神，我协会于2006年6月5日印发了《全国建设工程造价员管理暂行办法》(中价协[2006]013号，以下简称暂行办法)。为进一步加强全国建设工程造价员的行业自律管理，在总结近年来执行情况的基础上，我协会对暂行办法进行了修改、完善。现将修改后的《全国建设工程造价员管理办法》印发给你们，请遵照执行，暂行办法同时废止。

附件：《全国建设工程造价员管理办法》

二〇一一年十一月八日

抄报：住房和城乡建设部标准定额司

抄送：各省、自治区、直辖市建设工程造价管理站(处)

附件：

全国建设工程造价员管理办法

第一章　总　则

第一条　为加强全国建设工程造价员的管理，规范全国建设工程造价员从业行为，维护社会公共利益，根据原建设部《关于由中国建设工程造价管理协会归口做好建设工程概预算人员行业自律工作的通知》(建标[2005]69号)精神，制定本办法。

第二条　中华人民共和国境内全国建设工程造价员的资格取得、从业、继续教育、自律和监督管理等，适用本办法。

第三条　本办法所称全国建设工程造价员(以下简称造价员)是指按照本办法通过造价员资格考试、取得《全国建设工程造价员资格证书》(以下简称资格证书)、并经登记注册取得从业印章、从事工程造价活动的专业人员。

资格证书和从业印章是造价员从事工程造价活动的资格证明和工作经历证明，资格证书在全国有效。

第四条　中国建设工程造价管理协会(以下简称中价协)对全国造价员实施统一的行业自律管理；各地区造价管理协会或各地区和国务院各有关部门造价员归口管理机构(以下简称管理机构)应负责本地区、本部门内造价员的自律管理工作。全国造价员行业自律管理工作受住房和城乡建设部标准定额司的指导和监督。

第二章 资格考试

第五条 造价员资格考试原则上每年一次，实行全国统一考试大纲，统一通用专业和考试科目。

第六条 造价员资格考试专业设置：

（一）各地区的统一通用专业一般分为建筑工程、安装工程、市政工程三个专业。

（二）其他专业由各管理机构根据本地区、本部门的需要设置，并报中价协备案。

第七条 考试科目为：建设工程造价管理基础知识和专业工程计量与计价。

第八条 中价协负责编写统一通用专业《建设工程造价员资格考试大纲》和《建设工程造价管理基础知识》培训教材。

第九条 各管理机构负责编写本地区、本部门设置的其他专业考试大纲和各专业工程计量与计价的培训教材；负责组织命题、考试、阅卷、确定合格标准、颁发资格证书等工作。

第十条 造价员考前培训工作按照与考试分开、自愿参加的原则进行。

第十一条 凡中华人民共和国公民，遵纪守法，具备下列条件之一者，均可申请参加造价员资格考试：

（一）普通高等学校工程造价专业、工程或工程经济类专业在校生；

（二）工程造价专业、工程或工程经济类专业中专及以上学历；

（三）其他专业，中专及以上学历，从事工程造价活动满1年。

第十二条 考生应参加本人工作单位（或工作）所在地区或所属部门管理机构组织的造价员资格考试。

已取得一个专业资格证书的造价员，若需报考其他专业，应参加增项专业工程计量与计价的考试。

第十三条 符合下列条件之一者，可向管理机构申请免试《建设工程造价管理基础知识》：

（一）普通高等学校工程造价专业的应届毕业生；

（二）工程造价专业大专及其以上学历的考生，自毕业之日起两年内；

（三）已取得资格证书，申请其他专业考试（即增项专业）的考生。

第十四条 考试合格者由管理机构颁发资格证书。

应届毕业生考试合格者，凭毕业证书领取资格证书。

对通过增项专业考试的造价员，管理机构应将增项专业登记在资格证书的“增项专业登记栏”。

第十五条 管理机构如发现造价员资格考试中有舞弊行为的，应取消其考试成绩。

第三章 登记

第十六条 造价员实行登记从业管理制度。各管理机构负责造价员登记工作。符合登记条件的，核发从业印章。

取得资格证书的人员，经过登记取得从业印章后，方能以造价员的名义从业。

第十七条 登记条件：

（一）取得资格证书；

（二）受聘于一个建设、设计、施工、工程造价咨询、招标代理、工程监理、工程咨询或工程造价管理等单位；

(三)无本办法第十九条不予登记的情形。

第十八条 取得资格证书的人员,可自资格证书签发之日起1年内申请登记,逾期未申请登记的,须符合继续教育要求后方可申请登记。

取得资格证书的应届毕业生,就业后,如本人工作单位与颁发资格证书的管理机构为同一地区或部门的,应向颁发资格证书的管理机构申请登记;如本人工作单位与取得资格证书的管理机构为不同地区或部门,应按照本办法第三十三条规定办理变更手续,并向本人工作单位所属地区或部门的管理机构申请登记。

第十九条 有下列情形之一的,不予登记:

(一)不具有完全民事行为能力;

(二)申请在两个或两个以上单位从业的;

(三)逾期登记且未达到继续教育要求的;

(四)已取得注册造价工程师证书,且在有效期内的;

(五)受刑事处罚未执行完毕的;

(六)在工程造价从业活动中,受行政处罚,且行政处罚决定之日至申请登记之日不满两年的;

(七)以欺骗、贿赂等不正当手段获准登记被注销的,自被注销登记之日起至申请登记之日不满两年的;

(八)法律、法规规定不予登记的其它情形。

第四章 从业

第二十条 造价员应从事与本人取得的资格证书专业相符合的工程造价活动。

第二十一条 造价员应在本人完成的工程造价成果文件上签字、加盖从业印章,并承担相应的责任。

第二十二条 造价员享有下列权利:

(一)依法从事工程造价活动;

(二)使用造价员名称;

(三)接受继续教育,提高从业水平;

(四)保管、使用本人的资格证书和从业印章。

第二十三条 造价员应当履行下列义务:

(一)遵守法律、法规和有关管理规定;

(二)执行工程造价计价标准和计价方法,保证从业活动成果质量;

(三)与当事人有利益关系的,应当主动回避;

(四)保守从业中知悉的国家秘密和他人的商业、技术秘密。

第二十四条 造价员不得有下列行为:

(一)在从业过程中索贿、受贿或牟取合同约定外的不正当利益;

(二)涂改、伪造、倒卖、出租、出借或其他形式转让资格证书或从业印章;

(三)同时在两个或两个以上单位从业;

(四)法律、法规、规章禁止的其他行为。

第二十五条 造价员如取得注册造价工程师证书或因特殊原因需要脱离工程造价岗位二

年或二年以上者，应申请暂停从业，并到管理机构办理暂停从业手续。

需要恢复从业的，应当达到继续教育要求，并到管理机构办理恢复从业手续。

第五章 资格管理

第二十六条 中价协统一印制资格证书，统一规定资格证书编号规则和从业印章样式。

第二十七条 资格证书和从业印章应由本人保管、使用。

遗失资格证书和从业印章的，应在公众媒体上声明后申请补发。

第二十八条 中价协负责建立全国统一使用的“造价员管理系统”，并向社会提供造价员身份查询平台。各管理机构负责“造价员管理系统”数据的更新维护。

造价员考试报名、变更、继续教育、验证等均通过“造价员管理系统”实行网上申请、受理和审核。

第二十九条 造价员应接受继续教育，每两年参加继续教育的时间累计不得少于20学时。

继续教育由各管理机构组织实施，应因地制宜，结合实际，采用网络教学和集中面授等多种形式，其内容要与时俱进，理论联系实际。

第三十条 资格证书原则上每四年验证一次，验证结论分为合格、不合格和注销三种。合格者由管理机构记录在资格证书“验证记录栏”内，并加盖管理机构公章。

第三十一条 有下列情形之一者为验证不合格，应限期整改：

(一)四年内无工作业绩，且不能说明理由的；

(二)四年内参加继续教育不满40学时的，或继续教育未达到合格标准的；

(三)到期无故不参加验证的。

第三十二条 有下列情形之一者，注销资格证书及从业印章：

(一)验证不合格且限期整改未达到要求的；

(二)有本办法第二十四条列举行为之一的；

(三)信用档案信息有不良行为记录的；

(四)不具有完全民事行为能力的；

(五)以欺骗、贿赂等不正当手段取得资格证书和从业印章的；

(六)其他导致证书失效的情形。

如再取得造价员资格，须按本办法规定重新参加资格考试。

第三十三条 造价员变更工作单位的，应在变更工作单位90日内提出变更申请，并按管理机构要求提交相应材料。

(一)在同一地区或部门管理机构变更工作单位的，管理机构审核通过后应将变更的内容登记在资格证书的“变更登记栏”。

(二)在不同地区或部门管理机构变更工作单位的，转出管理机构审核通过后，应持造价员变更申请表、资格证书等材料到现工作单位所在地区或部门的管理机构办理转入手续，转入管理机构审核通过后重新颁发资格证书和从业印章。

如造价员所持资格证书的专业与转入管理机构规定专业不符的，应参加转入管理机构组织的相应专业工程计量与计价考试，成绩合格者，方能办理转入手续。

第六章 自律规定

第三十四条 造价员应遵守国家法律、法规，维护国家和社会公共利益，忠于职守，恪守职业道德，自觉抵制商业贿赂；应自觉遵守工程造价有关技术规范和规程，保证工程造价活动质量。

第三十五条 各管理机构应在“造价员管理系统”中记录造价员的信用档案信息。

造价员信用档案信息应包括造价员的基本情况、良好行为、不良行为等。

在从业活动中，受到各级主管部门或协会的奖励、表彰等，应当作为造价员良好行为信息记入其信用档案。

违法违规行为、被投诉举报核实的、行政处罚等情况应当作为造价员不良行为信息记入其信用档案。

第三十六条 各管理机构可对造价员的违纪违规行为，视其情节轻重给予以下自律惩戒：

(一)谈话提醒；

(二)书面警告，并责令书面检讨；

(三)通报批评，记入信用档案，取消造价员资格；

(四)提请有关行政部门给予处理。

第三十七条 各管理机构每年应将造价员管理工作总结报送中价协。

第七章 附 则

第三十八条 各管理机构应根据本办法制定具体的实施细则，并报中价协备案。

第三十九条 本办法由中价协负责解释。

第四十条 本办法自2012年1月1日起施行。中价协2006年6月5日印发的《全国建设工程造价员管理暂行办法》(中价协[2006]013号)同时废止。

建设工程造价咨询合同(示范文本)

建设部、国家工商行政管理总局
关于印发《建设工程造价咨询合同(示范文本)》的通知

【实施日期】2002/10/01【颁布单位】建设部/国家工商行政管理总局/建标(2002)197号：

建设部、国家工商行政管理总局关于印发《建设工程造价咨询合同(示范文本)》的通知

各省、自治区建设厅、直辖市建委、工商行政管理局，国务院有关部门：

为加强建设工程造价咨询市场管理，规范市场行为，根据《中华人民共和国合同法》的规定，我们制定了《建设工程造价咨询合同(示范文本)》(以下简称《示范文本》)，现印发给你们，并对《示范文本》贯彻实施的有关问题通知如下：

一、凡在我国境内开展建设工程造价咨询业务、签订建设工程造价咨询合同时，应参照本《示范文本》订立合同，请各地区、各部门做好推广使用工作。

二、签订建设工程造价咨询合同的委托人应当是法人或自然人，咨询人必须具有法人资格，并应持有建设行政主管部门颁发的工程造价咨询资质证书和工商行政管理部门核发的企业法人营业执照。

三、《示范文本》的合同条件分"合同标准条件"和"合同专用条件"两部分。

1."合同标准条件"应全文引用，不得删改。

2."合同专用条件"则应按其条款编号和内容，根据咨询项目的实际情况进行修改和补充，但不得违反公正、公平原则。

四、《示范文本》的解释权属建设部和国家工商行政管理总局。施行中有何问题和建议，请及时反馈给建设部标准定额司和国家工商行政管理总局市场规范管理司。

五、《示范文本》自二〇〇二年十月一日起施行。

建设工程造价咨询合同(示范文本)GF－2002－0212

第一部分　建设工程造价咨询合同

________________(以下简称委托人)与________________(以下简称咨询人)经过双方协商一致，签订本合同。

一、委托人委托咨询人为以下项目提供建设工程造价咨询服务：

1.项目名称：

2.服务类别：

二、本合同的措词和用语与所属建设工程造价咨询合同条件及有关附件同义。

三、下列文件均为本合同的组成部分：

1.建设工程造价咨询合同标准条件；

2.建设工程造价咨询合同专用条件；

3.建设工程造价咨询合同执行中共同签署的补充与修正文件。

四、咨询人同意按照本合同的规定，承担本合同专用条件中议定范围内的建设工程造价咨询业务。

五、委托人同意按照本合同规定的期限、方式、币种、额度向咨询人支付酬金。

六、本合同的建设工程造价咨询业务自

年 月 日开始实施，至 年 月 日终结。

七、本合同一式四份，具有同等法律效力，双方各执两份。

委 托 人：(盖章)
法定代表人：(签字)
委托代理人：(签字)
住 所：
开户银行：
账 号：
邮政编码：
电 话：
传 真：
电子信箱：
年 月 日

咨 询 人：(盖章)
法定代表人：(签字)
委托代理人：(签字)
住所：
开户银行：
账号：
邮政编码：
电 话：
传 真：
电子信箱：
年 月 日

第二部分 建设工程造价咨询合同标准条件词语定义、适用语言和法律、法规

第一条 下列名词和用语，除上下文另有规定外具有如下含义：

1.“委托人”是指委托建设工程造价咨询业务和聘用工程造价咨询单位的一方，以及其合法继承人。

2.“咨询人”是指承担建设工程造价咨询业务和工程造价咨询责任的一方，以及其合法继承人。

3.“第三人”是指除委托人、咨询人以外与本咨询业务有关的当事人。

4.“日”是指任何一天零时至第二天零时的时间段。

第二条 建设工程造价咨询合同适用的是中国的法律、法规，以及专用条件中议定的部门规章、工程造价有关计价办法和规定或项目所在地的地方法规、地方规章。

第三条 建设工程造价咨询合同的书写、解释和说明以汉语为主导语言。当不同语言文本发生不同解释时，以汉语合同文本为准。

咨询人的义务

第四条 向委托人提供与工程造价咨询业务有关的资料，包括工程造价咨询的资质证书及承担本合同业务的专业人员名单、咨询工作计划等，并按合同专用条件中约定的范围实施咨询业务。

第五条 咨询人在履行本合同期间，向委托人提供的服务包括正常服务、附加服务和额外

服务。

1."正常服务"是指双方在专用条件中约定的工程造价咨询工作;

2."附加服务"是指在"正常服务"以外,经双方书面协议确定的附加服务;

3."额外服务"是指不属于"正常服务"和"附加服务",但根据合同标准条件第十三条、第二十条和二十二条的规定,咨询人应增加的额外工作量。

第六条 在履行合同期间或合同规定期限内,不得泄露与本合同规定业务活动有关的保密资料。

委托人的义务

第七条 委托人应负责与本建设工程造价咨询业务有关的第三人的协调,为咨询人工作提供外部条件。

第八条 委托人应当在约定的时间内,免费向咨询人提供与本项目咨询业务有关的资料。

第九条 委托人应当在约定的时间内就咨询人书面提交并要求做出答复的事宜做出书面答复。咨询人要求第三人提供有关资料时,委托人应负责转达及资料转送。

第十条 委托人应当授权胜任本咨询业务的代表,负责与咨询人联系。

咨询人的权利

第十一条 委托人在委托的建设工程造价咨询业务范围内,授予咨询人以下权利:

1.咨询人在咨询过程中,如委托人提供的资料不明确时可向委托人提出书面报告。

2.咨询人在咨询过程中,有权对第三人提出与本咨询业务有关的问题进行核对或查问。

3.咨询人在咨询过程中,有到工程现场勘察的权利。

委托人的权利

第十二条 委托人有下列权利:

1.委托人有权向咨询人询问工作进展情况及相关的内容。

2.委托人有权阐述对具体问题的意见和建议。

3.当委托人认定咨询专业人员不按咨询合同履行其职责,或与第三人串通给委托人造成经济损失的,委托人有权要求更换咨询专业人员,直至终止合同并要求咨询人承担相应的赔偿责任。

咨询人的责任

第十三条 咨询人的责任期即建设工程造价咨询合同有效期。如因非咨询人的责任造成进度的推迟或延误而超过约定的日期,双方应进一步约定相应延长合同有效期。

第十四条 咨询人责任期内,应当履行建设工程造价咨询合同中约定的义务,因咨询人的单方过失造成的经济损失,应当向委托人进行赔偿。累计赔偿总额不应超过建设工程造价咨询酬金总额(除去税金)。

第十五条 咨询人对委托人或第三人所提出的问题不能及时核对或答复,导致合同不能全部或部分履行,咨询人应承担责任。

第十六条 咨询人向委托人提出赔偿要求不能成立时,则应补偿由于该赔偿或其他要求所导致委托人的各种费用的支出。

委托人的责任

第十七条 委托人应当履行建设工程造价咨询合同约定的义务,如有违反则应当承担违约责任,赔偿给咨询人造成的损失。

第十八条 委托人如果向咨询人提出赔偿或其他要求不能成立时,则应补偿由于该赔偿或其他要求所导致咨询人的各种费用的支出。

合同生效，变更与终止

第十九条 本合同自双方签字盖章之日起生效。

第二十条 由于委托人或第三人的原因使咨询人工作受到阻碍或延误以致增加了工作量或持续时间，则咨询人应当将此情况与可能产生的影响及时书面通知委托人。由此增加的工作量视为额外服务，完成建设工程造价咨询工作的时间应当相应延长，并得到额外的酬金。

第二十一条 当事人一方要求变更或解除合同时，则应当在 14 日前通知对方；因变更或解除合同使一方遭受损失的，应由责任方负责赔偿。

第二十二条 咨询人由于非自身原因暂停或终止执行建设工程造价咨询业务，由此而增加的恢复执行建设工程造价咨询业务的工作，应视为额外服务，有权得到额外的时间和酬金。

第二十三条 变更或解除合同的通知或协议应当采取书面形式，新的协议未达成之前，原合同仍然有效。

咨询业务的酬金

第二十四条 正常的建设工程造价咨询业务，附加工作和额外工作的酬金，按照建设工程造价咨询合同专用条件约定的方法计取，并按约定的时间和数额支付。

第二十五条 如果委托人在规定的支付期限内未支付建设工程造价咨询酬金，自规定支付之日起，应当向咨询人补偿应支付的酬金利息。利息额按规定支付期限最后一日银行活期贷款乘以拖欠酬金时间计算。

第二十六条 如果委托人对咨询人提交的支付通知书中酬金或部分酬金项目提出异议，应当在收到支付通知书两日内向咨询人发出异议的通知，但委托人不得拖延其无异议酬金项目的支付。

第二十七条 支付建设工程造咨询酬金所采取的货币币种、汇率由合同专用条件约定。

其他

第二十八条 因建设工程造价咨询业务的需要，咨询人在合同约定外的外出考察，经委托人同意，其所需费用由委托人负责。

第二十九条 咨询人如需外聘专家协助，在委托的建设工程造价咨询业务范围内其费用由咨询人承担；在委托的建设工程造价咨询业务范围以外经委托人认可其费用由委托人承担。

第三十条 未经对方的书面同意，各方均不得转让合同约定的权利和义务。

第三十一条 除委托人书面同意外，咨询人及咨询专业人员不应接受建设工程造价咨询合同约定以外的与工程造价咨询项目有关的任何报酬。

咨询人不得参与可能与合同规定的与委托人利益相冲突的任何活动。

合同争议的解决

第三十二条 因违约或终止合同而引起的损失和损害的赔偿，委托人与咨询人之间应当协商解决；如未能达成一致，可提交有关主管部门调解；协商或调解不成的，根据双方约定提交仲裁机关仲裁，或向人民法院提起诉讼。

第三部分 建设工程造价咨询合同专用条件

第二条 本合同适用的法律、法规及工程造价计价办法和规定：

第四条　建设工程造价咨询业务范围:

“建设工程造价咨询业务”是指以下服务类别的咨询业务:

(A类)建设项目可行性研究投资估算的编制、审核及项目经济评价;

(B类)建设工程概算、预算、结算、竣工结(决)算的编制、审核;

(C类)建设工程招标标底、投标报价的编制、审核;

(D类)工程洽商、变更及合同争议的鉴定与索赔;

(E类)编制工程造价计价依据及对工程造价进行监控和提供有关工程造价信息资料等。

第八条　双方约定的委托人应提供的建设工程造价咨询材料及提供时间。

第九条　委托人应在日内对咨询人书面提交并要求做出答复的事宜做出书面答复。

第十四条　咨询人在其责任期内如果失职,同意按以下办法承担因单方责任而造成的经济损失。

赔偿金=直接经济损失×酬金比率(扣除税金)

第二十四条　委托人同意按以下的计算方法、支付时间与金额,支付咨询人的正常服务酬金:

委托人同意按以下计算方法、支付时间与金额,支付附加服务酬金:

委托人同意按以下计算方法、支付时间与金额,支付额外服务酬金:

第二十七条　双方同意用 支付酬金,按 汇率计付。

第三十二条　建设工程造价咨询合同在履行过程中发生争议,委托人与咨询人应及时协商解决;如未能达成一致,可提交有关主管部门调解;协商或调解不成的,按下列第 种方式解决:

(一)提交 仲裁委员会仲裁;

(二)依法向人民法院起诉。

附加协议条款:

《建设工程造价咨询合同》使用说明

《建设工程造价咨询合同》包括《建设工程造价咨询合同标准条件》和《建设工程造价咨询合同专用条件》(以下简称《标准条件》、《专用条件》)。

《标准条件》适用于各类建设工程项目造价咨询委托,委托人和咨询人都应当遵守。《专用条件》是根据建设工程项目特点和条件,由委托人和咨询人协商一致后进行填写。双方如果认为需要,还可在其中增加约定的补充条款和修正条款。

《专用条件》的填写说明:

《专用条件》应当对应《标准条件》的顺序进行填写。例如:第二条要根据建设工程的具体情况,如工程类别、建设地点等填写所适用的部门或地方法律法规及工程造价有关办法和规定。

第四条在协商和写明“建设工程造价咨询业务范围”时,首先应明确项目范围如工程项目、单项工程或单位工程以及所承担咨询业务与工程总承包合同或分包合同所涵盖工程范围相一致。其次应明确项目建设不同阶段如可行性研究、设计,招投标阶段或全过程工程造价咨询中投资估算、概算或预算的内容等。

建筑工程施工发包与承包计价管理办法

中华人民共和国建设部令
第107号

《建筑工程施工发包与承包计价管理办法》已经二〇〇一年十月二十五日建设部第四十九次常务会议审议通过，现予发布，自二〇〇一年十二月一日起施行。

部长 俞正声

二〇〇一年十一月五日

建筑工程施工发包与承包计价管理办法

第一条 为了规范建筑工程施工发包与承包计价行为，维护建筑工程发包与承包双方的合法权益，促进建筑市场的健康发展，根据有关法律、法规，制定本办法。

第二条 在中华人民共和国境内的建筑工程施工发包与承包计价（以下简称工程发承包计价）管理，适用本办法。

本办法所称建筑工程是指房屋建筑和市政基础设施工程。

本办法所称房屋建筑工程，是指各类房屋建筑及其附属设施和与其配套的线路、管道、设备安装工程及室内外装饰装修工程。

本办法所称市政基础设施工程，是指城市道路、公共交通、供水、排水、燃气、热力、园林、环卫、污水处理、垃圾处理、防洪、地下公共设施及附属设施的土建、管道、设备安装工程。

工程发承包计价包括编制施工图预算、招标标底、投标报价、工程结算和签订合同价等活动。

第三条 建筑工程施工发包与承包价在政府宏观调控下，由市场竞争形成。

工程发承包计价应当遵循公平、合法和诚实信用的原则。

第四条 国务院建设行政主管部门负责全国工程发承包计价工作的管理。

县级以上地方人民政府建设行政主管部门负责本行政区域内工程发承包计价工作的管理。其具体工作可以委托工程造价管理机构负责。

第五条 施工图预算、招标标底和投标报价由成本（直接费、间接费）、利润和税金构成。其编制可以采用以下计价方法：

（一）工料单价法。分部分项工程量的单价为直接费。直接费以人工、材料、机械的消耗量及其相应价格确定。间接费、利润、税金按照有关规定另行计算。

（二）综合单价法。分部分项工程量的单价为全费用单价。全费用单价综合计算完成分部分项工程所发生的直接费、间接费、利润、税金。

第六条 招标标底编制的依据为：

（一）国务院和省、自治区、直辖市人民政府建设行政主管部门制定的工程造价计价办法以及其他有关规定；

（二）市场价格信息。

第七条　投标报价应当满足招标文件要求。

投标报价应当依据企业定额和市场价格信息，并按照国务院和省、自治区、直辖市人民政府建设行政主管部门发布的工程造价计价办法进行编制。

第八条　招标投标工程可以采用工程量清单方法编制招标标底和投标报价。

工程量清单应当依据招标文件、施工设计图纸、施工现场条件和国家制定的统一工程量计算规则、分部分项工程项目划分、计量单位等进行编制。

第九条　招标标底和工程量清单由具有编制招标文件能力的招标人或其委托的具有相应资质的工程造价咨询机构、招标代理机构编制。

投标报价由投标人或其委托的具有相应资质的工程造价咨询机构编制。

第十条　对是否低于成本报价的异议，评标委员会可以参照建设行政主管部门发布的计价办法和有关规定进行评审。

第十一条　招标人与中标人应当根据中标价订立合同。

不实行招标投标的工程，在承包方编制的施工图预算的基础上，由发承包双方协商订立合同。

第十二条　合同价可以采用以下方式：

（一）固定价。合同总价或者单价在合同约定的风险范围内不可调整。

（二）可调价。合同总价或者单价在合同实施期内，根据合同约定的办法调整。

（三）成本加酬金。

第十三条　发承包双方在确定合同价时，应当考虑市场环境和生产要素价格变化对合同价的影响。

第十四条　建筑工程的发承包双方应当根据建设行政主管部门的规定，结合工程款、建设工期和包工包料情况在合同中约定预付工程款的具体事宜。

第十五条　建筑工程发承包双方应当按照合同约定定期或者按照工程进度分段进行工程款结算。

第十六条　工程竣工验收合格，应当按照下列规定进行竣工结算：

（一）承包方应当在工程竣工验收合格后的约定期限内提交竣工结算文件。

（二）发包方应当在收到竣工结算文件后的约定期限内予以答复。逾期未答复的，竣工结算文件视为已被认可。

（三）发包方对竣工结算文件有异议的，应当在答复期内向承包方提出，并可以在提出之日起的约定期限内与承包方协商。

（四）发包方在协商期内未与承包方协商或者经协商未能与承包方达成协议的，应当委托工程造价咨询单位进行竣工结算审核。

（五）发包方应当在协商期满后的约定期限内向承包方提出工程造价咨询单位出具的竣工结算审核意见。

发承包双方在合同中对上述事项的期限没有明确约定的，可认为其约定期限均为 28 日。

发承包双方对工程造价咨询单位出具的竣工结算审核意见仍有异议的，在接到该审核意见后一个月内可以向县级以上地方人民政府建设行政主管部门申请调解，调解不成的，可以依法申请仲裁或者向人民法院提起诉讼。

工程竣工结算文件经发包方与承包方确认即应当作为工程决算的依据。

第十七条 招标标底、投标报价、工程结算审核和工程造价鉴定文件应当由造价工程师签字，并加盖造价工程师执业专用章。

第十八条 县级以上地方人民政府建设行政主管部门应当加强对建筑工程发承包计价活动的监督检查。

第十九条 造价工程师在招标标底或者投标报价编制、工程结算审核和工程造价鉴定中，有意抬高、压低价格，情节严重的，由造价工程师注册管理机构注销其执业资格。

第二十条 工程造价咨询单位在建筑工程计价活动中有意抬高、压低价格或者提供虚假报告的，县级以上地方人民政府建设行政主管部门责令改正，并可处以一万元以上三万元以下的罚款；情节严重的，由发证机关注销工程造价咨询单位资质证书。

第二十一条 国家机关工作人员在建筑工程计价监督管理工作中，玩忽职守、徇私舞弊、滥用职权的，由有关机关给予行政处分；构成犯罪的，依法追究刑事责任。

第二十二条 建筑工程以外的工程施工发包与承包计价管理可以参照本办法执行。

第二十三条 本办法由国务院建设行政主管部门负责解释。

第二十四条 本办法自 2001 年 12 月 1 日起施行。

参考文献

[1] 刘伊生主编．全国造价工程师执业资格考试培训教材——工程造价管理基础理论与相关法规[M]．北京:中国计划出版社,2009

[2] 柯洪主编．全国造价工程师执业资格考试培训教材——工程造价计价与控制[M]．北京:中国计划出版社,2009

[3] 马楠主编．全国建设工程造价员资格考试辅导教材——建设工程造价管理基础知识考试指南[M]．北京:中国计划出版社,2008

[4] 中华人民共和国国家标准．建设工程工程量清单计价规范(GB50500—2008)[S]．北京:中国计划出版社,2008

[5] 谢洪学,文代安编写．建设工程工程量清单计价规范宣贯辅导教材(GB 50500—2008)北京:中国计划出版社,2008

[6] 陈伟柯,尹贻林主编．全国造价工程师执业资格考试辅导及模拟训练——工程造价管理基础理论与相关法规(2011 版)[M]．中国建筑工业出版社,2011

[7] 陈伟柯,尹贻林主编．全国造价工程师执业资格考试辅导及模拟训练——工程造价计价与控制(2011 版)[M]．中国建筑工业出版社,2011

[8] 尹贻林主编．全国造价工程师执业资格考试应用指南——工程造价计价与控制(2009 版)[M]．中国计划出版社,2009